全国高职高专电气类精品规划教材

电路基础

主　编　刘德辉　刘喜荣

副主编　程隆贵　吴舒萍　钱　进

李雪红　张　斌　陈　亮

www.waterpub.com.cn

内 容 提 要

本书根据教育部最新制定的《高职高专教育电工技术基础课程教学基本要求》编写。

全书共10章，主要内容包括：电路的基本概念与定律、电路元件与电路的等效变换、电路的一般分析方法与常用定理、正弦稳态电路分析、谐振与非正弦周期电流电路、三相交流电路、耦合电感与二端口网络、动态电路的时域分析、应用PSPICE辅助电路分析和磁路与铁芯线圈。各章配有较丰富的例题、思考与练习和习题等便于教师组织教学和读者自学。为提高学生应用计算机分析电路的能力，本书增加了应用PSPICE辅助电路分析的内容。

本书可供高等职业学校、高等专科学校、成人高等学校以及本科院校举办的二级职业技术学院和民办高等学校电气类专业作为教材使用，也可供其他专业和有关科技人员参考。

图书在版编目（CIP）数据

电路基础/刘德辉，刘喜荣主编．—北京：中国水利水电出版社，2004（2018.8重印）
全国高职高专电气类精品规划教材
ISBN 978-7-5084-2314-2

Ⅰ．电… Ⅱ．①刘…②刘… Ⅲ．电路理论-高等学校：技术学校-教材 Ⅳ．TM13

中国版本图书馆CIP数据核字（2004）第076479号

书　　名	全国高职高专电气类精品规划教材 **电路基础**
作　　者	主编　刘德辉　刘喜荣
出版发行	中国水利水电出版社 （北京市海淀区玉渊潭南路1号D座　100038） 网址：www.waterpub.com.cn E-mail：sales@waterpub.com.cn 电话：（010）68367658（营销中心）
经　　售	北京科水图书销售中心（零售） 电话：（010）88383994、63202643、68545874 全国各地新华书店和相关出版物销售网点
排　　版	中国水利水电出版社微机排版中心
印　　刷	北京合众伟业印刷有限公司
规　　格	184mm×230mm　16开本　22印张　430千字
版　　次	2004年8月第1版　2018年8月第12次印刷
印　　数	45101—46100册
定　　价	**36.00**元

教育部在《2003－2007年教育振兴行动计划》中提出要实施“职业教育与创新工程”，大力发展职业教育，大量培养高素质的技能型特别是高技能人才，并强调要以就业为导向，转变办学模式，大力推动职业教育。因此，高职高专教育的人才培养模式应体现以培养技术应用能力为主线和全面推进素质教育的要求。教材是体现教学内容和教学方法的知识载体，进行教学活动的基本工具；是深化教育教学改革，保障和提高教学质量的重要支柱和基础。因此，教材建设是高职高专教育的一项基础性工程，必须适应高职高专教育改革与发展的需要。

为贯彻这一思想，2003年12月，在福建厦门，中国水利水电出版社组织全国14家高职高专学校共同研讨高职高专教学的目前状况、特色及发展趋势，并决定编写一批符合当前高职高专教学特色的教材，于是就有了《全国高职高专电气类精品规划教材》。

《全国高职高专电气类精品规划教材》是为适应高职高专教育改革与发展的需要，以培养技术应用为主线的技能型特别是高技能人才的系列教材。为了确保教材的编写质量，参与编写人员都是经过院校推荐、编委会答辩并聘任的，有着丰富的教学和实践经验，其中主编都有编写教材的经历。教材较好地反映了当前电气技术的先进水平和最新岗位资格要求，体现了培养学生的技术应用能力和推进素质教育的要求，具有创新特色。同时，结合教育部两年制高职教育的试点推行，编委会也对各门教材提出了满足这一发展需要的内容编写要求，可以说，这套教材既能适应三年制高职高专教育的要求，也适应两年制高职高专教育的要求。

《全国高职高专电气类精品规划教材》的出版，是对高职高专教材建设的一次有益探讨，因为时间仓促，教材可能存在一些不妥之处，敬请读者批评指正。

《全国高职高专电气类精品规划教材》编委会

2004年8月

前　言

在高职高专教育专业教学改革中，教学内容和课程体系改革始终是重点和难点之一。本教材是根据 2003 年 12 月中国水利水电出版社在厦门召开的全国高职高专电气类精品规划教材编审会确定的教材编写原则与分工，按照教育部组织制定的《电工技术基础课程教学基本要求》，在有关院校电气类专业多年教学改革的基础上，结合我国高等职业教育的现状和发展趋势编写。

由于《电路基础》课程不仅是高职高专电气类专业的一门重要专业基础课，而且是这些专业毕业生今后从事专业技术工作的基础，因此，本教材的编写注意了以下几个方面：

(1) 本教材由电路的基本概念和一般分析方法、正弦稳态电路分析、动态电路的时域分析、计算机辅助电路分析和磁路及其基本定律五大模块组成。各模块教学目标明确，具有较强的针对性和可组合性。

(2) 本教材强调专业基础理论教学以应用为目的，以必须、够用为度，根据技术领域和职业岗位群的需要确定教学内容。力求做到基本概念清楚，理论能应用于实际，强调实践动手能力的培养，并注重新技术、新标准的应用，但不强调本学科理论体系的完整性。

(3) 本教材的编写在保证"削支强干，突出重点"的前提下，力求同时满足各电气类专业的不同需要，各校可根据生源情况和专业教学的要求进行选择。

(4) 本教材除配有较典型的例题和习题外，还增加了较多的思考与练习，便于教师采用启发式或讨论式教学方法。同时，为提高学生应用计算机分析电路的能力和采用多媒体教学手段，增加了"应用 PSPICE 辅助电路分析"等内容。

(5) 教材内容叙述简明扼要。为了避免目前教材中普遍存在的“内容偏深、篇幅偏大”的情况，本教材的编写强调掌握概念、强化应用，培养技能为教学重点，对定律、定理一般只做必要说明，尽量减少数理论证。

本教材的编写大纲由南昌工程学院刘德辉教授提供。第1、2章由福建水利电力职业技术学院吴舒萍编写；第3章由南昌工程学院刘德辉编写；第4章由河北工程技术高等专科学校刘喜荣编写；第5章由四川电力职业技术学院张斌编写；第6章由广西水利电力职业技术学院李雪红编写；第7章由长江工程职业技术学院钱进编写；第8、10章由武汉电力职业技术学院程隆贵编写；第9章由南昌工程学院陈亮编写。本教材由南昌工程学院刘德辉教授、河北工程技术高等专科学校刘喜荣副教授任主编。

本教材承蒙南昌大学信息工程学院胡泳芬教授仔细审阅，并提出了许多宝贵意见，在此表示衷心的感谢。由于本教材受编者学识水平和教学经验的限制，难免有错误和不妥之处，殷切地希望同行和读者批评指正。

编　者

2004年8月

目录

第1章

电路的基本概念与定律

电路理论研究的对象是电路模型。本章介绍了电路模型的概念，电路中的主要物理量，电流、电压的参考方向的概念，接收、发出功率的表达式和计算方法，以及集总参数电路的基本定律——基尔霍夫定律。

1.1 电路与电路模型

1.1.1 电路的作用与组成

一些电路器件按照一定的方式组合起来所构成的电流的通路，称为电路，较复杂的电路又称为网络。

电路的组成形式很多，就其主要功能而言，可以分为两类：一类电路的功能是传输、分配和使用电能，如图1-1（a）是一个简单的实际电路，它由干电池、开关、小灯泡和联接导线等器件组成。当开关闭合后，在这个闭合的电路中便有电流通过，于是小灯泡就发光。干电池是一种电源，向电路提供电能；小灯泡是一种用电设备，在电路中称为负载，开关及联接导线可使电流构成通路，为传输环节。另一类电路的功能是传输、变换、存储和处理电信号，常见的例子如扩音机传声器（话筒）将声音变成电信号，经过放大器送到扬声器再变成声音输出。传声器施加的信号称为激励，它相当于电源；扬声器得到的放大信号称为响应，扬声器相当于负载。由于传声器施加的信号比较微弱，不足以推动扬声器发音，需要采

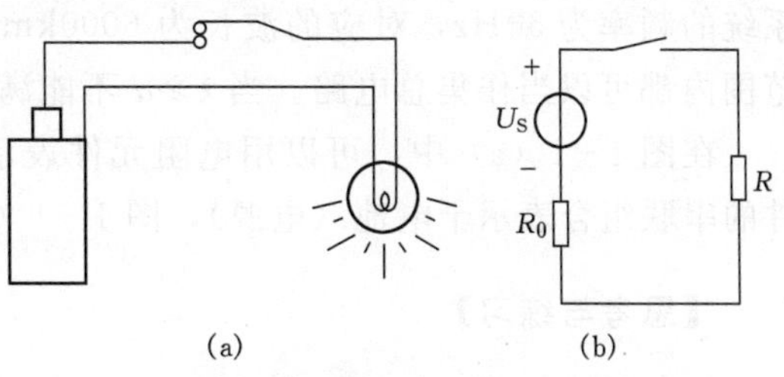

图1-1 一个简单的实际电路及其电路模型
（a）实际电路图；（b）电路模型图

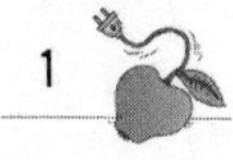

用传输环节对信号起传递和放大作用。

因此，无论何种电路，其主要组成部分都是由电源、负载和传输环节（包括连接导线和控制设备）三部分组成：电源是提供电能和电信号的设备；负载是用电或输出信号的设备；传输环节用于传输电能和电信号。

1.1.2 理想电路元件与电路模型

构成电路的电气器件往往比较复杂，其电磁性能的表现可能是多方面交织在一起的。为了便于分析，人们根据实际器件的主要电磁性能引入一些由数学定义的假想电路元件，称为理想电路元件，简称元件。例如实际的电阻器，有对电流呈现“阻力”的电阻性质，通过电流要消耗电能；但电流又产生磁场，又将电磁能转变为磁场能储存着，然而其储存的磁能相对于消耗的电能十分微弱。因此，可以只考虑其消耗电能的性能而忽略其磁场的作用。

每一种电路元件体现某种基本现象，具有某种确定的电磁性能和精确的数字定义。在一定条件下，用这些元件或它们的组合模拟实际电路中的器件，作为它的模型。例如电阻元件是一种只表示消耗电能（转变为其他形式能量）的元件。同理，电感元件是反映电路周围存在磁场而储存磁场能量的元件，电容元件是反映电路及其附近存在着电场而且可以储存电场能量的元件。元件或元件的组合就构成了实际器件和实际电路的模型，电路理论中所研究的电路实际是电路模型的简称。

电路理论中引用的元件主要有电阻、电容、电感、理想电压源、理想电流源，这些元件都具有两个端钮，称为二端元件。这些元件又称为集总元件，由集总元件组成的电路称为集总电路。

当实际电路中电流或电压的最高工作频率所对应的电磁波波长 λ 远大于电路最大几何尺寸 d 时（即 $\lambda \gg d$），电路器件的端电流和端电压具有确定的单值，称这种电路为集总参数电路，简称集总电路。换句话说，电磁波沿集总电路传播所经历的时间同电磁波周期相比可以忽略不计，因而集总电路的尺寸也就无关紧要了。比如我国电力系统的频率为50Hz，对应的波长为6000km，工作在这一频率下的电路，相当大的范围内都可以当作集总电路。当 $\lambda \gg d$ 不能满足时，应当按分布参数电路处理。

在图1-1（a）中，可以用电阻元件表示小灯泡（电阻器），用电压源和电阻元件的串联组合表示干电池（电源），图1-1（b）便是图1-1（a）的电路模型图。

【思考与练习】

（1）什么是电路？电路的作用有哪些？电路由哪些部分组成？

（2）如何构成图1-1（a）的电路模型？它们各代表哪种电磁现象？

(3) 电路理论研究的对象是什么？

1.2 电路的基本物理量

1.2.1 电流及其参考方向

1.2.1.1 电流

在电路中，一种重要的物理现象是电荷的运动。而带电粒子的定向运动，就形成电流。衡量电流大小的量是电流强度，简称电流。所以电流既是一种物理现象，又是一个物理量。某处的电流大小等于单位时间内通过该处的电荷量。用符号 i 表示电流，如果在极短的时间 $\mathrm{d}t$ 内通过某处的电荷量为 $\mathrm{d}q$，则此时该处的电流

$$i=\frac{\mathrm{d}q}{\mathrm{d}t} \tag{1-1}$$

并规定正电荷定向运动的方向（即负电荷运动的反方向）为电流的实际方向。

大小和方向不随时间变化的电流叫做恒定电流或直流电流，简称直流，用 I 表示，并有

$$I=\frac{q}{t} \tag{1-2}$$

式中 q——在时间 t 内通过的电荷量。

周期性变动且平均值为零的电流称为交变电流，简称交流。

本书物理量采用国际制单位制（SI）。电流的 SI 单位是安培，简称安，符号为 A；电荷量的单位是库仑，简称库，符号为 C；若每秒钟通过某处的电荷量为 1C，则电流为 1A。将电流 SI 单位冠以词头（见表 1-1），即可得到电流的十进制倍数单位和分数单位，常用的有 kA（千安）、mA（毫安）、μA（微安）等。

表 1-1　常用 SI 词头

因数	10^9	10^6	10^3	10^2	10^1	10^{-1}	10^{-2}	10^{-3}	10^{-6}	10^{-9}	10^{-12}
名称	吉	兆	千	百	十	分	厘	毫	微	纳	皮
符号	G	M	k	H	da	d	c	m	μ	n	p

【例 1-1】 图 1-2，在 0.002s 内，有负电荷 0.005C，从 a 向 b 通过 S 面，同时有正电荷 0.005C 从 b 向 a 通过 S 面，试分析通过面 S 的电流的大小和方向。

解： 向相反方向运动的正、负电荷的效应相同，这里相当于有 0.005+0.005=0.01C

的正电荷由 b 向 a 通过面 S，所以通过面 S 的电流的大小

$$I=\frac{0.01}{0.002}=5\ (\text{A})$$

方向如图 1-2 中虚线箭头所示。

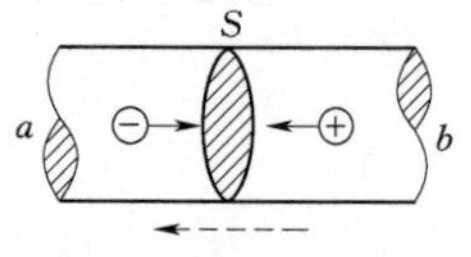

图 1-2　例 1-1 图

1.2.1.2　电流的参考方向

电路中一条支路的电流只可能有两个方向，如支路的两个端钮分别为 a、b，其电流的方向不是从 a 到 b，就是从 b 到 a。电流的方向是客观存在的，为了分析计算的方便，人们应用正负数的概念，用一个代数量同时表达电流的大小和方向。则在其可能的两个方向中任意选择一个方向，作为电流分析计算时采用的方向，这个方向叫做电流参考方向，用带箭头的实线表示在电路图上，并标以电流符号，如图 1-3（a）。规定了参考方向以后，电流就是一个代数量，若电流为正值，则电流的实际方向与参考方向一致；若电流为负值，则电流的实际方向与参考方向相反。或者说，若电流的实际方向和参考方向一致时，电流为正值；若电流的实际方向和参考方向相反时，电流为负值。这样就可以利用电流的参考方向和电流的正负值来判断电流的实际方向。应当注意在未规定参考方向的情况下，电流的正负号是没有意义的。例如，见图 1-3，若电流大小为 1A，电流实际方向从 a 到 b，如图 1-3（b）中虚线所示，如果选择参考方向如图 1-3（b）中实线所示，这个电流的 $i=1\text{A}$；如果选择参考方向如图 1-3（c）所示，则此电流 $i=-1\text{A}$。

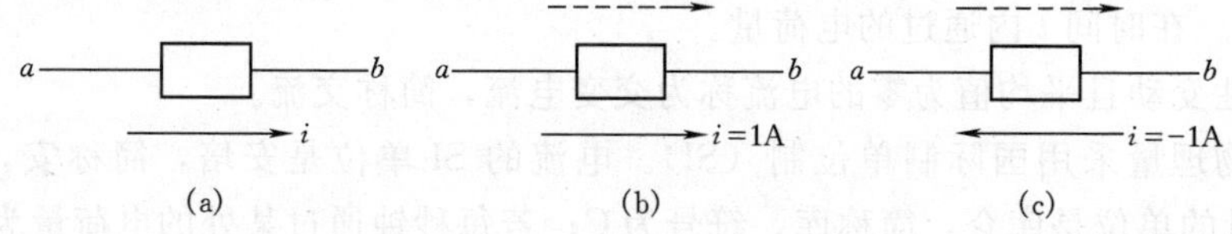

图 1-3　电流的参考方向

在电路图中，电流的参考方向都用实线箭头表示，需要表示实际方向时则用虚线箭头。电流的参考方向除用实线箭头在电路图上表示外，还可以用双下标表示，如图 1-3（b）所示，可用 i_{ab} 表示其参考方向由 a 指向 b，如图 1-3（c）所示，可用 i_{ba} 表示其参考方向由 b 指向 a。显然两者相差一个负号，即

$$i_{\text{ab}}=-i_{\text{ba}} \tag{1-3}$$

1.2.2　电压、电位与电动势及其参考方向

电路中电流的存在伴随着能量的转换，电压或电位差就是用来描述电路这一特性的物理量。

1.2.2.1 电压

从理论分析和实验都可以知道，电荷在电场（库仑电场）中从一点移动到另一点时，它所具有的能量的改变量只和这两点的位置有关，而与移动路径无关。电压这个物理量就是根据此定义的。电路中 a、b 两点间的电压为单位正电荷在电场力的作用下由 a 点移动到 b 点时减少的电能，用符号 u_{ab} 表示，即

$$u_{ab}=\frac{dW}{dq} \tag{1-4}$$

式中 dq——由 a 点移到 b 点的电荷量；

dW——转移过程中电荷减少的能量。

电压既表明单位正电荷在电场力作用下转移时减少的电能，减少电能体现为电位的降低（从高电位点到低电位点），所以电压的方向是电位降低的方向。电压的 SI 单位是伏特，简称伏，符号为 V，它等于 1C 的正电荷沿电场力方向能量减少了 1 焦耳。

1.2.2.2 电位

分析电子电路，常应用电位这一物理量。在电路中任选一点 0 作为参考点，则某点 a 的电位就是由 a 点到参考点 0 的电压，用 φ_a 表示。即

$$\varphi_a=u_{a0}$$

至于参考点本身的电位，乃是参考点对参考点的电压，显然为零，所以参考点又叫零电位点。

电压与电位的关系为：a、b 两点间的电压等于这两点间的电位之差，即

$$u_{ab}=u_{a0}+u_{0b}=u_{a0}-u_{b0}=\varphi_a-\varphi_b \tag{1-5}$$

式中 φ_a——a 点电位；

φ_b——b 点电位。

所以两点间的电压等于这两点间的电位差，即电压又叫电位差。电位的单位也为伏特，符号为 V。

电位的参考点可以任意选取，参考点选择的不同，同一点的电位相应不同，但电压与参考点的选择是无关的。在任意一个系统中只能选择一个参考点，至于如何选择参考点，则需要看分析计算问题的方便而定。常常选择大地、设备外壳或接地点作为参考点，电子电路中常选各有关部分的公共线上的一点作为参考点，参考电位点常用接地符号表示。例如图 1-4 中，已知 $u_{ab}=6V$，$u_{bc}=3V$，如图 1-4（a），选 c 点为参考点，则 $\varphi_c=0$，$\varphi_a=u_{ac}=u_{ab}+u_{bc}=9V$，$\varphi_b=u_{bc}=3V$；如图 1-4（b），选 b 点为参

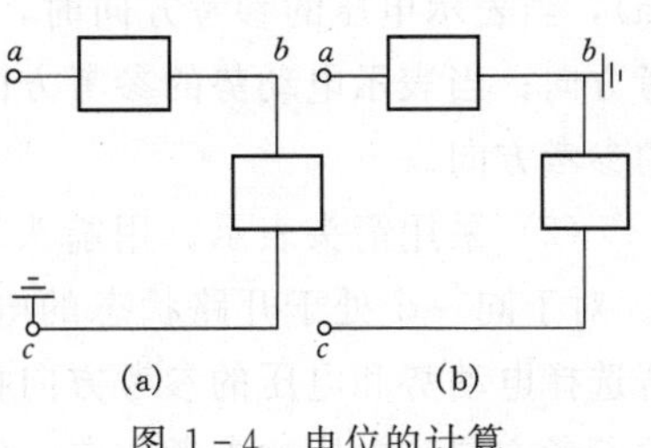

图 1-4 电位的计算

考点则 $\varphi_b=0$，$\varphi_a=u_{ab}=u_{ab}=6V$，$\varphi_c=u_{cb}=-3V$。

1.2.2.3　电动势

在电场力的作用下，正电荷总是从高电位点向低电位点移动。为了形成连续的电流，在电源中正电荷必须从低电位点移到高电位点。这就要求在电源中有一种电源力，正电荷在电源力的作用下将从低电位处移向高电位处。例如在发电机中，当导体在磁场中运动时，导体内便出现这种电源力，这种电源力是由电磁作用产生的，电池中的电源力是由电解液和极板间的化学作用产生的。由于电源力而使电源两端具有的电位差叫做电动势。电动势表明了单位正电荷在电源力的作用下转移时增加的电能，用 e 表示，即

$$e=\frac{dW_S}{dq} \tag{1-6}$$

式中　dq——转移的电荷；

dW_S——转移过程中电荷增加的电能。

增加电能体现为电位的升高（从低电位点到高电位点），所以规定电动势的方向是电位升高的方向。把高电位的一端叫正极，电位低的一端叫负极，则电动势的方向规定从负极到正极。电动势的单位为伏特，符号为 V。

按电压和电动势随时间变化的情况，可以分为直流的与交流的。如果电压和电动势的量值与方向都不随时间而变动，则称为直流电压和直流电动势，分别用符号 U 和 E 表示。周期性变动且平均值为零的电压和电动势称为交变电压和电动势，分别用符号 u 和 e 表示。

1.2.2.4　电压、电动势的参考方向

与电流类似，在分析计算电路的电压、电动势时，也引进参考方向，即假定的电压和电动势的方向。同样，电压、电动势的参考方向是决定电压、电动势数值为正负的依据，当电压、电动势的实际方向与参考方向相同时，数值为正，反之为负。电压、电动势的参考方向，一般有三种表示形式：

（1）采用参考极性表示。在电路图上标出正（+）、负（−）极性，如图 1-5（a），当表示电压的参考方向时，标以电压符号 u，这时正极指向负极的方向就是参考方向；当表示电动势的参考方向时，标以电动势符号 e，负极指向正极就是电动势的参考方向。

（2）采用箭头表示。用箭头表示在电路图上，并标以电压符号 u 或电动势符号 e。对于同一个处于开路状态的电源设备，它的电动势与电压方向相反而量值相等。若选择电动势和电压的参考方向相反时，如图 1-5（b），则有 $e=u$；若选择电动势的参考方向和电压的参考方向一致时，如图 1-5（c），则有 $e=-u$。

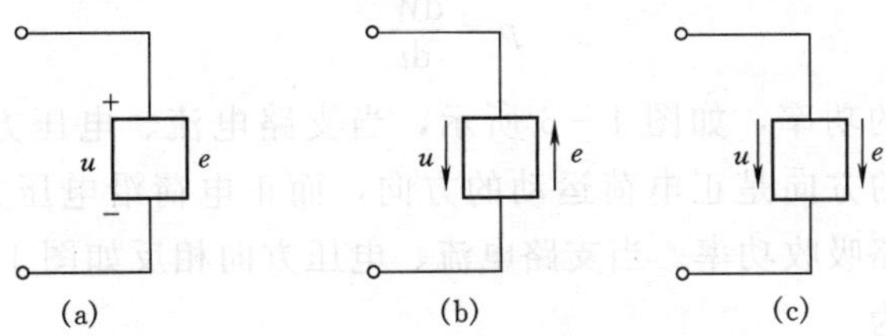

图 1-5 电压和电动势的参考方向

(3) 采用双下标表示。如 u_{ab} 表示电压的参考方向是由 a 指向 b；e_{ba} 表示电动势的参考方向是由 b 指向 a。

参考方向是电路理论中的一个基本概念，下面提出使用参考方向需要注意的几个基本问题：

(1) 电流、电压的方向是客观存在的，但往往难于事先判定。参考方向是人为选择的决定电流、电压数值为正、负的依据。参考方向一经选定，在整个分析计算过程中就必须以此为标准，而不能变动。

(2) 分析每一个电流、电压，都需要先选定它的参考方向。电流、电压的正、负值对应于所选参考方向而言的，不说明参考方向，而说某电流值为正或负，是没有意义的。

(3) 参考方向可以任意选定而不影响计算结果，对同一电流（或电压），如果参考方向选择不同，结果是大小一样而异号，即 $i_{ab}=-i_{ba}$

(4) 本书一些结论是在一定的参考方向选择下得出的，应用这些结论时必须遵照原先选择的参考方向。

1.2.3 关联参考方向

支路的电流和端钮间的电压分别叫做支路电流和支路电压。支路电流参考方向和支路电压参考方向可以分别独立规定。一个支路电流、支路电压，可以选择一致的参考方向，叫做关联参考方向，即电流的参考方向是从电压的“+”极流入，“-”极流出。也可以选择不一致的参考方向，叫做非关联参考方向。本书中如果不加以说明，都选择关联参考方向，这样，对同一支路，只需要标出电流或电压的参考方向中的一个就可以了。

1.2.4 电功率和电能

1.2.4.1 电功率

电功率是电路分析中常要用到的一个物理量。传送和转换电能的速率叫电功率，简称功率。用 p 或 P 表示，有

$$p=\frac{\mathrm{d}W}{\mathrm{d}t} \tag{1-7}$$

分析任一支路的功率，如图 1－6 所示，当支路电流、电压方向一致如图 1－6（a）时，因为电流的方向是正电荷运动的方向，而正电荷沿电压方向移动时能量减少，所以这时该支路吸收功率。当支路电流、电压方向相反如图 1－6（b）时，该支路发出功率。又因为

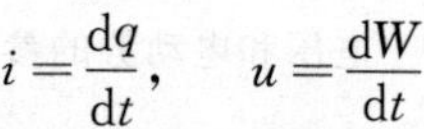

$$i=\frac{\mathrm{d}q}{\mathrm{d}t},\quad u=\frac{\mathrm{d}W}{\mathrm{d}t}$$

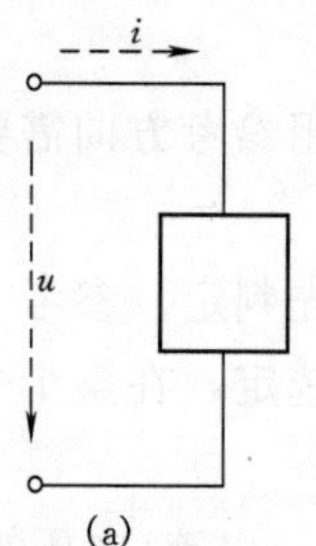

(a)

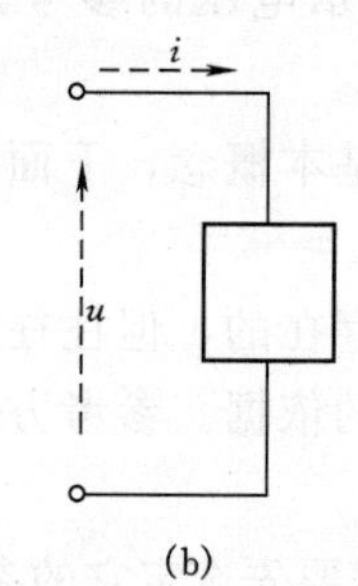

(b)

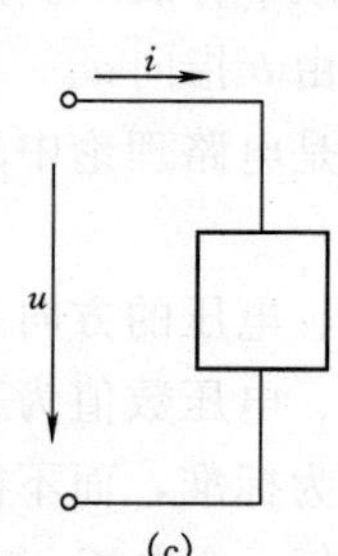

(c)

图 1－6　功率的性质

所以功率即能量转换的速率

$$p=\frac{\mathrm{d}W}{\mathrm{d}t}=\frac{\mathrm{d}W}{\mathrm{d}q}\times\frac{\mathrm{d}q}{\mathrm{d}t}=ui \tag{1-8}$$

即任一支路的功率等于其电压与电流的乘积。

直流时

$$P=UI \tag{1-9}$$

用式（1－8）、式（1－9）进行功率计算时，如果所选电压电流参考方向关联如图 1－6（c），则所得的功率 p 表示支路吸收功率。即算得功率为正时，说明支路确实吸收功率；算得功率为负时，说明支路实际发出功率。

同样，如果选择非关联参考方向，则按（1－8）式所得的 p 表示支路发出功率，即算得的功率为正时，说明支路确实发出功率；算得功率为负时，说明支路实际吸收功率。

SI 中，功率的单位为瓦特简称瓦，符号为 W，1W＝1VA。

1.2.4.2　电能

由 $p=u(t)\,i(t)$，可以求得支路在 t_0 到 t 时间内吸收或发出的能量。

$$W=\int_{t_0}^{t}p(t)\,\mathrm{d}t \tag{1-10}$$

直流时

$$W = UIt \tag{1-11}$$

电能 SI 单位是焦耳，简称焦，符号为 J，它等于功率为 1W 的用电设备在 1s 内消耗的电能。在实际应用上还采用 kW·h（千瓦时）作为电能的单位，它等于功率为 1kW 的用电设备在 1h（3600s）内消耗的电能，简称度。

$$1\text{kW}\cdot\text{h} = 10^3\text{W} \times 3600\text{s} = 3.6 \times 10^6\text{J}$$

能量转换与守恒定律是自然界的基本定律之一，电路当然也遵守这一定律。一个电路中，每一瞬间，所有元件吸收功率的代数和为零。这个结论也叫"电路的功率平衡"。

【例 1-2】 （1）在图 1-7（a）中，如 $i_{ab}=1\text{A}$，试求该元件的功率。（2）在图 1-7（b）中，如 $i_{ab}=1\text{A}$，试求该元件的功率。（3）在图 1-7（c）中，如元件发出功率 6W，试求电流。

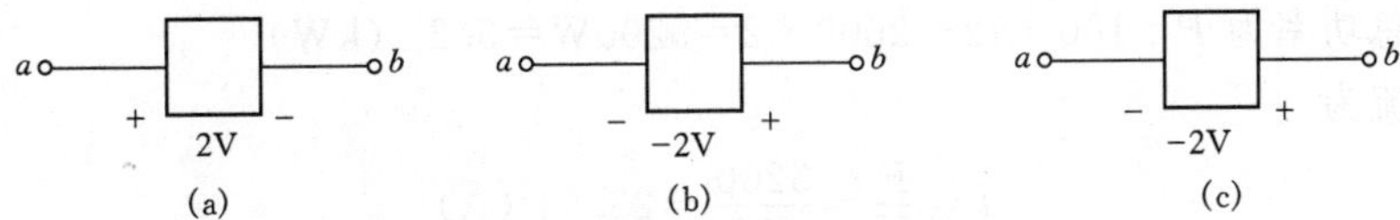

图 1-7 例 1-2 图

解法 1：（1）所选为关联参考方向，所以表示元件吸收功率

$$P = 2 \times 1 = 2\ (\text{W})$$

因为 $P>0$，说明元件实际吸收 2W 功率。

（2）所选为非关联参考方向，所以表示元件发出功率

$$P = (-2) \times 1 = -2\ (\text{W})$$

因为 $P<0$，说明元件实际吸收 2W 的功率。

（3）选择非关联参考方向，即电流的参考方向由 a 到 b，则有

$$i_{ab} \times (-2) = 6$$

$$i_{ab} = \frac{6}{-2} = -3\ (\text{A})$$

解法 2：（1）在所选的参考方向下，电压、电流均大于零，则电压、电流的实际方向与参考方向一致，即电压、电流的实际方向相同，故元件吸收功率

$$P = 2 \times 1 = 2\ (\text{W})$$

（2）因为 $u<0$，故电压的实际方向与参考方向相反，即电压的实际方向由 a 到 b，所以电压、电流的实际方向相同，故元件吸收功率

$$P = 2 \times 1 = 2\ (\text{W})$$

（3）因为 $u<0$，故电压的实际方向与参考方向相反，即电压的实际方向由 a 到

b，又已知元件发出功率，所以电压电流的实际方向相反，故电流的实际方向为 b 到 a，$i_{ab}=-\frac{6}{2}=-3\text{A}$。

各种电气器件（电灯、电烙铁、电阻器）都有一定的量值限额，称为额定值，包括额定电压、额定电流和额定功率。许多器件在额定电压下才能正常、合理、可靠地工作，电压过高时器件容易损坏，过低时则器件不能正常工作。使用电气器件时不应超过其额定电流或额定功率，否则时间稍长就可能因过热而烧坏。由于功率、电压和电流之间有一定的关系，所以在给出额定值时，没有必要全部给出。例如对灯泡、电烙铁等通常只给出额定电压和额定功率，而对于电阻器除给出电阻外，还给出额定功率。

【例 1-3】　已知某实验室有额定电压 220V、额定功率 100W 的白炽灯 12 盏，另有额定电压 220V、额定功率 2kW 的电炉两台，都在额定状态下工作。试求：总功率、总电流和 2h 内消耗的电能。

解：总功率为 $P=100\times12+2000\times2=5200\text{W}=5.2\ (\text{kW})$

总电流为

$$I=\frac{P}{U}=\frac{5200}{220}=23.64\ (\text{A})$$

总电能为

$$W=Pt=5.2\times2\text{kW}\cdot\text{h}=10.4\text{kW}\cdot\text{h}=10.4\ (\text{度})$$

【思考与练习】

(1) 直流电流通过导线，已知 1s 内从 a 到 b 通过导线的电荷量为 0.5C，①如通过的是正电荷，试求 I_{ab}；②如通过的是负电荷，试求 I_{ab}。

(2) 电压、电位、电位差、电动势有何区别与关系。

(3) 说明使用参考方向时要注意什么问题。

(4) 什么叫电功率？如何判断二端元件是吸收功率还是发出功率？什么叫电路功率平衡？

(5) 把“110V、15W”的灯泡接到 220V 的电源上行吗，为什么？把“220V、15W”的灯泡接到 110V 的电源上行吗，为什么？

1.3 基尔霍夫定律

1.3.1 电路结构的有关术语

以图 1-8 所示电路为例，介绍一些有关电路的名词。图 1-8 中，方框符号表示

没有具体说明性质的二端元件。

串联和并联：成串相连，中间没有分支的一些二端元件称为串联；而一些二端元件的两个端钮分别联接在一起时称为并联。图 1-8 所示电路中，元件 1、2、3 串联，元件 4、5 串联，元件 6、7 串联及元件 8、9 并联。

支路和节点：每一个二端元件称为 1 条支路，两条及两条以上的支路的联接点称为节点。图 1-8 电路共有 9 条支路，共有 a、b、…、g 等 7 个节点。

支路和节点还有其引申的定义。为了方便，有时把几个二端元件串联的组合作为 1 条支路，三条或三条以上的支路的联接点称为节点。例如图 1-8 中，只有五条支路：元件 1、2、3 组成一条支路，元件 4、5 组成一条支路，元件 6、7 组成一条支路；a、b、d、f 不再作为节点，只有 c、e、g 三个节点。

回路和网孔：由几条支路组成的闭合路径称为回路，图 1-8 电路中，元件 1、4、5、3、2 组成回路，元件 6、7、8、5、4 组成一个回路，元件 8、9 组成一个回路，元件 1、6、7、9、3、2 组成一个回路等。

网孔是回路中的一种，将电路画在平面上，在回路内部不含有支路的回路称为网孔。图 1-8 电路中，元件 1、4、5、3、2 组成的回路称为网孔，元件 1、6、7、8、3、2 组成的回路不称为网孔。

1.3.2 基尔霍夫电流定律

基尔霍夫定律包括两个内容，其一是基尔霍夫电流定律，缩写为 KCL。是用来确定连接在同一节点上各支路电流之间的关系的。

流进某处某一电荷量的电荷，必须同时从该处流出同一电荷量的电荷，这一结论称为电流的连续性原理。

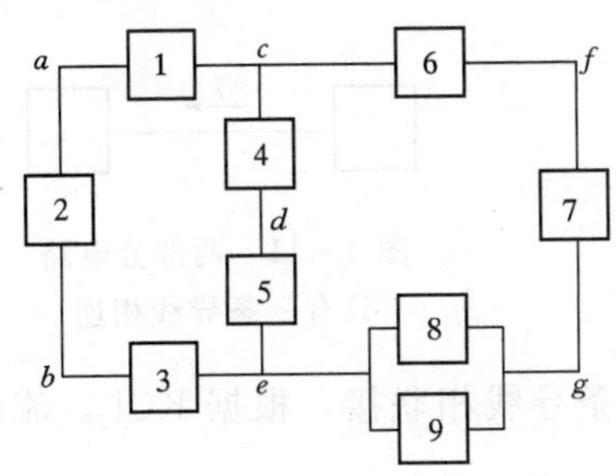

图 1-8 电路名词说明

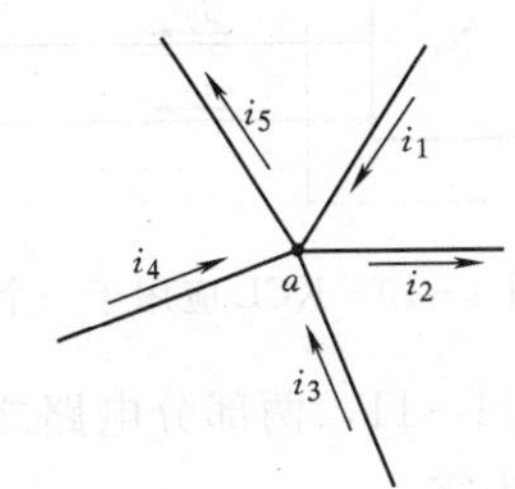

图 1-9 说明 KCL 的电路

KCL 是电流的连续性原理在电路中的体现，对电路中任一节点，在任一瞬间，流出节点的电流之和必定等于流入节点电流之和。例如，对图 1-9 所示电路中的节

点 a，连接在 a 点的支路共有五个，按各支路电流的参考方向，流出节点的电流为 i_2 和 i_5，流入节点的电流为 i_1、i_3 和 i_4，则

$$i_2+i_5=i_1+i_3+i_4$$

上式可以写成

$$-i_1+i_2-i_3-i_4+i_5=0$$

即

$$\sum i=0 \tag{1-12}$$

式（1－12）就是 KCL 的表达式，其内容是：电路的任一瞬间，联接在任一节点的各支路的电流的代数和为零。对于连接在一个节点的各支路电流的解析式，则有

$$\sum i(t)=0$$

在直流情况下，则有

$$\sum I=0$$

由 KCL 决定的各支路电流的关系式有节点电流方程之称。列节点电流方程时，一般对参考方向背离节点的电流取"＋"号，同时对指向节点的电流取"－"号。当然，也可以作相反规定，其结果是等效的。

KCL 决定了串联的各个支路的电流相等。

KCL 适用于电路的节点，根据电流连续性原理，也可以推广应用于电路中的任一假设的封闭面：通过电路中任一封闭面的电流的代数和为零。如图 1－10 所示虚线封闭面包围的电路 N_1 中有 3 条支路与电路的其余部分联接，其流出的电流为 i_1、i_2 和 i_3（电流的方向都是参考方向），则

$$i_1+i_2+i_3=0$$

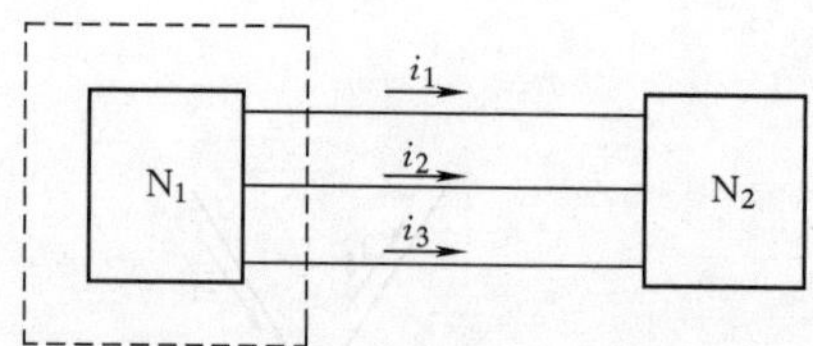

图 1－10　KCL 应用于一个封闭面

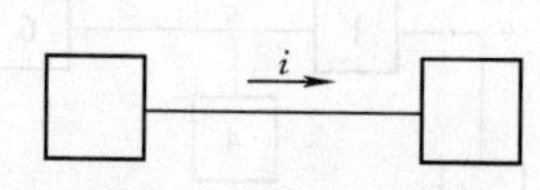

图 1－11　两部分电路只有一条导线相连

对于图 1－11，两部分电路之间只有一条导线相联接，根据 KCL，流过该导线的电流 i 必为零。

1.3.3　基尔霍夫电压定律

基尔霍夫定律的另一内容是基尔霍夫电压定律，简写为 KVL。

电荷在电场中从一点移动到另一点时，它所具有的能量的改变量只与这两点的位置有关，与移动的路径无关。KVL是电压与路径无关这一性质在电路中的体现。例如，图1-12所示电路中的一个回路 $abcda$，各支路的电压参考方向如图所示，各电压分别为 u_1、u_2、u_3、u_4，从节点 a 出发经过路径 ab 到达另外一个节点 b，电压为

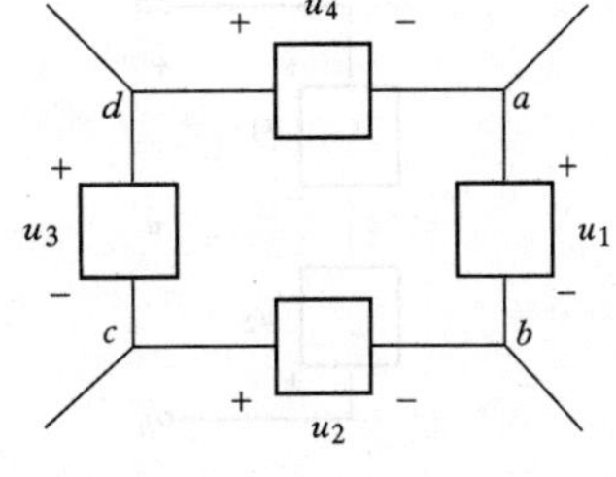

图1-12 说明KVL的电路

$$u_{ab}=u_1$$

从节点 a 出发经过路径 $adcb$ 到达节点 b，电压为各支路电压的代数和

$$u_{ab}=-u_4+u_3+u_2$$

则

$$u_1=-u_4+u_3+u_2$$

上式可写成

$$u_1-u_2-u_3+u_4=0$$

这个关系式表明：沿电路的任一回路绕行一周，回路中各支路电压的代数和为零，如对所选参考方向与“绕行方向”一致的电压取正号，则对参考方向与绕行方向相反的电压取负号。绕行方向是任选的，本例中取的是顺时针方向。

推广到一般情况，电路中的任一瞬间，任一回路的各支路电压的代数和为零，这就是KVL，其数学表达式为

$$\sum u=0 \tag{1-13}$$

并有

$$\sum u(t)=0$$

在直流情况下，则有

$$\sum U=0$$

由KVL决定的各支路电压关系式有回路电压方程之称。列回路电压方程时，要先对回路取一绕行方向，一般参考方向与绕行方向一致的电压取正号，不一致的取负号。

由KVL决定了并联的各个支路的电压相等。

KVL也可以推广应用于假想回路，例如在图1-13中，可以假想有回路 $abca$，其中 ab 段未画出支路。对于这个假想回路，如从 a 出发，顺时针方向绕行一周，按图中规定的参考方向，有

$$u+u_2-u_1=0$$

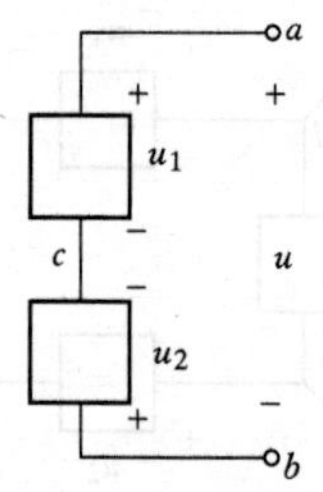

图 1-13 KVL 应用于假想回路

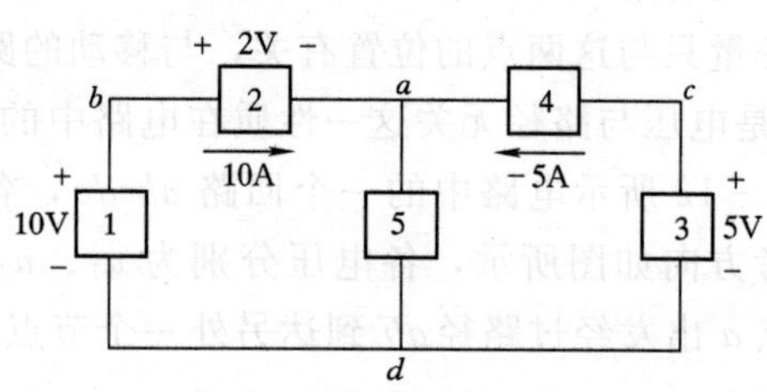

图 1-14 例 1-4 图

KCL 规定了电路中任一节点的电流必须服从的约束关系，KVL 规定了电路中任一回路的电压必须服从的约束关系。这两个定律仅与元件的相互联接方式有关，而与元件的性质无关，所以这种约束称为互联约束或拓扑约束。互联约束关系是线性关系。

【例 1-4】 试计算图1-14电路中各元件的功率，已知数据标在图中。

解：为计算功率，先计算电流、电压。

元件 1 与元件 2 串联，$i_{db}=10A$，元件 3 与元件 4 串联，$i_{dc}=-5A$，对于回路 $cabdc$、$adba$ 由 KVL，有

$$u_{ca}-2+10-5=0,\quad u_{ad}-10+2=0$$

得

$$u_{ca}=-3\ (V),\ u_{ad}=8\ (V)$$

用 KCL 对于节点 a，有

$$i_{ad}-10+5=0$$

得

$$i_{ad}=5\ (A)$$

元件 1 的电压电流的实际方向相反，则元件 1 发出 10×10=100W 的功率。

元件 2 的电压电流的实际方向相同，则元件 2 吸收 10×2=20W 的功率。

同理，元件 3 吸收 25W 的功率，元件 4 吸收 15W 的功率，元件 5 吸收 40W 的功率。

用功率平衡进行验证，实际发出功率为：100W

实际吸收功率为：20+25+15+40=100W

即电路的功率平衡。

【思考与练习】

(1) 说明 KVL、KCL 的内容及应用范围。

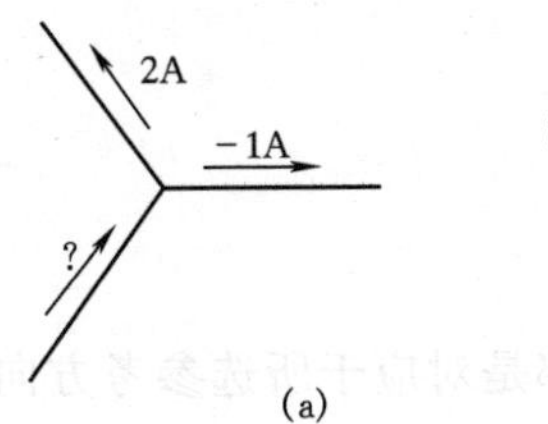

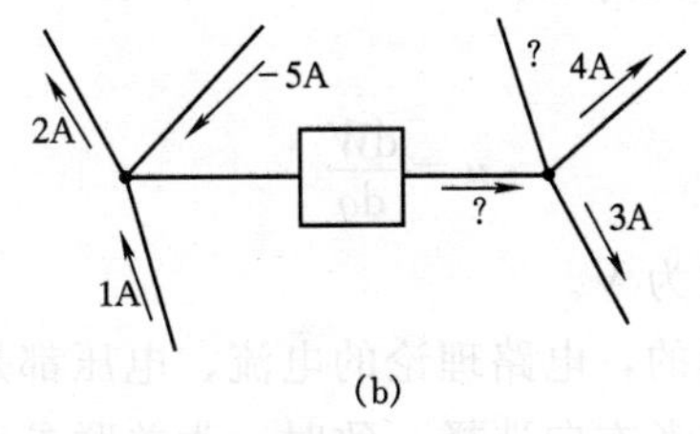

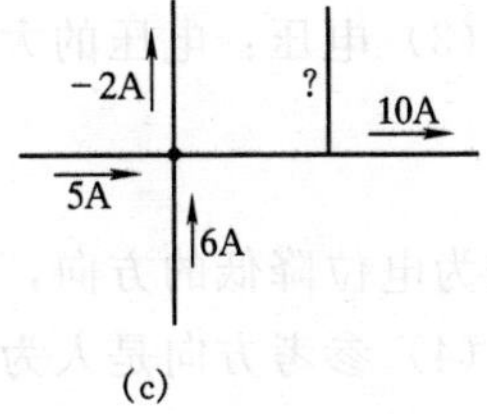

图 1-15 练习 (2) 图

(2) 试求图 1-15 所示电路中的未知电流。

(3) ①试对图 1-16 所示电路中各元件的电流、电压选择关联参考方向，并各设为 i_1、i_2、…、i_6，u_1、u_2、…、u_6；②列出各节点的电流方程；③列出各回路电压方程。

(4) 电路如图 1-17 所示，①求图 1-17 (a) 和图 1-17 (b) 中的 U；②求图 1-17 (c) 中的 U_1、U_2、U_3。

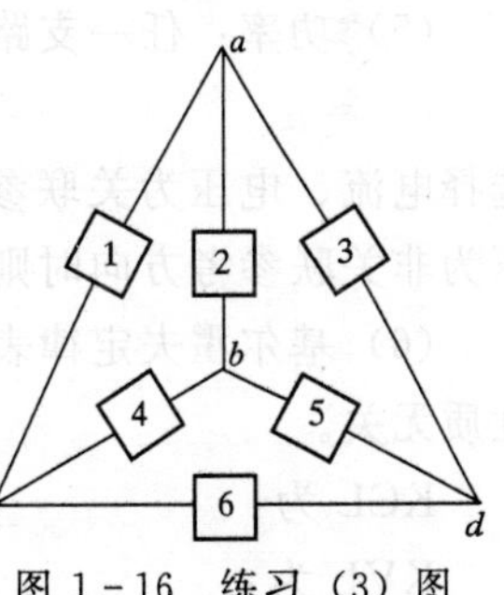

图 1-16 练习 (3) 图

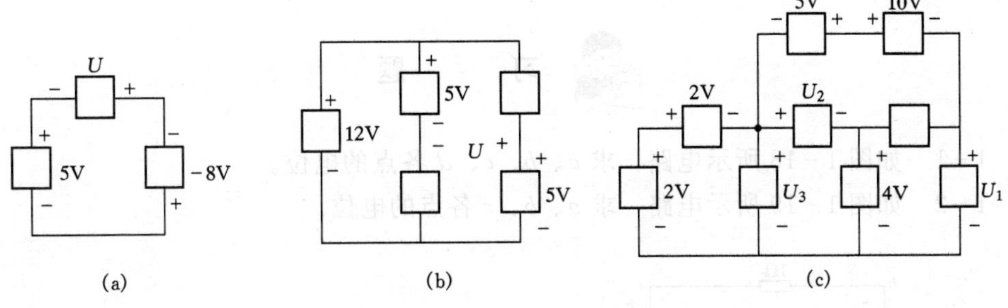

图 1-17 练习 (4) 图

小 结

(1) 电路理论研究的对象是实际电路的模型，是由理想电路元件构成的。理想电路元件是从实际电路器件中抽象出来的理想化的模型，可用数学公式精确地定义。

（2）电流：电流的大小

$$i=\frac{\mathrm{d}q}{\mathrm{d}t}$$

方向为正电荷运动的方向，单位为 A。

（3）电压：电压的大小

$$u=\frac{\mathrm{d}W}{\mathrm{d}q}$$

方向为电位降低的方向，单位为 V。

（4）参考方向是人为选择的，电路理论的电流、电压都是对应于所选参考方向而言的代数量。电压、电流的参考方向选择一致时，为关联参考方向，反之为非关联参考方向。

（5）功率：任一支路的功率

$$p=ui$$

选择电流、电压为关联参考方向时，所得的 p 表示支路吸收的功率；选择电流、电压为非关联参考方向时则表示支路发出功率。整个电路的功率是平衡的。

（6）基尔霍夫定律表明电路连接时对支路电流、电压的互联约束关系，与元件的性质无关。

KCL 为：　$\sum i=0$

KVL 为：　$\sum u=0$

它们适用于任何电路的任一瞬间。

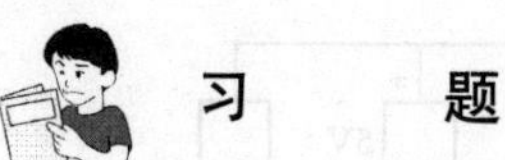

习　题

1－1　如图 1－18 所示电路，求 a、b、c、d 各点的电位。

1－2　如图 1－19 所示电路，求 a、b、c 各点的电位。

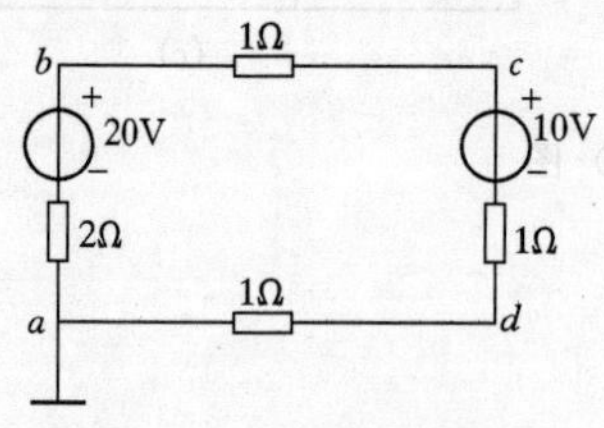

图 1－18　题 1－1 图

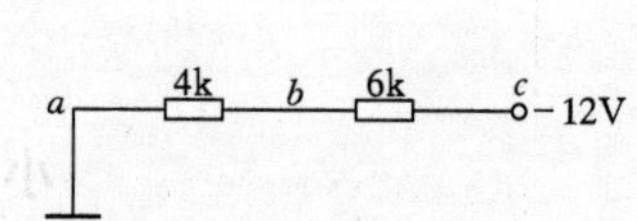

图 1－19　题 1－2 图

1－3　如图 1－20 所示电路，已知 $U_{S1}=6\mathrm{V}$，$U_{S2}=10\mathrm{V}$，$R_1=4\Omega$，$R_2=2\Omega$，

$R_3=10\Omega$，$R_4=9\Omega$，$R_5=1\Omega$，求：（1）电流 I_1、I_3、I_4；（2）以 O 点为参考点，V_a、V_b、V_c 各为多少？

1-4　如图 1-21 所示电路，试分别以 a 点和 b 点为参考点，计算其他各点电位及电压 U_{ac}。

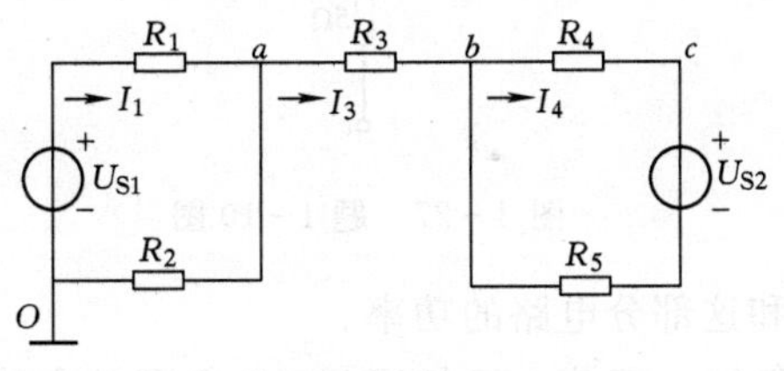

图 1-20　题 1-3 图

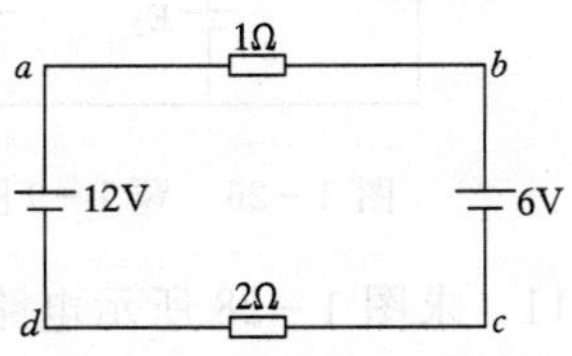

图 1-21　题 1-4 图

1-5　如图 1-22 所示，10V 电压源的功率为 0，求 E 及 E 发出的功率。

1-6　如图 1-23 所示电路，已知 $I=20\text{mA}$，$I_2=12\text{mA}$，$R_1=1\text{k}\Omega$，$R_2=2\text{k}\Omega$，$R_3=10\text{k}\Omega$，求电路中电流 I_4 和 I_5。

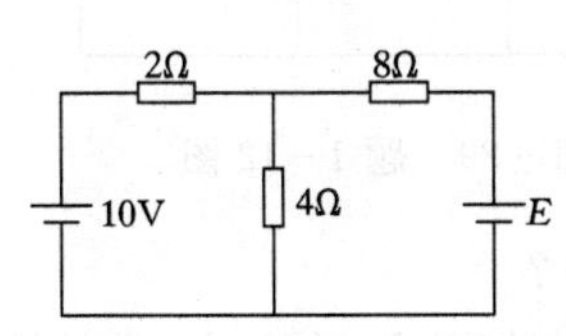

图 1-22　题 1-5 图

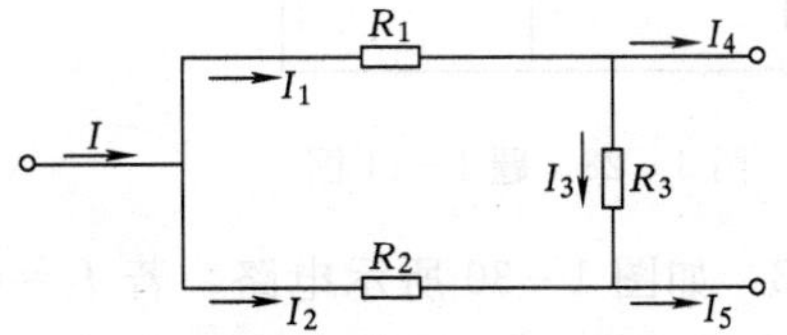

图 1-23　题 1-6 图

1-7　求如图 1-24 所示电路的电流 I 和电压 U。

1-8　求图 1-25 所示电路的电流 I 和电压 U。

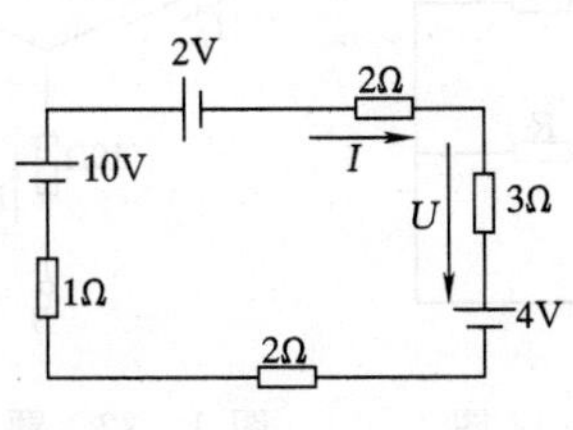

图 1-24　题 1-7 图

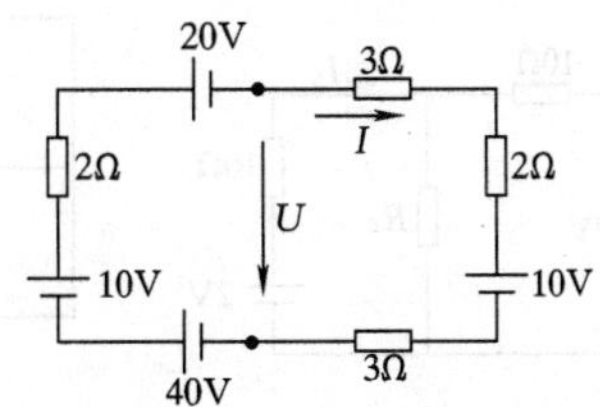

图 1-25　题 1-8 图

1-9　如图 1-26 所示电路中，已知 $E_1=100\text{V}$，$E_2=40\text{V}$，$E_3=120\text{V}$，$R_2=20\Omega$，$R_3=10\Omega$，求各支路电流。

1-10　如图 1-27 所示电路，已知 $I_a=-1\text{A}$，$I_b=0.5\text{A}$，试求：U_{ab}、

U_{bc}、U_{ca}。

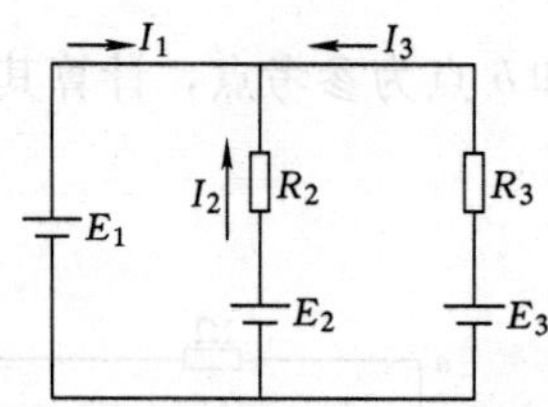

图1-26 题1-9图

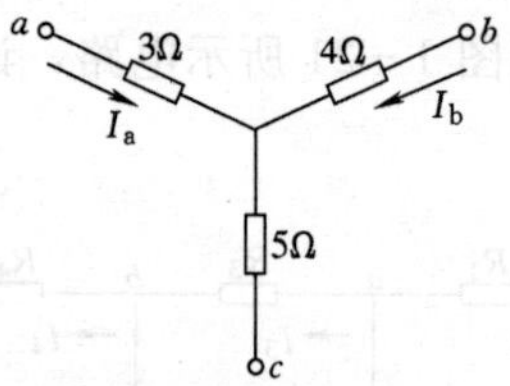

图1-27 题1-10图

1-11 求图1-28所示电路中的R和这部分电路的功率。

1-12 如图1-29所示电路为某电路的一部分，已知通过2Ω电阻的电流I_{de}为1A，求电流I_{ab}、电压U_{ae}和这部分电路的功率。

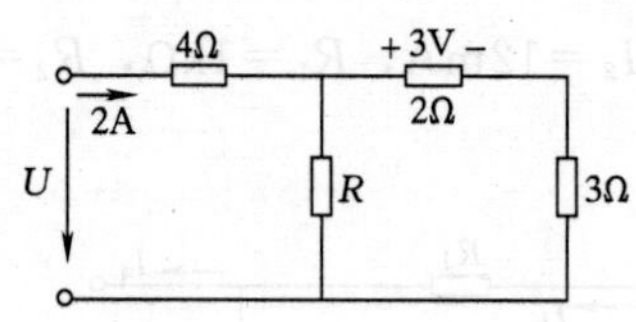

图1-28 题1-11图

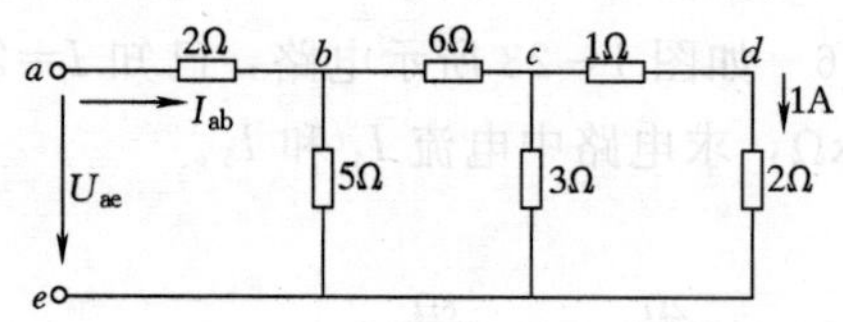

图1-29 题1-12图

1-13 如图1-30所示电路，若$I_5=0$，求$R_4=$？

1-14 如图1-31所示电路，求：(1) $R=0$时的电流I；(2) $I=0$时的电阻R；(3) $R=\infty$时的电流I。

1-15 如图1-32所示电路，已知$U_{AB}=300\text{V}$，$U_{BC}=450\text{V}$，求I_A，I_B，I_C。

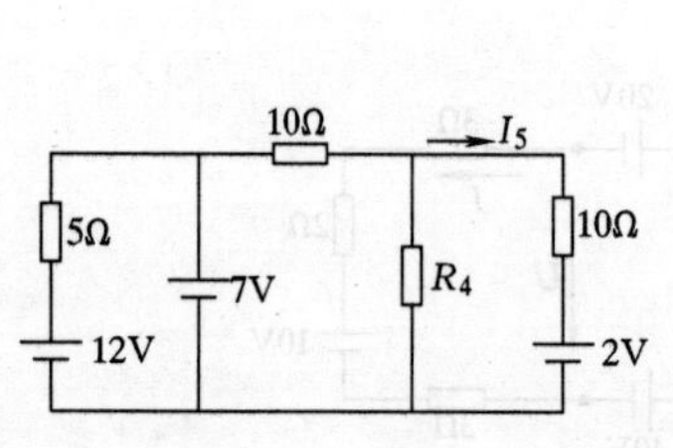

图1-30 题1-13图

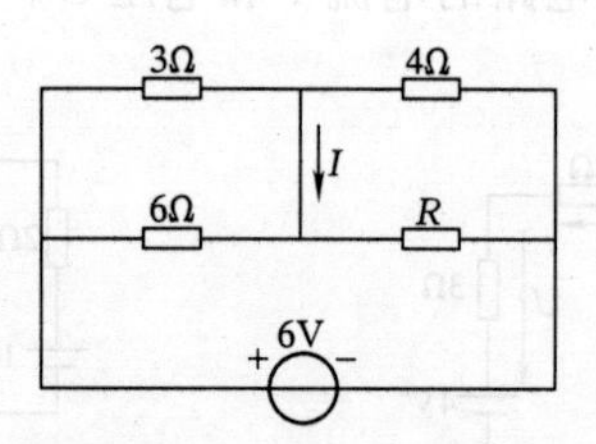

图1-31 题1-14图

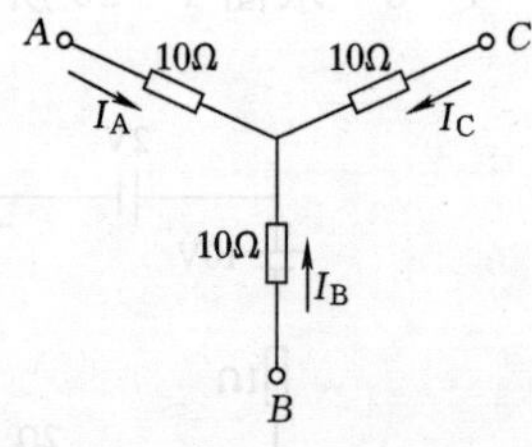

图1-32 题1-15图

第 2 章

电路元件与电路的等效变换

本章介绍电阻、电感、电容、电压源、电流源等电路元件及其电压、电流关系，本章还贯穿了等效变换的概念，介绍了电阻的串联、并联和混联的化简，两种电源模型的等效变换，电阻的星形联接和三角形联接的等效变换，最后本章还引进受控源，它也是理想电路元件，常用在半导体电子器件的模型中。

2.1 电阻元件及其串并联的等效变换

2.1.1 电阻元件

2.1.1.1 电阻元件

电路是由元件联接组成的，研究电路时必须了解各电路元件的特性。表示元件特性的数学关系称为元件约束。导体或半导体对电流的阻碍作用叫做电阻作用。电阻作用使导体或半导体通过电流时进行着把电能转换成热能或其他形式能量的不可逆过程。电阻元件是一种常见的理想电路元件，它是一个二端元件，二端元件的端钮电流、端钮间的电压分别称为元件电流、元件电压。

如果一个元件通过电流总是消耗能量，那么其电压的实际方向总是与电流的实际方向一致。电阻元件就是按此定义的，用来反映能量的消耗。电阻元件是一个二端元件，它的电流和电压的方向总是一致的，它的电流和电压的大小成代数关系。电流和电压的大小成正比的电阻元件叫线性电阻元件。电阻元件的特性可以用元件电压与元件电流的代数关系表示，这个关系称为电压电流关系，缩写为 VCR。由于电压、电流的 SI 单位是伏［特］和安［培］，所以电压电流关系也称为伏安特性。在 $u—i$ 坐标平面上表示元件电压电流关系的曲线常称为伏安特性曲线。线性电阻元件的伏安特性曲线是通过坐标原点的直线。本书主要介绍线性元件及含线性元件的电路，以后如不加说明，电阻元件皆指线性元件。

2.1.1.2　电阻元件的电压、电流关系

分析选择关联参考方向时电阻元件的电压、电流关系，见图 2-1（a），这时线性电阻元件的伏安特性曲线如图 2-1（d）所示，其表达式为

$$u = Ri \tag{2-1}$$

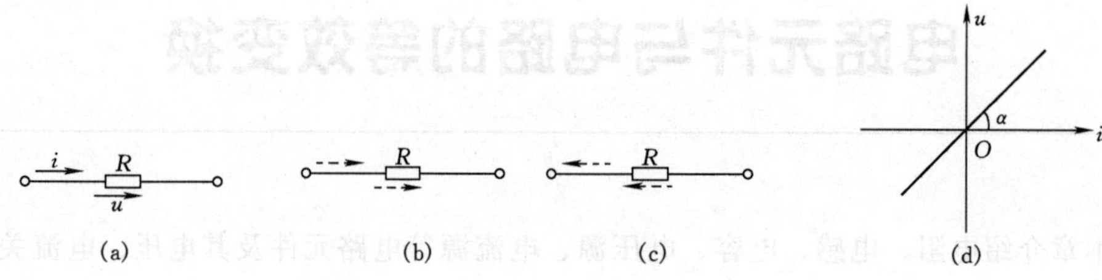

图 2-1　线性电阻元件及其伏安特性曲线

这就是大家熟悉的欧姆定律。如图 2-1（a），当电流方向与所选参考方向一致，即 i 为正时，由于电阻元件的电压、电流方向一致，所以电压方向也与所选参考方向一致，即 u 也为正值，如图 2-1（b）。图 2-1（c）当电流方向与所选参考方向相反时，即 i 为负值时，电压方向也与所选参考方向相反，即 u 也为负值。这样，在选择关联参考方向的前提下，电阻元件同瞬间的 u 和 i 总是同号的。式（2-1）中 R 为元件的电阻，它是一个反映电路中电能损耗的电路参数，其定义为

$$R = \frac{u}{i} \tag{2-2}$$

式中，R 为一正常数，称为电阻，电阻的倒数

$$G = \frac{1}{R} \tag{2-3}$$

叫电导。

用电导表征线性电阻元件时，欧姆定律表示为

$$i = Gu$$

直流情况下，则有

$$U = RI$$

或

$$I = GU$$

当电压、电流选择非关联参考方向时，欧姆定律应写作

$$u = -Ri$$

或

$$i=-Gu$$

实际上，所有电阻器、电灯、电炉等器件，它们的伏安特性曲线或多或少都是非线性的，但是在一定条件下，这些器件（特别像金属膜电阻器、线性电阻器等）的伏安特性曲线近似一条通过原点的直线，所以用线性电阻元件作为它们的电路模型不会引起明显的误差。

在 SI 中，电压、电流的单位各为 V、A，电阻的单位为欧姆，简称欧，符号为 Ω，Ω=V/A，电导的单位为西门子，简称西，符号为 S。

若电阻的电压电流关系不随时间变动，则称时不变电阻，否则称为时变电阻。例如电阻式的传声器在有语音信号时就是时变电阻。这里仅讨论时不变电阻。

电阻元件简称电阻，它的符号如图 2-1 所示。图中注明的 R（也可以注明 G），是这个电阻元件的电阻值（或电导值）。

2.1.1.3 短路和开路

对于线性电阻元件有两个特殊情况值得注意，一种情况是，若它的电阻为零，电导为无限大，即 $R=0$ 或 $G=\infty$，则当电流为有限值时其电压总为零，这时就把它称为短路。另一种情况是若电阻为无限大，电导为零，即 $R=\infty$ 或 $G=0$，则当电压为有限值时其电流总为零，这时称它为开路。它们的符号分别如图 2-2（a）和图 2-2（b）所示。也可以用接通的开关表示短路，用打开的开关表示开路，分别如图 2-2（c）和图 2-2（d）所示。

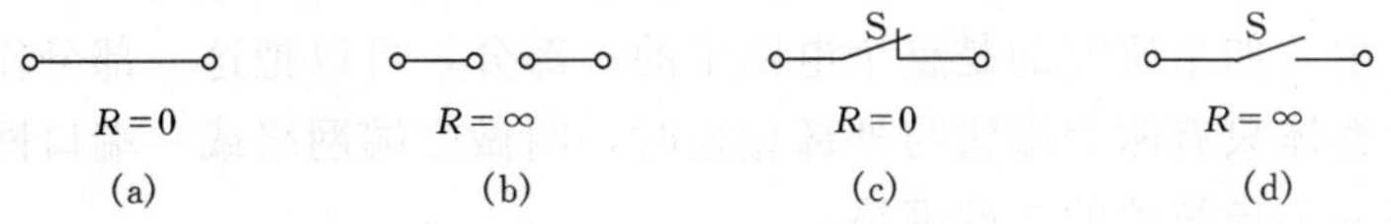

图 2-2 短路和开路

2.1.1.4 线性电阻元件的功率

在关联参考方向下，把式（2-1）代入式（1-8）中，可得电阻元件吸收的功率

$$p=ui=i^2R=u^2G \tag{2-4}$$

由于 u、i 总是同号的，不管 u、i 为正值还是为负值，ui、i^2、u^2 总是正值，所以上式也体现了电阻元件总是吸收功率的，即电阻元件是一种耗能元件。

对式（2-4），注意 $p=ui$ 是对任何支路都适用的，而 $p=i^2R$ 和 $p=u^2G$ 只是对电阻元件适用，且使用时 i 必须是电阻元件的电流，u 必须是电阻元件的电压。

式（2-4）中，电阻元件的 u、i、R、p 四个量，知道其中的任意两个，其余两个便可以计算出来。

电阻吸收能量而发热，电器设备使用中如电流过大，就发热过甚，影响设备的寿命和安全。为保证设备正常工作，制造厂对设备都规定有额定值，作为使用设备的依据。如白炽灯表明的是额定电压和额定功率，滑线变阻器表明的是电阻值及额定电流，碳膜电阻表明的是电阻值和额定功率。

2.1.2　电阻的串联与并联

2.1.2.1　等效变换

等效变换可以把由多个元件组成的电路化简为只有少数几个元件甚至一个元件组成的电路，从而使分析的问题得到简化。

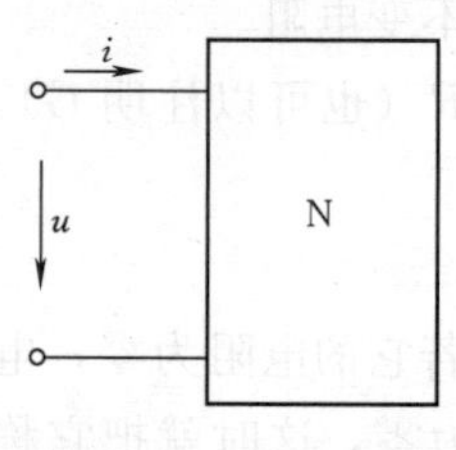

图 2-3　二端网络

二端网络的一般符号如图 2-3，二端网络的端钮电流 i、端钮间的电压 u 分别叫端口电流、端口电压。

一个二端网络的端口电压电流关系和另一个二端网络的端口电压电流关系相同，这两个二端网络叫做等效网络。等效网络的结构不同，但对于外电路，它们的影响完全相同。也就是等效网络互换，它们的外部情况不变。利用电路的等效变换分析电路是电路分析中经常使用的方法，在电路理论中有着重要的地位。

一个内部没有独立源的电阻性二端网络，总有一个电阻元件与之等效，这个电阻元件的电阻值等于该网络关联参考方向下端口电压与端口电流的比值，叫做该网络的等效电阻或输入电阻，用 R_i 表示，R_i 也叫总电阻。

电路分析中，如果研究的是整个电路中的一部分，可以把这一部分作为一个整体看待，当这个整体只有两个端钮与外部相连时，叫做二端网络或一端口网络。每一个二端元件就是一个最简单的二端网络。

2.1.2.2　电阻的串联

成串相连，中间没有分支的一些二端元件叫串联的元件。串联这种联接方式的主要特点是：串联电阻的电流相等，这个二端网络的端口电压等于各电阻电压之和。

以三个电阻串联为例。见图 2-4（a），端口电压

$$U=U_1+U_2+U_3$$

由于各个电阻的电流都等于 I，每个电阻的电压 $U_1=R_1I$，$U_2=R_2I$，$U_3=R_3I$，所以

$$U=R_1I+R_2I+R_3I=(R_1+R_2+R_3)I$$

上式表明，图 2-4（b）所示电阻值为 $R_1+R_2+R_3$ 的一个电阻元件将与图 2-4（a）中二端网络有相同的端口电压电流关系，串联电阻的等效电阻等于各电阻的和，即

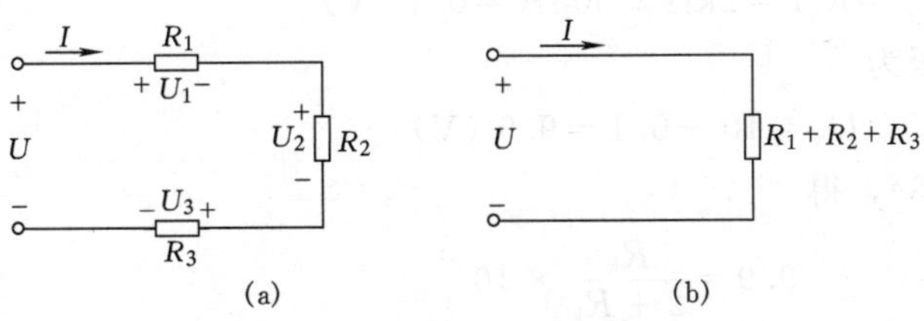

图 2-4 串联电阻的等效电阻

$$R_i = R_1 + R_2 + R_3 \quad (2-5)$$

串联电阻的等效电阻比每个电阻都大，端口电压一定时，串联电阻越多，电流越小，所以串联电阻可以“限流”。

串联电阻的电流相等，也决定了它们的电压与电阻成正比，各电阻的电压与总电压的关系为

$$\left.\begin{aligned} U_1 &= R_1 I = \frac{R_1}{R_i}U = \frac{R_1}{R_1 + R_2 + R_3}U \\ U_2 &= \frac{R_2}{R_1 + R_2 + R_3}U \\ U_3 &= \frac{R_3}{R_1 + R_2 + R_3}U \end{aligned}\right\} \quad (2-6)$$

即：串联的每个电阻的电压与总电压的比等于该电阻与总电阻的比。

等效电阻的概念很容易推广到有 n 个电阻串联的电路。显然，当 n 个电阻 R_1、R_2、R_3、…、R_k、…、R_n 相串联时，则等效电阻为

$$R_i = R_1 + R_2 + R_3 + \cdots + R_k + \cdots + R_n = \sum_{k=1}^{n} R_k \quad (2-7)$$

这就是串联电阻等效电阻的计算公式。

电阻串联时，各电阻上的电压为

$$U_k = R_k I = \frac{R_k}{R_i}U \quad (2-8)$$

可见各个串联电阻的电压与电阻成正比，即总电压按各个串联电阻值进行分配。式（2-8）称为串联电阻的电压分配公式。

串联的每个电阻的功率也与它们的电阻成正比。

【例 2-1】 用一个满刻度偏转电流为 50μA、内阻 R_g 为 2kΩ 的表头，串联分压电阻 R_k，制成 10V 量程的电压表，如图 2-5 所示，R_k 应为多少？

解： 满刻度时表头电压为

$$U_g = R_g I = 2\text{k}\Omega \times 50\mu\text{A} = 0.1\ (\text{V})$$

附加电阻电压为

$$U_k = 10 - 0.1 = 9.9\ (\text{V})$$

代入式（2－8），得

$$9.9 = \frac{R_k}{2 + R_k} \times 10$$

解得

$$R_k = 198\ (\text{k}\Omega)$$

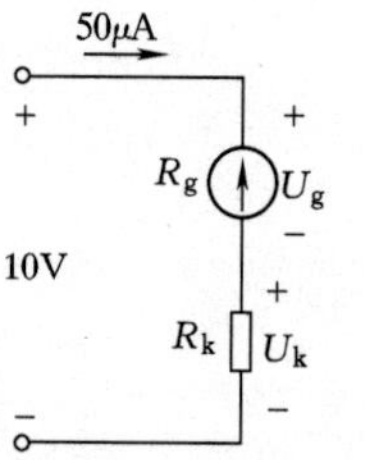

图 2－5 例 2－1

2.1.2.3 电阻的并联

两个端钮分别连在一起的一些二端元件叫并联的元件。并联这种连接方式的主要特点是：并联电阻的电压相等，这个二端网络的端口电流等于各个电阻电流之和。

以各电导为 G_1、G_2、G_3 的三个电阻并联为例，见图 2－6（a），端口电流

$$I = I_1 + I_2 + I_3$$

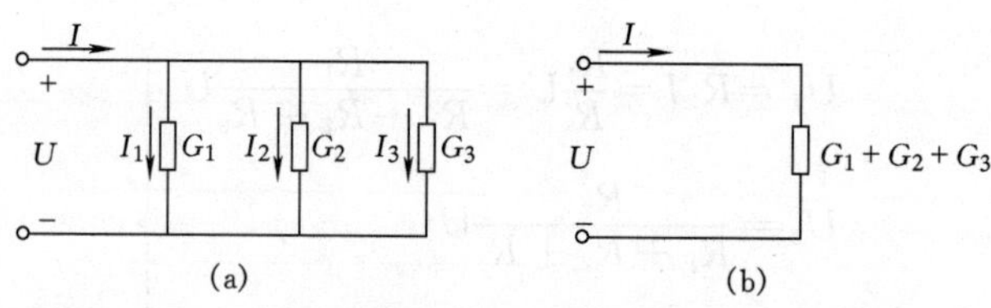

图 2－6 并联电阻的等效电阻

由于每个电阻的电压都等于端口电压 U，每个电阻的电流各为 $I_1 = G_1U$、$I_2 = G_2U$、$I_3 = G_3U$，所以

$$I = I_1 + I_2 + I_3 = G_1U + G_2U + G_3U = (G_1 + G_2 + G_3)U$$

可见并联电阻的等效电导等于各电导的和，即

$$G_i = G_1 + G_2 + G_3 \tag{2-9}$$

如图 2－6（b）所示。并联电阻的总电导比每个电导都大，总电导的倒数就比每个电导的倒数小，也就是并联电阻的总电阻比每个电阻都小。并联电阻的电压相等，也决定了它们的电流与电导成正比，各个电阻的电流与总电流的关系为

$$\left.\begin{aligned} I_1 &= G_1U = G_1\frac{I}{G_i} = \frac{G_1}{G_1 + G_2 + G_3}I \\ I_2 &= \frac{G_2}{G_1 + G_2 + G_3}I \\ I_3 &= \frac{G_3}{G_1 + G_2 + G_3}I \end{aligned}\right\} \tag{2-10}$$

即：并联的每个电阻的电流与总电流的比等于其电导与总电导的比。

等效电导的概念很容易推广到有 n 个电阻并联的电路。显然，当 n 个电导 G_1、G_2、G_3、…、G_k、…、G_n 相并联时，则等效电导为

$$G_i = G_1 + G_2 + G_3 + \cdots + G_k + \cdots + G_n = \sum_{k=1}^{n} G_k \tag{2-11}$$

这就是并联电阻等效电导的计算公式。

上式还可以写为

$$\frac{1}{R_i} = \sum_{k=1}^{n} \frac{1}{R_k} \tag{2-12}$$

R_i 称为并联电阻的等效电阻。

电阻并联时，各电阻上的电流为

$$I_k = G_k U = \frac{G_k}{G_i} I \tag{2-13}$$

可见各个并联电阻的电流与它们各自的电导值成正比，或者说总电流按各个并联电阻元件的电导进行分配。式（2-13）称为并联电阻的分流公式。

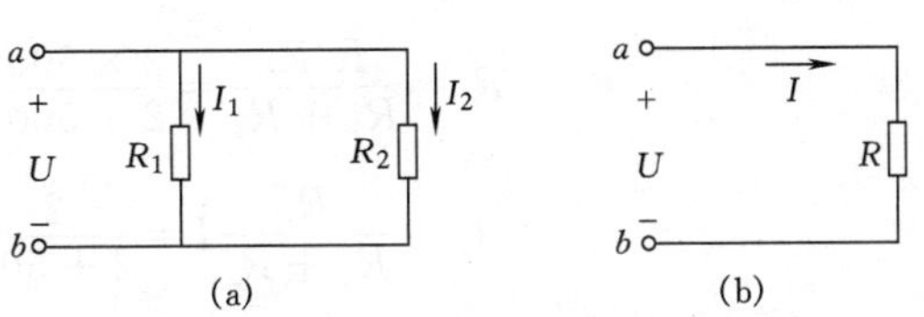

图 2-7 两个电阻并联

如果式（2-12）中 $n=2$，即两个电阻 R_1、R_2 并联，如图 2-7，其等效电阻 R_i 可以计算如下

$$\frac{1}{R_i} = \frac{1}{R_1} + \frac{1}{R_2}$$

或

$$R_i = \frac{R_1 R_2}{R_1 + R_2}$$

用式（2-13）求两个电阻的电流分配，并将电导用电阻代替，可得

$$I_1 = \frac{G_1}{G} I = \frac{G_1}{G_1 + G_2} I = \frac{R_2}{R_1 + R_2} I$$

$$I_2 = \frac{G_2}{G} I = \frac{G_2}{G_1 + G_2} I = \frac{R_1}{R_1 + R_2} I$$

并联的每个电阻的功率也与它们的电阻成反比。

【例 2-2】 $R_1=500\Omega$ 和 R_2 并联，总电流 $I=1\text{A}$。试求等效电阻及每个电阻的电流。设 R_2 为（1）600Ω；（2）500Ω；（3）2Ω；（4）0。

解：（1）$R_2=600\Omega$ 时，并联的等效电阻

$$R_i = \frac{R_1 R_2}{R_1 + R_2} = \frac{600 \times 500}{600 + 500} = 272.7\ (\Omega)$$

两个电阻的电流各为

$$I_1 = \frac{R_2}{R_1 + R_2} I = \frac{600}{600 + 500} \times 1 = 0.5455\ (\text{A})$$

$$I_2 = \frac{R_1}{R_1 + R_2} I = \frac{500}{600 + 500} \times 1 = 0.4555\ (\text{A})$$

(2) $R_1 = R_2 = 500\Omega$ 时

$$R_i = \frac{R_1}{2} = 250\Omega$$

$$I_1 = I_2 = \frac{I}{2} = 0.5\ (\text{A})$$

(3) $R_2 = 2\Omega$ 时

$$R_i = \frac{R_1 R_2}{R_1 + R_2} = \frac{2 \times 500}{2 + 500} = 1.992\Omega \approx 2\ (\Omega)$$

$$I_1 = \frac{R_2}{R_1 + R_2} I = \frac{2}{2 + 500} \times 1 = 0.004\ (\text{A})$$

$$I_2 = \frac{R_1}{R_1 + R_2} I = \frac{500}{2 + 500} \times 1 = 0.9960\ (\text{A})$$

当 $R_1 \gg R_2$ 时，$R_i \approx R_2$，实际工作中，估算这种情况的总电阻，可以认为近似等于小电阻。

(4) 见图 2-8，由于 $R_2 = 0$，使 $U = 0$，并使

$$R_i = 0$$

$$I_1 = \frac{U}{R_1} = 0$$

$$I_2 = I - I_1 = I = 1\ (\text{A})$$

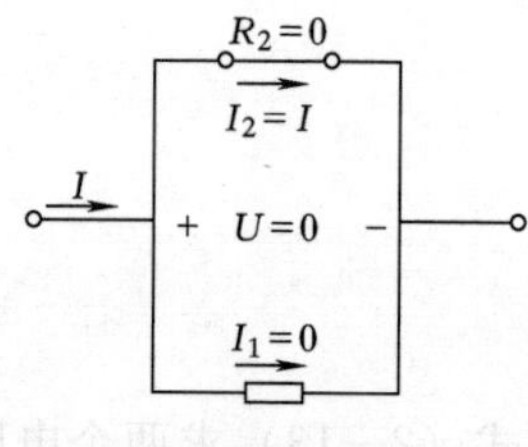

图 2-8 例 2-2 (4)

2.1.3 电阻的混联

混联电阻是指串联电阻和并联电阻组合成的二端网络。电阻的混联在实际工作中应用很广，形式也多种多样。但是它的串联部分具有串联电阻电路的特点，并联部分具有并联电阻电路的特点，只要掌握了串联和并联电阻电路的分析方法，电阻的混联不难分析。因此，从表面来看，一个混联电路支路很多，似乎很复杂，但仍属于简单电路。所谓简单电路就是可以用串、并联等效变换化简为单回路的电路。分析混联电阻的一般步骤如下：

（1）计算各串联电阻、并联电阻的等效电阻，再计算总的等效电阻。

（2）由端口激励计算端口响应。

（3）根据串联电阻的分压关系、并联电阻的分流关系逐步算出各部分的电压、电流。

【例 2-3】 如图 2-9 所示为常用滑线变阻器接成分压器的电路，来调节负载电阻上的电压高低，分压器的两固定端钮 a、b 接输入电压，R_1、R_2 是滑线变阻器，R_L 是负载电阻，已知 $U_1=28\text{V}$，$R_1=4\text{k}\Omega$，$R_2=10\text{k}\Omega$，求负载端开路和接 15kΩ 电阻 R_L 时的输出电压。

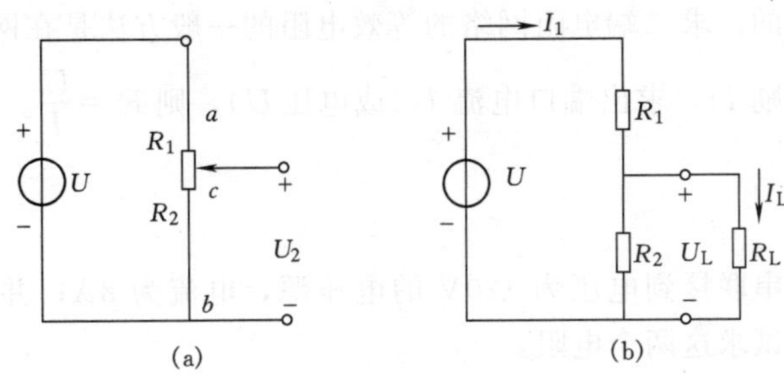

图 2-9 例 2-3 图

解：（1）负载端开路时，端钮 ab 的等效电阻 R_{ab} 为 R_1 和 R_2 串联，故根据串联电阻的分压公式，有

$$U_2=\frac{R_2}{R_1+R_2}U=\frac{10}{10+4}\times 28=20\ (\text{V})$$

（2）$R_L=15\text{k}\Omega$ 时，R_L 与 R_2 并联后，再与 R_1 串联，故端钮 ab 的等效电阻为

$$R_{ab}=R_1+\frac{R_2R_L}{R_2+R_L}=4+\frac{10\times 15}{10+15}=10\ (\text{k}\Omega)$$

故输出电压为

$$U_L=\frac{R_2R_L/(R_2+R_L)}{R_1+\dfrac{R_2R_L}{R_2+R_L}}U=\frac{10\times 15/(10+15)}{4+\dfrac{10\times 15}{10+15}}\times 28=16.8\ (\text{V})$$

【例 2-4】 试求图 2-10 所示网络的等效电阻。

解：由图中的五个电阻连成的图 2-10 网络叫桥式电路，本例中，$R_1=R_2$，$R_3=R_4$，电桥平衡，所以流过 R_5 的电流为零，R_5 的电压也为零，则可以将 R_5 看成开路，也可以将 R_5 看成短路。

将 R_5 看成开路时，R_1 和 R_2 串联，R_3 和 R_4 串联，二者再并联，网络的等效电阻

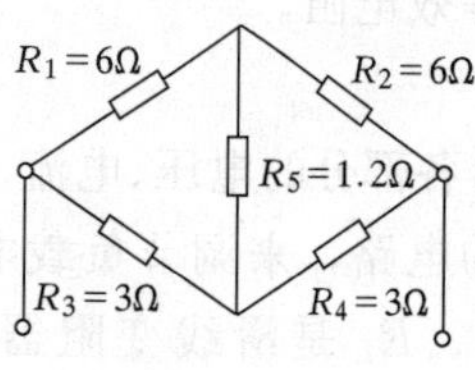

图 2-10　例 2-4 图

$$R_i=\frac{(6+6)(3+3)}{(6+6)+(3+3)}=4\ (\Omega)$$

将 R_5 看成短路时，R_1 和 R_3 并联，R_2 和 R_4 并联，二者再串联，网络的等效电阻

$$R_i=2\times\frac{6\times3}{6+3}=4\ (\Omega)$$

另需指出，并不是所有二端电阻网络用处理串、并联电阻的方法都能求其等效电阻，例如桥式网络不满足平衡条件时就没有电阻是串联的，也没有电阻是并联的。求二端电阻网络的等效电阻的一般方法是在网络端口施加电压激励 U（或电流激励 I），求出端口电流 I（或电压 U），则 $R_i=\frac{U}{I}$。

【思考与练习】

(1) 两个电阻串联接到电压为 120V 的电压源，电流为 3A；并联接到同样电压源，电流为 16A。试求这两个电阻。

(2) 如图 2-11 所示电路中，合上开关 S 后，R_2 上的电压增大还是减小？据此解释为什么接入功率较大的负载（如电炉）后电灯要暗一些。

(3) 试求如图 2-12 所示电路中各元件的功率。

(4) 试求如图 2-13 所示网络的等效电阻。

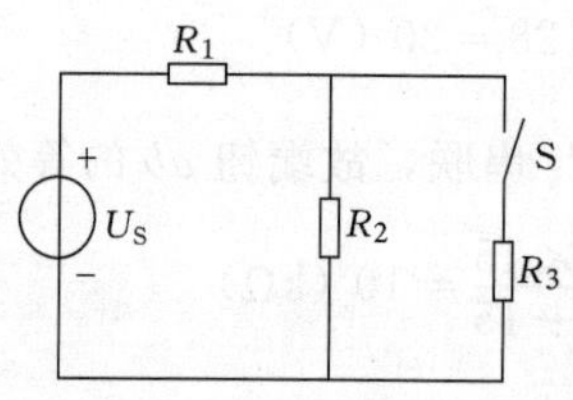

图 2-11　练习 (2) 图

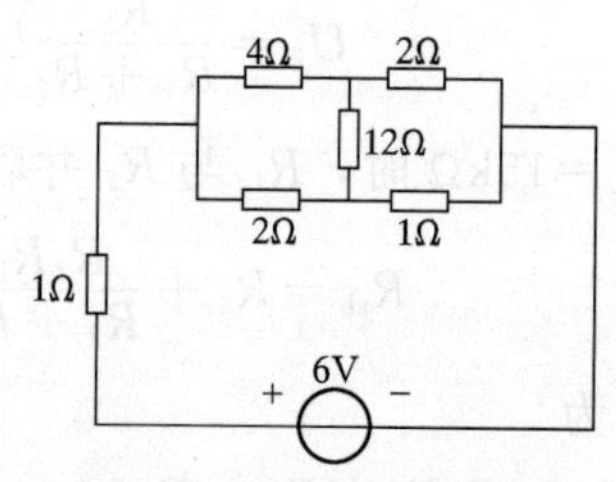

图 2-12　练习 (3) 图

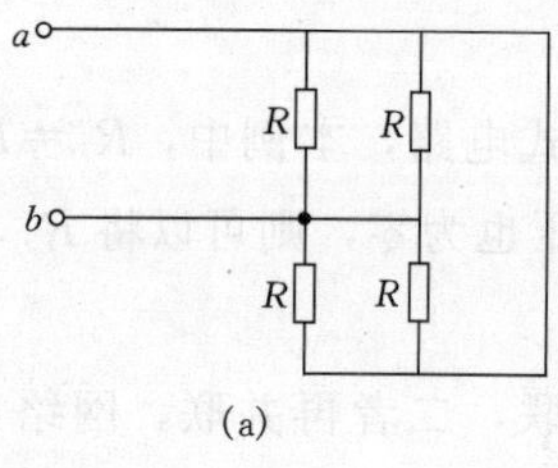

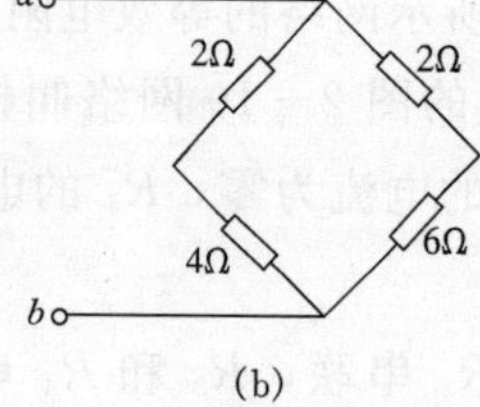

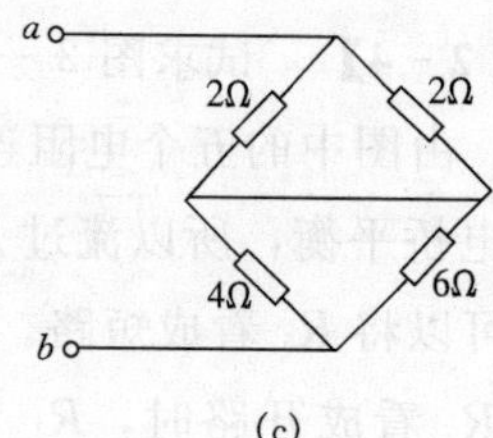

图 2-13　练习 (4) 图

2.2 电阻的星形联接和三角形联接及其等效变换

在例 2-4 中提到不平衡的桥式电路中，没有串联、也没有并联的电阻，本节将介绍的内容是解决这类问题的方法之一。

2.2.1 电阻的星形联接和三角形联接

有两种最简单的电阻网络。一种如图 2-14（a），三个电阻 R_a、R_b、R_c 的一端连在一起，另一端分别为网络的三个端钮 a、b、c，这种三端网络叫做电阻的星形联接，也叫 Y 联接。另一种如图 2-14（b），三个电阻 R_{ab}、R_{bc}、R_{ca} 接成一个回路，而三个联接点就是网络的三个端钮，这种网络叫做电阻的三角形联接，也叫△联接。

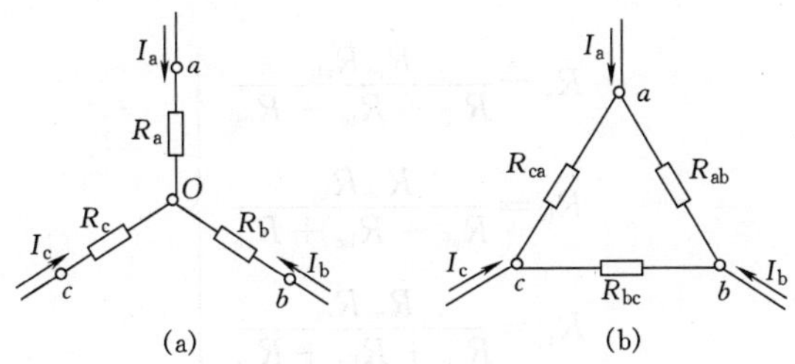

图 2-14 电阻的星形联接和三角形联接

（a）Y 联接；（b）△联接

2.2.2 等效互换的条件

对于图 2-14（a）有

$$\left.\begin{aligned} U_{ab} &= R_a I_a - R_b I_b \\ U_{bc} &= R_b I_b - R_c I_c \\ U_{ca} &= R_c I_c - R_a I_a \end{aligned}\right\} \tag{2-14}$$

对图 2-14（b）中的回路 $abca$ 应用 KVL，有

$$R_{ab} I_{ab} + R_{bc} I_{bc} + R_{ca} I_{ca} = 0$$

据 KCL，有

$$I_{bc} = I_b + I_{ab}$$
$$I_{ca} = I_{ab} - I_a$$

代入上式得

$$R_{ab}I_{ab}+R_{bc}(I_b+I_{ab})+R_{ca}(I_{ab}-I_a)=0$$

经过整理后得

$$I_{ab}=\frac{R_{ca}}{R_{ab}+R_{bc}+R_{ca}}I_a-\frac{R_{bc}}{R_{ab}+R_{bc}+R_{ca}}I_b$$

同理

$$\left.\begin{aligned}U_{ab}&=R_{ab}I_{ab}=\frac{R_{ca}R_{ab}}{R_{ab}+R_{bc}+R_{ca}}I_a-\frac{R_{ab}R_{bc}}{R_{ab}+R_{bc}+R_{ca}}I_b\\U_{bc}&=\frac{R_{ab}R_{bc}}{R_{ab}+R_{bc}+R_{ca}}I_b-\frac{R_{bc}R_{ca}}{R_{ab}+R_{bc}+R_{ca}}I_c\\U_{ca}&=\frac{R_{bc}R_{ca}}{R_{ab}+R_{bc}+R_{ca}}I_c-\frac{R_{ca}R_{ab}}{R_{ab}+R_{bc}+R_{ca}}I_a\end{aligned}\right\}\quad(2-15)$$

比较方程组（2－14）和方程组（2－15），要使变换前后保持电压和电流关系相同，必须有

$$\left.\begin{aligned}R_a&=\frac{R_{ca}R_{ab}}{R_{ab}+R_{bc}+R_{ca}}\\R_b&=\frac{R_{ab}R_{bc}}{R_{ab}+R_{bc}+R_{ca}}\\R_c&=\frac{R_{bc}R_{ca}}{R_{ab}+R_{bc}+R_{ca}}\end{aligned}\right\}\quad(2-16)$$

上式就是将△联接电阻等效变换为 Y 联接电阻的公式，即已知△联接的电阻 R_{ab}、R_{bc}、R_{ca}，求等效的 Y 联接电阻 R_a、R_b、R_c 的公式。

同理可以推出将 Y 联接电阻等效变换为△联接电阻的公式，即已知 Y 联接电阻 R_a、R_b、R_c，求等效的△联接的电阻 R_{ab}、R_{bc}、R_{ca} 的公式为

$$\left.\begin{aligned}R_{ab}&=R_a+R_b+\frac{R_aR_b}{R_c}\\R_{bc}&=R_b+R_c+\frac{R_bR_c}{R_a}\\R_{ca}&=R_c+R_a+\frac{R_cR_a}{R_b}\end{aligned}\right\}\quad(2-17)$$

三个相等电阻的 Y、△联接叫做对称联接。如对称 Y 联接每个电阻为 R_Y，对称△联接每个电阻为 $R_\triangle$，由式（2－16）和式（2－17）可以得

$$R_\triangle=3R_Y$$

此时它们可以等效互换。

2.2.3 等效互换的计算

【例 2-5】 计算图 2-15(a)所示电路中,已知 $U_S=225V$,$R_0=1\Omega$,$R_1=40\Omega$,$R_2=36\Omega$,$R_3=50\Omega$,$R_4=55\Omega$,$R_5=10\Omega$,试求各电阻的电流。

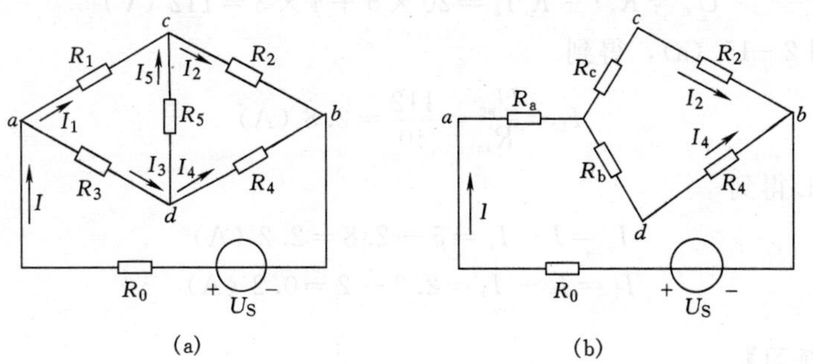

图 2-15 例 2-5 图
(a)电路 1;(b)电路 2

解: 图 2-15(a)中的 5 个电阻既非串联又非并联,无法用串、并联等效电阻的概念求取,将△联接的三个电阻 R_1、R_3、R_5 等效变换为 Y 联接的电阻 R_a、R_c、R_b,如图(b),按式(2-16)得

$$R_a=\frac{R_1R_3}{R_1+R_3+R_5}=\frac{50\times40}{40+50+10}=20\ (\Omega)$$

$$R_c=\frac{R_1R_5}{R_1+R_3+R_5}=\frac{40\times10}{40+50+10}=4\ (\Omega)$$

$$R_b=\frac{R_3R_5}{R_1+R_3+R_5}=\frac{50\times10}{40+50+10}=5\ (\Omega)$$

图 2-15(b)是电阻混联的网络,R_c、R_2 串联,R_b、R_4 串联,二者再并联的等效电阻

$$R_i=R_a+\frac{(R_c+R_2)(R_b+R_4)}{(R_c+R_2)+(R_b+R_4)}=20+\frac{(4+36)(5+55)}{(4+36)+(5+55)}=44\ (\Omega)$$

则端口电流

$$I=\frac{U_S}{R_0+R_i}=\frac{225}{1+44}=5\ (A)$$

R_2、R_4 的电流各为

$$I_2=\frac{R_b+R_4}{(R_b+R_4)+(R_c+R_2)}I$$

$$=\frac{5+55}{(4+36)+(5+55)}\times 5=3\ (\text{A})$$

$$I_4=I-I_2=5-3=2\ (\text{A})$$

为了求得 R_1、R_3、R_5 的电流，从图 2-15（b）中求得

$$U_{ac}=R_a I+R_c I_2=20\times 5+4\times 3=112\ (\text{V})$$

再回到图 2-15（a），得到

$$I_1=\frac{U_{ac}}{R_1}=\frac{112}{40}=2.8\ (\text{A})$$

并由 KCL 得到

$$I_3=I-I_1=5-2.8=2.2\ (\text{A})$$

$$I_5=I_3-I_4=2.2-2=0.2\ (\text{A})$$

【思考与练习】

（1）对称 Y 联接的每个电阻为 R_Y，对称△联接的每个电阻为 $R_\triangle$，什么条件下，它们可以等效互换。

（2）将图 2-16 所示 Y 联接电阻等效变换为△联接，或将△联接等效变换为 Y 联接电阻。

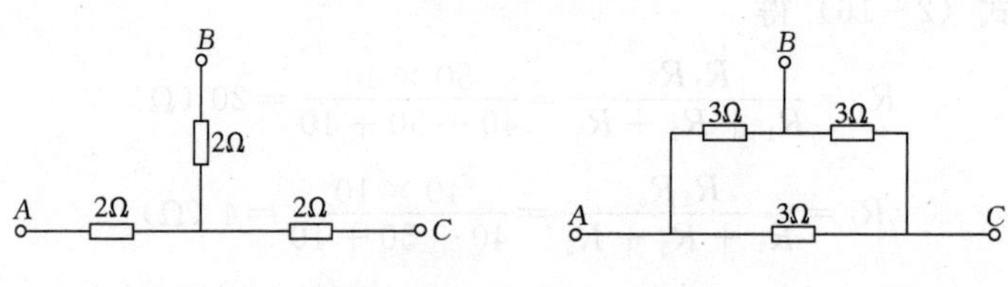

图 2-16　练习（2）图

（3）例 2-5 也可以变换其他的△联接（或 Y 联接）为 Y 联接（或△联接），试求解各支路电流。

2.3　电感元件与电容元件

电感元件和电容元件也是电路理论中引用的基本理想元件。实际电路中，以储存磁场能量而实现一定功能为主要目的的器件是线圈，电感元件是根据线圈的基本性能而定义的理想元件。以储存电场能量而实现一定功能为主要目的的器件是电容器，电容元件是根据电容器的基本性能而定义的理想元件。

2.3.1 电感元件

电感线圈是具有电磁感应效应的电路器件。设在图 2－17 所示线圈中通以电流 $i(t)$ 时产生的磁通为 $\Phi(t)$，N 匝线圈所交链全磁通，又称为磁通链（简称磁链），为 $\Psi(t)=N\Phi(t)$。

Φ 和 Ψ 是由线圈自身电流产生的，称为自感磁通和自感磁链。在国际单位制中，磁通和磁链的单位为韦伯，符号为 Wb。

当电流和磁通的参考方向符合右螺旋关系时，对于线性电感元件，磁链和电流之间的关系为

$$\Psi(t)=Li(t) \tag{2-18}$$

式（2－18）中 L 称为自感或电感，为正实常数。L 是联系线性电感元件磁链与电流的电气参数，图 2－18（a），是线性电感元件的图形符号。在国际单位制中，电流的单位为 A、磁链的单位为 Wb，则电感的单位为亨利，简称亨，符号为 H。

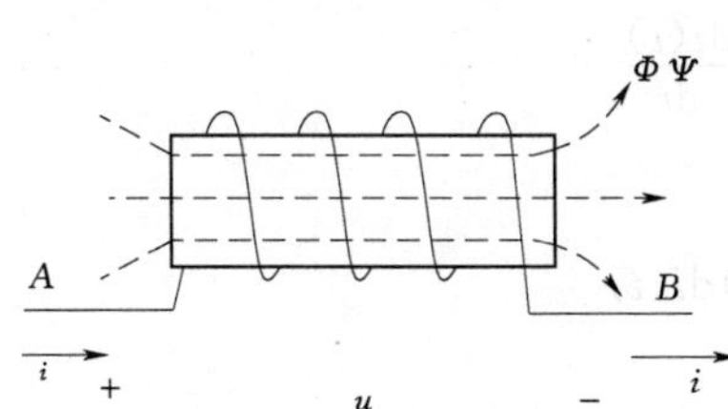

图 2－17 电感线圈及其磁通和磁链

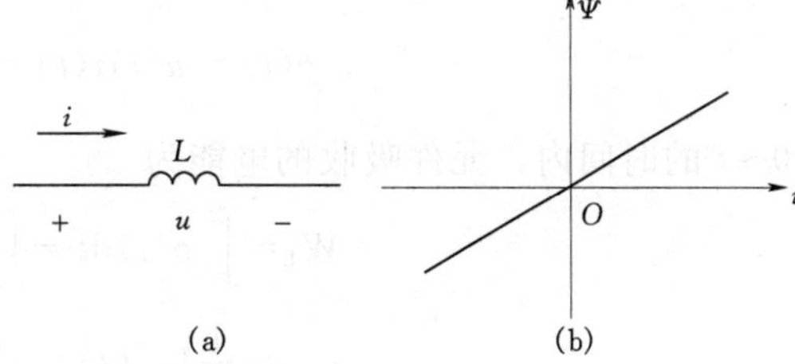

图 2－18 线性电感元件及其韦安特性

（a）元件图；（b）韦安特性

电感元件的磁链、电流关系可以表示成 $i-\Psi$ 平面（或 $\Psi-i$ 平面）上的一条曲线，称为韦安特性。线性电感元件的韦安特性是通过坐标原点的直线，如图 2－18（b）所示。

对于线性电感元件，在关联参考方向下，根据电磁感应定律，感应电压为

$$u(t)=\frac{\mathrm{d}\Psi(t)}{\mathrm{d}t}=L\frac{\mathrm{d}i(t)}{\mathrm{d}t} \tag{2-19}$$

上式说明，任意时刻的感应电压与该时刻电流的变化率成正比，电流变化越快，感应电压就越大，电流剧变，会产生极大的感应电压。对于直流电流，电流不随时间变化，感应电压为零，此时电感元件相当于短路。

当电压与电流的参考方向非关联时，式（2－19）应改写为

$$u(t)=-L\frac{\mathrm{d}i(t)}{\mathrm{d}t}$$

根据式（2-19），线性电感元件的电流、电压关系也可以表示为

$$i(t)=\frac{1}{L}\int_{-\infty}^{t}u(t)\mathrm{d}t$$

上式表明，任意时刻线性电感元件的电流与该时刻以前感应电压的全部“历史”有关。因此，线性电感元件也属于所谓的“记忆”元件。

将上式中的积分区间分为两段，有

$$i(t)=\frac{1}{L}\int_{-\infty}^{0}u(t)\mathrm{d}t+\frac{1}{L}\int_{0}^{t}u(t)\mathrm{d}t=\frac{\Psi(0)}{L}+\frac{1}{L}\int_{0}^{t}u(t)\mathrm{d}t$$

于是

$$i(t)=i(0)+\frac{1}{L}\int_{0}^{t}u(t)\mathrm{d}t \tag{2-20}$$

式中 i（0）是 $t=0$ 时刻的电流值，称为初始电流。若初始电流为零，则有

$$i(t)=\frac{1}{L}\int_{0}^{t}u(t)\mathrm{d}t$$

在电压、电流关联参考方向下，任意时刻线性电感元件吸收的功率为

$$p(t)=u(t)i(t)=Li(t)\frac{\mathrm{d}i(t)}{\mathrm{d}t}$$

在 0～t 的时间内，元件吸收的电能为

$$\begin{aligned}W_{\mathrm{L}}&=\int_{0}^{t}p(t)\mathrm{d}t=\int_{i(0)}^{i(t)}Li(t)\mathrm{d}i(t)\\&=\frac{1}{2}Li^{2}(t)-\frac{1}{2}Li^{2}(0)\end{aligned}$$

若 i（0）＝0，则

$$W_{\mathrm{L}}=\frac{1}{2}Li^{2}(t) \tag{2-21}$$

该式说明，电流从初始时刻的零值上升到 t 时刻的 i（t），电感元件吸收的全部电能变为电感元件的磁场储能。L 为正实数，磁场储能恒为非负值。任意时刻元件储能的多少决定于该时刻电流的大小。当$|i(t)|$增大时，元件吸收电能，磁场储能上升；$|i(t)|$减小时，释放磁场能，储能下降。$i(t)=0$ 时，储能为零。可见，线性电感元件不产生能量，也不消耗能量，是一个无源储能元件。

L 随时间变化的电感元件，称为时变电感元件。L 随磁链或电流而变的元件称为非线性电感元件，其韦安特性不是过原点的直线，而是曲线。一般含有铁磁物质的电感器件，其模型就属于非线性电感元件；不含铁磁物质的电感器件，其模型都当成线性电感元件。

电感这个参数代表磁场效应，凡有磁场存在的场合就涉及电感问题，譬如电容元

件的引线、晶体管管脚都有电感，称为寄生电感或分布电感，只不过一般寄生电感都很小，往往都忽略不计。

习惯上，“电感”这个术语及其符号 L，既可表示一个线性电感元件，也可表示该元件的参数。

【例 2-6】 在 0.5H 的电感中通以电流 $i(t)=2e^{-10^4 t}$A，求电感的感应电压。

解：在关联参考方向下，电感的感应电压为

$$u(t)=L\frac{di(t)}{dt}=0.5\times\frac{d(2e^{-10^4 t})}{dt}=-10^4 e^{-10^4 t}\ (\text{V})$$

负号表示电压的实际方向与参考方向相反。从电流表达式可知，$i>0$，所以电感中电压、电流实际方向相反。电流的最大值虽只有 2A，由于持续时间很短（约 0.5ms），衰减很快，至使感应电压的绝对值最大时高达 10kV。

2.3.2 电容元件

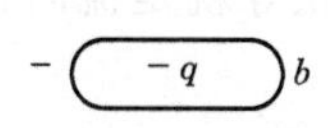

图 2-19 电容器的原理结构

电容元件是实际电容的理想化模型。电容器的原理结构如图 2-19所示，a、b 为两块金属极板，中间隔以绝缘介质。接通电源以后，两极板带等量异号电荷 q，极板间电压 u 在介质中形成电场的空间就储有电场能。所以，电容器是一个能聚集电荷、储存电场能的器件。实际上，任何电容器上的介质都因有一定的漏电流存在而产生损耗，变化的电场也产生介质损耗。不过，与储能相比，通常介质中的损耗可以忽略不计。于是可以是一个理想化的电容元件作为电容器的模型，电容元件的图形符号如图 2-20（a）所示。

在图 2-20（a）中，如果指定电容元件带正电荷的极板为“+”极性端，带负电荷的极板为“−”极性端，则电容元件的电压 u 与“+”极板的电荷量 q 之间有

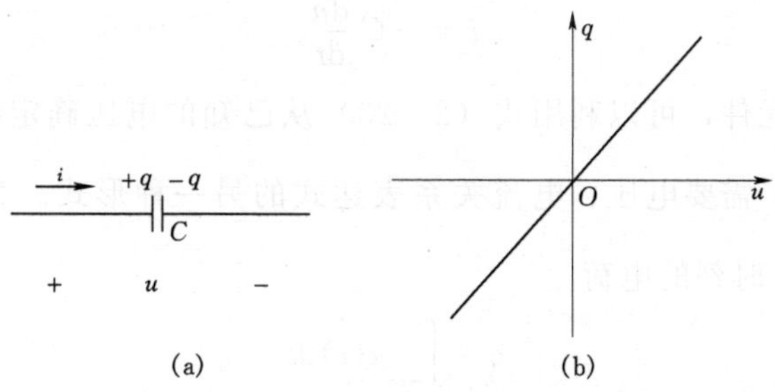

图 2-20 线性电容元件及其库伏特性

（a）电容元件；（b）库伏特性

如下关系

$$q=Cu \tag{2-22}$$

其中 C 称为电容元件的电容量，简称电容，其图形符号见图 2-20（a）。在国际单位制中，电压的单位为 V，电荷量的单位为 C，则电容的单位应为法拉，简称法（F）。实际电容器的电容远比 1F 小，故常用较小的辅助单位微法（μF）和皮法（pF）。$1\mu F=10^{-6}F$，$1pF=10^{-12}F$。

与电阻元件的伏安特性相类似，电容元件的电荷与电压的关系可以表示成 u—q 平面（或 q—u 平面）上的一条曲线，称为电容元件的库伏特性。当 C 为正实常数时，库伏特性是通过坐标原点的直线，如图 2-20（b）所示，这样的电容元件称为线性电容元件。

现在重点讨论线性电容元件的电压与电流之间的关系。

设线性电容元件的电压与电流的参考方向关联，如图 2-20（a）。电流流入电容元件的正极，意味着对电容元件充电，正极板上的电荷将不断增加，其增加率为 $\frac{dq}{dt}$，这正好就是流向正极板的电流，即

$$i=\frac{dq}{dt}=\frac{dCu}{dt}=C\frac{du}{dt} \tag{2-23}$$

上式中的电流是联接电容元件极板的导线中的传导电流，电容元件极板间的介质当中不可能有传导电流，但介质中电场变化时会产生位移电流，理论证明，介质中的位移电流与联接导线中的传导电流相等。这说明电流连续性原理对电容元件也是适用的。

式（2-23）表明，任何时刻线性电容元件的电流与该时刻电压的变化率成正比，电压变化越快，电流就越大，电压剧变会引起极大的电流。当电压恒定不变时，电流为零，电容元件相当于开路，故说明电容元件有隔断直流（简称隔直）的作用。

当电容元件的电压和电流的参考方向非关联时，式（2-23）应改写为

$$i=-C\frac{du}{dt}$$

对于线性电容元件，可以利用式（2-23）从已知的电压确定电流；如果要从已知的电流确定电压，需要电压、电流关系表达式的另一种形式。为此，根据 $i=\frac{dq}{dt}$，不难从电流 i 求出 t 时刻的电荷

$$q=\int_{-\infty}^{t} i(t)\,dt$$

这表明，在 t 这一时刻的电荷 q，受 t 以前流过的全部电流的影响。一般是研究 $t=0$ 以后的现象，所以把上式改写成

$$q=\int_{-\infty}^{t} i(t)\mathrm{d}t=\int_{-\infty}^{0} i(t)\mathrm{d}t+\int_{0}^{t} i(t)\mathrm{d}t$$

$$q=q(0)+\int_{0}^{t} i(t)\mathrm{d}t \tag{2-24}$$

q（0）是 $t=0$ 时刻存在电容元件正极的电荷。对于线性电容元件，考虑到 $q=Cu$，于是

$$u=\frac{q}{C}=\frac{q(0)}{C}+\frac{1}{C}\int_{0}^{t} i(t)\mathrm{d}t$$

$$u=u(0)+\frac{1}{C}\int_{0}^{t} i(t)\mathrm{d}t \tag{2-25}$$

式中　u（0）——初始电压，即 $t=0$ 时刻电容元件的电压。

若 u（0）=0，则

$$u(t)=\frac{1}{C}\int_{0}^{t} i(t)\mathrm{d}t$$

式（2-25）表明，任何时刻线性电容元件的电压取决于该时刻以前电流的全部历史，因此电容元件有“记忆”元件之称。

在电压、电流关联参考方向下，任意时刻线性电容元件吸收的功率为

$$p(t)=u(t)i(t)=Cu\,\frac{\mathrm{d}u}{\mathrm{d}t}$$

在 0～t 的时间内吸收的能量为

$$\begin{aligned}W_{\mathrm{C}}&=\int_{0}^{t} p(t)\mathrm{d}t=\int_{0}^{t} Cu(t)\,\frac{\mathrm{d}u(t)}{\mathrm{d}t}\mathrm{d}t=C\int_{u(0)}^{u(t)} u(t)\mathrm{d}u(t)\\&=\frac{1}{2}Cu^{2}(t)-\frac{1}{2}Cu^{2}(0)\end{aligned}$$

若 u（0）=0，则

$$W_{\mathrm{C}}=\frac{1}{2}Cu^{2}(t) \tag{2-26}$$

上式说明，在从 0～t 的时间内，电容元件的电压从零初始值上升到 u（t）。充电过程中吸收的全部能量变成电场能储存于元件之中，式（2-26）表示时刻 t 电容元件的储能，其值取决于该时刻电容元件的电压值 $u(t)$。当 $|u(t)|$ 变大时，电容充电，吸收的电能变成电场储能；$|u(t)|$ 减小时，电容元件放电，释放电场能。当 $u(t)=0$ 时，电场能全部释放出来。由于电容 C 为正数，电容元件的储能为非负值。所以，电容元件是一个既不能产生能量，也不能消耗能量的无源储能元件。

除线性电容元件之外，还有时变电容元件和非线性电容元件。时变电容元件的电容随时间而变化。非线性电容元件的电容随元件电压或电荷而改变，其伏库特性不是

通过原点的直线，而是曲线。

电容作为电路元件参数，代表电路中出现的电场效应。因此，凡有电场存在的场合，都有电容问题。譬如两输电线之间、线圈的任两线匝之间，晶体管管脚之间都存在电容，这些电容都不是我们所希望有的，称为寄生电容或分布电容，一般来说，寄生电容量都很小，往往可以忽略不计。

习惯上，通常“电容”这个术语及其符号 C，既可表示一个线性电容元件，也可表示该元件的参数。

【例 2－7】 在 2F 的电容两端施加图 2－21(a)所示电压，求电容的电流$i(t)$,并画波形图。

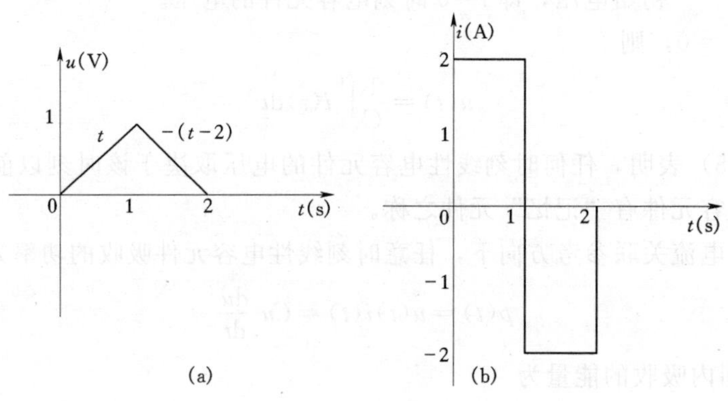

图 2－21 例 2－7 图

(a) 电压波形图；(b) 电流波形图

解：根据图 2－21 (a) 的电压波形，电压的函数表达式为

$$u(t)=\begin{cases}0 & -\infty<t<0\\ t & 0\leqslant t<1\\ -(t-2) & 1\leqslant t<2\\ 0 & 2\leqslant t<\infty\end{cases}$$

式中，u 的单位为 V，t 的单位为 s。

设电压、电流为关联参考方向，则

$$i(t)=C\frac{\mathrm{d}u(t)}{\mathrm{d}t}=2\frac{\mathrm{d}u(t)}{\mathrm{d}t}=\begin{cases}0 & -\infty<t<0\\ 2 & 0<t<1\\ -2 & 1<t<2\\ 0 & 2<t<\infty\end{cases}$$

式中，$i(t)$ 的单位为 A，t 的单位为 s。电流的波形如图 2-21 (b) 所示。

2.3.3 电容的串联与并联

2.3.3.1 电容的并联

电容器的电容量或耐压不满足需要时，可将一些电容器适当连接起来，使之满足要求。

将原先电荷量为零的一些电容组合成二端网络，各电容充电的总电荷量与端口电压的比值称为网络的等效电容或总电容。

图 2-22 (a) 所示为 C_1、C_2、C_3 的几个电容元件并联的情况。设端口电压为 u，由 KVL，每个电容的电压都为 u，它们所充的电荷量各为

$$q_1 = C_1 u;\ q_2 = C_2 u;\ q_3 = C_3 u$$

它们所充的总电荷量

$$q = q_1 + q_2 + q_3 = (C_1 + C_2 + C_3)u$$

所以并联电容的等效电容

$$C_i = \frac{q}{u} = C_1 + C_2 + C_3 \tag{2-27}$$

即等于各个电容之和，见图 2-22 (b)。

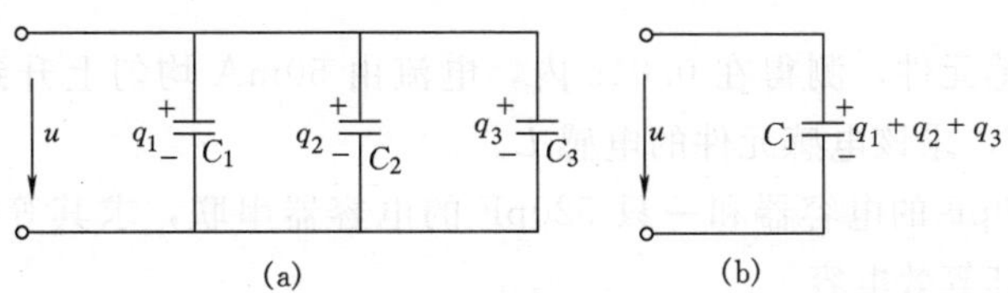

图 2-22 电容的并联

2.3.3.2 电容的串联

图 2-23 (a) 所示为 C_1、C_2、C_3 的几个电容元件串联的情况。与外部相连的两个极板充有等量异号的电荷量 q，中间各个极板因为静电感应而出现等量异号的感应电荷。虽然每个电容的电荷量为 q，但所充的总电荷量也是 q。

每个电容器的电压各为

$$u_1 = \frac{q}{C_1};\ u_2 = \frac{q}{C_2};\ u_3 = \frac{q}{C_3}$$

所以，串联电容的电压与电容成反比。

所以端口电压

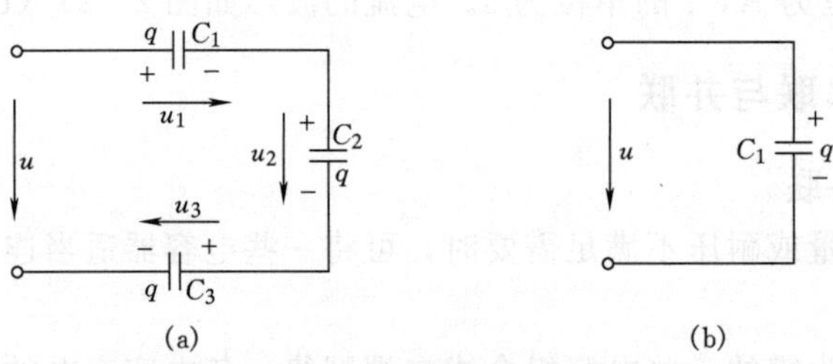

图 2-23　电容的串联

$$u=u_1+u_2+u_3=q\left(\frac{1}{C_1}+\frac{1}{C_2}+\frac{1}{C_3}\right)=\frac{q}{C_\mathrm{i}}$$

故得串联电容的等效电容的倒数等于串联电容的倒数的和，即

$$\frac{1}{C_\mathrm{i}}=\frac{1}{C_1}+\frac{1}{C_2}+\frac{1}{C_3} \tag{2-28}$$

串联电容的等效电容小于每个电容，但每个电容的电压都小于端口电压。所以电容器的耐压不够时，可将电容器串联使用，但要注意电容小的分得的电压大。

当电容量和耐压都不够时，可以将一些电容器并联和串联混合使用。

【思考与练习】

(1) 有一电感元件，测得在 0.01s 内，电流由 50mA 均匀上升到 100mA，产生的电动势为 0.1V，求该电感元件的电感 L。

(2) 一只 340pF 的电容器和一只 520pF 的电容器串联，求其等效电容。若这两电容器并联，求其等效电容。

(3) 已知电容元件的电压与电流参考方向一致，$C=0.005\mathrm{F}$，$u_\mathrm{C}=60\mathrm{e}^{-20t}$ V，求电流 i。

(4) 有人说：在直流稳态电路中，电容元件相当于断路，电容电流为零，所以此时电容元件的电场能量也为零。对吗？为什么？

2.4　独立电源及实际电源的等效变换

前面介绍的耗能元件（R）和储能元件（L、C）都是无源元件。电路中还必须有提供能量的元件——电压源和电流源，称电压源、电流源为独立源。独立源的特性是不受电路中其他部分的电压或电流控制，而且能独立地向网络提供能量和信号并产生相应的响应。

2.4.1 电压源

向电路供给能量或提供信号的设备叫电源。

有些信号源，向电路输入的是近乎不变的电压信号。像电池、发电机这样的电源，其电压几乎是定值，或差不多是一定的时间函数。理想电压源就是人们据此而定义的一种实际电源的电路模型。理想电压源简称电压源，是一个二端元件，它的电压为定值或是一定的时间函数，与通过它的电流无关；它的电流（以及功率）由与之相连的外部电路决定。

一般电压源的符号如图 2-24（a）。电压源的电压用 U_S 或 u_S 表示。u_S（t）为常数 U_S 即电压的大小和方向都不随时间变化的电压源叫直流电压源，图 2-24（b）是直流电压源的另一种符号，并且长线表示参考正极性，短线表示参考负极性。

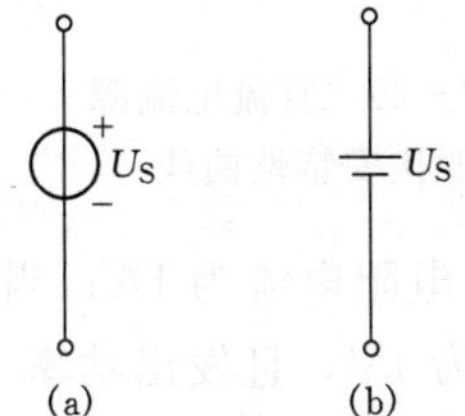

图 2-24 电压源的表示符号
（a）一般电压源符号；
（b）直流电压源符号

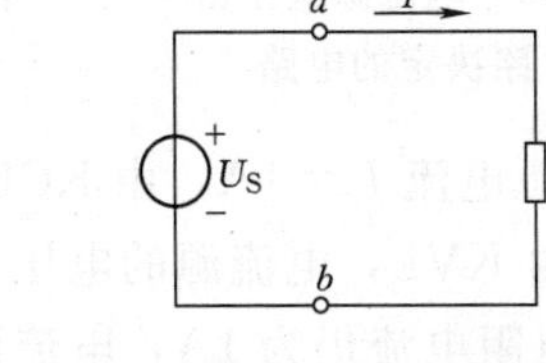

图 2-25 电压源电流由外电路决定的电路

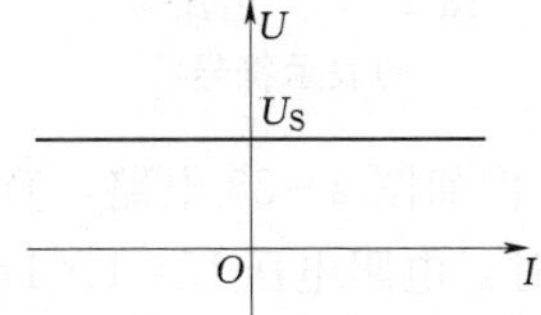

图 2-26 直流电压源的伏安特性曲线

例如图 2-25 所示电路，直流电压源 $U_S=2V$。由 KVL，电阻电压为 2V；当 $G=1S$ 时，电阻的电流 $I=1\times2=2A$；由 KCL，电压源的电流也为 2A，且发出功率 $2\times2=4W$。当 G 分别为 0.5S、0.25S 时，电阻电压仍为 2V，电压源电流分别为 1A、0.5A，发出功率分别为 2W、1W。

图 2-26 所示为直流电压源的伏安特性曲线，是一条与 I 轴平行的直线，电流由其外部决定，不管电流为什么值，它的电压总为 U_S。

$u_S(t)=0$ 的电压源是电压保持为零、电流由其外部决定的二端元件，所以 $R=0$ 的电阻即短路，其电压源等于 $u_S(t)=0$ 的电压源。

需要说明，将 $u_S(t)$ 不相等的电压源并联，或是将 $u_S(t)\neq0$ 的电压源短路，都是没有意义的。

2.4.2 电流源

有些信号源，向电路输入的是近乎不变的电流信号。例如光电池，在一定照度的光线照射下，将要激发近乎不变的电流。又如电流互感器，其一侧电流几乎是一定的时间函数。据此，人们定义理想电流源为这一类实际电源的电路模型。理想电流源简称电流源，是一个二端元件，它的电流为一定值或是一定的时间函数，与它的电压无关；它的电压（以及功率）由与之相连的外部电路决定。电流源的符号如图 2-27。电流源的电流用 I_S 或 i_S 表示。i_S（t）为常数 I_S 时，即电流大小和方向都不随时间变化的电流源叫直流电流源。

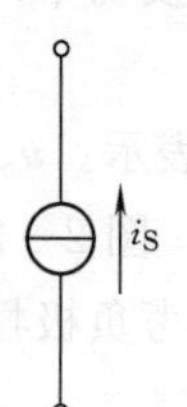

图 2-27 电流源的表示符号

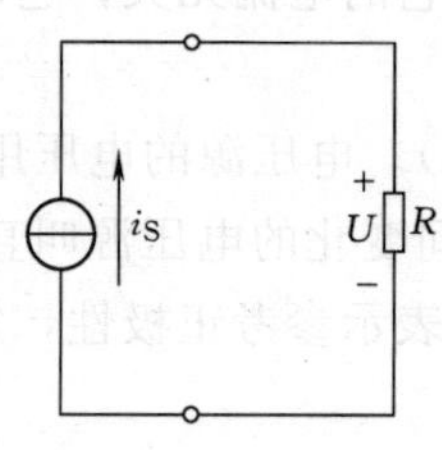

图 2-28 电流源电压由外电路决定的电路

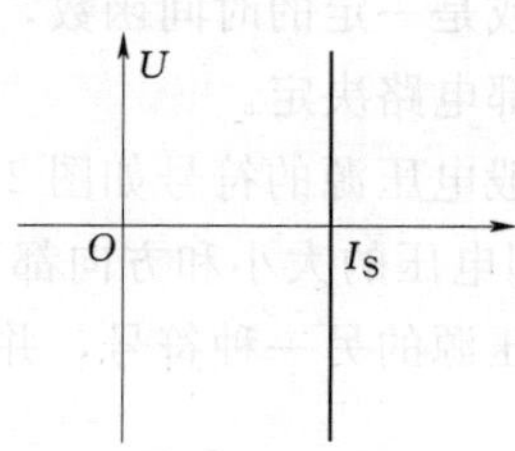

图 2-29 直流电流源的伏安特性曲线

例如图 2-28 电路，直流电流源电流 $I_S=1$A，由 KCL，电阻电流为 1A；当 $R=1\Omega$ 时，电阻电压 $U=1\times1=1$V；由 KVL，电流源的电压也为 1V，且发出功率 $1\times1=1$W。当 R 分别为 2Ω、3Ω 时，电阻电流仍为 1A，电流源电压分别为 2V、3V，发出功率分别为 2W、3W。

直流电流源的伏安特性是一条与 U 轴平行的直线，如图 2-29 所示，电压由其外部决定，不管电压为什么值，它的电流总为 I_S。

i_S（t）$=0$ 的电流源是电流保持为零、电压由其外部决定的二端元件，所以 $R=+\infty$ 的电阻即开路，其电流源等于 i_S（t）$=0$ 的电流源。还需说明，将 i_S（t）不相等的电流源串联，或是将 i_S（t）$\neq0$ 的电流源开路，也是没有意义的。

电压源的电压不因其外部电路的不同而不同，电流源的电流不因其外部电路的不同而不同，所以电压源和电流源总称为独立电源，简称独立源。

另外，以电压或电流形式向电路输入的能量或信号叫做激励信号，简称激励。经过电路传输或处理后输出的信号叫做响应信号，简称响应。作为输出量的电压、电流，以及由激励电路中引起的各电压、电流，都可叫做响应。

【例 2-8】 试求图 2-30 所示电路中的短路电流 i_{sc} 及电压源、电流源的功率。

解：b、c 间的短路，使 $u_{bc}=0$ 则

$$u_{ab}=u_{ac}=3\ \text{V}$$

$$i_{ab}=\frac{3}{1}=3\ \text{A}$$

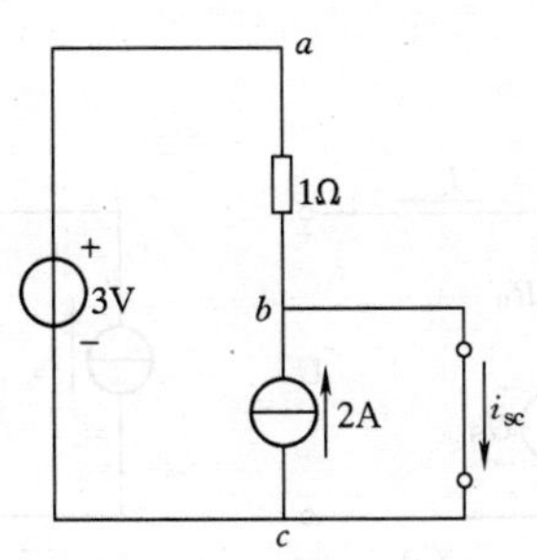

图 2-30 例 2-8 图

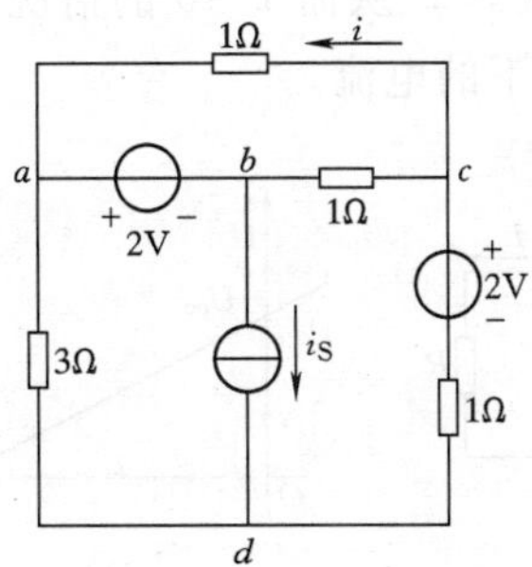

图 2-31 例 2-9

由 KCL，

$$i_{sc}=3+2=5\ (A)$$

电压源发出功率 3×3=9W。电流源的功率为 0×2=0。

【例 2-9】 图 2-31 所示电路中，欲使 $i=1A$，试求 i_S。

解：

$$u_{ca}=1\times1=1\ (V)$$

$$u_{cb}=u_{ca}+u_{ab}=1+2=3\ (V)$$

$$i_{cb}=\frac{3}{1}=3\ (A)$$

$$i_{dc}=i+i_{cb}=1+3=4\ (A)$$

$$u_{da}=u_{dc}+u_{ca}=1\times4-2+1=3\ (V)$$

$$i_{da}=\frac{3}{3}=1\ (A)$$

$$i_S=i_{dc}+i_{da}=4+1=5\ (A)$$

2.4.3 实际电源的等效变换

2.4.3.1 实际电源

固定的电压信号，可以用一个电压源替代；一个固定的电流信号，可以用一个电流源替代。用电子电路实现的稳压电源，可以看成电压源。

实际电源工作时，由于内部有损耗，电压、电流要随着它外部情况的改变而改变。

见图 2-32（a），实际直流电源接有电阻 R。随着 R 的不同，它的电压 U 和电流 I 不同，它的伏安特性曲线如图 2-32（b）所示的直线。其中，U_{oc}是开路电压，

即它在 $R=+\infty$，从而 $I=0$ 的情况下的电压；I_{SC}是短路电流，即它在 $R=0$，从而 $U=0$ 的情况下的电流。

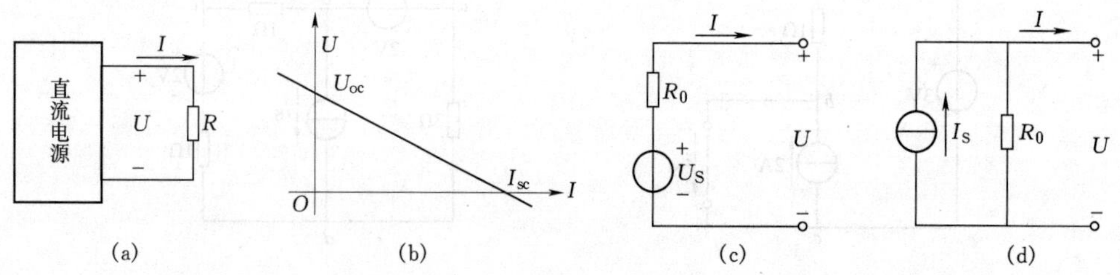

图 2-32 实际电源、实际电源的伏安特性和实际电源的电路模型
(a) 实际直流电源；(b) 实际电源的伏安特性曲线；(c)、(d) 实际电源的电路模型

图 2-32(b)所示伏安特性的解析式为

$$U=U_{oc}-\frac{U_{oc}}{I_{sc}}I$$

而图 2-32(c)所示电路的电压电流关系为

$$U=U_S-R_0I$$

所以可以用电压源与电阻的串联组合作为实际直流电源的电路模型，模型中的电压源的电压 U_S 应等于直流电源的 U_{oc}，模型中的电阻 R_0 叫内电阻（也叫输出电阻），R_0 应等于直流电源的 U_{oc}/I_{sc}。

图 2-32 (b) 所示伏安特性的解析式又可写成

$$I=I_{sc}-\frac{U}{\dfrac{U_{oc}}{I_{sc}}}$$

而图 2-32 (d) 所示电路的电压电流关系为

$$I=I_S-\frac{U}{R_0}$$

所以又可用电流源与电阻的并联组合作为实际直流电源的电路模型，模型中电流源的电流 I_S 应等于 I_{sc}，内电阻 R_0 也应等于 U_{oc}/I_{sc}。

理论上，图 2-32 (c) 和图 2-32 (d) 都可作为直流电源的电路模型。实用中则从使用方便来选择。像电池、发电机这类电源，使用中由于内电阻比外部电阻小得多，它的电压接近开路电压而变化不大，所以常用电压源电阻串联模型，且在一定电流范围内可以近似看成电压源。像光电池这样的电源，由于内电阻比外电阻大得多，

它的电流接近短路电流而变化不大，所以常用电流源电阻并联模型，且在一定电压范围可以近似看成电流源。

2.4.3.2 两种电源模型的等效互换

实际电源，既可用电压源与电阻串联组合为其电路模型，又可用电流源与电阻并联组合为其电路模型。由此不难想到，一个电压源电阻串联网络可以等效变换为一个电流源电阻并联网络，一个电流源电阻并联网络也可以等效变换为一个电压源电阻串联网络。

图 2-32（c）网络的端口电压电流关系为

$$U = U_S - R_0 I$$

图 2-32（d）网络的端口电压电流关系为

$$U = R_0 I_S - R_0 I$$

可见，图 2-32（c）、图 2-32（d）两个网络中的 R_0 相同，且 $U_S = R_0 I_S$ 时，这两个网络可以等效互换。变换中，注意电压源、电流源的参考方向，电流源的电流的参考方向应从电压源电压的“+”极流出。见图 2-32（c）和图 2-32（d）。

没有与电压源等效的电流源，反之亦然。因为电压源的伏安特性为平行于电流轴的直线，电流源的伏安特性为平行于电压轴的直线，两者不可能有相同的伏安特性。

【例 2-10】 试将图 2-33（a）所示电路中，R 所接二端网络通过等效变换加以简化，求出 R 的电流，并求 R_1 的电压。已知 $U_{S1} = 10\text{V}$，$U_{S2} = 6\text{V}$，$R_1 = 1\Omega$，$R_2 = 3\Omega$，$R = 6\Omega$。

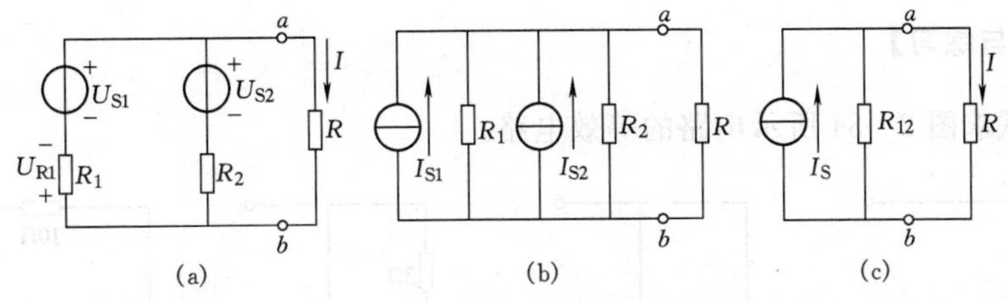

图 2-33　例 2-10 图

解： 先把每个电压源电阻串联支路变换为电流源电阻并联支路，网络变换如图 2-33（b），其中

$$I_{S1} = \frac{U_{S1}}{R_1} = \frac{10}{1} = 10\ (\text{A})$$

$$I_{S2} = \frac{U_{S2}}{R_1} = \frac{6}{3} = 2\ (\text{A})$$

图 2－33（b）中两个并联电流源可以用一个电流源代替，其

$$I_S = I_{S1} + I_{S2} = 10 + 2 = 12\ (A)$$

并联的 R_1、R_2 的等效电阻

$$R_{12} = \frac{R_1 R_2}{R_1 + R_2} = \frac{1 \times 3}{1 + 3} = \frac{3}{4}\ (\Omega)$$

网络简化如图 2－33（c）。

对图 2－33（c）电路，可按分流关系求得 R 的电流。

$$I = \frac{R_{12}}{R_{12} + R} I_S = \frac{\frac{3}{4}}{\frac{3}{4} + 6} \times 12 = \frac{4}{3}\ (A)$$

回到图 2－33（a）原网络，由于

$$U_{ab} = RI = 6 \times \frac{4}{3} = 8\ (V)$$

所以

$$U_{R1} = U_{S1} - U_{ab} = 10 - 8 = 2\ (V)$$

这里注意，不能错误认为图 2－33（b）中 R_1 的电压，就是图 2－33（a）中 R_1 的电压。“等效”是对变换的网络的外部而言的，计算原网络中的量值，必须回到原网络。

【思考与练习】

（1）试求图 2－34 所示电路的等效电路。

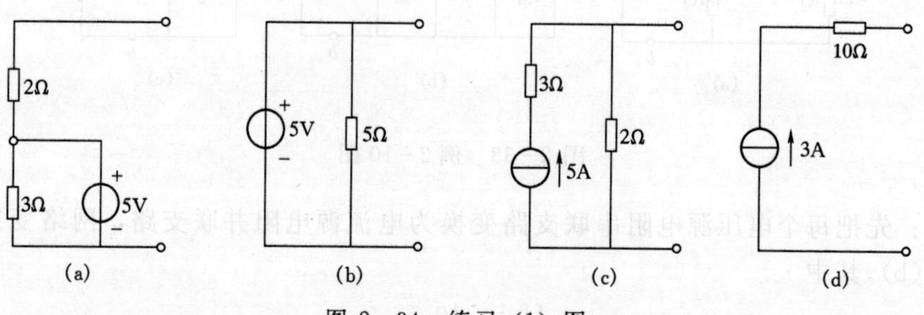

图 2－34 练习（1）图

（2）试求图 2－35 所示电路的等效电路。

（3）电路如图 2－36 所示试等效简化 3Ω 所接二端网络，求 3Ω 电阻的电压，并

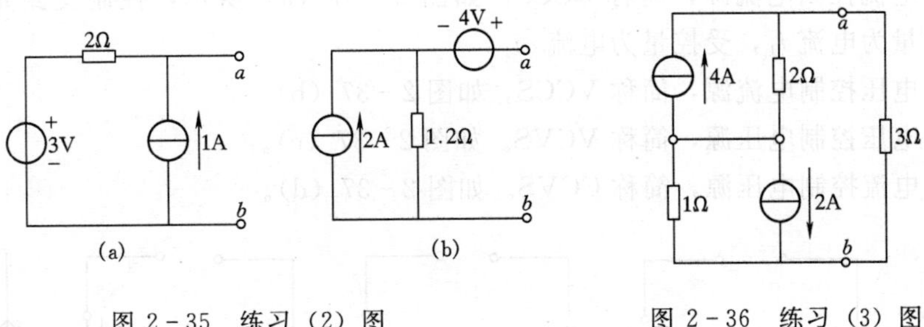

图 2-35 练习（2）图　　　　图 2-36 练习（3）图

求 1Ω 电阻的电流。

2.5 受控源及含受控源的简单电路分析

上一节讨论了电压源和电流源，它们都是独立电源。但许多电路不能够只用独立源和电阻元件组成的模型表示，因此要引入新的理想电路元件——受控源。受控源主要用来构成电子器件的电路模型，分析电子电路。

2.5.1 受控源

实际电路中有这样的情况，一个支路的电流（或）电压受另一个支路的电流（或电压）控制。例如电子管的输出电压受输入电压的控制，晶体管的集电极电流受基极电流控制，这类电路器件都可以用受控源描述其工作性能。

受控源的定义如下：一个受控源由两条支路组成，一条支路是短路（或开路）；另一条支路如同电流源（或电压源），而其电流（或电压）受短路支路的电流（或开路支路的电压）控制。

受控源主要用以表示电路内不同支路物理量之间的相互关系，所以它本身只是一种电路元件，将控制支路与被控支路耦合起来，使两个支路中的电流、电压保持一定的数学关系。受控源与独立源的性质不同，受控源在电路中虽然也能提供能量和功率，但其提供的能量和功率不但决定于受控支路的情况，而且还受到控制支路的影响。当电路不存在独立源时，不能为控制支路提供电压和电流，于是控制量为零，受控源的电压或电流也为零，所以受控源不能作为电路独立的激励。

受控源有两对端钮：一对为输入端钮（称为输入端口或控制端口），即施加控制量端钮；一对为输出端钮（称为输出端口或受控端口），即对外提供电压或电流的端钮，所以受控源是一个二端口元件。受控源在电路中用菱形符号表示，以区别于独立源的图形符号。按照定义有四种受控源：

(1) 电流控制电流源，简称CCCS。如图2-37(a)所示，控制支路是短路支路，控制量为电流 i_1，受控量为电流 αi_1。

(2) 电压控制电流源，简称VCCS。如图2-37(b)。

(3) 电压控制电压源，简称VCVS。如图2-37(c)。

(4) 电流控制电压源，简称CCVS。如图2-37(d)。

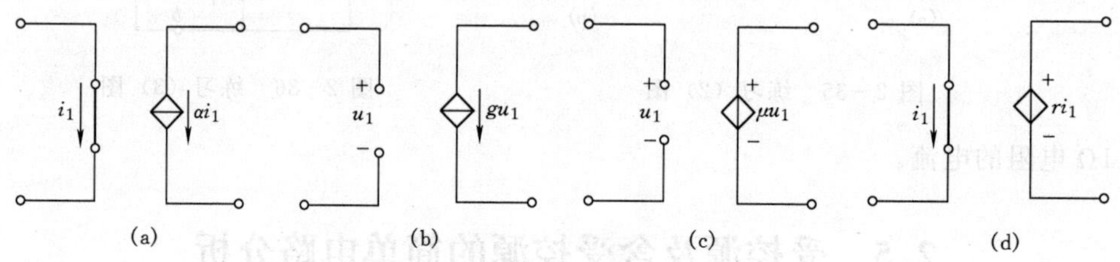

图2-37 受控源

(a) 电流控制电流源；(b) 电压控制电流源；(c) 电压控制电压源；(d) 电流控制电压源

受控量与控制量成正比的受控源，即图2-37中 α、g、μ、r 为常数的受控源叫做线性受控源，以下只讨论线性受控源，并简称受控源。

在电路图中，受控源的控制支路都不另画出，只是注明控制量。

2.5.2 含受控源的简单电路分析

互连约束和元件的电压电流关系是分析计算电路的基本依据。分析计算含有受控源的电路时，先将受控源按独立源对待。KCL、KVL和VCR仍然是分析计算的依据，前面介绍的分析方法同样适用。

【例2-11】 图2-38所示为一含VCVS的电路，控制量为 $0.4U_1$，试求出电路的电流和各元件的功率。

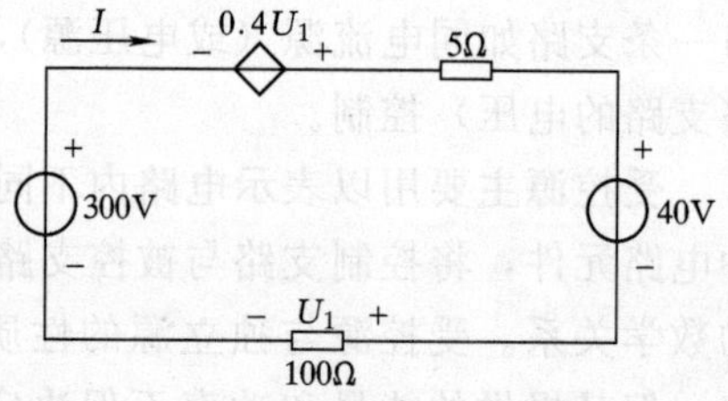

图2-38 例2-11图

解：图中已给出电流 I 的参考方向，由KVL可得

$$-0.4U_1+5I+40+U_1-300=0$$

而 $U_1=100I$ 代入上式，得

$$I=4\text{ (A)}$$

$$U_1=100\times 4\text{V}=400\text{ (V)}$$

各元件的功率如下：

300V电压源：

$P_1=-300I=-300\times4=-1200$（W）(即实际发出了 1200W 的功率)

40V 的电压源：

$P_2=40I=40\times4=160$（W）(即实际吸收了 160W 的功率)

受控源：

$P_3=-0.4U_1I=-0.4\times400\times4=-640$（W）(即实际发出了 640W 的功率)

5Ω 电阻：

$P_4=5\times I^2=5\times4^2=80$（W）(即实际吸收了 80W 的功率)

100Ω 电阻：

$P_5=100\times I^2=100\times4^2=1600$（W）(即实际吸收了 1600W 的功率)

用功率平衡进行验证：

实际发出的功率：

$$P_1+P_3=1200+640=1840\ (\text{W})$$

实际吸收的功率：

$$P_2+P_4+P_5=160+80+1600=1840\ (\text{W})$$

即功率平衡。

【思考与练习】

试求图 2－39 所示含受控源的单回路电路的电流。

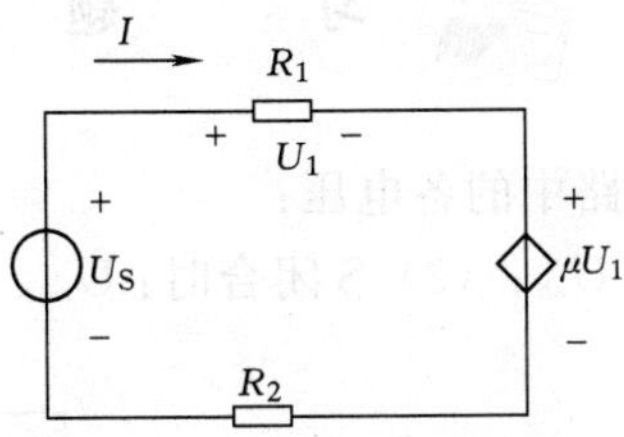

图 2－39　思考与练习图

小　　结

1. 几种电路元件

(1) 电阻元件：当电压、电流为关联参考方向时，其电压电流的关系为

$$u=Ri$$

(2) 电感元件：当电压、电流为关联参考方向时，其电压电流的关系为

$$u_L = L\frac{di_L}{dt}$$

(3) 电容元件：当电压、电流为关联参考方向时，其电压电流的关系为

$$i_C = C\frac{du_C}{dt}$$

(4) 电压源：电压是定值或是一定的时间函数，其电流由外部电路决定。

(5) 电流源：电流是定值或是一定的时间函数，其电压由外部电路决定。

(6) 短路与开路：短路（即 $R=0$）与零电压源相当，开路（即 $R=+\infty$）与零电流源相当。

2. 等效互换

(1) 端钮电压电流关系相同的两个网络叫等效网络，等效网络可以互换，等效互换的外部等效，内部不等效。

(2) 串联电阻的等效电阻等于各电阻的和，并联电阻的等效电导等于各电导的和。

(3) 电压源电阻串联组合与电流源电阻并联组合，在 R 相同、$U_S=R_0I_S$ 的条件下可以等效互换。

(4) Y 联接电阻与△联接电阻的等效互换，对称情况下等效的条件为 $R_\triangle=3R_Y$。

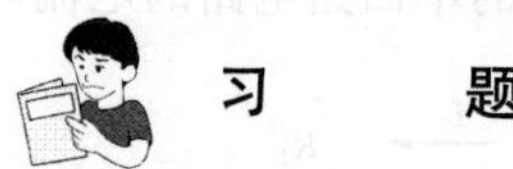

习　题

2-1　求图 2-40 所示电路中的各电压：

(1) S 打开时：U_{ao}、U_{bo}、U_{ab}；(2) S 闭合时：U_{ao}、U_{bo}、U_{ab}。

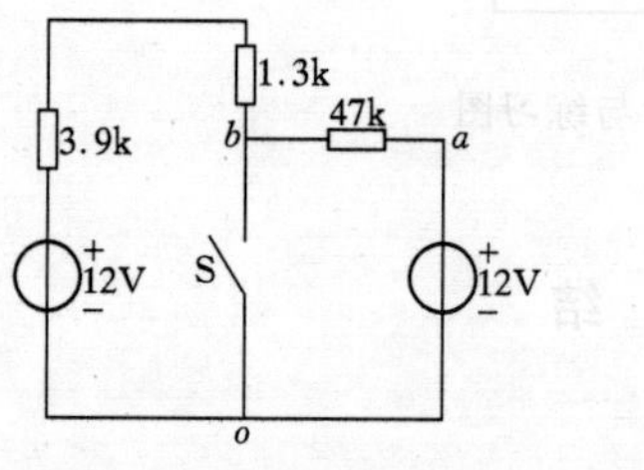

图 2-40　题 2-1 图

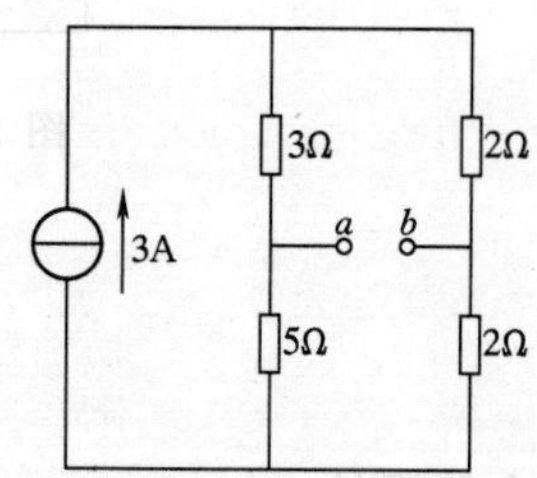

图 2-41　题 2-2 图

2-2　求图 2-41 所示电路中的开路电压 U_{ab}。

2-3　图 2-42 所示电路中的 $U_S=8V$，试求短路电流 I_{ab}。

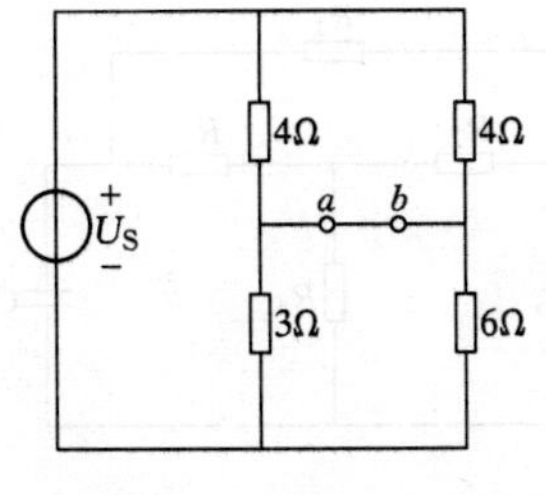

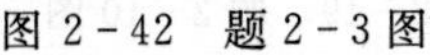
图 2-42　题 2-3 图

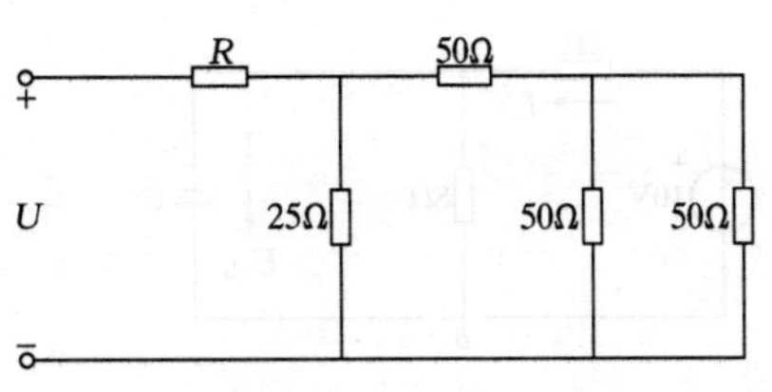

图 2-43　题 2-4 图

2-4　电路如图 2-43 所示，若 $U=200\text{V}$，电路总消耗功率为 400W，求 R 及各支路电流。

2-5　试求图 2-44 所示网络的等效电路。

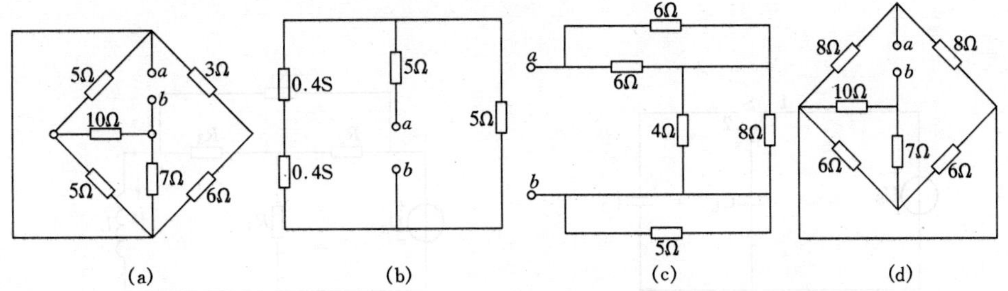

图 2-44　题 2-5 图

2-6　网络如图 2-45 所示，(1) 求它的等效电阻；(2) 如端口电压为 13V，试求各电阻的电流。

2-7　试求图 2-46 所示电路中各电阻的电流和电压。

2-8　试求如图 2-47 所示电路中各元件的功率。

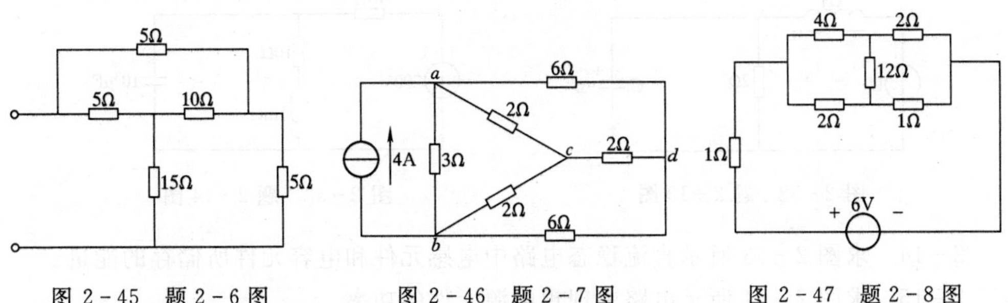

图 2-45　题 2-6 图　　图 2-46　题 2-7 图　　图 2-47　题 2-8 图

2-9　求图 2-48 所示电路中的电流 I 和电压 U_{ab}。

2-10　图 2-49 所示电路中，直流电流源的电流 $I_S=2\text{A}$，$R_1=1\Omega$，$R_2=0.8\Omega$，

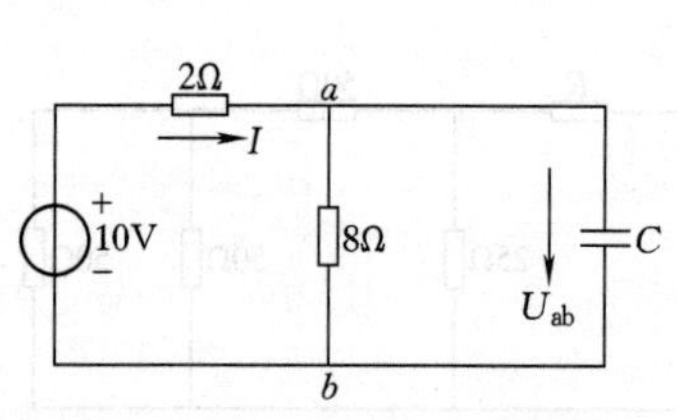

图 2-48 题 2-9 图

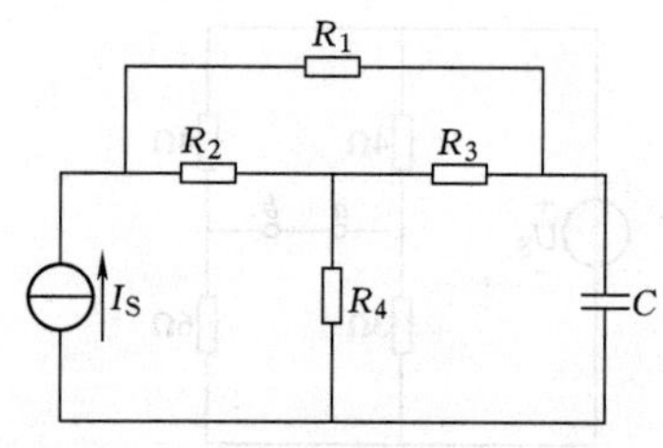

图 2-49 题 2-10 图

$R_3=3\Omega$，$R_4=2\Omega$，$C=0.2\text{F}$，电路已经稳定。试求 C 的电压和电场储能。

2-11 如图 2-50 所示电路，开关 S 首先与电源 U_S 接通使 C_1 充电，然后将 S 闭合到 2，使 C_1、C_2 接通。试求：（1）最后 C_1、C_2 上的电量；（2）C_1、C_2 上的电压。

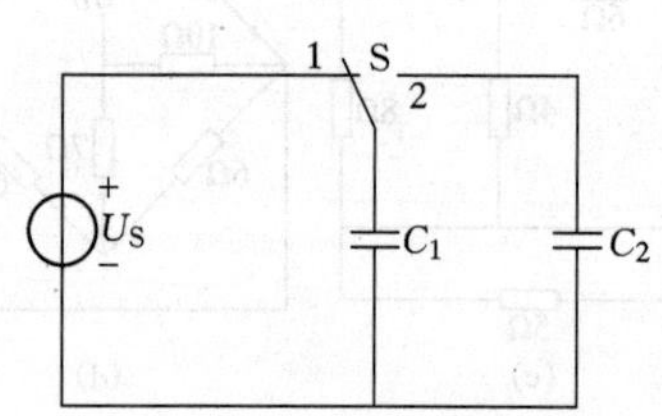

图 2-50 题 2-11 图

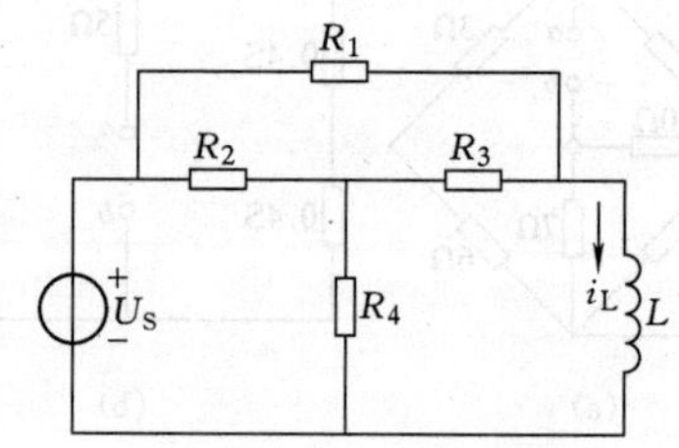

图 2-51 题 2-12 图

2-12 图 2-51 所示电路中，电压源电压 $U_S=2\text{V}$，$R_1=1\Omega$，$R_2=0.8\Omega$，$R_3=3\Omega$，$R_4=2\Omega$，$L=0.1\text{H}$，电路已经稳定。试求 L 的电流和磁场能量。

2-13 图 2-52 所示电路中，$U_S=10\text{V}$，求通过电感的电流和电容两端的电压。

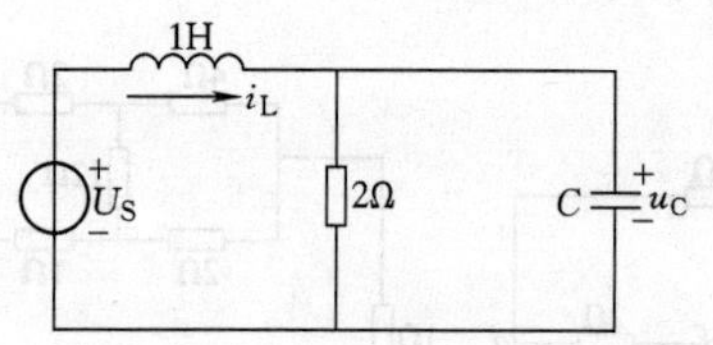

图 2-52 题 2-13 图

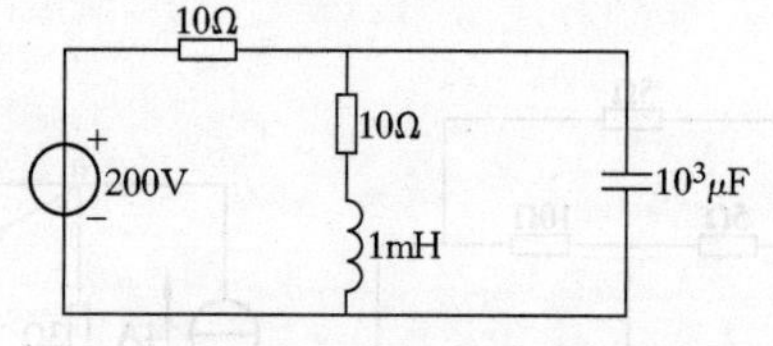

图 2-53 题 2-14 图

2-14 求图 2-53 所示直流稳态电路中电感元件和电容元件所储存的能量。

2-15 求图 2-54 所示电路中理想电源元件的功率。

2-16 如图 2-55 所示电路，求：（1）当 $U_S=10\text{V}$ 时的 I；（2）当 $I=0$ 时的 U_S。

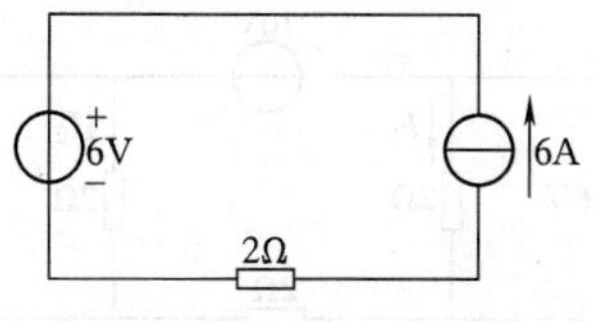

图 2-54　题 2-15 图

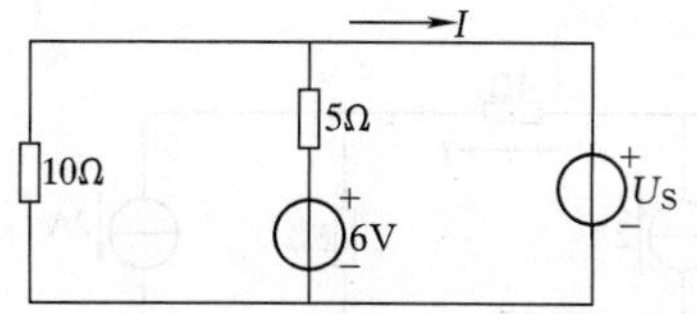

图 2-55　题 2-16 图

2-17　如图 2-56 所示电路，求：(1) I_3 及 U_{ab}；(2) U_{cd} 及 U_{db}。

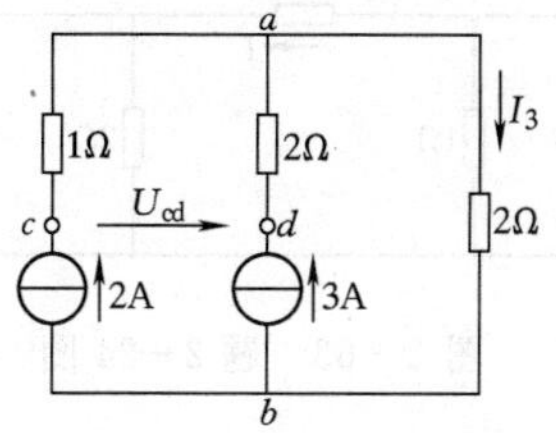

图 2-56　题 2-17 图

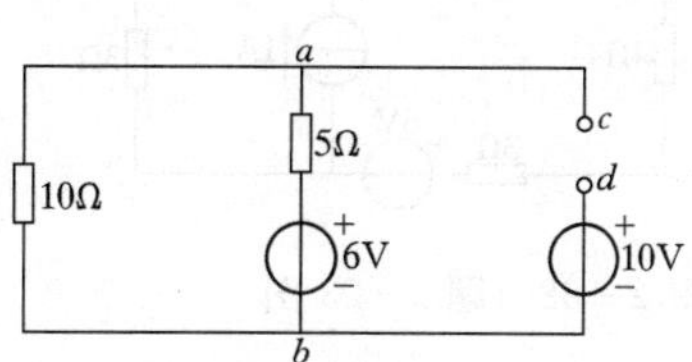

图 2-57　题 2-18 图

2-18　如图 2-57 所示电路，求 U_{ab} 和 U_{cd}。

2-19　如图 2-58 所示电路，已知 $U_{S1}=8V$，$U_{S2}=15V$，$U_{S3}=14V$，$R_1=16\Omega$，$R_2=3\Omega$，$R_3=9\Omega$，求：(1) S 打开时 I_1，I_2 及 U_{ab}。(2) S 闭合时 I_1，I_2 和 I_3。

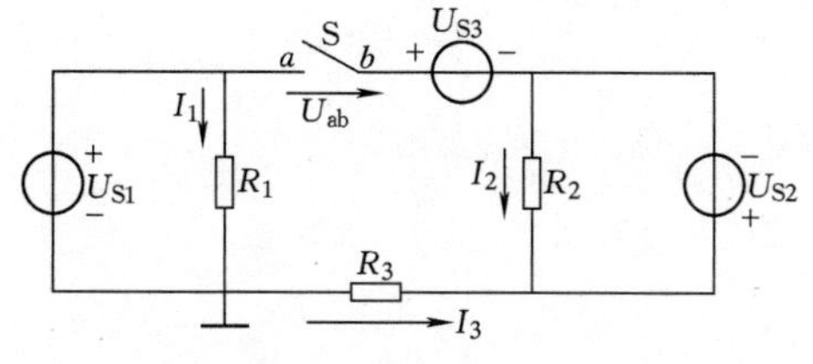

图 2-58　题 2-19 图

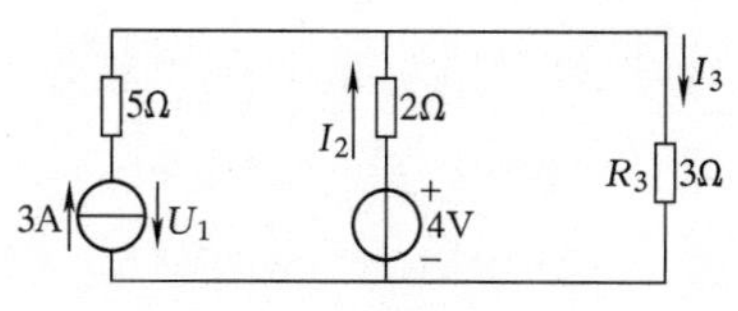

图 2-59　题 2-20 图

2-20　如图 2-59 所示电路，求：(1) 流过 3Ω 电阻的电流 I_3（用电压源与电流源等效互换法）；(2) 电流 I_2 和电压 U_1。

2-21　如图 2-60 所示电路，试用两种电源模型的等效互换法求通过 4Ω 电阻支路的电流 I。

2-22　求图 2-61 所示电路中的电流 I_1、I_2 和 I_3。

2-23　用电压源和电流源等效互换法求图 2-62 所示电路的电流 I。

2-24　用电压源和电流源等效互换法求图 2-63 所示电路的电流 I。

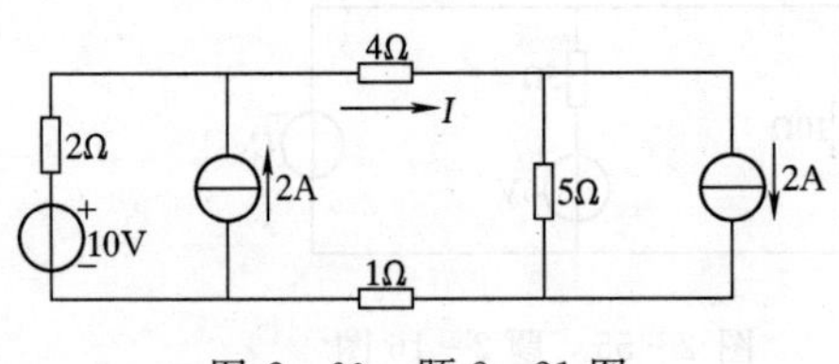

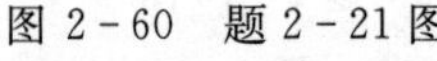
图 2-60 题 2-21 图

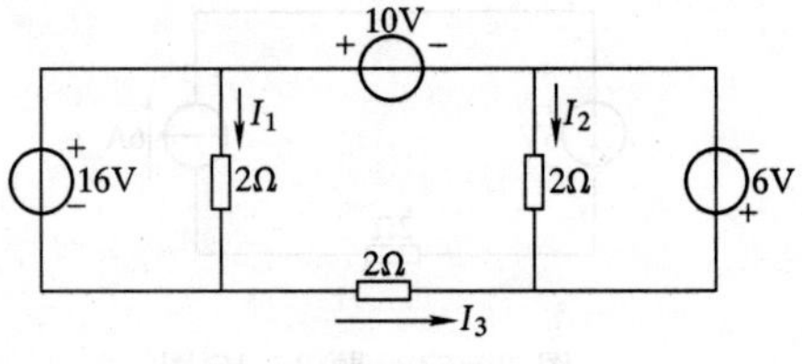

图 2-61 题 2-22 图

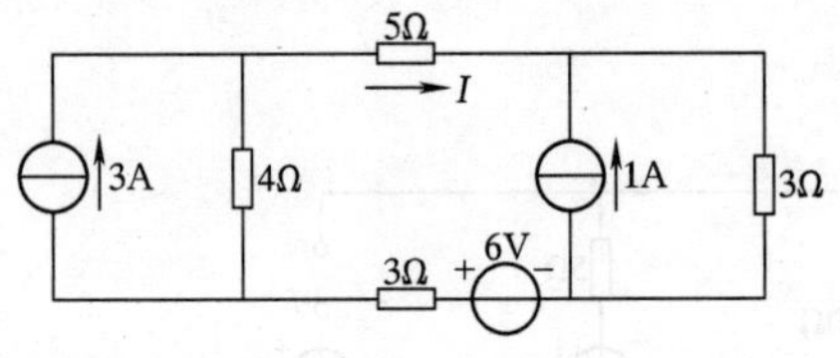

图 2-62 题 2-23 图

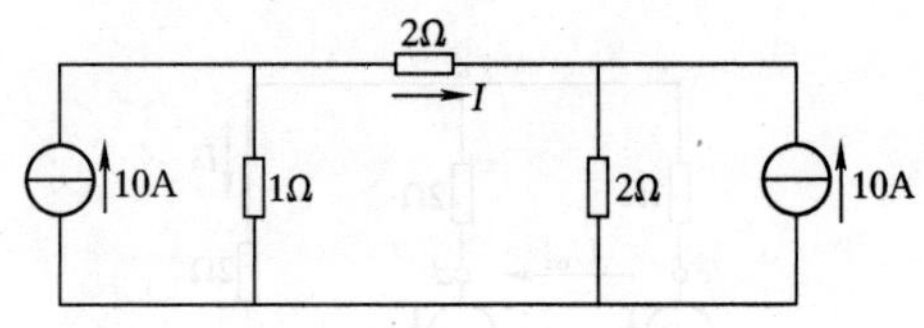

图 2-63 题 2-24 图

第 3 章

电路的一般分析方法与常用定理

在电路分析中，对于具有特定结构形式的电路，可以用上一章介绍的等效分析法来进行分析计算。但对于比较复杂的电路，等效分析法就有比较大的局限性。因此，有必要寻求建立一类规范化、系统化的一般分析方法，探讨反映线性电路基本性质的定理及其应用。

本章主要介绍线性电路一般分析方法中常用的支路电流法、网孔电流法和节点电压法，并重点讨论线性电路常用的叠加定理、戴维南定理及其应用。最后介绍最大功率传输定理和非线性电阻电路的概念。

3.1 支路电流法

电路的一般分析方法是指在给定电路结构和元件参数的条件下，不需要改变电路结构，而是通过选择电路变量（未知量），根据 KCL 和 KVL 以及支路的 VCR 建立关于电路变量的方程组，从而求解电路的方法。

3.1.1 支路电流法

支路电流法是电路一般分析方法中最基本的方法，它是以支路电流为未知量，根据 KCL 建立独立节点电流方程，根据 KVL 建立独立回路电压方程，然后解联立方程组求出各支路电流。另外根据题意还可计算支路电压和功率等。

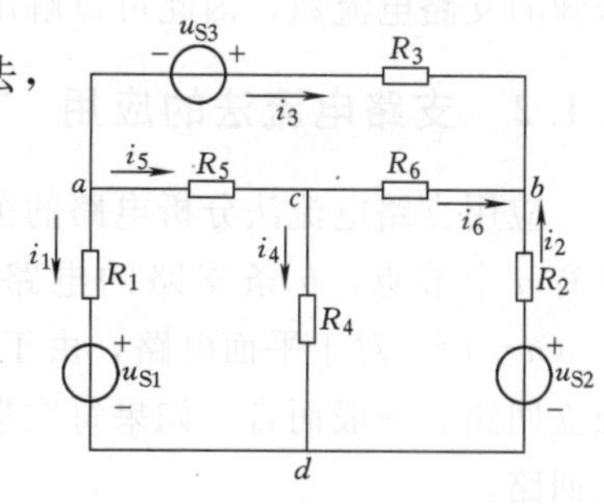

图 3-1 支流电流法

现以图 3-1 所示电路为例，具体说明支路电流法及其特点。设电路中各元件参数均为已知，求各支路电流。由图 3-1 可知，此电路有 6 条支路，4

个节点，7 个回路（其中 3 个为网孔）。首先选定各支路电流参考方向，并设各支路电压与支路电流为关联参考方向。根据 KCL 列出的节点电流方程分别为

$$\left.\begin{aligned}&\text{节点 } a: \quad i_1+i_3+i_5=0\\&\text{节点 } b: \quad -i_2-i_3-i_6=0\\&\text{节点 } c: \quad i_4-i_5+i_6=0\\&\text{节点 } d: \quad -i_1+i_2-i_4=0\end{aligned}\right\} \tag{3-1}$$

在式（3-1）中，如果把前 3 个方程相加就可以得到第 4 个方程，所以这 4 个方程中只有 3 个方程是相互独立的。因为在这 3 个独立方程中，每个方程都有其余 2 个方程中没有涉及的支路电流，因此任一个方程都不可能由另外 2 个方程推出，所以把这种对应于独立方程的节点称为独立节点。由此可见，具有 4 个节点的电路应用 KCL 只能得到 3 个独立节点电流方程。因此，可以选择其中任意 3 个节点来列节点电流方程，剩余的那个节点则称为非独立节点。

在图 3-1 所示的平面电路中含有 3 个网孔，若选择网孔作为回路，并取顺时针为回路绕行方向，根据 KVL 列出含 VCR 的回路电压方程分别为

$$\left.\begin{aligned}&\text{回路 } acda: \quad -R_1i_1+R_4i_4+R_5i_5=u_{S1}\\&\text{回路 } bdcb: \quad -R_2i_2-R_4i_4+R_6i_6=-u_{S2}\\&\text{回路 } abca: \quad R_3i_3-R_5i_5-R_6i_6=u_{S3}\end{aligned}\right\} \tag{3-2}$$

可见，这 3 个回路电压方程也是相互独立的，因为每个方程都有新的支路电压，即任何一个方程都不可能由另外两个方程推出，所以把这种对应于独立方程的回路称为独立回路。如果在此基础上再列出其他回路电压方程，都不会含有新的支路电压，其回路电压方程可由式（3-2）中的回路电压方程推出。

由此可见，图 3-1 所示的电路共设有 6 条支路电流为未知量，式（3-1）和式（3-2）分别列出了 3 个独立节点电流方程和 3 个独立回路电压方程，恰好等于 6 条未知的支路电流数，因此可以解出各支路电流。

3.1.2　支路电流法的应用

应用支路电流法分析电路的关键在于确定独立节点和独立回路。可以证明，对于具有 n 个节点，b 条支路的电路，其独立节点数为（$n-1$），独立回路数为 $l=b-(n-1)$。对于平面电路，由于网孔数等于独立回路数，因此，通常可选网孔作为独立回路。一般而言，如果每次选取的回路至少含有一条新支路，则该回路一定是独立回路。

综上所述，应用支路电流法求解电路的一般步骤是：

(1) 选定支路电流的参考方向，确定独立节点、独立回路及其绕行方向。

(2) 根据 KCL 列出 $(n-1)$ 个独立节点电流方程。

(3) 根据 KVL 列出 $l=b-(n-1)$ 个独立回路电压方程，其形式为 $\sum R_k i_k=\sum U_{Sk}$，通常取网孔为独立回路。

(4) 解方程组求出各支路电流。

(5) 根据题意要求计算支路电压和功率等。

【例 3-1】 用支路电流法求图3-2所示电路中各支路电流。

解：选定各支路电流 I_1、I_2 和 I_3，在图中标出它们的参考方向。确定 a 点为独立节点，选取两网孔为独立回路，并取顺时针为回路绕行方向。

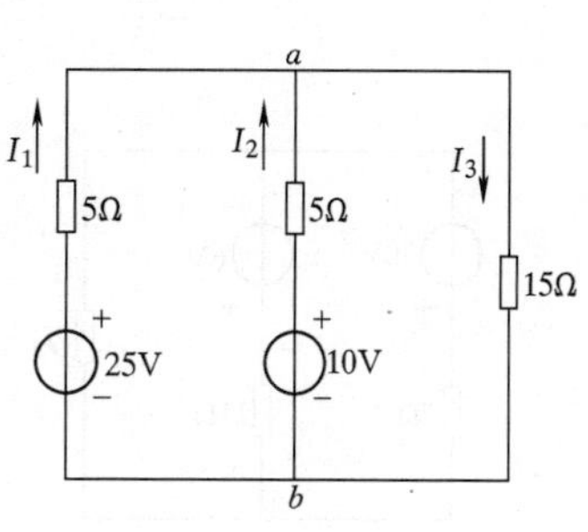

图 3-2　例 3-1 图

根据 KCL 和 KVL 分别列出 1 个独立节点电流方程和 2 个独立回路电压方程为

$$\begin{cases}-I_1-I_2+I_3=0\\5I_1-5I_2=25-10\\5I_2+15I_3=10\end{cases}$$

解方程组得：

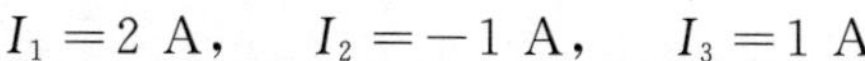

$$I_1=2\ \text{A},\quad I_2=-1\ \text{A},\quad I_3=1\ \text{A}$$

【例 3-2】 在图3-3所示的电路中，已知 $u_S=15\text{V}$，$i_S=10\text{A}$，$R_1=R_2=R_3=1\Omega$，求各支路电流 i_1、i_2、i_3 和电流源的端电压 u。

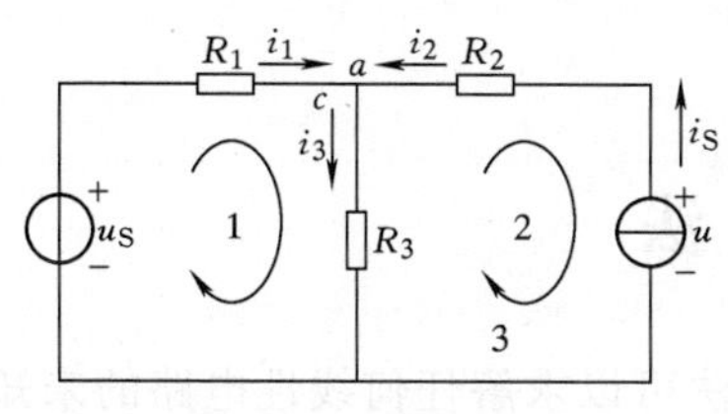

图 3-3　例 3-2 图

解：选定各支路电流的参考方向，并取网孔为独立回路，其绕行方向如图 3-3 所示。由于 R_2 支路含有电流源，即 $i_2=i_S=10\text{A}$，故未知量只有 i_1 和 i_3 两个。

若选取节点 a 为独立节点，根据 KCL 得

$$-i_1-i_2+i_3=0$$

即

$$-i_1+i_3=i_S \tag{1}$$

对回路 1 应用 KVL 得

$$R_1 i_1+R_3 i_3=u_S \tag{2}$$

将方程 (1)、(2) 联立，代入数据后解得：

$$i_1=2.5\ \text{A};\quad i_3=12.5\ \text{A}$$

再对回路 2 列 KVL 方程，则电流源的端电压

$$u = R_2 i_2 + R_3 i_3 = 1 \times 10 + 1 \times 12.5 = 22.5\ (\text{V})$$

【思考与练习】

(1) 根据例 3－2 的解题过程，总结应用支路电流法分析含电流源电路时应注意的问题。如果列 KVL 方程时，用网孔 2 是否可以？为什么？

(2) 用支路电流法求图 3－4 所示电路中各支路电流和电阻上的电压。

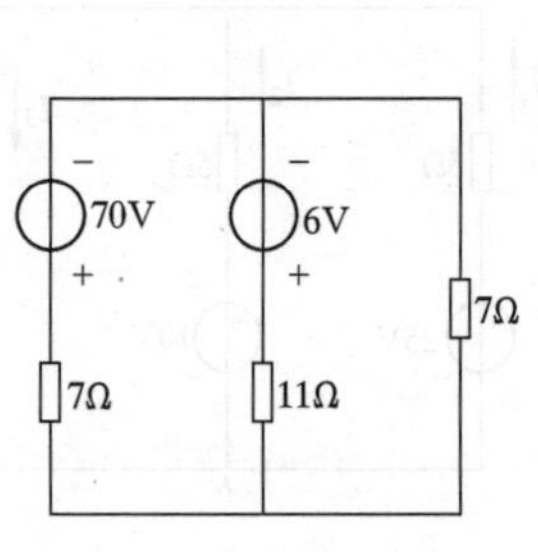

图 3－4 练习 (2) 图

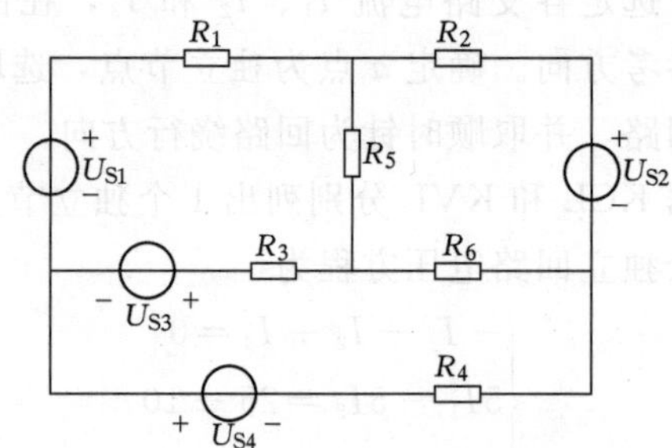

图 3－5 练习 (3) 图

(3) 图 3－5 所示电路有多少条支路？在图上标出支路电流的参考方向，然后列出求解各支路电流所需的方程。

3.2 网孔电流法

上节讨论了支路电流法，从理论上讲，支路电流法可以求解任何线性电路的未知电流和电压。但是当电路比较复杂时，应用支路电流法求解，则联立求解的方程数目较多，计算工作极为繁琐。如果能够找到其他方法，用少于支路数的方程也能解决求解电路的问题，则可以减少计算工作量。网孔电流法就是一种具有这些特点的电路分析方法。

3.2.1 网孔电流法

网孔电流法是以假想沿着网孔边界连续流动的网孔电流为未知量，根据 KVL 对全部网孔列出电路方程，从而求解网孔电流，进而求得支路电流和电压的方法。为了与支路电流法比较，现将图 3－1 重画为图 3－6，并以此电路为例来具体说明网孔电流法及其应用。

首先假想在电路的每个网孔里都有一网孔电流沿着网孔的边界连续流动，并设这些网孔电流分别为 i_{m1}，i_{m2} 和 i_{m3}，在图 3-6 所示网孔电流的参考方向下，选定各支路电流的参考方向。由图 3-6 可见，电路中各支路的电流都可以用网孔电流来表示，即

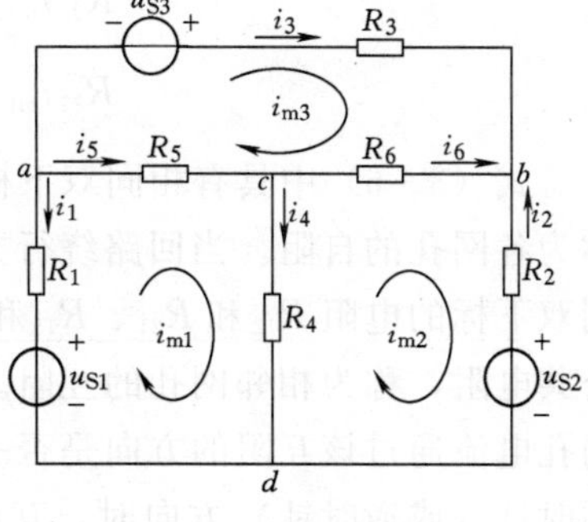

图 3-6 网孔电流法

$$\left.\begin{aligned} i_1 &= -i_{m1} \\ i_2 &= -i_{m2} \\ i_3 &= i_{m3} \\ i_4 &= i_{m1} - i_{m2} \\ i_5 &= i_{m1} - i_{m3} \\ i_6 &= i_{m2} - i_{m3} \end{aligned}\right\} \tag{3-3}$$

因此，只要求出各网孔电流，就可以根据式（3-3）求出各支路电流。

若选定回路绕行方向与网孔电流的参考方向一致，根据 KVL，3 个网孔的独立回路电压方程分别为

$$\left.\begin{aligned} -R_1 i_1 + R_4 i_4 + R_5 i_5 &= u_{S1} \\ -R_2 i_2 - R_4 i_4 + R_6 i_6 &= -u_{S2} \\ R_3 i_3 - R_5 i_5 - R_6 i_6 &= u_{S3} \end{aligned}\right\} \tag{3-4}$$

将式（3-3）代入式（3-4）并整理得

$$\left.\begin{aligned} (R_1 + R_4 + R_5) i_{m1} - R_4 i_{m2} - R_5 i_{m3} &= u_{S1} \\ -R_4 i_{m1} + (R_2 + R_4 + R_6) i_{m2} - R_6 i_{m3} &= -u_{S2} \\ -R_5 i_{m1} - R_6 i_{m2} + (R_3 + R_5 + R_6) i_{m3} &= u_{S3} \end{aligned}\right\} \tag{3-5}$$

式（3-5）是以网孔电流 i_{m1}、i_{m2}、i_{m3} 为未知量的方程组，故称为网孔电流方程组。由于电路中全部网孔是一组独立回路，所以这些方程是相互独立的。联立求解这组独立方程可求出网孔电流 i_{m1}、i_{m2} 和 i_{m3}，然后再根据式（3-3）求出各支路电流。

为了能够根据电路图直接写出网孔电流方程，若令

$$R_{11} = R_1 + R_4 + R_5, \quad R_{22} = R_2 + R_4 + R_6, \quad R_{33} = R_3 + R_5 + R_6$$

$$R_{12} = R_{21} = -R_4, \quad R_{13} = R_{31} = -R_5, \quad R_{23} = R_{32} = -R_6$$

$$u_{S11} = u_{S1}, \quad u_{S22} = -u_{S2}, \quad u_{S33} = u_{S3}$$

则式（3-5）可进一步表示为

$$\left.\begin{aligned}R_{11}i_{m1}+R_{12}i_{m2}+R_{13}i_{m3}=u_{S11}\\R_{21}i_{m1}+R_{22}i_{m2}+R_{23}i_{m3}=u_{S22}\\R_{31}i_{m1}+R_{32}i_{m2}+R_{33}i_{m3}=u_{S33}\end{aligned}\right\}\tag{3-6}$$

式（3-6）中具有相同双下标的电阻 R_{11}、R_{22}、R_{33} 分别为各网孔所有电阻之和，称为各网孔的自阻。当回路绕行方向与网孔电流方向一致时，自阻均为正值；具有不同双下标的电阻 R_{12} 和 R_{21}、R_{13} 和 R_{31}、R_{23} 和 R_{32}，它们分别为两个相邻网孔之间的公共电阻，称为相邻网孔的互阻。互阻可为正值，也可为负值，它取决于相邻的两个网孔电流通过该互阻的方向是否一致，一致时取正，反之取负。当假定网孔电流均为顺时针（或逆时针）方向时，互阻均为负值。显然，若两个网孔之间没有公共电阻时，方程中相应项为零。u_{S11}、u_{S22} 和 u_{S33} 分别是网孔 1、网孔 2 和网孔 3 中电压源电压的代数和。如果网孔电流从电压源的参考“－”极流向“＋”极，则在它前面取正号，反之则取负号。

由于式（3-6）是从图 3-6 所示电路的网孔电流方程中概括出来的，它代表了具有 3 个网孔的网孔电流方程式的一般形式。当电路不同时，只是各自阻、互阻及电压源电压代数和的具体内容不同而已。因此，对于具有 m 个网孔的电路，网孔电流方程的一般形式可由式（3-6）推广而得，即

$$\left.\begin{aligned}R_{11}i_{m1}+R_{12}i_{m2}+\cdots+R_{1m}i_{mm}=u_{S11}\\R_{21}i_{m1}+R_{22}i_{m2}+\cdots+R_{2m}i_{mm}=u_{S22}\\\vdots\\R_{m1}i_{m1}+R_{m2}i_{m2}+\cdots+R_{mm}i_{mm}=u_{Smm}\end{aligned}\right\}\tag{3-7}$$

式中 R_{11}、R_{22}、…、$R_{(n-1)(n-1)}$ 为各网孔的自阻；R_{12}、R_{21}、R_{23}、R_{32} 等为各网孔之间的互阻。当电路中只含有独立电源时，互阻 $R_{ij}=R_{ji}$，即互阻具有对称性。

3.2.2　网孔电流法的应用

在应用网孔电流法对电路进行分析计算时，一般不必采用推导的方法列写网孔电流方程，可根据电路图中给定的电路结构和元件参数，按照网孔电流方程的一般形式直接列出电路方程。这种用观察电路结构列写电路方程的方法称为观察法，它在电路分析计算中得到广泛应用。网孔电流法是电路分析中常用的方法之一，它属于回路电流法的一种特殊情况，仅适用于平面电路。

综上所述，应用网孔电流法分析计算电路的一般步骤是：

（1）假设各网孔电流及其参考方向，并规定各回路绕行方向均与其对应的网孔电流方向一致。

(2) 用观察法列出全部网孔电流方程，注意自阻均为正值，互阻可正可负。

(3) 解联立方程组，求出各网孔电流。

(4) 选定各支路电流及其参考方向，将支路电流用网孔电流表示，求出各支路电流。

(5) 根据题意要求，计算支路电压和功率等。

【例 3-3】 用网孔电流法求图 3-7 所示电路中各支路电流。

解：(1) 图 3-7 中有 3 个网孔，设网孔电流分别为 I_{m1}、I_{m2} 及 I_{m3}，其方向如图 3-7 所示。根据网孔电流方程的一般形式，用观察法可列出方程为

$$(1+2.5+1)I_{m1}-I_{m2}-2.5I_{m3}=12$$
$$-I_{m1}+(1+5+1)I_{m2}-5I_{m3}=12$$
$$-2.5I_{m1}-5I_{m2}+(2.5+5+5)I_{m3}=0$$

解方程组得

$$I_{m1}=5.25\ \text{A};\quad I_{m2}=4.5\ \text{A};\quad I_{m3}=2.85\ \text{A}$$

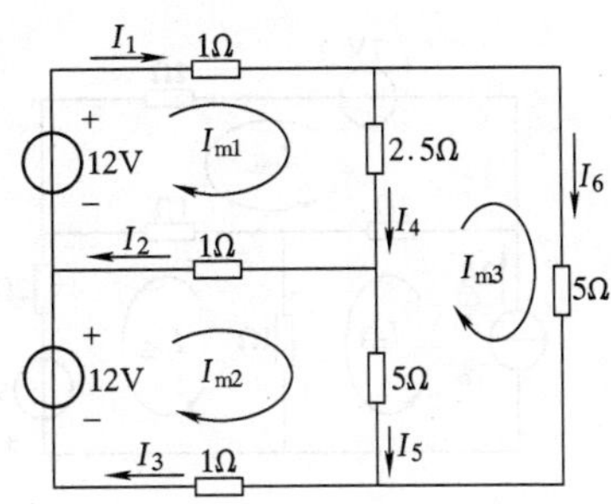

图 3-7 例 3-3 图

(2) 选定各支路电流及其参考方向，如图 3-7 所示，将支路电流用网孔电流表示，故各支路电流为

$$I_1=I_{m1}=5.25\ \text{A};\quad I_2=I_{m1}-I_{m2}=0.75\ \text{A};\quad I_3=I_{m2}=4.5\ \text{A}$$
$$I_4=I_{m1}-I_{m3}=2.4\ \text{A};\quad I_5=I_{m2}-I_{m3}=1.65\ \text{A};\quad I_6=I_{m3}=2.85\ \text{A}$$

当电路中含有无伴理想电流源支路或含受控源时，应用网孔电流法应作如下处理：

(1) 若无伴理想电流源处在电路的边界支路上，这时网孔电流就等于该电流源的电流，因此就不必列写该回路的网孔电流方程。

(2) 若无伴理想电流源处在两个网孔的公共支路上，可以将该电流源的端电压 u 设为未知量，并将其视为电压源的电压，按式 (3-7) 的规律列写网孔电流方程。由于增加了这个未知量，故必须补充一个方程，该补充方程即为此电流源与相关网孔电流关系的方程，使方程数与未知量数相等。

(3) 若电路中含有受控源，则先将受控源作为独立电源对待，列写网孔电流方程，然后将受控源的控制量用网孔电流表示，代入网孔电流方程中，使方程中的未知量只含有网孔电流。

【例 3-4】 电路如图 3-8 所示，试求各网孔电流。

解：设各网孔电流及其参考方向如图 3-8 所示。由于 2A 电流源处在电路的边界

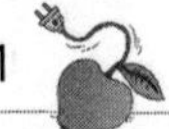

支路上，即 $I_{m3}=2A$。所以此电路只需列出两个网孔电流方程，即

$$(2+1+1)I_{m1}-I_{m2}-1\times2=-1 \quad (1)$$

$$-I_{m1}+(1+1+2)I_{m2}-1\times2=9 \quad (2)$$

整理并解得

$$I_{m1}=1\ A$$

$$I_{m2}=3\ A$$

【例 3-5】 电路如图 3-9 所示，试列写网孔电流方程并求其网孔电流。

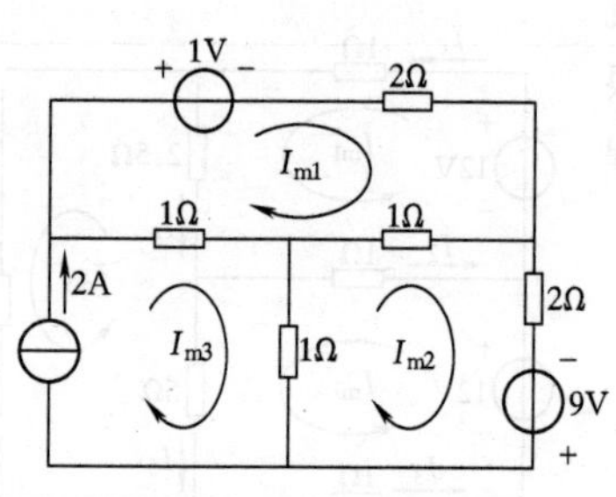

图 3-8 例 3-4 图

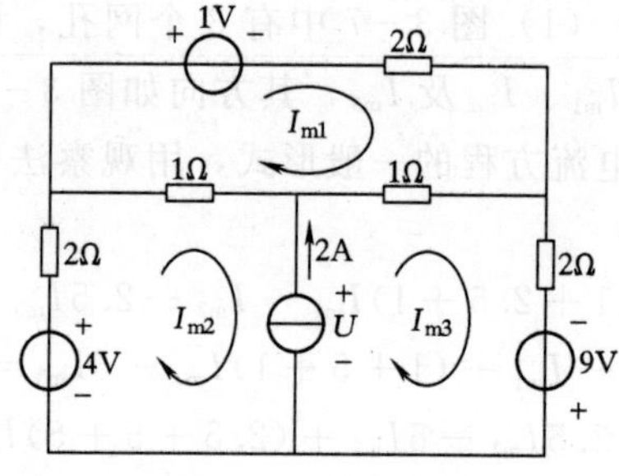

图 3-9 例 3-5 图

解：设2A电流源端电压为U，各网孔电流及其参考方向如图 3-9 所示，则其网孔电流方程为

$$(2+1+1)I_{m1}-I_{m2}-I_{m3}=-1 \quad (1)$$

$$-I_{m1}+(1+2)I_{m2}=4-U \quad (2)$$

$$-I_{m1}+(1+2)I_{m3}=9+U \quad (3)$$

补充方程

$$I_{m3}-I_{m2}=2 \quad (4)$$

整理并解得

$$I_{m1}=1\ A,\quad I_{m2}=1.5\ A,\quad I_{m3}=3.5\ A$$

【例 3-6】 电路如图3-10所示，试用网孔电流法求各支路电流。

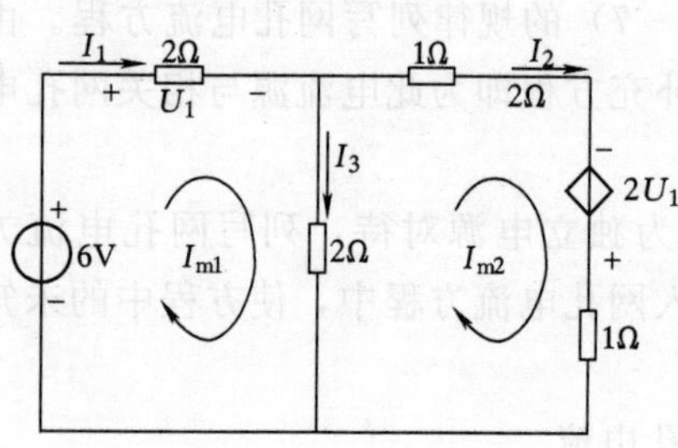

图 3-10 例 3-6 图

解：(1) 设各网孔电流及其方向如图3-10所示，先将 $2U_1$ 受控电压源作为独立电源对待，列出两网孔的 KVL 方程为

$$(2+2)I_{m1}-2I_{m2}=6 \quad (1)$$

$$-2I_{m1}+(1+1+2)I_{m2}=2U_1 \quad (2)$$

将式 (2) 中控制量 U_1 用网孔电流表示，即 $U_1=2I_{m1}$，并代入方程 (2) 中有

$$-2I_{m1}+(1+1+2)I_{m2}=2\times2I_{m1} \quad (3)$$

整理后得

$$-6I_{m1}+4I_{m2}=0 \tag{4}$$

解方程组式（1）和式（4）得

$$I_{m1}=6\ \text{A},\quad I_{m2}=9\ \text{A}$$

（2）设各支路电流及其参考方向如图 3-10 所示，则支路电流

$$I_1=I_{m1}=6\ \text{A},\quad I_2=I_{m2}=9\ \text{A},\quad I_3=I_1-I_2=6-9=-3\ \text{A}$$

【思考与练习】

（1）网孔电流能否都能用电流表测量得到？网孔电流方程中的自阻、互阻各指什么？它们的正负号如何确定？

（2）对含理想电流源支路的电路，如何列写网孔电流方程？

（3）对含受控源的电路，如何应用网孔电流法求解电路？

（4）试用网孔电流法求图 3-11 所示各电路中的电流 i_1 和 i_2。

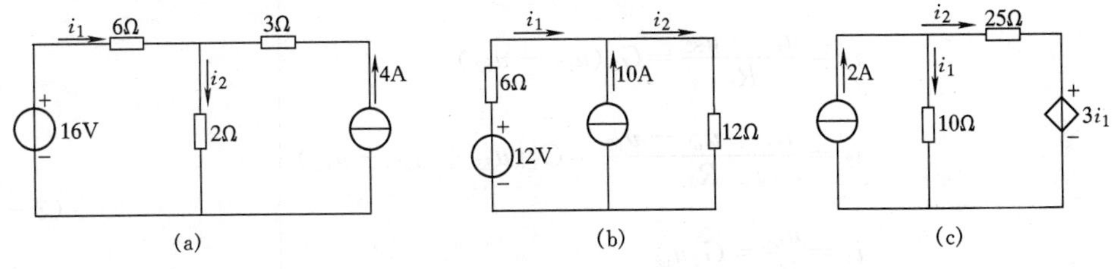

图 3-11 练习 3.2-4 图

3.3 节点电压法

上节介绍的网孔电流法是选择假想的网孔电流为未知量，使求解电路所需的联立方程数目比支路电流法减少了（$n-1$）个，从而简化了电路的计算。在电路的分析计算中，如果能够求出各支路两个端点间的电压或各点的电位，就可以根据支路的 VCR 方便地求得各支路电流，从而达到简化电路计算的目的。节点电压法就是一种适用范围广，易于列写电路方程和编制程序的常用电路分析方法，它广泛应用于计算机辅助电路分析与计算。

3.3.1 节点电压法

由支路电流法可知，一个电路只有一个非独立节点，它可以任意选定。若以非独立节点作为电路的参考节点，则其余各个独立节点的电位就称为该节点的节点电压。

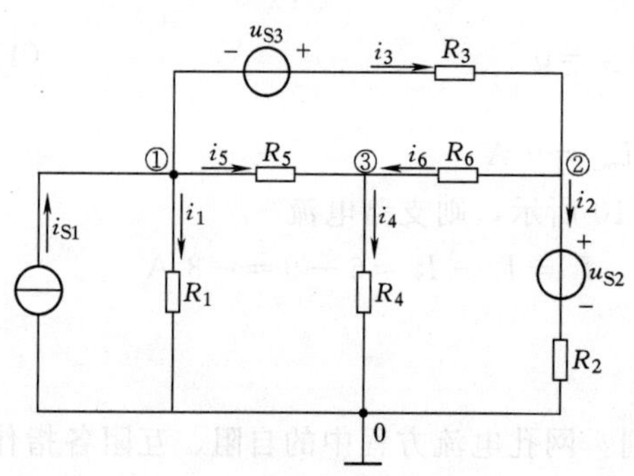

图 3-12　节点电压法

以节点电压为未知量，根据 KCL 列出对应于独立节点的节点电流方程，然后联立求解出各节点电压，从而求出各支路电压和电流的方法称为节点电压法（或称为节点电位法）。下面以图 3-12 所示电路为例，说明节点电压法及其特点。

图 3-12 所示电路有 4 个节点，若选 0 点为参考节点，则其余 3 个独立节点的节点电压为 u_{n1}、u_{n2}、u_{n3}。设各支路电流及其参考方向如图中所示，根据支路的 VCR，则各支路电流与节点电压的关系为

$$\left.\begin{aligned} i_1&=\frac{u_{n1}}{R_1}=G_1u_{n1}\\ i_2&=\frac{u_{n2}-u_{S2}}{R_2}=G_2(u_{n2}-u_{S2})\\ i_3&=\frac{u_{S3}+u_{n1}-u_{n2}}{R_3}=G_3(u_{S3}+u_{n1}-u_{n2})\\ i_4&=\frac{u_{n3}}{R_4}=G_4u_{n3}\\ i_5&=\frac{u_{n1}-u_{n3}}{R_5}=G_5(u_{n1}-u_{n3})\\ i_6&=\frac{u_{n2}-u_{n3}}{R_6}=G_6(u_{n2}-u_{n3}) \end{aligned}\right\} \tag{3-8}$$

对电路中独立节点①、②、③分别列写 KCL 方程有

$$\left.\begin{aligned} i_1+i_3+i_5-i_{S1}&=0\\ i_2-i_3+i_6&=0\\ i_4-i_5-i_6&=0 \end{aligned}\right\} \tag{3-9}$$

将式（3-8）代入式（3-9）得

$$G_1u_{n1}+G_3(u_{S3}+u_{n1}-u_{n2})+G_5(u_{n1}-u_{n3})-i_{S1}=0$$
$$G_2(u_{n2}-u_{S2})-G_3(u_{S3}+u_{n1}-u_{n2})+G_6(u_{n2}-u_{n3})=0$$
$$G_4u_{n3}-G_5(u_{n1}-u_{n3})-G_6(u_{n2}-u_{n3})=0$$

经整理得

$$(G_1+G_3+G_5)u_{n1}-G_3u_{n2}-G_5u_{n3}=-G_3u_{S3}+i_{S1}$$

$$-G_3 u_{n1} + (G_2 + G_3 + G_6) u_{n2} - G_6 u_{n3} = G_2 u_{S2} + G_3 u_{S3} \quad (3-10)$$
$$-G_5 u_{n1} - G_6 u_{n2} + (G_4 + G_5 + G_6) u_{n3} = 0$$

式（3-10）就是以节点电压 u_{n1}、u_{n2}、u_{n3} 为未知量的节点电压方程，联立求解出节点电压后，根据式（3-8）可求出各支路电流和电压。

为了能够根据电路图直接列写出节点电压方程，若令

$$G_{11} = G_1 + G_3 + G_5, \quad G_{22} = G_2 + G_3 + G_6, \quad G_{33} = G_4 + G_5 + G_6$$
$$G_{12} = G_{21} = -G_3, \quad G_{13} = G_{31} = -G_5, \quad G_{23} = G_{32} = -G_6$$
$$i_{S11} = -G_3 u_{S3} + i_{S1}, \; i_{S22} = G_3 u_{S2} + G_3 u_{S3}, \; i_{S33} = 0$$

所以式（3-10）可进一步写为

$$\left.\begin{aligned} G_{11} u_{n1} + G_{12} u_{n2} + G_{13} u_{n3} &= i_{S11} \\ G_{21} u_{n1} + G_{22} u_{n2} + G_{23} u_{n3} &= i_{S22} \\ G_{31} u_{n1} + G_{32} u_{n2} + G_{33} u_{n3} &= i_{S33} \end{aligned}\right\} \quad (3-11)$$

式中具有相同下标的电导 G_{11}、G_{22}、G_{33} 分别为各独立节点所联接的所有支路的电导之和，称为各独立节点的自导，自导总取正值；具有不同下标的电导 G_{12}、G_{21}、G_{23}、G_{32}、G_{13}、G_{31}，分别为两个相关节点间的各支路电导之和，称为两节点之间的互导。当假设各独立节点的电位为正时，互导总取负值。当两节点间没有支路直接相联接时，对应的互导为零；i_{S11}、i_{S22}、i_{S33} 分别表示流入对应节点的电流源电流和等效电流源电流的代数和，当电流源电流的方向指向对应节点时取正号，反之取负号；当电压源与电阻串联的支路中，电压源的"+"极靠近对应节点时其等效电流源电流取正号，反之取负号。

式（3-11）是从图 3-12 所示电路的节点电压方程中概括出来的，它代表了具有 3 个独立节点的节点电压方程的一般形式。因此，对于具有 n 个节点的电路，其 $(n-1)$ 个独立节点电压方程的一般形式可由式（3-11）推广而得，即

$$\left.\begin{aligned} G_{11} u_{n1} + G_{12} u_{n2} + \cdots + G_{1(n-1)} u_{n(n-1)} &= i_{S11} \\ G_{21} u_{n1} + G_{22} u_{n2} + \cdots + G_{2(n-1)} u_{n(n-1)} &= i_{S22} \\ &\vdots \\ G_{(n-1)1} u_{n1} + G_{(n-1)2} u_{n2} + G_{(n-1)(n-1)} u_{n(n-1)} &= i_{S(n-1)(n-1)} \end{aligned}\right\} \quad (3-12)$$

式中 G_{11}、G_{22}、…、$G_{(n-1)(n-1)}$ 为各独立节点的自导；G_{12}、G_{21}、G_{23}、G_{32} 等为各独立节点之间的互导。当电路中只含有独立电源时，互导 $G_{ij} = G_{ji}$，即互导具有对称性。

3.3.2 节点电压法的应用

与网孔电流法类似，应用节点电压法分析计算电路时，一般也不必采用推导的方

法列出节点电压方程，可根据电路的结构和元件参数，按照节点电压方程的一般形式用观察法直接列出电路方程，然后联立求解方程组求出各节点电压。

综上所述，应用节点电压法求解电路的一般步骤是：

（1）选定参考节点，并给独立节点标定编号。设各独立节点的节点电压为未知量，其参考极性均规定独立节点为“+”，参考节点为“-”。

（2）根据节点电压方程的一般形式及其规定用观察法列出全部独立节点的节点电压方程。

（3）解联立方程组，求出各节点电压。

（4）选定各支路电流及其参考方向，根据支路的 VCR 求出各支路电流。

（5）根据题意要求，计算功率和其他电量等。

【例 3-7】 电路如图 3-13 所示，试用节点电压法求支路电流 i。

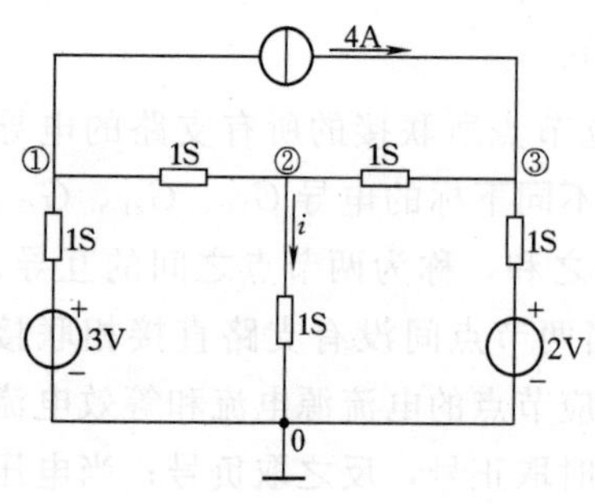

图 3-13 例 3-7 图

解：选定参考节点并给其他节点标定编号，如图 3-13 所示，用观察法列出各节点电压方程为

$$(1+1)u_{n1}-u_{n2}=3\times1-4 \quad (1)$$

$$-u_{n1}+(1+1+1)u_{n2}-u_{n3}=0 \quad (2)$$

$$-u_{n2}+(1+1)u_{n3}=4+2\times1 \quad (3)$$

整理并解之得

$$u_{n1}=0.125\ \text{V},\quad u_{n2}=1.25\ \text{V},\quad u_{n3}=3.625\ \text{V}$$

所以支路电流为

$$i=1\times u_{n2}=1\times0.25=0.25\ (\text{A})$$

当电路中含有无伴理想电压源或受控源时，应用节点电压法应作如下处理：

（1）对含无伴理想电压源支路的电路，处理方法有两种。一种方法是选取理想电压源支路的一个端点作为参考点，则另一端点的节点电压就等于该理想电压源的电压，从而不必再列出该节点的节点电压方程。另一方法是将理想电压源支路的电流设为未知量，计入相应的节点电压方程中。每增加一个这样的未知量，必须同时补充一个表示该电压源电压与相应节点电压关系的约束方程，这样就能保证方程数目与未知量数目相等。

（2）对含有受控源的电路，可先把受控源作为独立电源对待，列写节点电压方程，然后将受控源的控制量用节点电压表示，代入节点电压方程中，使方程中的未知量只有节点电压。应当注意，当电路中含有受控源时，节点电压方程中相应的互导一般不相等，有时甚至一些自导会为负值。

【例 3-8】 电路如图3-14所示，试用节点电压法求支路电流 i_6。

解：选定节点 0 为参考节点，设其余节点电压分别为 u_{n1}、u_{n2}、u_{n3}，其中 $u_{n1}=10\text{ V}$（已知）。用观察法列出各节点电压方程为

节点②

$$-\frac{1}{2}u_{n1}+\left(\frac{1}{2}+\frac{1}{0.5}\right)u_{n2}-\frac{1}{0.5}u_{n3}=1 \tag{1}$$

节点③

$$-u_{n1}-\frac{1}{0.5}u_{n2}+\left(1+\frac{1}{0.5}+1\right)u_{n3}=0 \tag{2}$$

将 $u_{n1}=10\text{V}$ 代入以上两式并整理得

$$2.5u_{n2}-2u_{n3}=6 \tag{3}$$

$$-u_{n2}+2u_{n3}=5 \tag{4}$$

解方程组式（3）和式（4）得

$$u_{n2}=\frac{22}{3}\text{ V},\quad u_{n3}=\frac{37}{6}\text{ V}$$

所以支路电流

$$i_6=\frac{u_{n2}-u_{n3}}{0.5}=2\times\left(\frac{22}{3}-\frac{37}{6}\right)=\frac{7}{3}=2.33\text{ (A)}$$

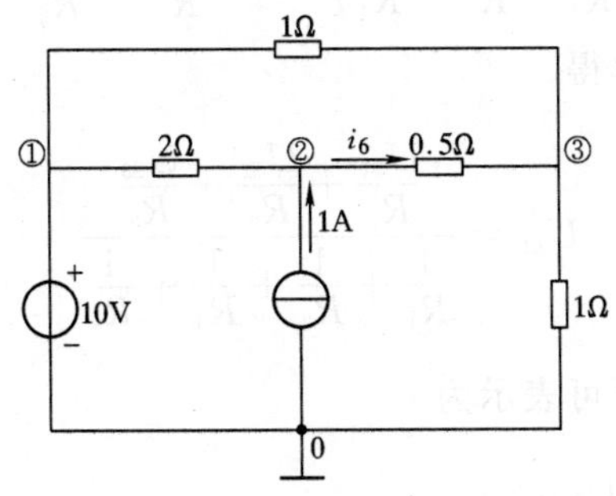

图 3-14 例 3-8 图

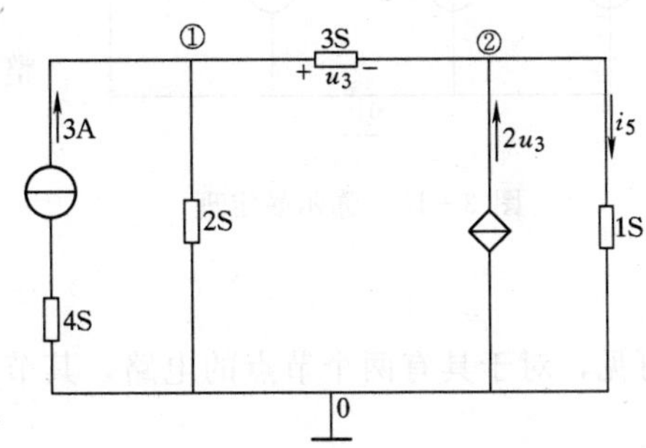

图 3-15 例 3-9 图

【例 3-9】 用节点电压法求图3-15所示电路的各节点电压和支路电流 i_5。

解：选定节点 0 为参考节点，其余两个节点电压分别为 u_{n1} 和 u_{n2}。先把电路中电压控制电流源 $2u_3$ 作为独立电流源对待，用观察法列出各节点电压方程为

$$(2+3)u_{n1}-3u_{n2}=3 \tag{1}$$

$$-3u_{n1}+(3+1)u_{n2}=2u_3 \tag{2}$$

补充受控电流源的约束方程为

$$2u_3=2(u_{n1}-u_{n2}) \tag{3}$$

应当注意，在列方程时，与 3A 电流源串联的 4S 电导不能计入节点电压方程的自导和互导中。

将式（3）代入式（2）并整理式（1）得

$$5u_{n1}-3u_{n2}=3 \tag{4}$$

$$-5u_{n1}+6u_{n2}=0 \tag{5}$$

解方程组得

$$u_{n1}=1.2\text{V}$$

$$u_{n2}=1\text{V}$$

所以支路电流 $\quad i_5=1\times u_{n2}=1\times 1=1\ (\text{A})$

在实际工程中常常会遇到只有两个节点的电路，例如几个电源并联共同向负载供电的电路，如图 3-16 所示。若选定 0 点为参考节点，则电路中只有一个独立节点电压 U_{n1}。用观察法可列出其节点电压方程为

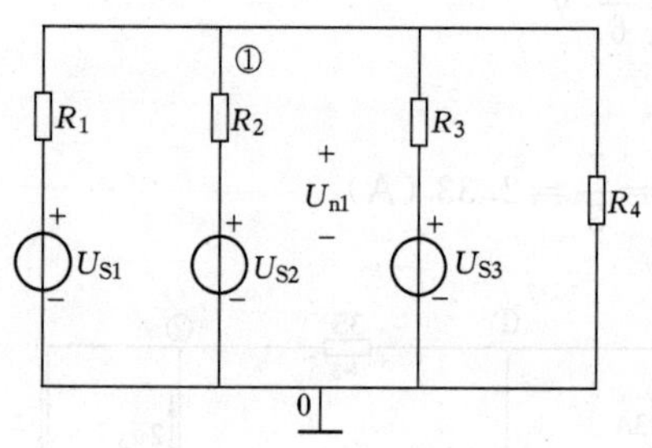

图 3-16　弥尔曼定理

$$\left(\frac{1}{R_1}+\frac{1}{R_2}+\frac{1}{R_3}+\frac{1}{R_4}\right)U_{n1}=\frac{U_{S1}}{R_1}+\frac{U_{S2}}{R_2}+\frac{U_{S3}}{R_3}$$

整理并解得

$$U_{n1}=\frac{\dfrac{U_{S1}}{R_1}+\dfrac{U_{S2}}{R_2}+\dfrac{U_{S3}}{R_3}}{\dfrac{1}{R_1}+\dfrac{1}{R_2}+\dfrac{1}{R_3}+\dfrac{1}{R_4}}$$

可见，对于具有两个节点的电路，其节点电压可表示为

$$U_{n1}=\frac{\sum \dfrac{U_S}{R}}{\sum \dfrac{1}{R}} \tag{3-13}$$

或

$$U_{n1}=\frac{\sum(GU_S)}{\sum G} \tag{3-14}$$

式（3-13）或式（3-14）称为弥尔曼定理。式中分母各项恒为正值，分子各项可以为正，也可以为负，它取决于电压源的极性与节点①的联接。当电压源“+”极靠近节点①时取正号，反之取负号。

【思考与练习】

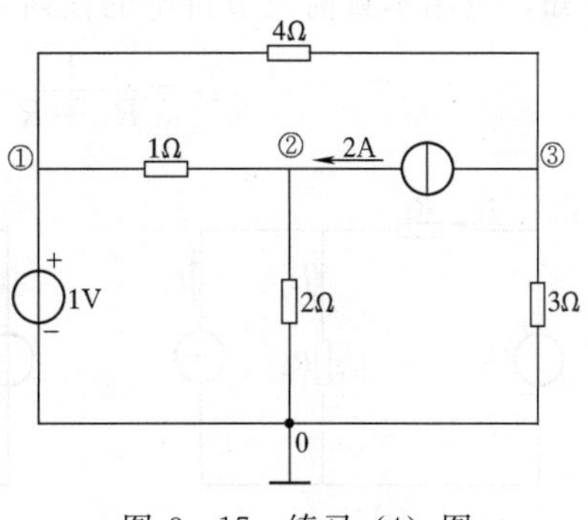

图 3-17 练习（4）图

（1）节点电压方程两边各表示什么意义？方程中各项正负号如何确定？

（2）含有无伴理想电压源支路的电路，在列写节点电压方程时有哪几种处理方法？含有受控源的电路，列写方程时应如何处理？

（3）电路中含有电流源与电阻串联的支路，该电阻是否应计入节点电压方程的自导和互导中？为什么？

（4）电路如图 3-17 所示，试用节点电压法求 U_2 和 U_3。

（5）电路如图 3-18 所示，试用节点电压法求 U_1。

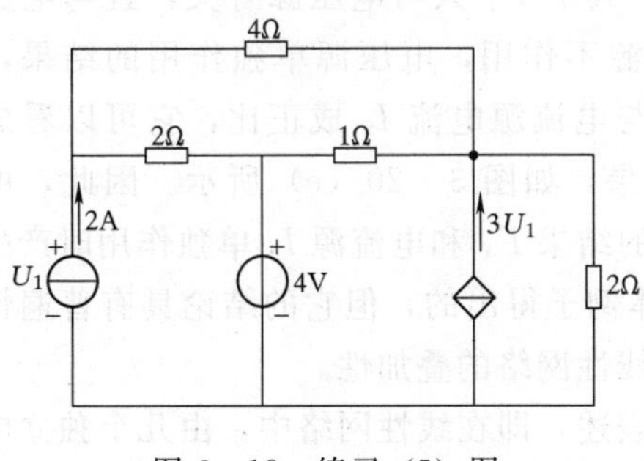

图 3-18 练习（5）图

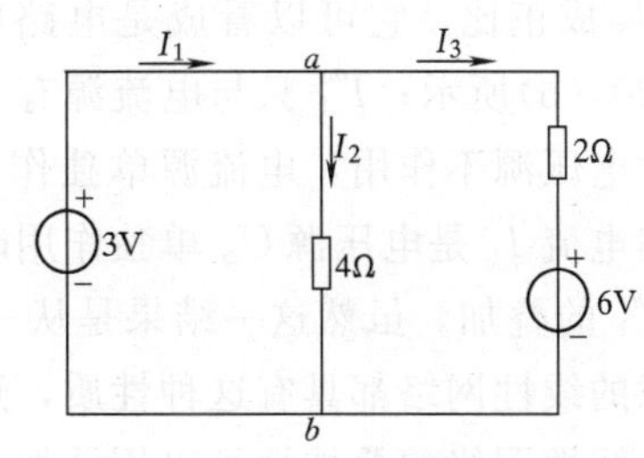

图 3-19 练习（6）图

（6）电路如图 3-19 所示，试求 U_{ab}，并求各支路电流。本题能否用弥尔曼定理求 U_{ab}？

3.4 叠加定理及其应用

叠加性是线性网络的重要性质，叠加定理是体现线性网络性质的基本定理。叠加定理也称为叠加原理，它的作用不仅在于可用来分析计算某些具体的电路问题，更重要的是可用它来推导线性电路的某些重要定理和引出某些重要的分析方法。下面通过一个具体的电路来说明叠加定理及其特点。

3.4.1 叠加定理

图 3-20（a）是有两个独立电源共同作用的线性电路，设图中各元件参数均为

已知，应用本章前三节讨论的任何一种方法都能求出电路中的支路电流 I_1，即

$$I_1 = \frac{1}{R_1 + R_2}U_S - \frac{R_2}{R_1 + R_2}I_S = I'_1 + I''_1 \tag{3-15}$$

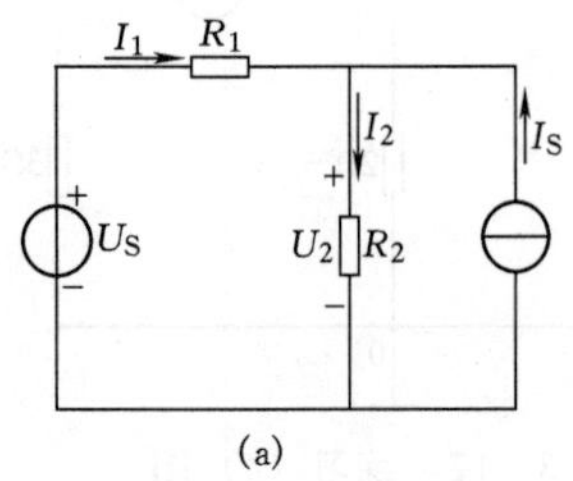

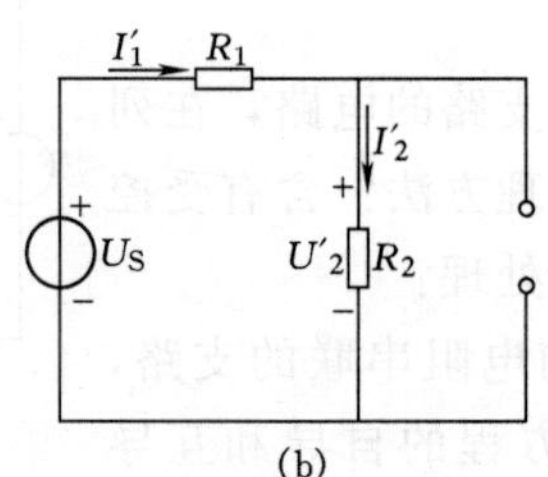

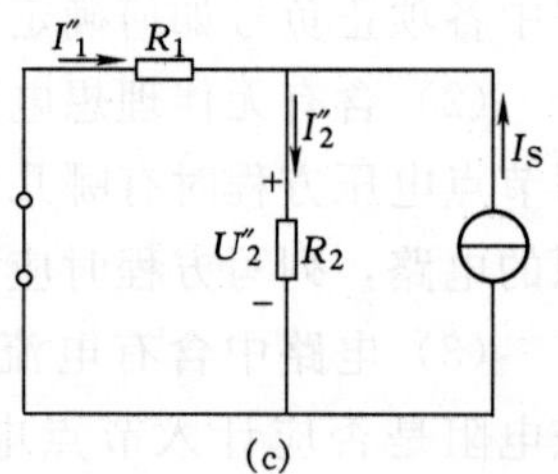

图 3 - 20　叠加定理引例

从式（3 - 15）可以看出，由电压源 U_S 和电流源 I_S 共同作用所产生的支路电流 I_1 是由相互独立的 I'_1 和 I''_1 两部分组成。其中 I'_1 只与电压源有关，且与电压源电压 U_S 成正比，它可以看成是电路中电流源不作用，电压源单独作用的结果，如图 3 - 20（b)所示；I''_1 只与电流源有关，且与电流源电流 I_S 成正比，它可以看成是电路中电压源不作用，电流源单独作用的结果，如图 3 - 20（c）所示。因此，可以说支路电流 I_1 是电压源 U_S 单独作用时产生的结果 I'_1 和电流源 I_S 单独作用时产生的结果 I''_1 的叠加。虽然这一结果是从一个具体例子得出的，但它的结论具有普遍性，即任意的线性网络都具有这种性质，这就是线性网络的叠加性。

线性网络的叠加性可以用叠加定理来表述，即在线性网络中，由几个独立电源共同作用所形成的各支路电流或电压，是各个独立电源分别单独作用时在各相应支路中形成的电流或电压的叠加（代数和）。

3.4.2　叠加定理的应用

在应用叠加定理时，如果电路中还存在受控源，则受控源不能单独作用。由于线性受控源的存在并不会改变电路方程的线性性质，所以叠加定理依然成立。这时各个独立电源单独作用的分电路中都含有受控源，其控制量就是该分电路中相应的电流或电压。除此之外，在应用叠加定理时还应注意以下几点：

（1）叠加定理只适用于线性电路，不适用于非线性电路。

（2）叠加时，电路的联接方式以及电路中所有电阻和受控源都不能变动。所谓电压源不作用，是把电压源的电压置零，即电压源用短路代替；所谓电流源不作用，是把电流源的电流置零，即电流源用开路代替。

（3）叠加时要注意电流和电压的参考方向，即各个电源单独作用产生的分电流或

分电压的参考方向，与电路中全部电源共同作用产生的对应电流或电压的参考方向相同时取正号，反之取负号。

(4) 由于功率不是电流或电压的一次函数，所以不能用叠加定理来计算功率。

【例 3-10】 电路如图3-21 (a)所示，试求电路中电流 I_2、电压 U_2 和 R_2 消耗的功率 P_2。

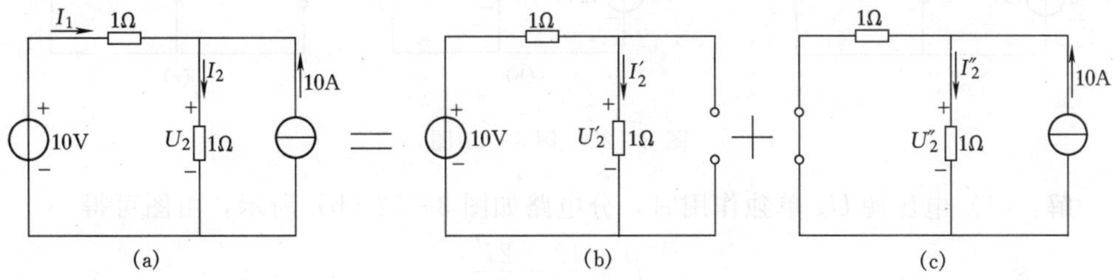

图 3-21 例 3-10 图

解：此例应用叠加定理求解，可分以下几步进行：

(1) 将原电路中电流源 I_S 用开路代替，则分电路如图 3-21 (b) 所示，这时由电压源 U_S 单独作用产生的分电流 I'_2和分电压 U'_2 分别为

$$I'_2=\frac{10}{1+1}=5\ (A)$$

$$U'_2=1\times 5=5\ (V)$$

(2) 将原电路中电压源 U_S 用短路代替，则分电路如图 3-21 (c) 所示，这时由电流源 I_S 单独作用产生的分电流 I''_2 和分电压 U''_2 分别为

$$I''_2=\frac{1}{1+1}\times 10=5\ (A)$$

$$U''_2=1\times 5=5\ (V)$$

(3) 两个独立电源共同作用时的电流 I_2、电压 U_2 和功率 P_2 分别为

$$I_2=I'_2+I''_2=5+5=10\ (A)$$

$$U_2=U'_2+U''_2=5+5=10\ (V)$$

$$P_2=U_2I_2=10\times 10=100\ (W)$$

若应用叠加定理计算功率 P_2，电压源和电流源单独作用时的功率 P'_2 和 P''_2 分别为

$$P'_2=U'_2I'_2=5\times 5=25\ (W)$$

$$P''_2=U''_2I''_2=5\times 5=25\ (W)$$

可见，$P_2\neq P'_2+P''_2$，说明计算功率不能应用叠加定理。

【例 3-11】　应用叠加定理计算图 3-22（a）所示电路中的电压 U。

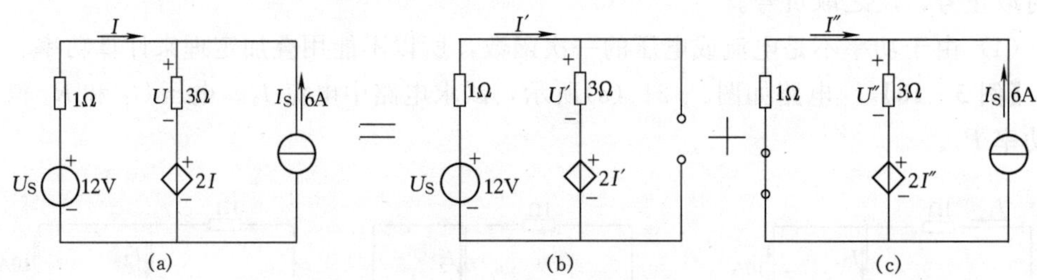

图 3-22　例 3-11 图

解：(1) 电压源 U_S 单独作用时，分电路如图 3-22（b）所示，由图可得

$$I'=\frac{12-2I'}{1+3}$$

解之得

$$I'=2\ (\text{A})$$

$$U'=3I'=3\times2=6\ (\text{V})$$

(2) 电流源单独作用时，分电路如图 3-22（c）所示。由图 3-22（c）根据 KVL 可得

$$1\times I''+3(I''+6)=-2I''$$

解之得

$$I''=-3\ (\text{A})$$

$$U''=3\ (I''+6)\ =3\times3=9\ (\text{V})$$

(3) 两个独立电源共同作用时，有

$$U=U'+U''=6+9=15\ (\text{V})$$

【例 3-12】　在图 3-23 所示电路中，当 $U_S=1\text{V}$、$I_S=1\text{A}$ 时，$U_2=0$；当 $U_S=10\text{V}$、$I_S=0$ 时，$U_2=1\text{V}$。试求当 $U_2=0$、$I_S=10\text{A}$ 时的 U_2。

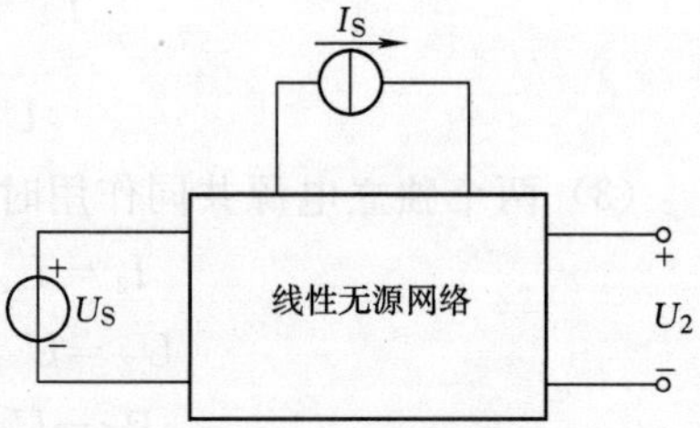

图 3-23　例 3-12 图

解：根据叠加定理有

$$U_2=k_1U_S+k_2I_S$$

上式中 k_1 和 k_2 为待定系数，代入已知的两组数据有

$$0=k_1\times1+k_2\times1 \tag{1}$$

$$1=k_1\times10+k_2\times0 \tag{2}$$

解之得

$$k_1=\frac{1}{10},\ k_2=-\frac{1}{10}$$

所以，当 $U_S=0$，$I_S=10A$ 时，

$$U_2=k_1U_S+k_2I_S=\frac{1}{10}\times 0+\left(-\frac{1}{10}\right)\times 10=-1\ (\mathrm{V})$$

应当说明，电路中的独立电源除了可以单独作用外，还可以把独立电源分成几组，分别计算出各组独立电源作用时的电压或电流，然后再进行叠加。但不管采用哪种叠加方式，每个独立电源的作用只能计算一次。

另外，利用叠加定理，可以得出一个非常有用的推论。即在线性电路中，所有独立电源同时增大或缩小 K 倍，各支路电流或电压也同样增大或缩小 K 倍。这个推论称为齐性定理，它对分析梯形网络十分有效。

【思考与练习】

(1)“叠加定理仅适用于线性电路，应用叠加定理可以求出线性电路中的任何物理量。”这种说法对吗？为什么？

(2)“不论是线性电路还是非线性电路，都能应用叠加定理来求电路中的电流或电压。”这种说法对吗？为什么？

(3) 电路如图 3-24 所示，已知 N_0 为无源线性网络。当 $U_S=18V$，$I_S=2A$ 时，$I=0$；当 $U_S=-15V$，$I_S=-0.6A$ 时，$I=-0.6A$。试求当 $U_S=1V$，$I_S=1A$ 时，I 为多少？

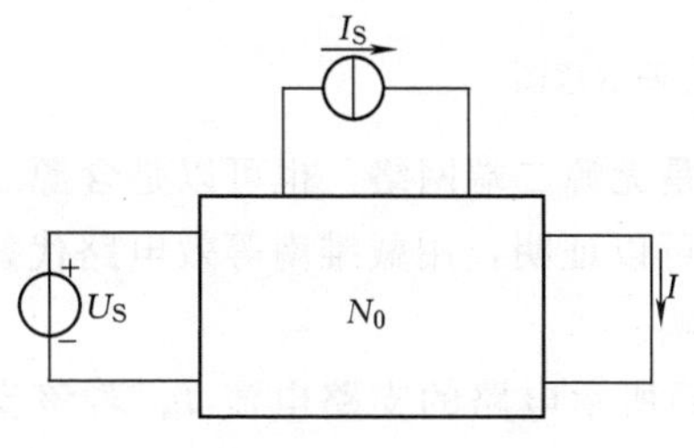

图 3-24 练习 (3) 图

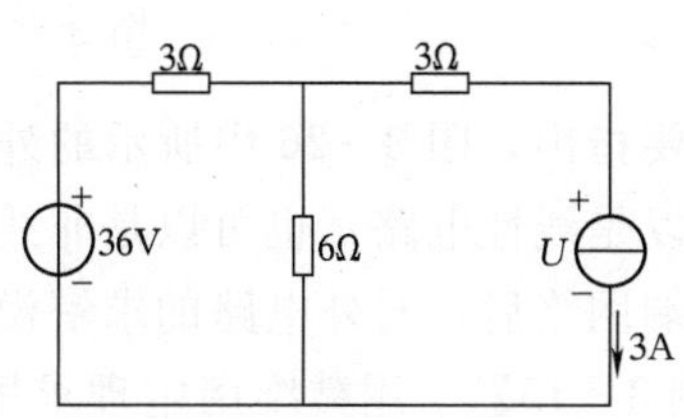

图 3-25 练习 (4) 图

(4) 试用叠加定理求图 3-25 所示电路中电流源两端的电压 U。

3.5 等效电源定理及其应用

前面介绍的几种电路一般分析方法能够同时求解出电路中各支路的电流和电压，而且应用广泛。但是在实际问题中，经常会遇到只要求计算某一支路电流和电压的情况，因此，没有必要把全部支路的电流和电压都计算出来。等效电源定理是简化含源二端网络和分析研究网络中某一部分电路的重要定理，应用它解决上述问题十分有效，因此得到广泛应用。等效电源定理包括戴维南定理和诺顿定理，其含义基本上是类似的。

3.5.1 戴维南定理及其应用

戴维南定理指出：任何一个线性含源二端网络，对外电路而言，可以用一个电压源与一个电阻的串联组合等效代替。此电压源的电压等于含源二端网络的开路电压 u_{oc}，串联电阻等于含源二端网络的全部独立电源置零后的等效电阻 R_i。

图 3-26 为戴维南定理的示意图，图 3-26（a）中所示 N_S 为含独立电源、线性电阻和受控源的含源二端网络。图 3-26（b）中虚线框内所示电路为一般形式的戴维南等效电路，其中电压源的电压等于该含源二端网络 N_S 的开路电压 u_{oc}，如图 3-26（c）所示；串联电阻等于该含源二端网络 N_S 化为无源二端网络 N_0 后的等效电阻 R_i，如图 3-26（d）所示。

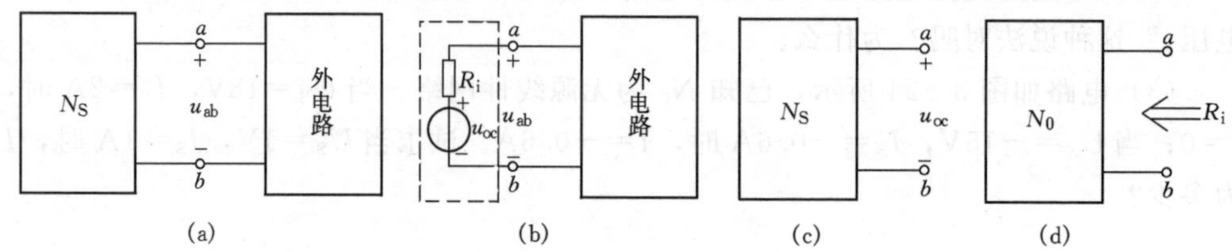

图 3-26 戴维南定理示意图

需要指出，图 3-26 中所示的外电路可以是无源二端网络，也可以是含源二端网络；可以是线性电路，也可以是非线性电路。可以证明，用戴维南等效电路代替线性含源二端网络后，对外电路的求解没有任何影响。

【例 3-13】 用戴维南定理求图3-27（a）所示电路的支路电流 I。若该支路电阻由 6Ω 变为 2Ω，再求支路电流 I。

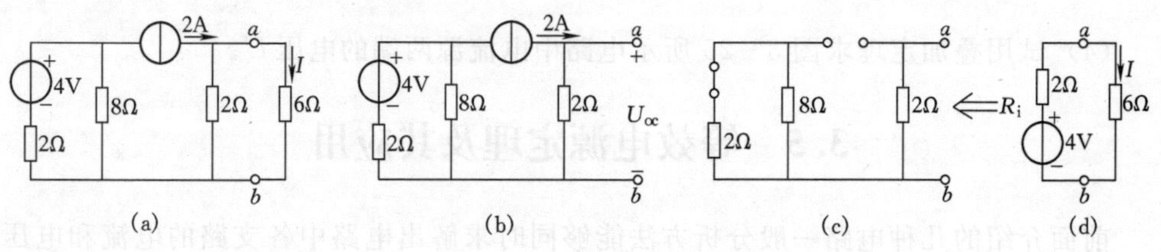

图 3-27 例 3-13 图

解：(1) 求开路电压 U_{oc}。将待求支路 6Ω 电阻以外的部分作为含源二端网络，如图 3-27 (b) 所示，则含源二端网络的开路电压为

$$U_{oc}=2\times 2=4\ (\mathrm{V})$$

(2) 求等效电阻 R_i。将含源二端网络中的全部独立电源置零，即电压源用短路代替，电流源用开路代替，如图 3-27 (c) 所示。则无源二端网络的等效电阻为

$$R_i=2\ \Omega$$

(3) 求支路电流 I。用戴维南等效电路代替含源二端网络，如图 3-27 (d) 所示，则支路电流为

$$I=\frac{4}{2+6}=0.5\ (\mathrm{A})$$

若待求支路电阻由 6Ω 变为 2Ω，由于其戴维南等效电路参数保持不变，只是外电路发生改变，故改变后的支路电流为

$$I'=\frac{4}{2+2}=1\ (\mathrm{A})$$

由此可见，当要分析电路中某一参数的变化对该支路电流和电压的影响时，应用戴维南定理进行分析就十分方便。

【例 3-14】 电路如图3-28 (a)所示，试求流过二极管的电流 I_D。

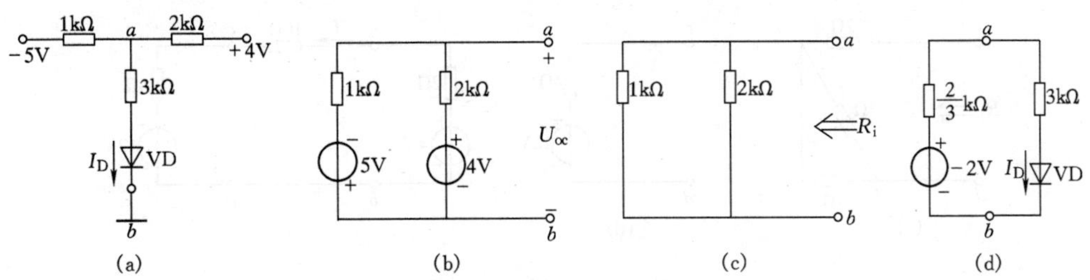

图 3-28 例 3-14 图

解：在分析含二极管的电路时，首先要判断二极管是否导通。应用戴维南定理，先把含二极管的支路断开，求得电路其余部分的戴维南等效电路，然后再把含二极管的支路接入电路。这样，在一个简单的单回路电路中，很容易判断二极管是否导通。

(1) 求开路电压 U_{oc}。先将二极管 VD 所在支路断开后，根据图 3-28 (b) 和弥尔曼定理，可求得开路电压为

$$U_{oc}=\frac{-\frac{5}{1}+\frac{4}{2}}{1+\frac{1}{2}}=-2\ (\mathrm{V})$$

(2) 求等效电阻 R_i。将各电压源短路后，由图 3-28 (c) 求得等效电阻为

$$R_i=\frac{1\times 2}{1+2}=\frac{2}{3}\ (\mathrm{k\Omega})$$

(3) 求支路电流 I_D。将二极管 VD 所在支路接入戴维南等效电路，如图 3-28 (d) 所示。由于等效电源电压 U_{oc} 为负值，表明 b 点电位高于 a 点电位，因此，二极管 VD 不能导通，即电流 $I_D=0$。

在应用戴维南定理求电路中某一支路电流时，如果断开该支路后，电路仍比较复杂，可以再将电路分成两部分，分别求得这两部分的戴维南等效电路后，就可得到一个简单的单回路电路，从而可以方便地求出待求支路的电流和电压。

【例 3-15】 电路如图3-29 (a)所示，试求流过 10Ω 电阻的电流 I。

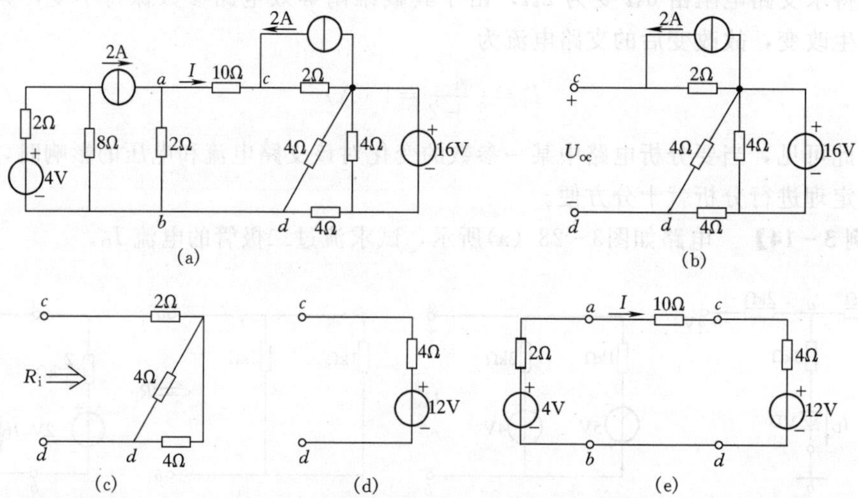

图 3-29 例 3-15 图

解：应用戴维南定理先将 10Ω 电阻左右两侧电路分为两部分，每一部分都是一个含源二端网络，可以分别求出每一部分的戴维南等效电路。若将本例与［例 3-13］相比较，可知 10Ω 电阻左侧部分与图 3-27 (b) 相同，因此，只需将 10Ω 电阻右侧部分化简为戴维南等效电路。

将 10Ω 电阻支路断开，求 cd 端右侧电路的开路电压和等效电阻为

$$U_{oc}=\left(2\times 2+16\times\frac{4}{4+4}\right)=12\ (\mathrm{V})$$

$$R_i=\left(2+\frac{4\times 4}{4+4}\right)=4\ (\Omega)$$

所以，对应的等效电路如图 3-29（d）所示。将图 3-27（d）左侧的等效电路与图 3-29（d）经 10Ω 电阻相联接，如图 3-29（e）所示，则可求得电流 I 为

$$I=\frac{4-12}{2+4+10}=-0.5\,(\mathrm{A})$$

对含有受控源的有源二端网络，在应用戴维南定理时，求开路电压 U_{oc} 实际上是对含受控源的电路进行计算。因此，前面介绍的多种电路分析方法仍可采用。但在求解等效电阻时必须注意，其相应的无源二端网络只是将原网络中的独立电源置零，而所有的受控电源都必须保留，并通常采用外加电源法进行计算。

【例 3-16】 电路如图3-30（a）所示，试用戴维南定理求 3.2Ω 电阻两端的电压 U。

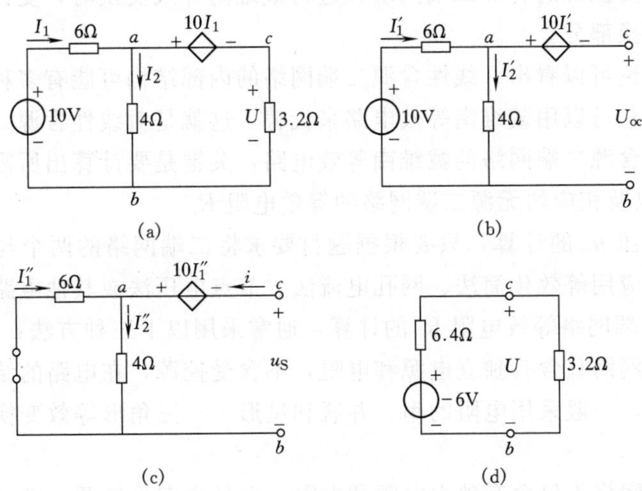

图 3-30 例 3-16 图

解：(1) 求开路电压 U_{oc}。将待求支路中的 3.2Ω 电阻断开移去，但受控电压源仍保留在电路中，如图 3-30（b）所示。则

$$I'_1=I'_2=\frac{10}{6+4}=1\,(\mathrm{A})$$

$$U_{oc}=-10I'_1+4I'_2=-10\times1+4\times1=-6\,(\mathrm{V})$$

(2) 求等效电阻 R_i。将二端网络中的独立电压源短路，但仍保留受控电压源。采用外加电源法求等效电阻，即在端子 c、b 间加一电压 u_S，并设端子处电流为 i，其参考方向如图 3-30（c）所示，则

$$I''_1=-\frac{4}{6+4}i=-0.4i$$

$$u_S = -10I''_1 - 6I''_1 = -16I''_1 = -16 \times (-0.4i) = 6.4i$$

所以

$$R_i = \frac{u_S}{i} = \frac{6.4i}{i} = 6.4\ (\Omega)$$

(3) 求 3.2Ω 电阻两端电压 U。根据开路电压 U_{oc} 和等效电阻 R_i 可画出其戴维南等效电路，并将 3.2Ω 电阻接入该电路，如图 3-30（d）所示，则

$$U = \frac{3.2}{6.4 + 3.2} \times (-6) = -2\ (V)$$

需要注意的是，在求解本题时，不能将受控电压源与 3.2Ω 电阻串联的支路全部作为外电路，而对其余部分进行戴维南等效变换，否则就会把受控源的控制量 I_1 消除。因此，对含受控源的有源二端网络在进行戴维南等效变换时，受控源与其控制量必须同处在被变换部分。

从以上的讨论可以看出，线性含源二端网络的内部结构可能有多种形式，但它们对外电路的特性总可以用戴维南等效电路来代替，这就是对线性含源二端网络的高度概括。为了建立含源二端网络的戴维南等效电路，关键是要计算出所需要的二端网络的开路电压 u_{oc} 以及相应的无源二端网络的等效电阻 R_i。

关于开路电压 u_{oc} 的计算，只要根据题目要求将二端网络的两个与外电路相联的端子开路，然后应用等效化简法、网孔电流法、节点电压法或其他电路分析方法求得 u_{oc}。至于无源二端网络等效电阻 R_i 的计算，通常采用以下三种方法：

(1) 若二端网络只含有独立电源和电阻，不含受控源，在电路的结构和元件参数均已知的情况下，一般采用电阻的串、并联和星形——三角形等效变换的方法求得等效电阻 R_i。

(2) 若二端网络不仅含有独立电源和电阻，而且含有受控源，则应采用外加电源法。即在二端网络两端加一电压源 u_S（或电流源 i_S），求得其端电流 i（或端电压 u），则等效电阻 $R_i = \frac{u_S}{i}\left(\text{或 } R_i = \frac{u}{i_S}\right)$。

(3) 对于某些内部结构或元件参数未知的含源二端网络，可采用开路——短路法求解。即通过试验分别测出二端网络的开路电压 u_{oc} 和短路电流 i_{sc}，则等效电阻 $R_i = \frac{u_{oc}}{i_{sc}}$。对于已知电路结构和元件参数的含源二端网络，也可采用开路——短路法求得其等效电阻。

3.5.2　诺顿定理及其应用

诺顿定理是等效电源定理的另一种表示形式。由上一节讨论可知，戴维南定理是

将一个线性含源二端网络简化为一个电压源与一个电阻的串联组合。根据两种实际电源的等效互换，不难得出：一个线性含源二端网络 N_S 也可以简化为一个电流源和一个电导（或电阻）的并联组合。

因此，诺顿定理指出：任何一个线性含源二端网络 N_S，对外电路而言，可以用一个电流源与一个电导（或电阻）的并联组合等效替代，如图 3-31（a）和图 3-31（b）所示。其中电流源的电流等于含源二端网络的短路电流 i_{sc}，如图 3-31（c）所示；并联电导（或电阻）等于含源二端网络的全部独立电源置零后的等效电导 G_i（或电阻 R_i），如图 3-31（d）所示。

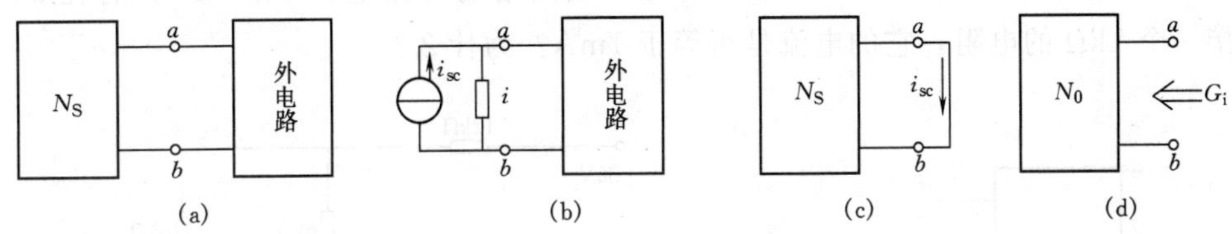

图 3-31　诺顿定理示意图

【例 3-17】　电路如图 3-32（a）所示，已知 $U_{S1}=8V$，$U_{S2}=4V$，$R_1=R_2=4\Omega$，$R_3=2\Omega$。试根据诺顿定理计算 R_3 支路的电流 I_3。

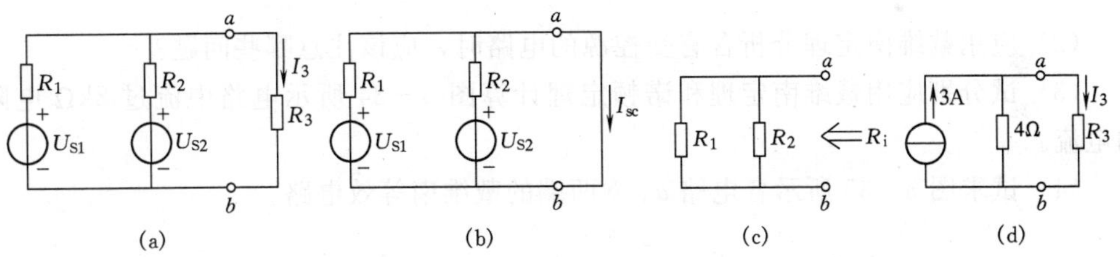

图 3-32　例 3-17 图

解：（1）求短路电流 I_{sc}。先把图 3-32（a）中电阻 R_3 所在支路断开，然后将 a、b 两端短接，如图 3-32（b）所示，则短路电流为

$$I_{sc}=\frac{U_{S1}}{R_1}+\frac{U_{S2}}{R_2}=\frac{8}{4}+\frac{4}{4}=3\ (\mathrm{A})$$

（2）求等效电阻 R_i。将图 3-32（b）中所有独立电压源置零，如图 3-32（c）所示，则等效电阻为

$$R_i=\frac{R_1R_2}{R_1+R_2}=\frac{4\times4}{4+4}=2\ (\Omega)$$

(3) 求支路电流 I_3。由 I_{sc} 和 R_i 可画出诺顿等效电路，然后接上断开的电阻 R_3 支路，如图 3-32 (d) 所示，则支路电流为

$$I_3=\frac{R_i}{R_i+R_3}I_{sc}=\frac{2}{2+2}\times 3=1.5\ (\text{A})$$

应当注意，在根据图 3-32 (b) 求短路电流 I_{sc} 时，I_{sc} 的参考方向是从 a 端流出，b 端流入，在画诺顿等效电路时，等效电流源 I_{sc} 的参考方向应该是由 b 端流向 a 端。

【思考与练习】

(1) 电路如图 3-33 所示，已知含源二端网络的开路电压 $U_{oc}=1\text{V}$，若在 a、b 端接一个 1kΩ 的电阻，它的电流是否等于 1mA？为什么？

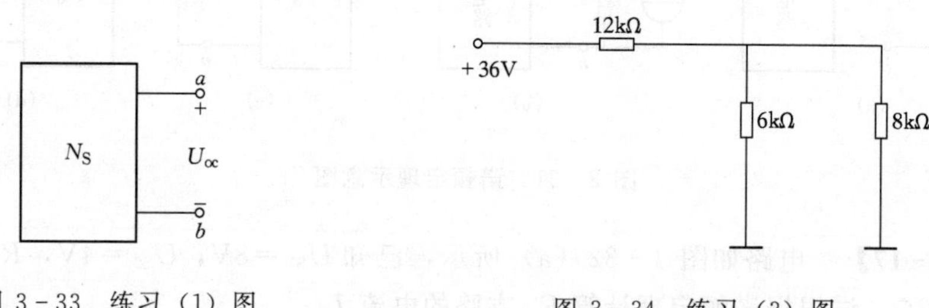

图 3-33　练习 (1) 图　　图 3-34　练习 (3) 图

(2) 应用戴维南定理分析含有受控源的电路时，应该注意哪些问题？

(3) 试分别应用戴维南定理和诺顿定理计算图 3-34 所示电路中流过 8kΩ 电阻的电流。

(4) 试求图 3-35 所示各电路 a、b 两端的戴维南等效电路。

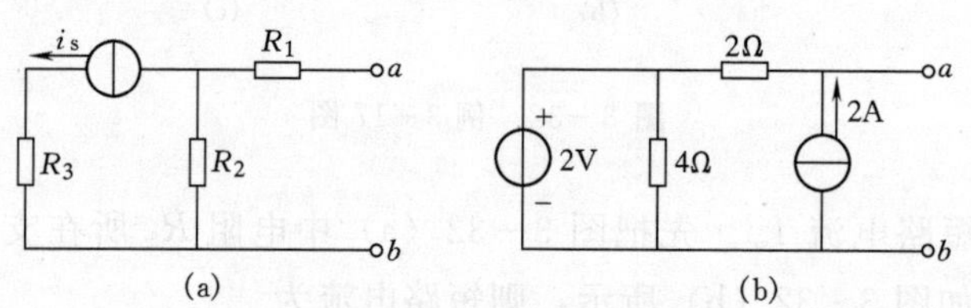

图 3-35　练习 (4) 图

3.6　最大功率传输定理及其应用

在电路中负载是将电能转变为其他形式能量的电路器件，在电源给定的情况下，

由于负载的不同，电源传输给负载的功率也不同。在实际工作中，某些负载希望能从供电电源获得最大功率，如电子和通信电路中的扬声器和耳机等，这就需要研究它们在什么条件下能获得最大功率。

3.6.1 负载获得最大功率的条件

从电路分析的角度考虑，这类问题属于线性含源二端网络 N_S 向无源二端网络 N_0 传输功率的问题，如图 3-36 (a) 所示。

根据戴维南定理，上述问题可简化为如图 3-36 (b) 所示的等效电路。其中 U_{oc} 为含源二端网络 N_S 的开路电压，R_i 为含源二端网络的等效电阻，R_L 为负载电阻。对于给定的含源二端网络，U_{oc} 和 R_i 都是常数，但负载电阻 R_L 可以调节。

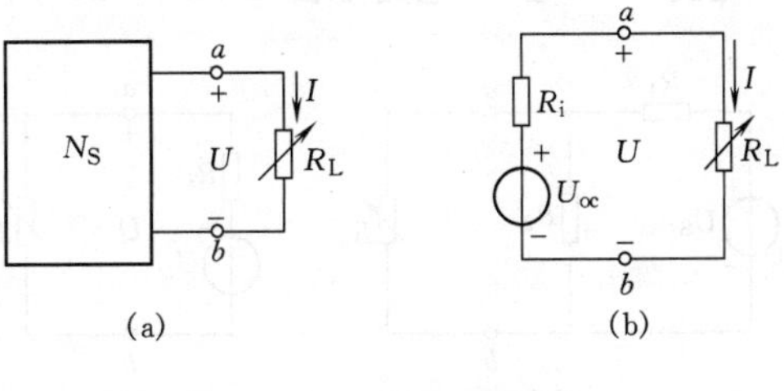

图 3-36 最大功率传输

根据功率计算公式，电源传输给负载 R_L 的功率为

$$P_L = R_L I^2 = R_L\left(\frac{U_{oc}}{R_i + R_L}\right)^2 = \frac{R_L U_{oc}^2}{(R_i + R_L)^2}$$

由此可见，功率 P_L 的大小仅取决于负载电阻 R_L。当 R_L 为何值时，功率 P_L 为最大是属于高等数学中求极值的问题，即

$$\frac{d}{dR_L}\left[\frac{R_L U_{oc}^2}{(R_i + R_L)^2}\right] = 0$$

解之得

$$R_L = R_i \tag{3-16}$$

所以，当 $R_L = R_i$ 时，功率 P_L 为最大值。即当含源二端网络的开路电压 U_{oc} 和等效电阻 R_i 为常数时，若负载电阻 R_L 与等效电阻 R_i 相等，负载就能从给定的电源获得最大功率，这就是电路的最大功率传输定理。其中 $R_L = R_i$ 是负载获得最大功率的条件，也称为功率匹配。在功率匹配的条件下，负载获得的最大功率为

$$P_{Lmax} = \frac{U_{oc}^2}{4R_i} \tag{3-17}$$

显然，当负载获得最大功率时，功率的传输效率为

$$\eta = \frac{I^2 R_L}{I^2 (R_L + R_i)} = 50\% \tag{3-18}$$

3.6.2　最大功率传输定理的应用

由式（3-18）可见，在负载获得最大功率时，功率的传输效率却很低，其中有50％的功率消耗在电源内部。所以在电力系统中，不允许在功率匹配的情况下工作，这一方面是因为这种工作方式效率太低，另一方面是由于电力变压器内阻很小，在功率匹配时电流很大，会将电源和负载损坏。但在无线电工程和通信系统中，则往往要求负载与信号源达到功率匹配，以便负载获得最大功率。

【例 3-18】　电路如图 3-37（a）所示，已知 $R_1=R_2=10\Omega$，$U_S=20V$，负载电阻 R_L 可调，试问 R_L 为何值时，负载可获得最大功率？负载获得的最大功率是多少？

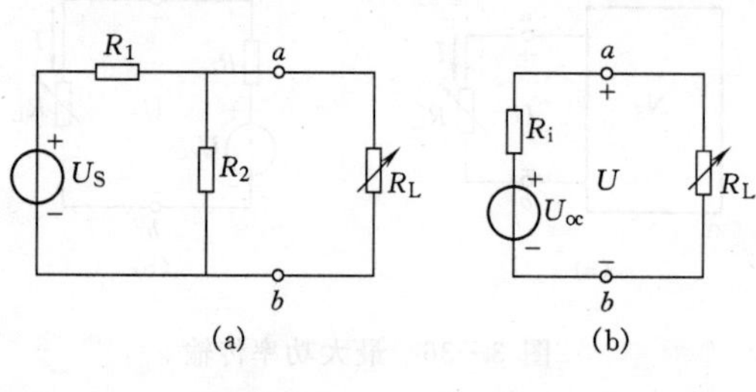

图 3-37　例 3-18 图

解：先将负载电阻 R_L 支路断开，求出含源二端网络的戴维南等效电路。然后根据最大功率传输定理，当 $R_L=R_i$ 时，负载获得最大功率。

（1）求开路电压 U_{oc}。断开负载电阻 R_L 后，两端电压等于开路电压 U_{oc}，根据分压公式得

$$U_{oc}=\frac{R_2}{R_1+R_2}U_S=\frac{10}{10+10}\times 20=10\ (\text{V})$$

（2）求等效电阻 R_i。电压源 U_S 用短路代替后可得

$$R_i=\frac{R_1R_2}{R_1+R_2}=\frac{10\times 10}{10+10}=5\ (\Omega)$$

故可根据 U_{oc}和 R_i 画出等效电路如图 3-37（b）所示。

（3）求最大功率值。根据功率匹配条件，当 $R_L=R_i=5\Omega$ 时，负载获得最大功率，其值为

$$P_{L\max}=\frac{U_{oc}^2}{4R_i}=\frac{10^2}{4\times 5}=5\ (\text{W})$$

【例 3-19】　电路如图 3-38（a）所示，试问当负载电阻 R_L 为何值时，负载能从网络中吸收最大功率？并求此最大功率值。

解：先将 R_L 从原电路中移去，如图 3-38(b)所示，求 a、b 两端戴维南等效电路：

（1）求开路电压 U_{oc}。采用网孔电流法有

$$(3+2+5)I_1-3\times 6=5$$

解得

$$I_1=2.3\ \text{A}$$

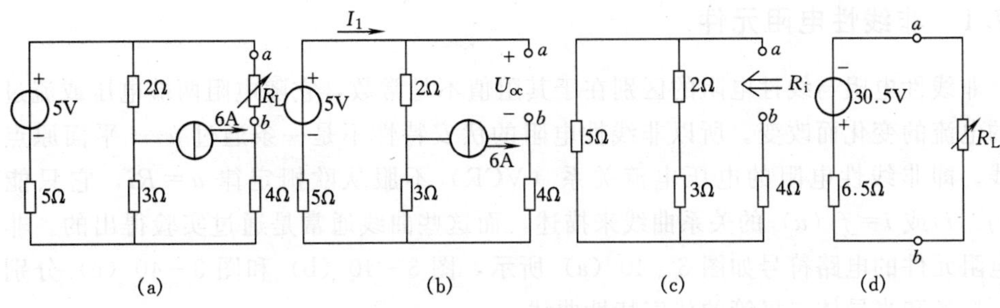

图 3-38 例 3-19 图

所以
$$U_{oc}=5-5I_1-4\times6=-30.5\ (\text{V})$$

（2）求等效电阻 R_i。将独立电源置零，如图 3-38（c）所示，则

$$R_i=\frac{5\times(2+3)}{5+(2+3)}+4=6.5\ (\Omega)$$

（3）画出等效电路并求最大功率值。将 R_L 接入戴维南等效电路，如图 3-38（d）所示，当 $R_L=R_i=6.5\Omega$ 时，负载能从电源获得最大功率，即

$$P_{\text{Lmax}}=\frac{U_{oc}^2}{4R_i}=\frac{(30.5)^2}{4\times6.5}=35.78\ (\text{W})$$

【思考与练习】

（1）能否把最大功率传输定理理解为：要使负载功率最大，应使戴维南等效电阻 R_i 等于负载电阻 R_L，为什么？

（2）有一个 100Ω 的负载要想从一个内阻为 50Ω 的电源获得最大功率，采取用一个 100Ω 的电阻与该负载并联的方法是否可以？为什么？

（3）电路如图 3-39 所示，图中负载 R_L 可调，试问：①当 R_L 为何值时，负载可获得最大功率？②负载获得的最大功率是多少？

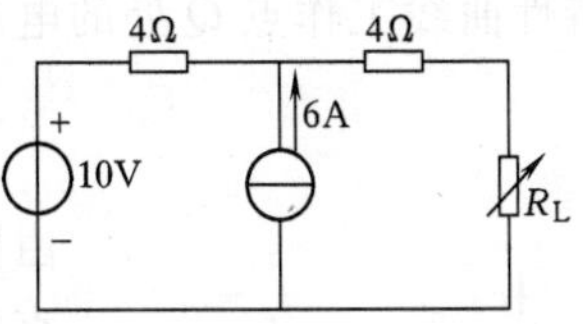

图 3-39 练习（3）图

3.7 简单非线性电阻电路的分析

前面讨论的电路都是线性电阻电路，但是在实际工作中还会遇到许多含有非线性电阻元件的电路，这种电路称为非线性电阻电路。例如含有白炽灯的照明电路和含有半导体二极管的整流电路等。

3.7.1　非线性电阻元件

非线性电阻与线性电阻的区别在于其阻值不是常数，它随电阻两端电压或流过电阻的电流的变化而改变。所以非线性电阻的伏安特性不是一条通过 $u—i$ 平面原点的直线。即非线性电阻的电压电流关系（VCR）不服从欧姆定律 $u=Ri$，它只能用 $u=f(i)$或 $i=f(u)$ 的关系曲线来描述，而这些曲线通常是通过实验得出的。非线性电阻元件的电路符号如图 3-40（a）所示，图 3-40（b）和图 3-40（c）分别为白炽灯丝和半导体二极管的伏安特性曲线。

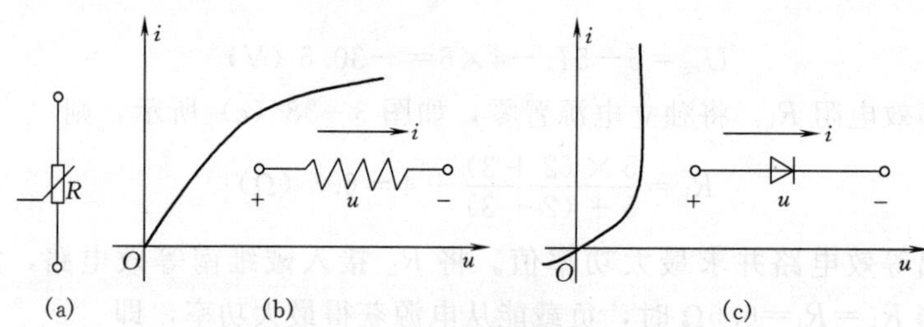

图 3-40　非线性电阻及其伏安特性

（a）非线性电阻元件；（b）灯丝的伏安特性；（c）二极管的伏安特性

由于非线性电阻的阻值是随电压或电流而变化的。因此，计算其电阻值时就必须指明它的工作电压或工作电流。非线性电阻元件的电阻值有两种表示方法，如图 3-41所示。一种称为静态电阻（或称为直流电阻），用大写字母 R 表示，它是指在特性曲线工作点 Q 处的电压 U 与电流 I 的比值，即

$$R=\frac{U}{I} \tag{3-19}$$

由图 3-41 可见，工作点 Q 处的静态电阻 R 正比于 $\mathrm{tg}\alpha$，α 是直线 OQ 与纵轴的夹角。

另一种称为动态电阻（又称为交流电阻），用小写字母 r 表示，它是指在特性曲线上工作点 Q 附近的电压微变量 ΔU 与电流微变量 ΔI 之比的极限，即

$$r=\lim\frac{\Delta U}{\Delta I}=\frac{\mathrm{d}u}{\mathrm{d}i} \tag{3-20}$$

由图 3-41 可见，工作点 Q 处的动态电阻 r 正比于 $\mathrm{tg}\beta$，β 是特性曲线上 Q 点的切线与纵轴的夹角。

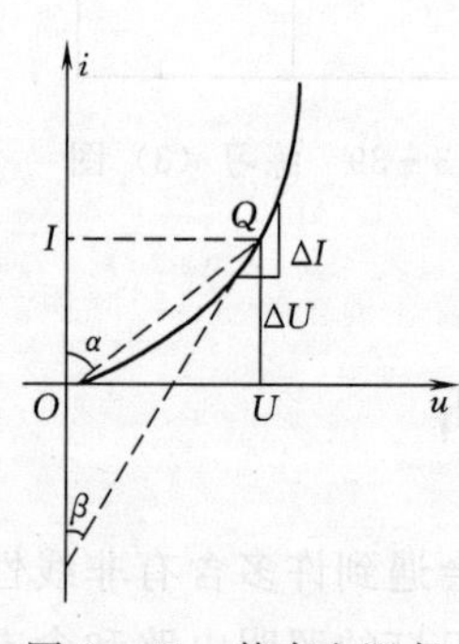

图 3-41　静态电阻与动态电阻

由以上分析可知，非线性电阻元件的静态电阻和动态电阻是两个完全不同的概念，其数值也不相等，但它们都与工

作点 Q 有关。由于该工作点是由非线性电阻元件两端的直流电压或通过的直流电流确定的，因此又称为静态工作点。

由于非线性电阻元件的伏安特性不是线性函数关系，所以前面介绍的关于线性电路的定理和各种分析方法都不能直接用来分析非线性电路。但由于基尔霍夫两个定律是电路的结构约束，与电路元件的性质无关，所以它们仍然是分析非线性电路的基本依据。

3.7.2 应用图解法分析非线性电阻电路

非线性电阻电路的分析方法很多，其中图解法是最常用的方法之一。下面就通过几个例题来说明图解法及其应用。

【例 3-20】 图3-42 (a)所示的是线性电阻 R_1 和非线性电阻 R 相串联的电路，已知非线性电阻元件的伏安特性曲线如图 3-42 (b) 所示，试用图解法分析当电源电压为 U_S 时电路中的工作电流 I 和非线性电阻两端的电压 U。

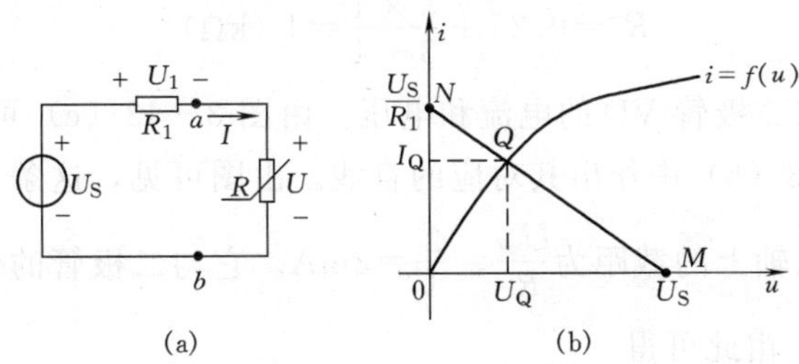

图 3-42 例 3-20 图

(a) 电路图；(b) 伏安特性

解：对于图中 a、b 端左侧的线性电路部分，根据 KVL 有

$$u=U_S-R_1 i$$

或

$$i=-\frac{1}{R_1}u+\frac{U_S}{R_1}$$

显然上式是一直线方程，因此可在图 3-42 (b) 中画出一条直线，它与 u 轴和 i 轴的交点分别为 M (U_S, 0) 和 N (0, U_S/R_1)，与特性曲线 $i=f(u)$ 的交点为 Q (U_Q, I_Q)。由此可见，与 Q 点对应的电压 U_Q 和电流 I_Q 既满足非线性电阻元件的特性曲线 $i=f(u)$，又满足电路的 KVL 方程。所以，Q 点对应的电压 U_Q 即为非线性电阻 R 两端的电压 U，对应的电流 I_Q 即为电路的工作电流 I。

【例 3-21】 电路如图3-43 (a)所示，VD 为半导体二极管，其伏安特性如图 3-43 (b)所示，试用图解法求二极管 VD 中的电流 I_D 及其两端电压 U_D。

解：(1) 求戴维南等效电路。先将二极管 VD 从电路中除去，其余部分为一含源

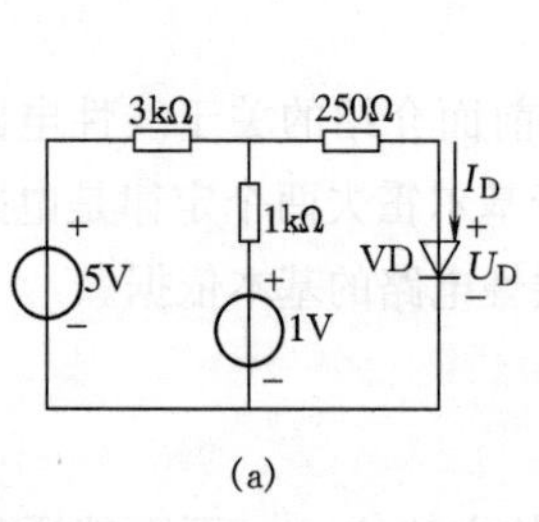

(a)

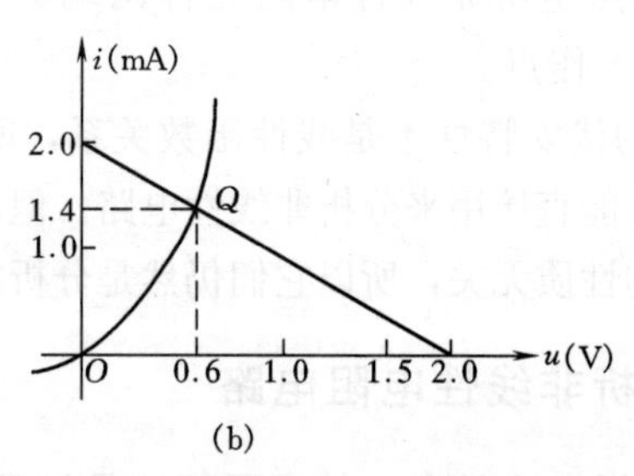

(b)

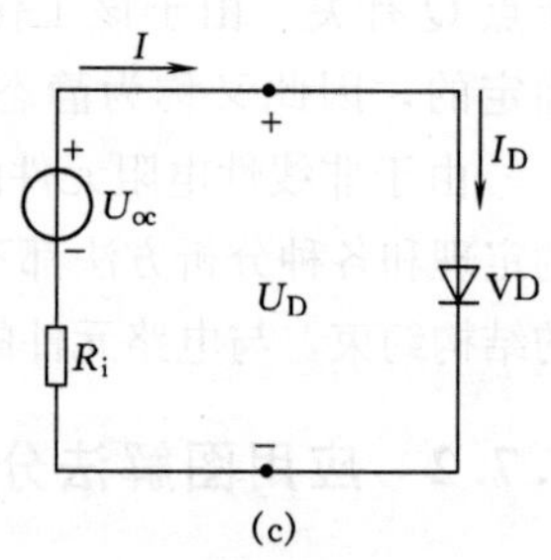

(c)

图 3-43 例 3-21 图

线性二端网络，应用戴维南定理可求出其等效电路，如图 3-43（c）所示。其中开路电压 U_{oc} 和等效电阻 R_i 分别为

$$U_{oc}=1+1\times\frac{5-1}{3+1}=2\text{ (V)}$$

$$R_i=0.25+\frac{3\times1}{3+1}=1\text{ (k}\Omega\text{)}$$

（2）用图解法求二极管 VD 的电流和电压。由图 3-43（c）可列出方程 $U=U_{oc}-R_iI$，并在图 3-43（b）中作出其对应的直线。由图可见，这条直线在横轴上的截距为 $U_{oc}=2\text{V}$，在纵轴上的截距为 $\frac{U_{oc}}{R_i}=\frac{2}{1}=2\text{mA}$。它与二极管的伏安特性曲线相交于 Q（U_Q，I_Q）点，由此可得

$$I_D=I_Q=1.4\text{ (mA)}$$
$$U_D=U_Q=0.6\text{ (V)}$$

【思考与练习】

（1）非线性电阻元件有什么特性？如何表示它们之间的电压电流关系？

（2）什么叫静态电阻和动态电阻？试分别写出它们的表达式？

（3）有一非线性电阻，当工作电压为 8V 时，电流为 4mA，若工作电压增量 $\Delta U=0.2\text{V}$ 时，电流增量 $\Delta I=0.05\text{mA}$，试问其静态电阻和动态电阻各为多少？

（4）基尔霍夫两定律能否用于非线性电阻电路？为什么？

小 结

（1）本章介绍的线性电路一般分析方法和常用电路定理，不仅适用于线性电阻电路的分析与计算，而且对所有线性电路都具有普遍意义，是分析其他线性电路的基础。

(2) 支路电流法是以支路电流为未知量，根据 KCL、KVL 和元件的 VCR 列出 $(n-1)$ 个独立节点电流方程，$(b-n+1)$ 个独立回路电压方程，通过联立求解 b 个方程得到各支路电流，进而求出支路电压和功率等。

(3) 网孔电流法是以假想的网孔电流为未知量，根据 KVL 和元件的 VCR 列出 $(b-n+1)$ 个网孔电压方程，通过联立求解 $(b-n+1)$ 个方程得到各网孔电流，然后再根据支路电流与网孔电流的关系求出各支路电流、电压和功率等。对于网孔数较少的电路，采用网孔电流法分析比较方便，但它仅适用于分析平面电路。网孔电流方程一般采用观察法直接列出。

(4) 节点电压法是以节点电压为未知量，根据 KCL 和元件的 VCR 列出 $(n-1)$ 个独立节点的电流方程，通过联立求解 $(n-1)$ 个方程得到各节点电压，然后再求出各支路电压、支路电流和功率等。对于节点数较少的电路，采用节点电压法分析比较方便，当 $n=2$ 时，可直接根据弥尔曼定理求解电路。节点电压方程一般也采用观察法直接列出。

(5) 若电路中含有无伴理想电流源支路时，应用网孔电流法应作特殊处理；若电路中含有无伴理想电压源支路时，应用节点电压法时理想电压源应作特殊处理；若电路中含有受控源时，则应先将受控源作为独立电源对待，列出电路方程后，再将受控源的控制量用未知量表示，并进行移项合并处理。

(6) 叠加定理描述了线性电路的叠加性，它是电路理论中重要的定理之一。应用叠加定理有时能使电路分析简化，在叠加过程中，电压源不作用（置零）相当于短路，电流源不作用（置零）相当于开路。

(7) 戴维南定理在电路分析中应用广泛，它表明了一个含源二端网络可以用一个简单的电路等效，是电路分析计算中常用的方法。求戴维南等效电路的要点是：

1) 选定一个二端网络。

2) 求出二端网络的开路电压 u_{oc}。

3) 求出二端网络的等效电阻 R_i。

其中等效电阻 R_i 的求法主要有等效变换法、外加电源法和开路——短路法三种。诺顿定理与戴维南定理相似，它是等效电源定理的另一种表示形式。对于一个复杂的网络，有时可以分步逐次应用戴维南定理或诺顿定理简化电路。

(8) 在电阻电路中，当一个含源二端网络向负载传输功率时，负载获得最大功率的条件是负载电阻等于二端网络的等效电阻，即 $R_L=R_i$。这时负载获得的最大功率值为 $P_{Lmax}=U_{oc}^2/4R_i$，但此时功率的传输效率只有 50%。

(9) 非线性电阻的阻值随电压或电流变化，它可分为静态电阻和动态电阻两种表示方法。非线性电阻电路的分析方法很多，其中图解法是最常用的方法之一。

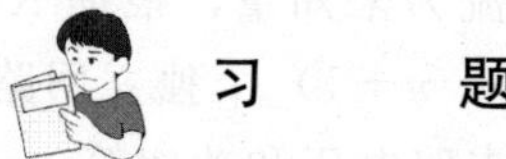

习 题

3-1 电路如图 3-44 所示，试用支路电流法求各支路电流。

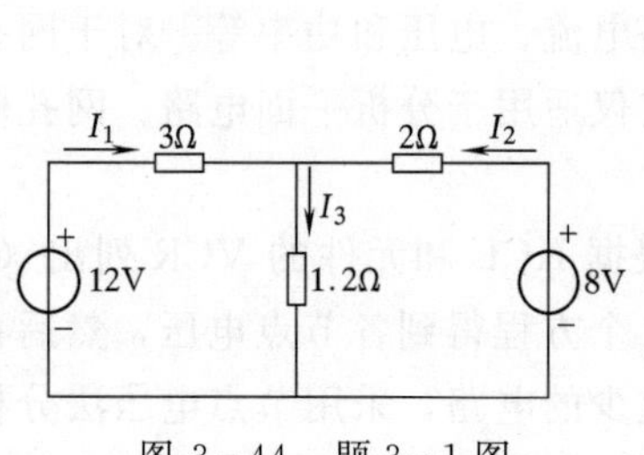

图 3-44 题 3-1 图

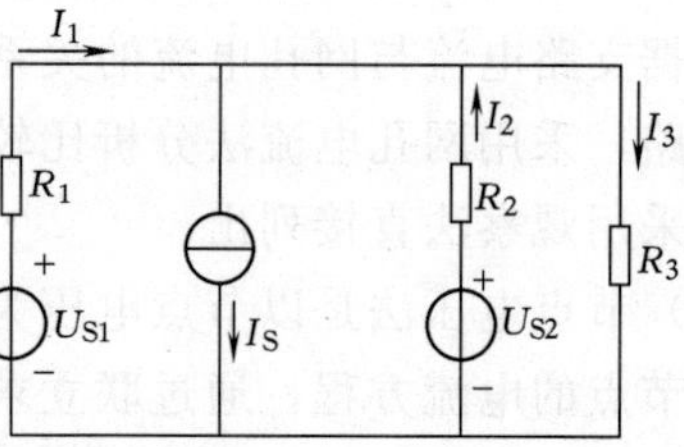

图 3-45 题 3-2 图

3-2 电路如图 3-45 所示，已知 $U_{S1}=30V$，$U_{S2}=24V$，$I_S=1A$，$R_1=6\Omega$，$R_2=R_3=12\Omega$，试用支路电流法求各支路电流。

3-3 试用支路电流法求图 3-46 所示电路中各支路电流，并用功率平衡法校验结果是否正确。

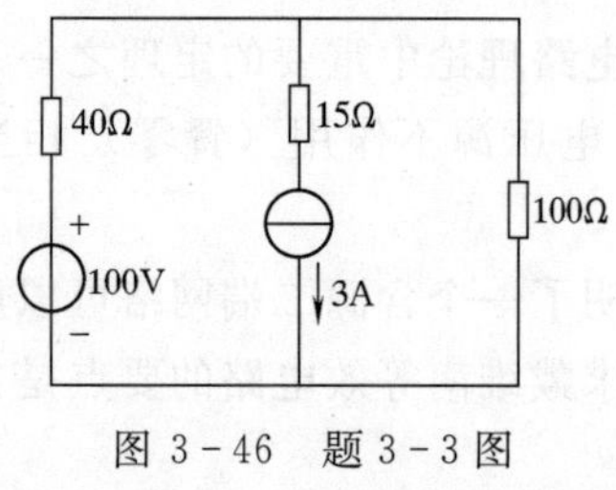

图 3-46 题 3-3 图

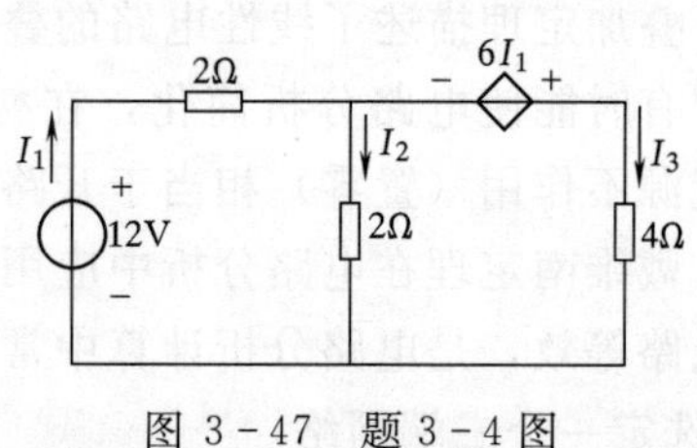

图 3-47 题 3-4 图

3-4 含有受控源的电路如图 3-47 所示，试用支路电流法求各支路电流。

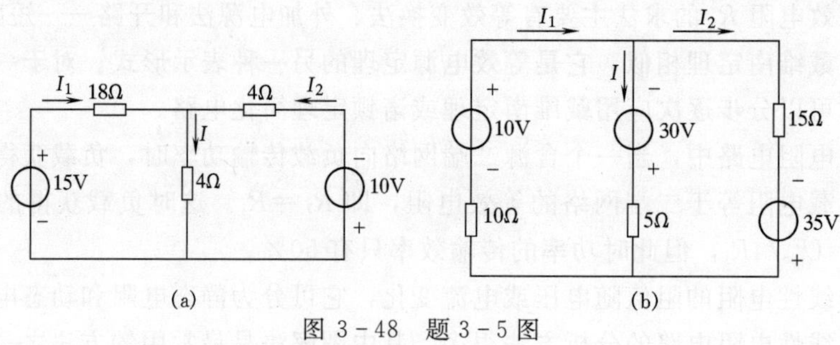

图 3-48 题 3-5 图

3－5　电路如图 3－48 所示，试用网孔电流法求支路电流 I。

3－6　电路如图 3－49 所示，试用网孔电流法求支路电流 I。

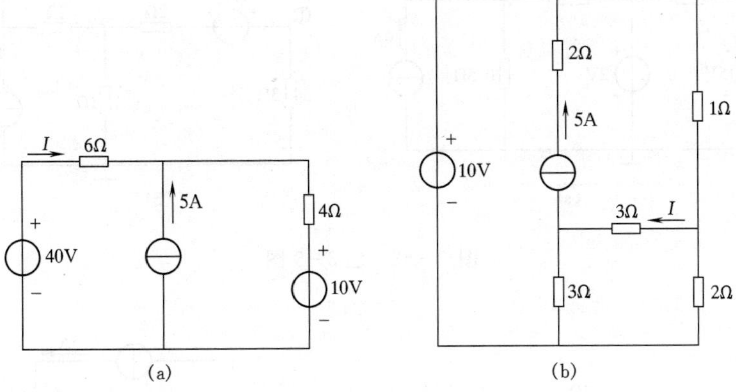

图 3－49　题 3－6 图

3－7　含有受控源的电路如图 3－50 所示，试用网孔电流法求支路电流 I 和支路电压 U。

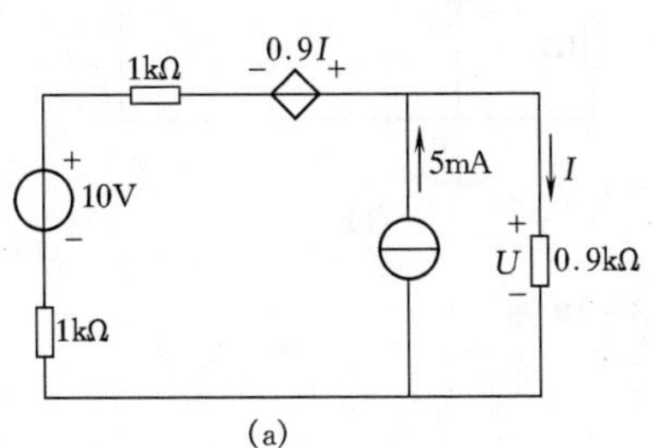

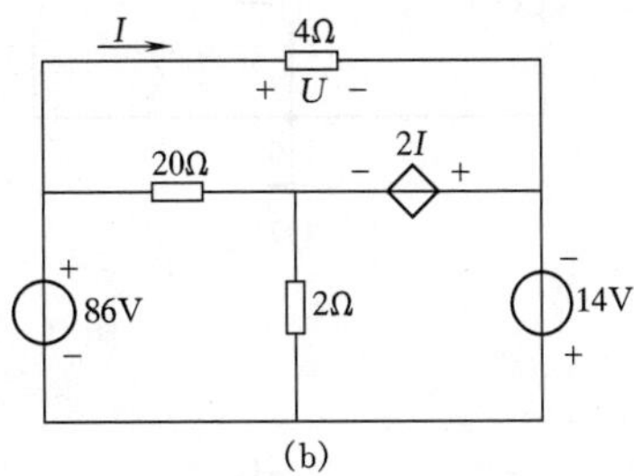

图 3－50　题 3－7 图

3－8　电路如图 3－51 所示，试分别用支路电流法和网孔电流法求各支路电流，并比较两种解法的优缺点。

3－9　电路如图 3－52 所示，试用节点电压法求电路的各节点电压。

3－10　电路如图 3－53 所示，试用节点电压法求支路电流 I_2。

3－11　含有受控源的电路如图 3－54 所示，试用节点电压法求支路电流 I。

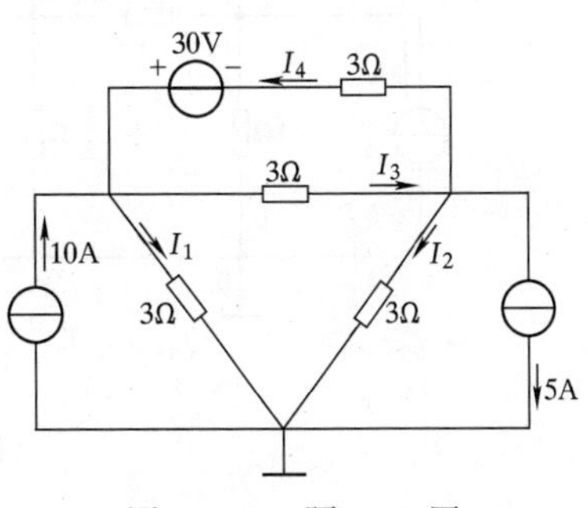

图 3－51　题 3－8 图

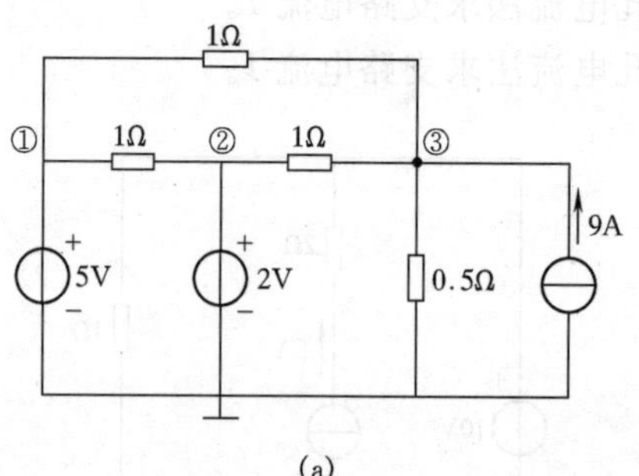

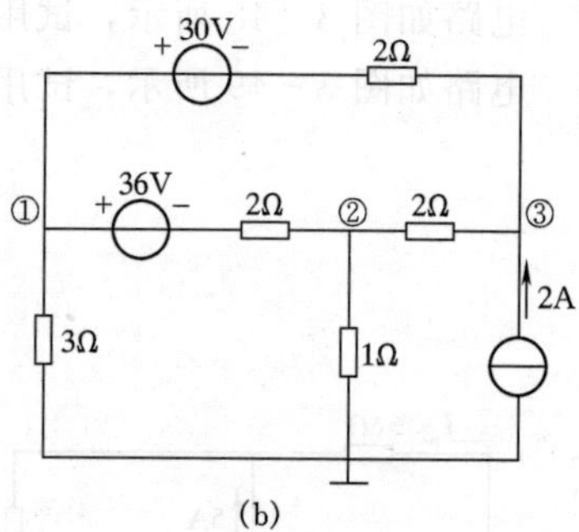

图 3-52 题 3-9 图

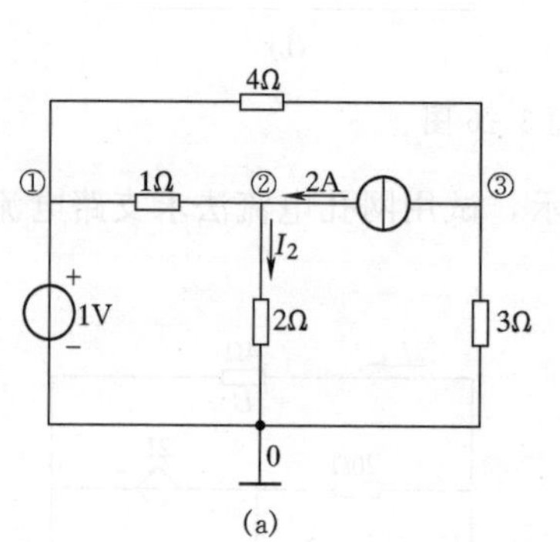

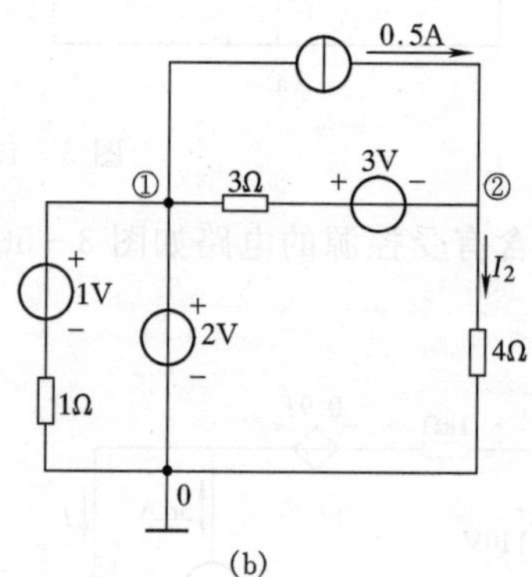

图 3-53 题 3-10 图

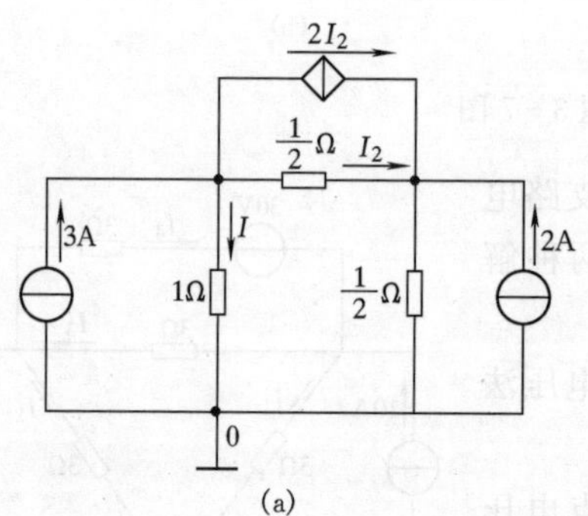

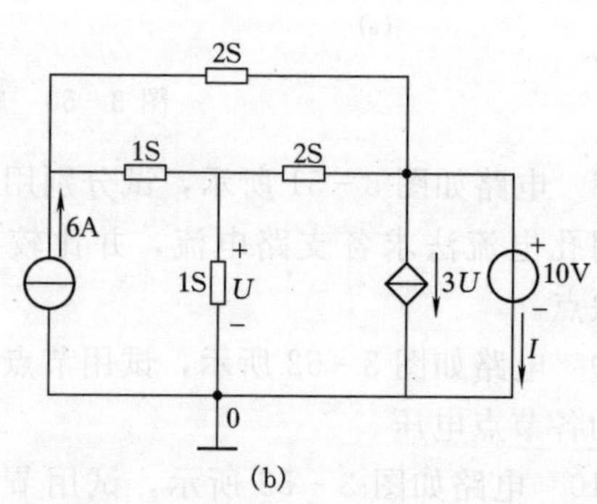

图 3-54 题 3-11 图

3-12 电路如图 3-55 所示，试用叠加定理求支路电流 I，并求电压源的功率。

3-13　电路如图 3-56 所示，试用叠加定理求支路电流 I。

3-14　含有受控源的电路如图 3-57 所示，试用叠加定理求支路电流 I。

3-15　在图 3-58 中，N_0 为无源网络，当 $U_S=2V$，$I_S=2A$ 时，$U_0=5V$；当 $U_S=3V$，$I_S=2A$ 时，$U_0=6V$。试问当 $U_S=5V$，$I_S=5A$ 时，U_0 为多少？

3-16　梯形电路如图 3-59 所示，若电源电压为 12V，试用齐性定理求支路电流 I。

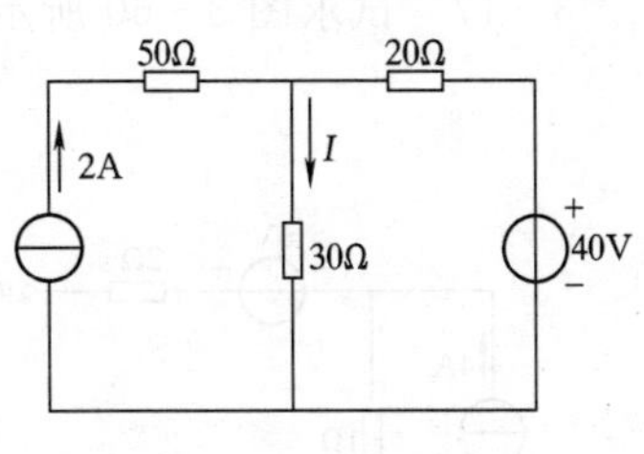

图 3-55　题 3-12 图

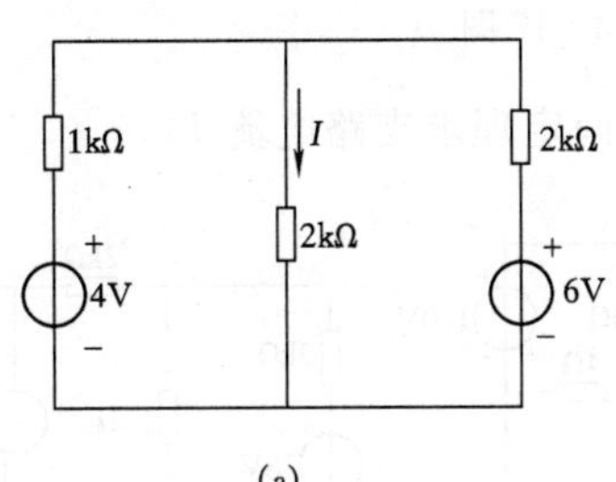

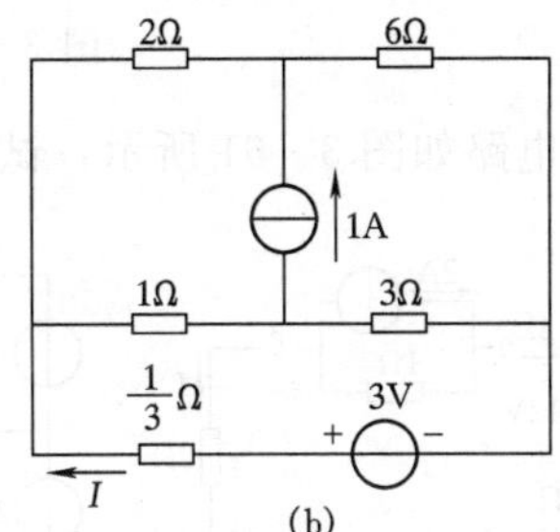

图 3-56　题 3-13 图

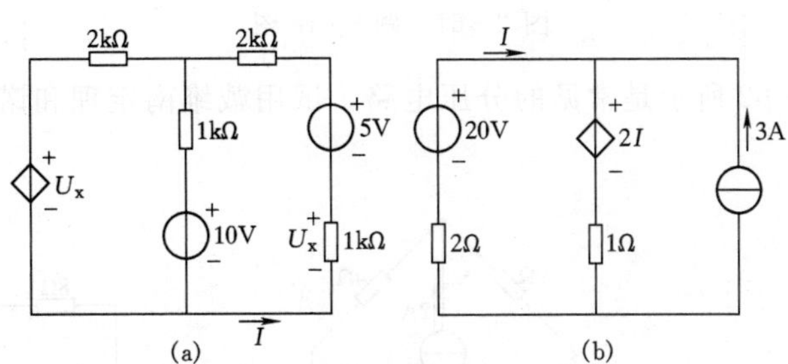

图 3-57　题 3-14 图

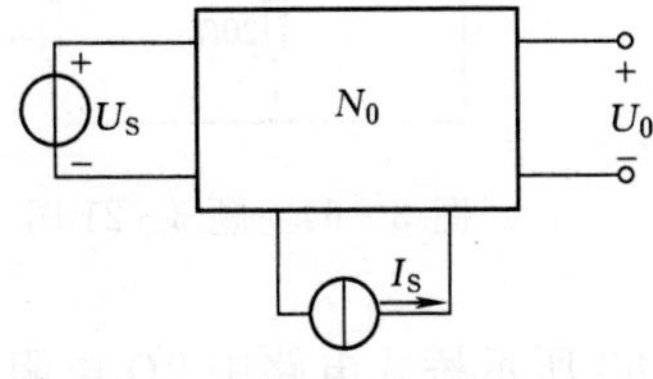

图 3-58　题 3-15 图

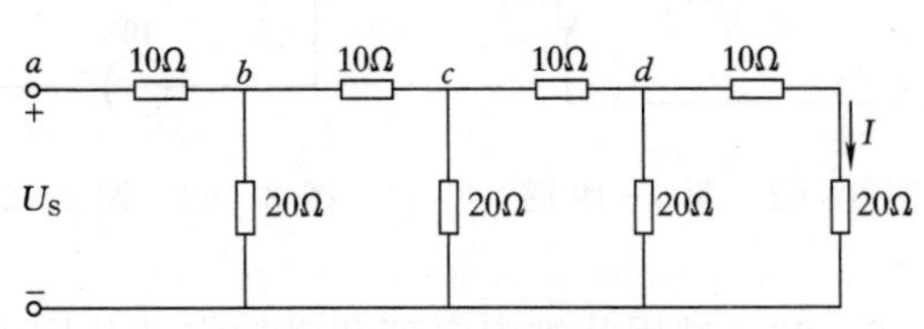

图 3-59　题 3-16 图

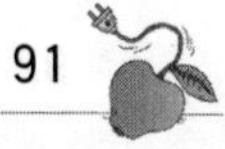

3－17　试求图 3－60 所示电路的戴维南等效电路。

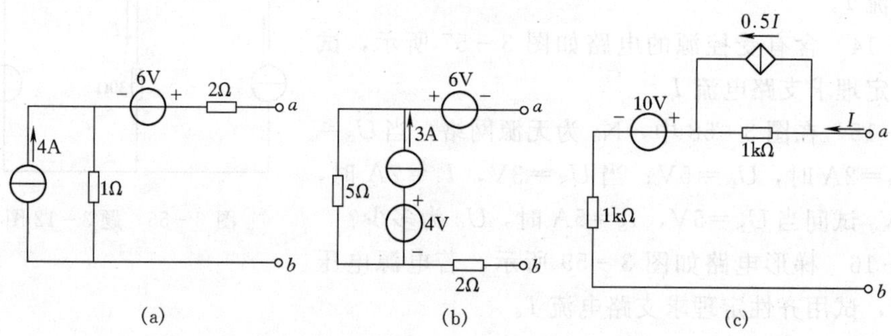

图 3－60　题 3－17 图

3－18　电路如图 3－61 所示，试用戴维南定理求支路电流 I。

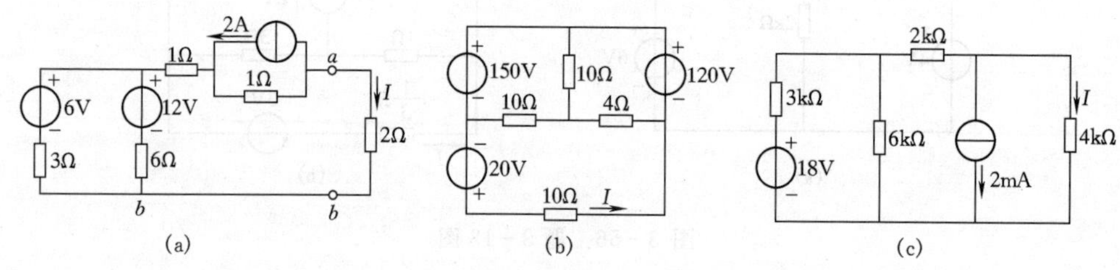

图 3－61　题 3－18 图

3－19　图 3－62 所示是常见的分压电路，试用戴维南定理和诺顿定理分别求负载电流 I_L。

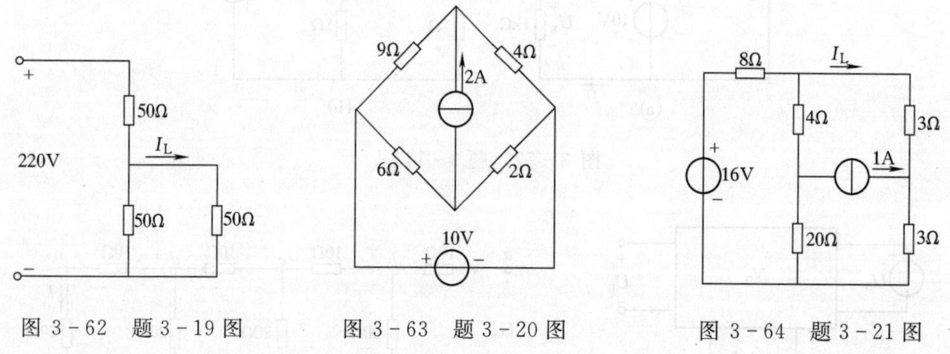

图 3－62　题 3－19 图　　图 3－63　题 3－20 图　　图 3－64　题 3－21 图

3－20　试用戴维南定理和诺顿定理分别求图 3－63 所示桥式电路中 9Ω 电阻上的

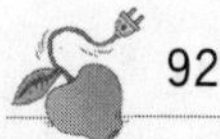

电流。

3－21　试用戴维南定理求图 3－64 所示电路中电流 I_L。

3－22　图 3－65 所示含源二端网络 N_S 的开路电压 $U_{oc}=15V$，短路电流 $I_{sc}=5A$，若在 a、b 两端接一个 $R=12\Omega$ 的电阻，试求该电阻消耗的功率 P。

3－23　电路如图 3－66 所示，当开关 S 在位置 1 时，电压表读数为 20V；S 在位置 2 时，电流表读数为 50mA。若 $R=100\Omega$，当开关 S 在位置 3 时，试问电压表和电流表的读数各为多少？电阻 R 吸收的功率为多少？

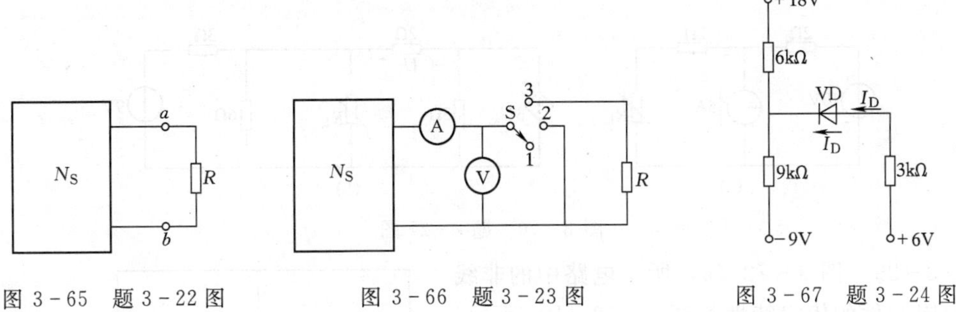

图 3－65　题 3－22 图　　图 3－66　题 3－23 图　　图 3－67　题 3－24 图

3－24　求图 3－67 所示电路中流过二极管 VD 的电流 I_D。

3－25　试求图 3－68 所示电路中的电压 U。

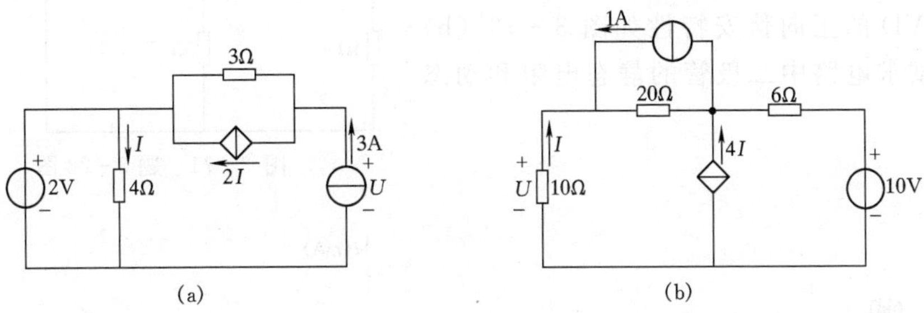

图 3－68　题 3－25 图

3－26　试求图 3－69 所示电路中的电流 I。

3－27　电路如图 3－70 所示，试问负载电阻 R_L 为何值时能获得最大功率？此最大功率是多少？

3－28　电路如图 3－71 所示，其中电阻 R_2 为定值，负载 R_L 可调。当负载 $R_L=2\Omega$ 时能获得最大功率，试确定电阻 R_2 的值，并求负载 R_L 获得的最大功率值。

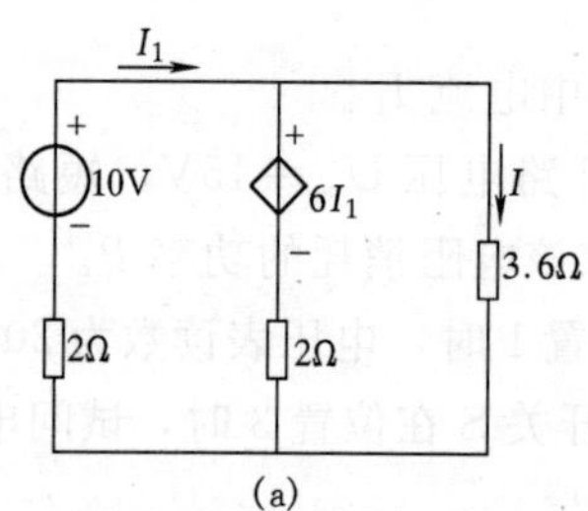

(a)

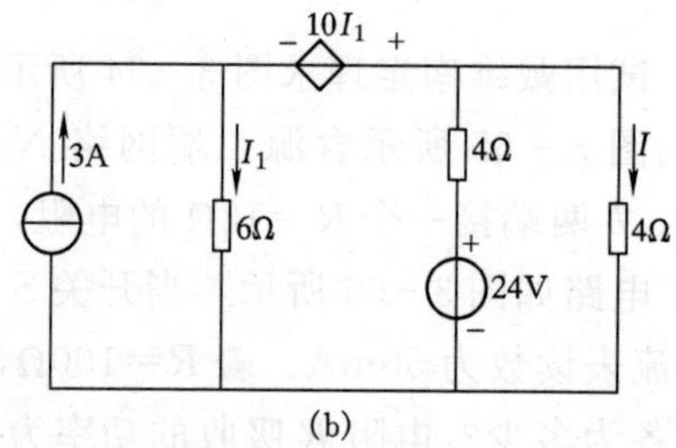

(b)

图 3-69 题 3-26 图

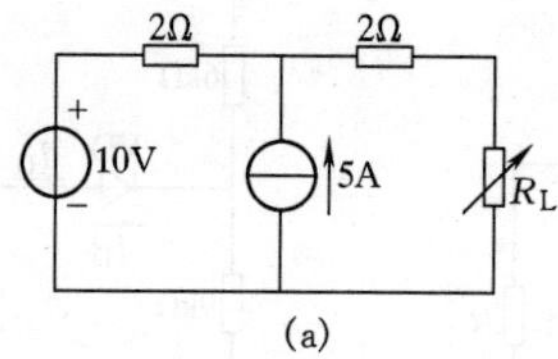

(a)

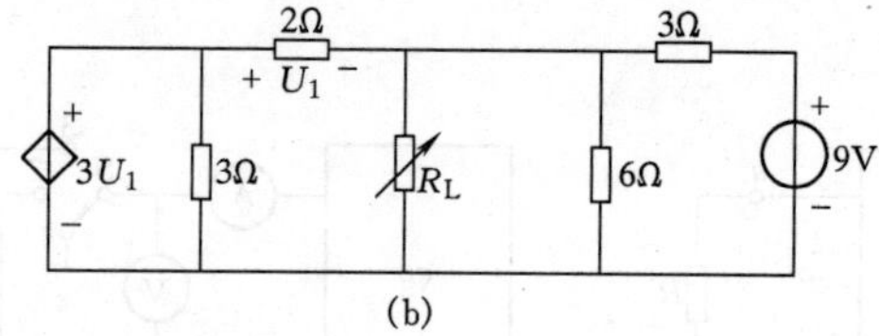

(b)

图 3-70 题 3-27 图

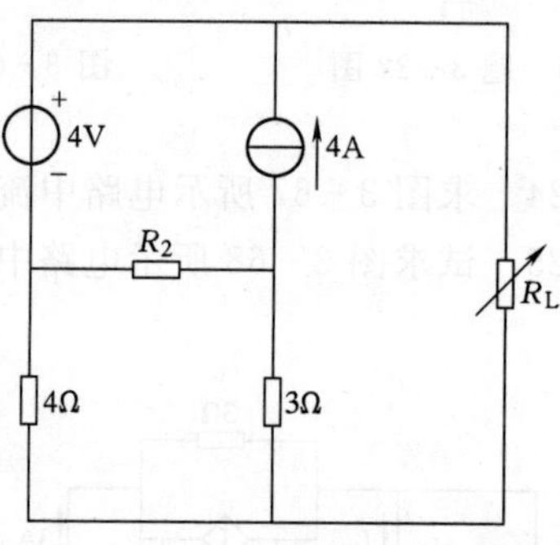

图 3-71 题 3-28 图

3-29 图 3-72 (a) 所示电路中的非线性电阻元件的伏安特性如图 3-72 (b) 所示，试求当 $U_S=12V$ 时非线性电阻元件的静态工作点 Q。

3-30 电路如图 3-73 (a) 所示，已知二极管 VD 的正向伏安特性如图 3-73 (b) 所示，试求电路中二极管的静态电阻和动态电阻。

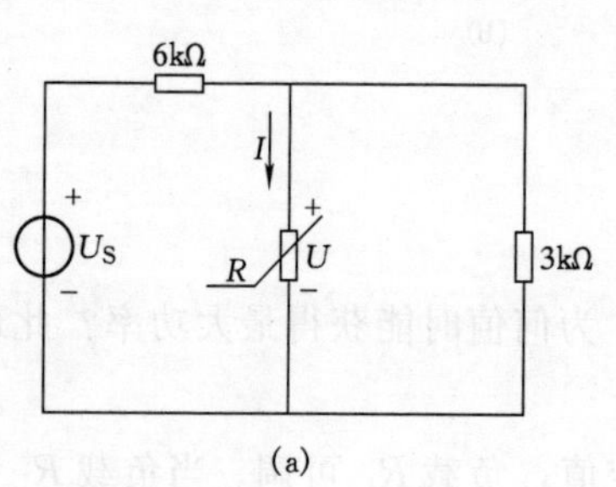

(a)

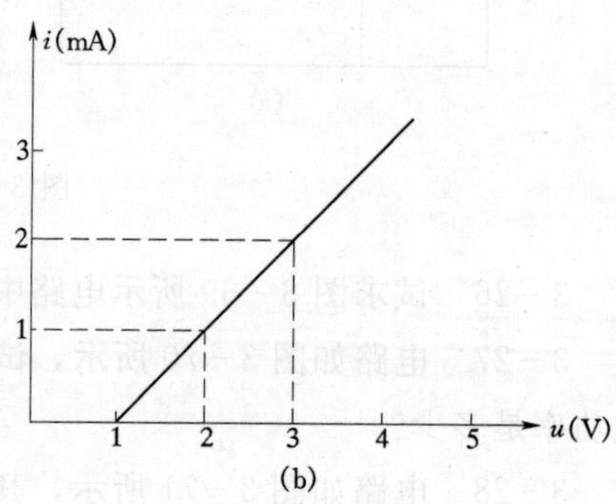

(b)

图 3-72 题 3-29 图

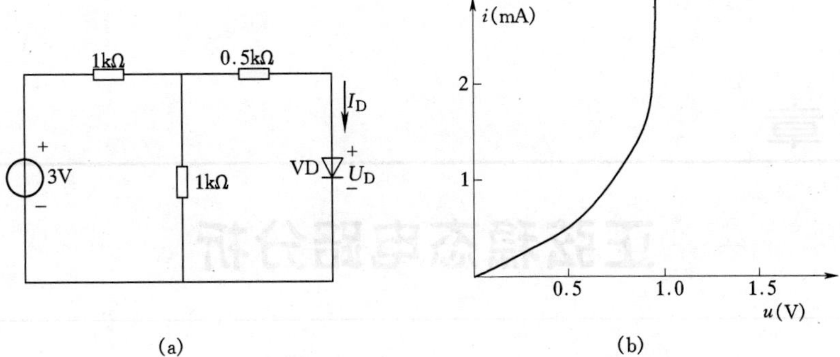

图 3-73　题 3-30 图

第 4 章

正弦稳态电路分析

前面讨论的都是直流电，其电流（电压或电动势）的大小和方向不随时间变化。而交流电是电流（电压或电动势）的大小和方向随时间变化的。在生产上和日常生活中应用的交流电一般都是指随时间按正弦规律变化的电压、电流和电动势。在线性电路中，如果激励是正弦量，则电路中各支路的电压和电流的稳态响应将是同频正弦量。如果电路有多个激励且都是同一频率的正弦量，则根据线性电路的叠加定理，电路全部稳态响应都将是同一频率的正弦量。处于这种稳定状态的电路称为正弦稳态电路，又可称为正弦交流电路。电力工程中遇到的大多数问题都可以按正弦交流电路分析处理。许多电气、电子设备的设计和性能指标也往往是按正弦交流电路考虑的。

正弦交流电有许多优点。例如，它容易进行电压变换，便于远距离输电和安全用电，交流电气设备比相应的直流电气设备的结构简单，便于使用和维护，在某些必须使用直流电的场合，我们也可将交流电整流成直流电，所以掌握正弦交流电的分析方法是非常必要的。

4.1 正弦交流电的基本概念

电压、电流和电动势等的大小和方向都随时间按正弦规律作周期性变化的物理量统称为正弦量。正弦量在任一时刻的值称为瞬时值，用符号 $u(t)$ 或 $i(t)$ 等表示。为了书写简便，通常写成 u 或 i 等。

4.1.1 正弦量的三要素

正弦量的特征表现在变化的快慢、大小和初始值三个方面，而它们分别由角频率、振幅（或有效值）和初相角来确定，称其为正弦量的三要素。

下面以正弦电流为例说明正弦量的三要素。图 4－1 表示一段正弦交流电路，图

4-2是正弦电流 i 的波形图，正弦电流 i 的瞬时值表达式或解析式为

$$i = I_m \cos(\omega t + \psi_i) \tag{4-1}$$

上式中的三个常数 I_m、ω、ψ_i 称为正弦量的三要素。

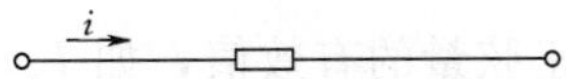

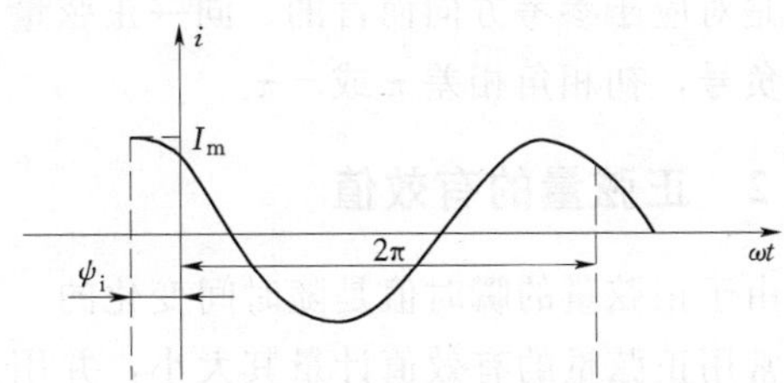

图 4-1　一段正弦交流电路

图 4-2　正弦电流 i 的波形图

(1) I_m 称为正弦电流 i 的最大值，又称振幅或幅值。单位是安培（A），它是瞬时值中最大的值，当 $\cos(\omega t + \psi_i) = 1$，$i = I_m$。正弦电流 i 在任何时刻的值称为瞬时值，瞬时值是随时间变化的，而最大值是与时间无关的定值。正弦电压、电动势的最大值表示为 U_m、E_m。

(2) ω 称为正弦电流 i 的角频率，单位为弧度/秒（rad/s），它是反映正弦量变化快慢的要素。

$\omega t + \psi_i$ 称为相位角，简称相位，它反映了正弦量的变化进程，ω 就是相位角对时间的变化率，即

$$\frac{\mathrm{d}(\omega t + \psi)}{\mathrm{d}t} = \omega$$

角频率与正弦量的周期、频率的关系为

$$\omega T = 2\pi \qquad \omega = \frac{2\pi}{T} = 2\pi f$$

频率与周期的关系为

$$f = \frac{1}{T}$$

我国正弦交流电的频率 f 为 50Hz，周期 T 为 0.02s，角频率为 314rad/s，这种交流电称为工频交流电。

(3) ψ_i 称为初相角，简称初相，单位为弧度或度。初相角 ψ_i 是正弦电流在 $t=0$ 时刻的相位角，即

$$(\omega t + \psi_i)\big|_{t=0} = \psi_i$$

相位角决定了正弦量的瞬时值，而初相角则决定了正弦量的初始值（在 $t=0$ 时的值），通常规定初相角的绝对值不超过 π 弧度，即应取 $|\psi_i| \leqslant \pi$。初相角 ψ_i 的大小

与计时起点的选择有关，所选计时起点不同，正弦量的初相角不同，其初始值就不同。但初相角 ψ_i 不随时间和角频率而变。

一个正弦量的瞬时值表达式是对应于预先选定的参考方向而言的，所以它的初相角也是对应于参考方向而言的。同一正弦量，参考方向选择不同，瞬时值表达式相差一个负号，初相角相差 π 或 −π。

4.1.2 正弦量的有效值

由于正弦量的瞬时值是随时间变化的，不能用它计量正弦量的大小。在实际工程中，常用正弦量的有效值计量其大小，并用大写字母表示正弦量的有效值，如 I、U、E 分别表示电流、电压、电动势的有效值。

以电流为例，说明有效值的定义。在两个阻值相同的电阻元件中，分别通入直流电流 I 和一个周期性变化的电流 i，如果在相等的时间内，两个电流产生的热量相等，那么这个周期电流 i 的有效值在数值上就等于这个直流电流 I，即

$$\int_0^T i^2 R \mathrm{d}t = I^2 RT$$

由上式可得出周期电流 i 的有效值为

$$I = \sqrt{\frac{1}{T}\int_0^T i^2 \mathrm{d}t} \tag{4-2}$$

当周期性变化的电流为正弦量时，例如 $i = I_m \cos(\omega t + \psi_i)$，代入式（4-2）得

$$\begin{aligned} I &= \sqrt{\frac{1}{T}\int_0^T I_m^2 \cos^2(\omega t + \psi_i)\mathrm{d}t} \\ &= \sqrt{\frac{1}{T}\int_0^T \frac{1 + \cos^2(\omega t + \psi_i)}{2}\mathrm{d}t} \\ &= \frac{I_m}{\sqrt{2}} \end{aligned}$$

即

$$I = \frac{I_m}{\sqrt{2}} = 0.707 I_m \tag{4-3}$$

以上以正弦电流为例得出的有效值的结论，完全适用于正弦电压和正弦电动势，即

$$U = \frac{U_m}{\sqrt{2}};\quad E = \frac{E_m}{\sqrt{2}}$$

可见，正弦量的最大值与有效值之间有固定的 $\sqrt{2}$ 关系，因此有效值可以代替最大值作为正弦量的一个要素。引入有效值的概念后，可以把正弦量的瞬时值表达式写成如下形式，如电流为

$$i=\sqrt{2}I\cos(\omega t+\psi_i)$$

在工程上，一般所讲的正弦电压、电流的大小都是指有效值，例如：交流电压380V或220V都是指它的有效值。交流测量仪表所指示的读数，电气设备铭牌上的额定值也都是指有效值。但各种器件和电气设备的绝缘水平——耐压值，则按最大值来考虑。

4.1.3 同频率正弦量相位差

在一个正弦交流电路中，电压 u 和电流 i 的频率是相同的，但初相角不一定相同，为了比较 u 和 i 的相位关系，引出了相位差的概念。两个同频率正弦量的相角之差或初相之差称为相位差，用 φ 表示。

设电压 u 和电流 i 分别为

$$u=U_m\cos(\omega t+\psi_1)$$

$$i=I_m\cos(\omega t+\psi_2)$$

它们的初相角分别为 ψ_1 和 ψ_2，则 u 和 i 的相位差为

$$\varphi=(\omega t+\psi_1)-(\omega t+\psi_2)=\psi_1-\psi_2 \tag{4-4}$$

可见，两个同频率正弦量的相位差是常数，与时间无关，而且当计时起点改变时，它们的初相和相角都随之改变，但是它们之间的相位差仍保持不变。同样规定相位差的绝对值也不超过π弧度，即应取 $|\varphi|\leqslant\pi$。

若 $\psi_1>\psi_2$，$\varphi=\psi_1-\psi_2>0$，u 较 i 先到达正的幅值，我们称电压 u 在相位上比电流 i 超前 φ 角或电流 i 比电压 u 滞后 φ 角，如图4-3（a）所示。

若 $\psi_1<\psi_2$，$\varphi=\psi_1-\psi_2<0$，u 较 i 后到达正的幅值，我们称电压 u 在相位上比电流 i 滞后 φ 角或电流 i 比电压 u 超前 φ 角，如图4-3（b）所示。

若 $\psi_1=\psi_2$，$\varphi=\psi_1-\psi_2=0$，u 和 i 同时到达正的幅值，我们称电压 u 与电流 i 同相，如图4-3（c）所示。

若 $\varphi=\psi_1-\psi_2=\pm\pi$，我们称电压 u 和电流 i 反相，如图4-3（d）所示。

在分析正弦交流电路时，经常选取某个正弦量的初相角为零，把该正弦量称为参考正弦量。在同一电路中，参考正弦量不同时，各正弦量的初相角就不同，但相位差不会改变。

【例4-1】 已知：正弦量 $u=220\sqrt{2}\cos(314t+60°)$ V，$i=10\sqrt{2}\cos(314t-30°)$ A

求：（1）正弦量的最大值、有效值；

（2）角频率、频率、周期；

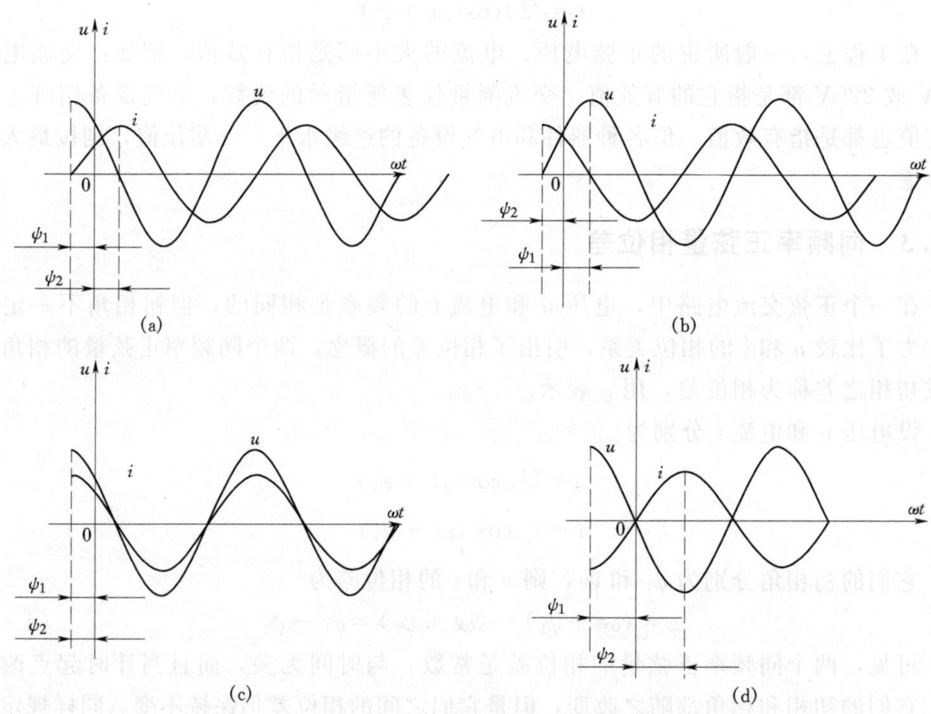

图 4-3 正弦量的相位差

(a) 电压超前电流；(b) 电压滞后电流；(c) 电压与电流同相；(d) 电压与电流反相

(3) 初相角、相位差；

(4) 画出 u、i 波形。

解：(1) 最大值 $U_m=220\sqrt{2}$V，$I_m=10\sqrt{2}$A；

有效值 $U=220$V，$I=10$A。

(2) 角频率 $\omega=314$rad/s，频率 $f=\dfrac{\omega}{2\pi}=\dfrac{314}{2\pi}=50$Hz，周期 $T=\dfrac{1}{f}=\dfrac{1}{50}=0.02$s。

(3) 初相角 $\psi_u=60°$，$\psi_i=-30°$；

相位差 $\varphi=\psi_u-\psi_i=60°-(-30°)=90°$。

(4) u、i 波形如图 4-4 所示。

【例 4-2】 已知：三个正弦量的瞬时值表达式分别为 $u_1=141.4\cos(\omega t+60°)$V，$u_2=80\cos(\omega t-90°)$V，$i=2\sin(\omega t-60°)$A。(1) 求 u_1 与 i 和 u_2 与 i 的相位差，并说明超前、滞后关系；(2) 如果选择 i 为参考正弦量，写出 u_1、u_2、i 的瞬时值表达式。

解：(1) 首先将 i 化成余弦函数 $i=2\cos(\omega t-150°)$

u_1 与 i 的相位差 $\varphi_1=60°-(-150°)=210°$

取 φ_1 在 $-\pi$ 与 π 之间 $\varphi_1=210°-360°=-150°<0$ 说明 u_1 滞后 $i150°$

u_2 与 i 的相位差 $\varphi_2=-90°-(-150°)=60°>0$ 说明 u_2 超前 $i60°$

(2) 设 i 为参考正弦量，则 $\psi_i=0$，$\psi_{u1}=-150°$，$\psi_{u2}=60°$

$u_1=141.4\cos(\omega t-150°)$ V，$u_2=80\cos(\omega t+60°)$ V，$i=2\cos\omega t$A

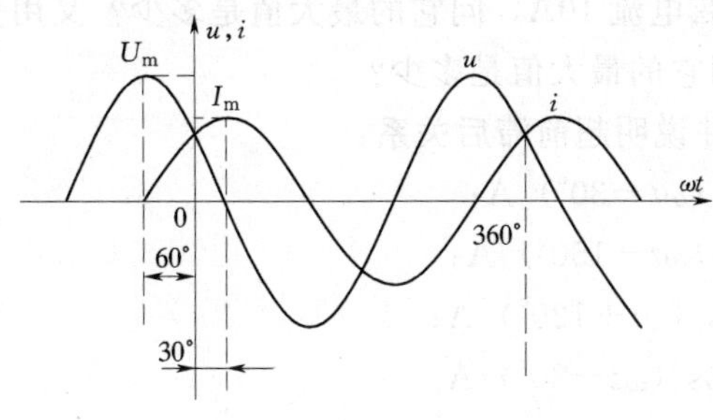

图 4-4 例 4-1 图

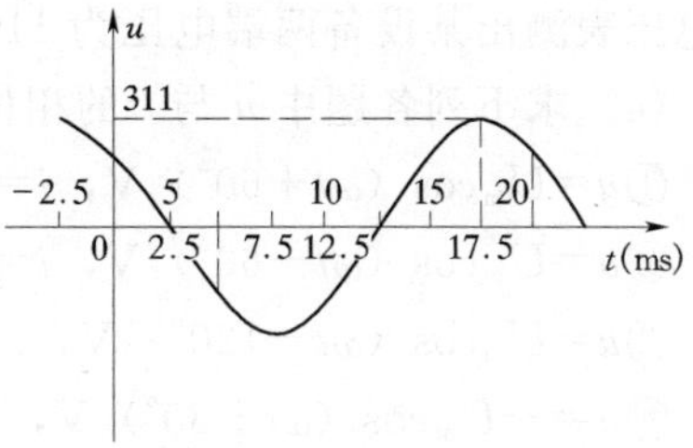

图 4-5 例 4-3 图

【例 4-3】 某正弦交流电路中，在选定电压参考方向下，电压波形如图 4-5 所示，(1) 写出电压瞬时值表达式；(2) 试求 $t=0$、$t=5$ms、$t=15$ms、$t=17.5$ms 时的电压。

解：(1) 从波形图可知，正弦电压的最大值为 $U_m=311$V，正弦电压的周期为 $T=20$ms，则角频率为

$$\omega=\frac{2\pi}{T}=\frac{2\pi}{20\times10^{-3}}=100\pi \text{ rad/s}$$

从离起点最近的波形最大值到起点所需时间为 2.5ms，所以初相角为

$$\omega t=100\pi\times2.5\times10^{-3}=\frac{\pi}{4}$$

所以，正弦电压的瞬时值表达式为 $u=311\cos\left(100\pi t+\frac{\pi}{4}\right)$V

(2) 当 $t=0$ 时，$u(0)=311\cos\frac{\pi}{4}=220$ (V)

当 $t=5$ms 时，$u(5\text{ms})=311\cos\left(100\pi\times5\times10^{-3}+\frac{\pi}{4}\right)=-220$ (V)

当 $t=15$ms 时，$u(15\text{ms})=311\cos\left(100\pi\times15\times10^{-3}+\frac{\pi}{4}\right)=220$ (V)

当 $t=17.5$ms 时，$u(17.5\text{ms})=311\cos\left(100\pi\times17.5\times10^{-3}+\frac{\pi}{4}\right)=311$ (V)

【思考与练习题】

(1) 已知一工频正弦电压有效值 $U=220\text{V}$，初相角为 $\psi=45°$，试写出该电压的瞬时值表达式。

(2) 一正弦电流 $i=4\sqrt{2}\cos(314t+45°)$ A，试指出正弦量的三要素；若将其参考方向反过来，写出 i 的瞬时值表达式。

(3) 用交流电流表测出通过某设备正弦电流 10A，问它的最大值是多少？又用交流电压表测出某设备两端电压为 110V，问它的最大值是多少？

(4) 求下列各题中 u 与 i 的相位差，并说明超前滞后关系：

①$u=U_m\cos(\omega t+60°)$ V，$i=I_m\cos(\omega t-30°)$ A；

②$u=U_m\cos(\omega t+60°)$ V，$i=I_m\cos(\omega t-150°)$ A；

③$u=U_m\cos(\omega t-120°)$ V，$i=I_m\cos(\omega t+120°)$ A；

④$u=-U_m\cos(\omega t+30°)$ V，$i=I_m\cos(\omega t-30°)$ A。

4.2 正弦量的相量表示法

在正弦交流电路中，如果直接使用正弦量的瞬时值表达式或波形图进行各种分析计算是相当复杂和繁琐的。用复数表示正弦量，并用于正弦交流电路的分析计算则相当简便，这种方法称为相量法。复数和复数运算是相量法的数学基础，为此先对复数及复数运算进行复习。

4.2.1 复数与复平面上的矢量

4.2.1.1 复数的表示形式

设 A 为一复数，a_1 及 a_2 分别为其实部和虚部，复数 A 的代数形式为

$$A=a_1+\text{j}a_2 \tag{4-5}$$

其中 j 为虚单位，上式也称为复数的直角坐标形式。

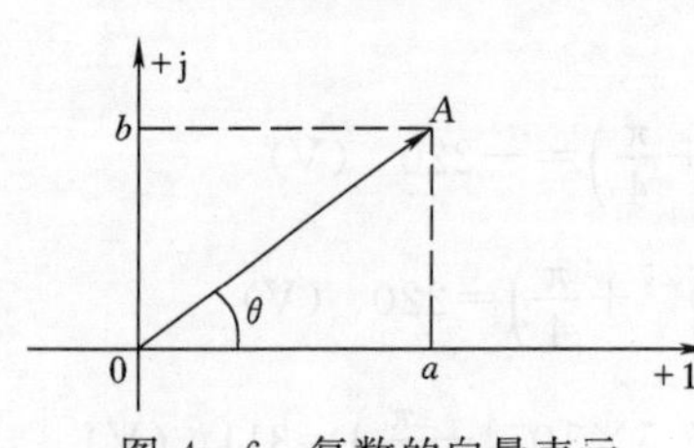

图 4-6 复数的向量表示

复数在复平面上可用向量表示。在平面上作一直角坐标，其横轴是实轴，用来表示复数的实部；纵轴是虚轴，用来表示复数的虚部，这样的平面叫复平面。在复平面可以用有方向的线段即矢量来表示复数，如图 4-6 所示。

$|A|$ 是复数 A 的模，它表示有向线段的长

度，θ 是复数 A 的辐角，它表示有向线段与实轴的夹角，由图 4-6 可得

$$\left.\begin{aligned} |A| &= \sqrt{a_1^2 + a_2^2} \\ \theta &= \operatorname{arctg}\frac{a_2}{a_1} \\ a_1 &= |A|\cos\theta \\ a_2 &= |A|\sin\theta \end{aligned}\right\} \tag{4-6}$$

复数 A 的三角函数形式为

$$A = |A|(\cos\theta + \mathrm{j}\sin\theta) \tag{4-7}$$

根据欧拉公式

$$e^{j\theta} = \cos\theta + \mathrm{j}\sin\theta$$

得复数 A 的指数形式为

$$A = |A| e^{j\theta} \tag{4-8}$$

复数 A 的极坐标形式为

$$A = |A| \underline{/\theta} \tag{4-9}$$

复数 A 的共轭复数为

$$A^* = a_1 - \mathrm{j}a_2 = |A| \underline{/-\theta} \tag{4-10}$$

代数形式表示的共轭复数为实部不变，虚部加负号；极坐标形式表示的共轭复数，其模不变，辐角加负号。

在实际应用中，有时只取复数的实部或虚部，可采用 Re（）和 Im（）两记号，即　　$a_1 = \mathrm{Re}(A) = \mathrm{Re}(a_1 + \mathrm{j}a_2)$　　$a_2 = \mathrm{Im}(A) = \mathrm{Im}(a_1 + \mathrm{j}a_2)$

4.2.1.2　复数的运算

（1）复数相等。两个复数相等，则其实部和虚部分别相等。当两个复数用极坐标形式表示时，则它们的模相等，辐角相等。

例如：复数 $A_1 = a_1 + \mathrm{j}b_1 = |A_1| \underline{/\theta_1}$，$A_2 = a_2 + \mathrm{j}b_2 = |A_2| \underline{/\theta_2}$

若 $A_1 = A_2$，则一定有 $a_1 = a_2$，$b_1 = b_2$，$|A_1| = |A_2|$，$\theta_1 = \theta_2$

（2）复数的加减运算。复数相加减运算用代数形式进行时，就是把它们的实部和虚部分别相加减。

例如：$A = a_1 + \mathrm{j}a_2$，　$B = b_1 + \mathrm{j}b_2$

则有：$A \pm B = (a_1 + \mathrm{j}a_2) \pm (b_1 + \mathrm{j}b_2) = (a_1 \pm b_1) + \mathrm{j}(a_2 \pm b_2)$

复数相加减运算也可以按平行四边形法则在复平面上用向量的相加和相减求得，如图 4-7（a）、（b）所示。

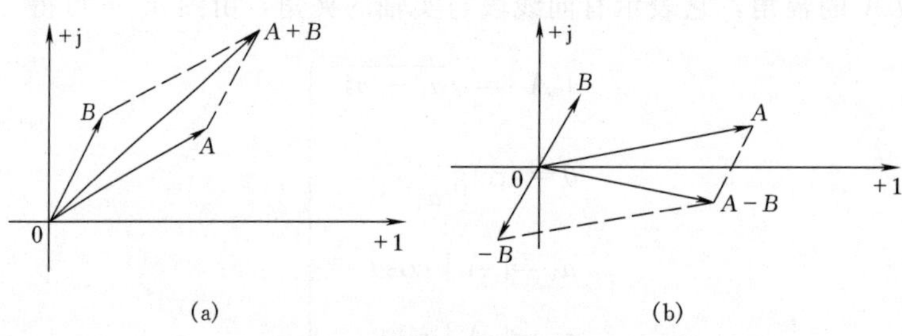

图 4-7 复数相加减图示

(a) 复数相加图示；(b) 复数相减图示

(3) 复数的乘法运算。两个复数相乘用代数形式进行有

$$A\cdot B=(a_1+\mathrm{j}a_2)\cdot(b_1+\mathrm{j}b_2)=(a_1b_1-a_2b_2)+\mathrm{j}(a_2b_1+a_1b_2)$$

用极坐标形式有

$$A\cdot B=|A|\angle\theta_1\cdot|B|\angle\theta_2=|A||B|\angle\theta_1+\theta_2$$

(4) 复数的除法运算。两个复数相除用代数形式进行有

$$\frac{A}{B}=\frac{a_1+\mathrm{j}a_2}{b_1+\mathrm{j}b_2}=\frac{(a_1+\mathrm{j}a_2)(b_1-\mathrm{j}b_2)}{(b_1+\mathrm{j}b_2)(b_1-\mathrm{j}b_2)}=\frac{(a_1b_1+a_2b_2)+\mathrm{j}(a_2b_1-a_1b_2)}{b_1^2+b_2^2}$$

用极坐标形式进行有

$$\frac{A}{B}=\frac{|A|\angle\theta_1}{|B|\angle\theta_2}=\frac{|A|}{|B|}\angle\theta_1-\theta_2$$

两个复数相乘或相除用极坐标形式较为简单。在作理论分析、公式推导时往往需要用代数形式来进行乘除运算。

下面介绍旋转因子 $\mathrm{e}^{\mathrm{j}\theta}$，它是一个模为1，辐角为 θ 的复数。任何一个复数 A 乘以 $\mathrm{e}^{\mathrm{j}\theta}$，等于把复数 A 逆时针旋转 θ 角度，而 A 的模不变，所以称 $\mathrm{e}^{\mathrm{j}\theta}$ 为旋转因子。

在用相量法分析正弦交流电路时，常常用到±j和−1。根据欧拉公式很容易地得出 $\mathrm{e}^{\pm\mathrm{j}\frac{\pi}{2}}=\pm\mathrm{j}$，$\mathrm{e}^{\mathrm{j}\pi}=-1$，因此±j和−1都可视为旋转因子。如一复数乘以j，就等于该复数矢量在复平面上按逆时针方向旋转 $\frac{\pi}{2}$，而该复数模不变。一复数除以j，就等于该复数乘以−j，即该复数在复平面上按顺时针方向旋转 $\frac{\pi}{2}$。

【例 4-4】 一复数为 $A=3+\mathrm{j}4$。试求 (1) 该复数实部和虚部；(2) 该复数的三角函数形式和极坐标形式；(3) 该复数的共轭复数；(4) 该复数的矢量表示。

解：(1) 该复数的实部和虚部分别为 Re $(A)=3$，Im $(A)=4$

(2) 复数的模为

$$|A|=\sqrt{3^2+4^2}=5$$

复数的辐角为

$$\theta=\text{arctg}\,\frac{4}{3}=53.13^\circ$$

复数 A 的三角函数形式为

$$A=5\ (\cos 53.13^\circ+\text{j}\sin 53.13^\circ)$$

复数 A 的极坐标形式为

$$A=5\angle 53.13^\circ$$

(3) 复数 A 的共轭复数为

$$A=3-\text{j}4=5\angle -53.13^\circ$$

(4) 复数 A 的矢量表示如图 4-8 所示。

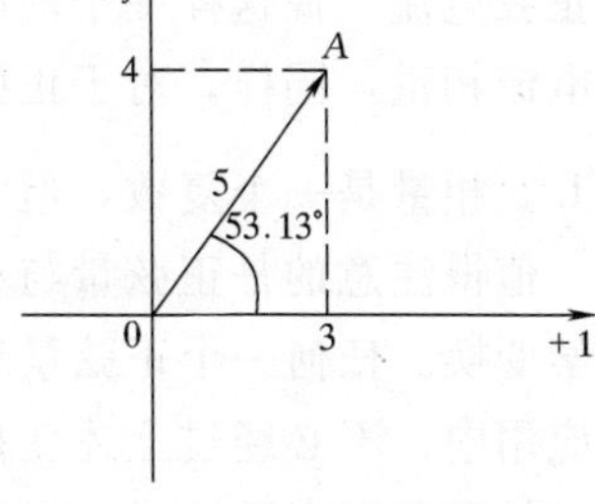

图 4-8 复数 A 的向量表示

【例 4-5】 已知：复数 $A=3+\text{j}4$，复数 $B=8+\text{j}6$，求 $A+B$，$A-B$，$A\cdot B$，$\dfrac{A}{B}$。

解：

$$A+B=3+\text{j}4+8+\text{j}6=(3+8)+\text{j}(4+6)=11+\text{j}10$$

$$A-B=(3+\text{j}4)-(8+\text{j}6)=(3-8)+\text{j}(4-6)=-5-\text{j}2$$

$$AB=(3+\text{j}4)\cdot(8+\text{j}6)=5\angle 53.13^\circ\cdot 10\angle 36.87^\circ=50\angle 90^\circ$$

$$\frac{A}{B}=\frac{3+\text{j}4}{8+\text{j}6}=\frac{5\angle 53.13^\circ}{10\angle 36.87^\circ}=0.5\angle 16.26^\circ$$

4.2.2 正弦量的相量表示法

下面介绍如何用复数表示正弦量，即正弦量的相量表示。

由欧拉公式知

$$I_\text{m}\text{e}^{\text{j}(\omega t+\psi_\text{i})}=I_\text{m}[\cos(\omega t+\psi_\text{i})+\text{j}\sin(\omega t+\psi_\text{i})] \tag{4-11}$$

设正弦电流为

$$i=I_\text{m}\cos(\omega t+\psi_\text{i})=\sqrt{2}I\cos(\omega t+\psi_\text{i})$$

由式 (4-11) 可知，正弦电流可表示为

$$i=\text{Re}[I_\text{m}\text{e}^{\text{j}(\omega t+\psi_\text{i})}]=\text{Re}[I_\text{m}\text{e}^{\text{j}\psi_\text{i}}\text{e}^{\text{j}}\omega t]=\sqrt{2}\,\text{Re}[I\text{e}^{\text{j}\psi_\text{i}}\text{e}^{\text{j}\omega t}]=\sqrt{2}\,\text{Re}[\dot{I}\text{e}^{\text{j}\omega t}] \tag{4-12}$$

其中

$$\dot{I}=I\text{e}^{\text{j}\psi_\text{i}} \tag{4-13}$$

$\dot{I}$ 是一个与时间无关的复数，其模为该正弦电流的有效值，辐角为该正弦电流的初相，它包含了正弦量的两个要素，因此，给定角频率 ω，就能够由 $\dot{I}$ 完全地确定一个正弦电流，像这样一个能够表征正弦时间函数的复数，称之为正弦量的相量。$\dot{I}$ 称为电流相量，同样，对于正弦电压，也可以经过式（4－12）变换得到电压相量，记为 $\dot{U}$。相量是一个复数，但它表示正弦量，为了区别于一般复数，在符号上加一点。

值得注意的是正弦量与相量是一一对应关系，而不是相等关系，它实质上是一种数学变换。任何一个正弦量经过式（4－12）变换都可以得到与之对应相量，但在实际应用中，不必经过上述变换步骤，可直接根据正弦量写出与之对应的相量。相反，在相量和角频率已知时，也可以写出与之对应正弦量的瞬时表达式。

作为一个复数，相量也可以在复平面上用有向线段表示，相量在复平面上的图示称为相量图。如图 4－9 所示，图中相量 $\dot{U}$ 和 $\dot{I}$ 表示两个同频率的正弦量。

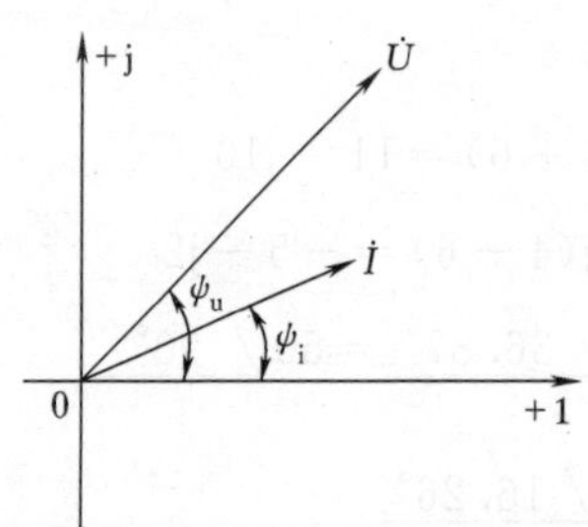

图 4－9　电压、电流相量图

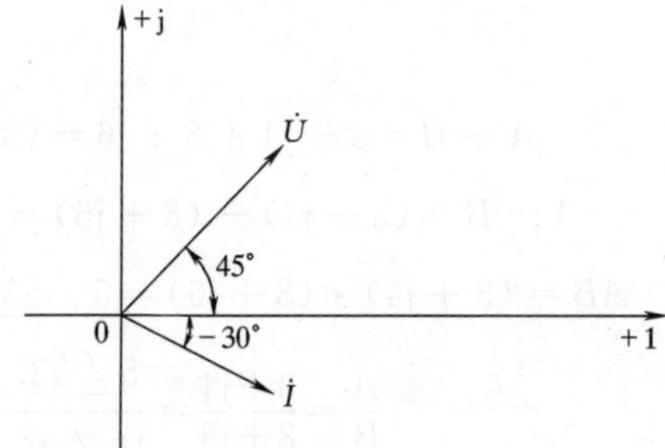

图 4－10　例 4－6 图

在正弦交流电路分析中相量图是非常有用的，常常用它来表示各相量之间的关系，还可以通过它进行各相量的运算。前面介绍过参考正弦量，表示参考正弦量的相量称为参考相量，其辐角为零，在相量图中，它的方向与实轴方向一致。表示其余正弦量的相量，就可以根据它们与参考正弦量的相位差来画出其方向，从而作出相量图。

【例 4－6】　已知正弦电压、电流分别为 $u=220\sqrt{2}\cos(314t+45°)$ V，$i=10\sqrt{2}\cos(314t-30°)$ A。

试写出它们的相量，并作出相量图。

解：由已知条件得　$\dot{U}=220\angle 45°$ (V)　　$\dot{I}=10\angle -30°$ (A)。

相量图如图 4－10 所示。

【例 4－7】　试求下列相量及频率所对应的正弦量：

(1) $\dot{U}=100\angle 90^\circ$ V，$f=50$Hz；

(2) $\dot{I}=3\angle -60^\circ$A，$f=500$Hz；

(3) $\dot{U}=-80\angle -45^\circ$V，$\omega=100$rad/s。

解：(1) $u=100\sqrt{2}\cos(2\pi 50t+90^\circ)=100\sqrt{2}\cos(314t+90^\circ)$ (V)；

(2) $i=3\sqrt{2}\cos(2\pi 500t-60^\circ)=3\sqrt{2}\cos(3140t-60^\circ)$ (A)；

(3) $u=-80\sqrt{2}\cos(100t+135^\circ)=80\sqrt{2}\cos(100t-45^\circ)$ (A)。

正弦量乘以常数，正弦量的微分、积分及同频正弦量的代数和，结果仍是一个同频的正弦量。下面将这些运算转化为相应的相量运算。

(1) 同频正弦量的代数和。设 i_1、i_2…为同频正弦量，这些正弦量的和为正弦量 i，则

$$i=i_1+i_2+\cdots$$

把上式正弦量都转换为相应的相量得

$$\dot{I}=\dot{I}_1+\dot{I}_2+\cdots \tag{4-14}$$

(2) 正弦量的微分。设正弦电流 $i=\sqrt{2}I\cos(\omega t+\psi_i)$，对 i 求导，有

$$\frac{\mathrm{d}i}{\mathrm{d}t}=-\sqrt{2}\omega I\sin(\omega t+\psi_i)=\sqrt{2}\omega I\cos\left(\omega t+\psi_i+\frac{\pi}{2}\right)$$

上式说明正弦量 i 的导数$\frac{\mathrm{d}i}{\mathrm{d}t}$仍是一个同频正弦量，该正弦量的相量为

$$\omega I\angle \psi_i+\pi/2=\mathrm{j}\omega\dot{I} \tag{4-15}$$

所以，表示正弦量的导数$\frac{\mathrm{d}i}{\mathrm{d}t}$的相量，等于原正弦量 i 的相量 $\dot{I}$ 乘以 jω。对 i 的高阶导数$\frac{\mathrm{d}^n i}{\mathrm{d}^n t}$，其相量为 $(\mathrm{j}\omega)^n\dot{I}$。

(3) 正弦量的积分。设正弦电流 $i=\sqrt{2}I\cos(\omega t+\psi_i)$，对 i 积分，有

$$\begin{aligned}\int i\mathrm{d}t&=\int\sqrt{2}I\cos(\omega t+\psi_i)\mathrm{d}t\\&=\sqrt{2}\frac{I}{\omega}\sin(\omega t+\psi_i)\\&=\sqrt{2}\frac{I}{\omega}\cos\left(\omega t+\psi_i-\frac{\pi}{2}\right)\end{aligned}$$

上式说明正弦量 i 的积分 $\int i\mathrm{d}t$ 仍是同频率正弦量，该正弦量的相量为

$$\frac{I}{\omega}\angle \psi_i-\frac{\pi}{2}=\frac{\dot{I}}{\mathrm{j}\omega} \tag{4-16}$$

所以，表示正弦量的积分 $\int i\mathrm{d}t$ 的相量，等于原正弦量 i 的相量 $\dot{I}$ 除以 $\mathrm{j}\omega$。

【例 4-8】 已知：$i_1=10\sqrt{2}\cos(\omega t+53.13°)$，$i_2=5\sqrt{2}\cos(\omega t-36.87°)$，求：$i=i_1+i_2$，并作相量图。

解：首先将 i_1 和 i_2 用对应的相量表示

$$\dot{I}_1=10\angle 53.13°=6+\mathrm{j}8\ (\mathrm{A}) \qquad \dot{I}_2=5\angle -36.87°=4-\mathrm{j}3\ (\mathrm{A})$$

设 i 对应的相量为 $\dot{I}$，则

$$\dot{I}=\dot{I}_1+\dot{I}_2=(6+\mathrm{j}8)+(4-\mathrm{j}3)=10+\mathrm{j}5=11.18\angle 26.57°(\mathrm{A})$$

写出与 $\dot{I}$ 对应的正弦电流

$$i=11.18\sqrt{2}\cos(\omega t+26.57°)\ (\mathrm{A})$$

相量图如图 4-11 所示。

4.2.3 基尔霍夫定律的相量形式

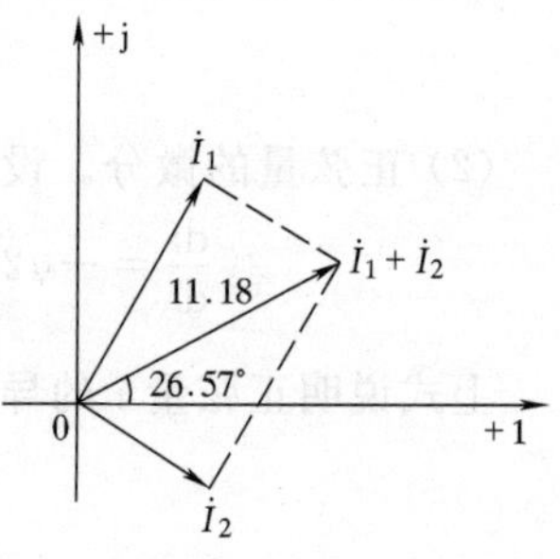

图 4-11 例 4-8 图

在第一章介绍了基尔霍夫定律为

$$\sum i=0 \qquad (\text{KCL 定律})$$

$$\sum u=0 \qquad (\text{KVL 定律})$$

在正弦电流电路中，各支路电流和支路电压均为同频正弦量，它们都可以用相应的相量来表示，所以 KCL 和 KVL 中的电流、电压都可以转换为相应相量。

在正弦交流电路中，KCL 的相量形式为

$$\sum \dot{I}=0 \qquad (4-17)$$

即在正弦交流电路中，任何时刻，对任一节点所有支路电流相量的代数和恒等于零。应该注意的是，正弦电流的有效值一般不满足 KCL，即

$$\sum I\neq 0$$

在正弦交流电路中，KVL 的相量形式为

$$\sum \dot{U}=0 \qquad (4-18)$$

即在正弦电流电路中，任何时刻，对任一回路所有支路电压相量的代数和恒等于零。应该注意的是，正弦电压的有效值一般也不满足 KVL，即

$$\sum U\neq 0$$

【例 4-9】 如图 4-12 所示为电路中的一个节点，已知：

$$i_1(t)=10\sqrt{2}\cos(314t)\ \mathrm{A},\ i_2(t)=10\sqrt{2}\cos(314t-120°)\ \mathrm{A}$$

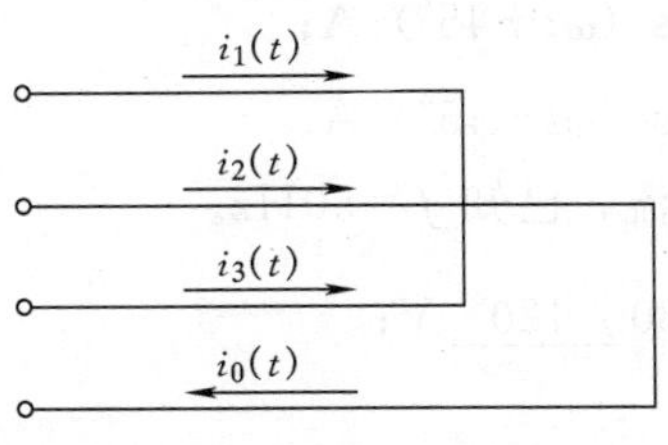

图 4-12 例 4-9 图

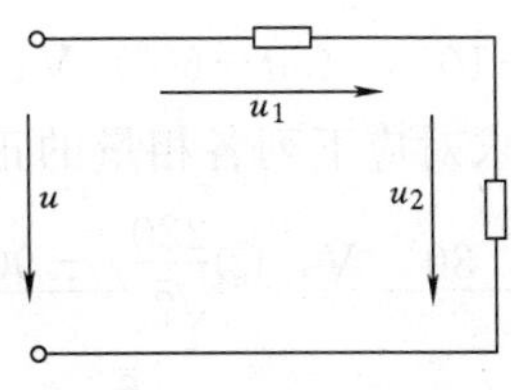

图 4-13 例 4-10 图

$$i_3(t)=10\sqrt{2}\cos(314t+120°)\ \text{A}$$

求 $i_0(t)$。

解：首先写出已知电流 $i_1(t)$、$i_2(t)$、$i_3(t)$ 对应的相量，即

$$\dot{I}_1=10\angle 0°\ \text{A},\ \dot{I}_2=10\angle -120°\ \text{A},\ \dot{I}_3=10\angle 120°\ \text{A}$$

设未知电流 $i_0(t)$ 的相量为 $\dot{I}_0$，根据 KCL 的相量形式可得

$$\dot{I}_0-(\dot{I}_1+\dot{I}_2+\dot{I}_3)=0$$

$$\begin{aligned}\dot{I}_0&=\dot{I}_1+\dot{I}_2+\dot{I}_3\\&=10\angle 0°+10\angle -120°+10\angle 120°\\&=10+10\left(-\frac{1}{2}-\mathrm{j}\frac{\sqrt{3}}{2}\right)+10\left(-\frac{1}{2}+\mathrm{j}\frac{\sqrt{3}}{2}\right)\\&=0\end{aligned}$$

所以 $$i_0(t)=0$$

【例 4-10】 图 4-13 所示电路中，已知 $u_1=\sqrt{2}\times 50\cos 314t\text{V}$，$u_2=\sqrt{2}\times 50\times\cos(314t-90°)\ \text{V}$，求电压 u。

解：根据 KVL 的相量形式可得

$$\dot{U}=\dot{U}_1+\dot{U}_2=50\angle 0°+50\angle -90°=50-\mathrm{j}50=50\sqrt{2}\angle -45°\ (\text{V})$$

所以 $$u=\sqrt{2}\times 50\sqrt{2}\cos(314t-45°)=100\cos(314t-45°)\ (\text{V})$$

【思考与练习题】

(1) 把下列复数的代数形式化为极坐标形式，把极坐标形式化为代数形式。

①$A=4+\mathrm{j}3$，$A=6-\mathrm{j}8$，$A=-8-\mathrm{j}6$，$A=-\mathrm{j}4$。

②$A=10\angle 60°$，$A=3\angle -53.13°$，$A=4\angle 143.13°$，$A=5\angle 90°$。

(2) 试求对应下列正弦量的相量，并画出相量图。

①$u=10\cos(\omega t+90°)$ V；②$i=-4\sqrt{2}\cos(\omega t+45°)$ A；

③$u=-10\cos(\omega t-60°)$ V；④$i=3\sqrt{2}\cos(\omega t-45°)$ A。

（3）试求对应下列各相量的正弦电压和电流，已知 $f=50$Hz。

①$110\angle 30°$ V，②$\frac{220}{\sqrt{2}}\angle -90°$ V，③$-380\angle 120°$ V；

④$-0.5\angle -30°$ A，⑤$\frac{6}{\sqrt{2}}\angle -120°$ A，⑥$2\angle -180°$ A。

（4）在正弦交流电路中，判断下列关系式是否正确？

①在正弦交流电路中，任意一节点满足

$$\sum i=0，\sum I=0，\sum \dot{I}=0$$

②在正弦交流电路中，任意一闭合回路满足

$$\sum u=0，\sum U=0，\sum \dot{U}=0$$

③已知：$i_1=4\sqrt{2}\cos(314t+90°)$ A，$i_2=3\sqrt{2}\cos(314t+30°)$ A

当 $i=i_1+i_2$ 时，则 $I=4+3=7$A

④已知：$i_2=4\sqrt{2}\cos(314t+30°)$ A，$i_2=3\sqrt{2}\cos(314t+30°)$ A

当 $i=i_1+i_2$ 时，则 $I=4+3=7$A

⑤已知：$i_1=4\sqrt{2}\cos(314t+30°)$ A，$i_2=3\sqrt{2}\cos(314t-60°)$ A

当 $i=i_1+i_2$ 时，则 $\dot{I}=4\angle 30°+3\angle -60°$A

4.3　电路元件电压电流关系的相量形式

分析各种正弦交流电路，主要是确定电路中电压与电流之间的大小和相位关系，并讨论电路中能量的转换和功率问题。首先分析单一元件（电阻、电感、电容）的正弦交流电路，因为其他电路无非是一些单一参数元件的组合而已。

4.3.1　正弦电流电路中的电阻元件

4.3.1.1　电阻元件电压与电流关系

白炽灯、电阻炉等负载所组成的交流电路在实用上都可以认为是电阻元件的正弦交流电路。

如图 4-14（a）所示，是只有电阻的正弦交流电路，取电阻元件的电压 u_R、电流 i_R 为关联参考方向，根据欧姆定律，得电阻元件时域形式的电压电流关系式为

$$u_R=Ri_R \tag{4-19}$$

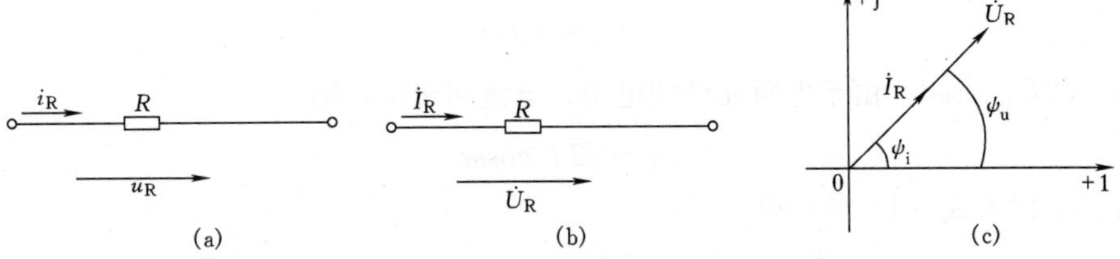

图 4-14 电阻元件的时域模型、相量模型、相量图

(a) 电阻元件的时域模型；(b) 电阻元件的相量模型；(c) 相量图

在电阻元件中通入正弦电流 i_R 后，将在其两端产生一个同频率的正弦电压 u_R。

设正弦电压、正弦电流分别为

$$u_R = \sqrt{2} U_R \cos(\omega t + \psi_u)$$

$$i_R = \sqrt{2} I_R \cos(\omega t + \psi_i)$$

将式（4-19）中的正弦量用相应的相量表示后，得电阻元件电压与电流关系的相量形式

$$\dot{U}_R = R\dot{I}_R \tag{4-20}$$

即

$$U_R \angle \psi_u = RI_R \angle \psi_i$$

由上式得出下列关系：

（1）电阻元件电压、电流大小关系为

$$\left.\begin{aligned} U_R &= RI_R \\ U_{Rm} &= RI_{Rm} \end{aligned}\right\} \tag{4-21}$$

（2）电阻元件电压电流相位关系为

$$\psi_u = \psi_i \tag{4-22}$$

电阻元件电压与电流的相位差为

$$\varphi = \psi_u - \psi_i = 0$$

所以，电阻元件电压与电流同相位。

根据以上分析，得电阻元件的相量模型、相量图、如图 4-14（b）和图 4-15（c）所示。

4.3.1.2 电阻元件的功率

在正弦交流电路中，因为电压和电流都是随时间而变化的，所以，电阻在每一瞬间所消耗的功率也是变化的。电路任一瞬间吸收和消耗的功率称为瞬时功率，它等于电压、电流瞬时值的乘积，瞬时功率用小写字母 p 表示，在 u_R、i_R 为关联参考方向

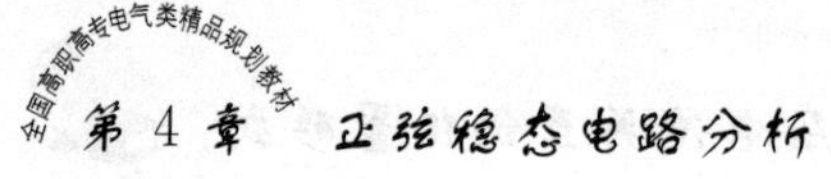

时，瞬时功率为

$$p_R = u_R i_R \tag{4-23}$$

若 $u_R=\sqrt{2}U_R\cos\omega t$，由于电阻元件的电压、电流同相位，则

$$i_R=\sqrt{2}I_R\cos\omega t$$

将 u_R、i_R 代入式（4-23）得

$$p_R=\sqrt{2}U_R\cos\omega t\cdot\sqrt{2}I_R\cos\omega t=U_RI_R[1+\cos2\omega t] \tag{4-24}$$

由上式表明，p_R 由两部分组成，第一部分是常数 U_RI_R，第二部分是幅值为 U_RI_R，并以 2ω 的角频率随时间而变化的正弦量 $U_RI_R\cos2\omega t$。瞬时功率始终大于或等于零，这说明电阻元件一直从电源吸收功率，并把电能转换成热能，故称电阻为耗能元件。

由于瞬时功率随时间不断变化，只表示各瞬间电能转换的情况，没有实际意义，因此在工程中，常用瞬时功率在一个周期内的平均值来衡量正弦交流电路功率的大小，称为平均功率或有功功率，用大写字母 P 表示，单位是瓦特（W）或千瓦（kW），

即
$$P_R=\frac{1}{T}\int_0^T p_R\mathrm{d}t=\frac{1}{T}\int_0^T U_RI_R(1+\cos2\omega t)\mathrm{d}t=U_RI_R \tag{4-25}$$

由式（4-21）可得

$$P_R=U_RI_R=I_R^2R=\frac{U_R^2}{R} \tag{4-26}$$

上式表明，在正弦交流电路中，计算电阻有功功率的公式在形式上与直流电路的计算公式完全一样，但应注意，这里的 U_R 和 I_R 都是正弦量的有效值。

因为平均功率（或有功功率）代表了电路实际所吸收的功率，所以常把平均（或有功）二字省去，而直接叫功率。各种电气设备上所标的功率通常指平均功率。例如某白炽灯泡的额定功率是 60W，指的就是在额定电压下，该灯泡所消耗的平均（或有功）功率是 60W。

【例 4-11】 将电阻为 484Ω 的白炽灯，接在 $u=220\sqrt{2}\cos(314t+30°)$ V 的正弦电流电路上，(1) 试求通过灯泡的电流有效值和瞬时值表达式；(2) 计算灯泡吸收的功率；(3) 画出相量图；(4) 如果每天使用 4h，试计算一个月（以 30 天计）的用电量。

解：(1) 由已知条件得 $\dot{U}=220\angle30°$ (V)

根据式（4-20）得 $\dot{I}=\dfrac{\dot{U}}{R}=\dfrac{220\angle30°}{484}=0.455\angle30°$ (A)

所以电流有效值为　　$I=0.455$ (A)

电流瞬时值表达式

$$i=0.455\sqrt{2}\cos(314t+30°)\ (A)$$

(2) 灯泡吸收的功率 $P=\dfrac{U^2}{R}=\dfrac{220^2}{484}=100$ (W)

(3) 相量图如图 4-15 所示。

(4) 一个月的用电量

$$W=Pt=100\times30\times4=12\ (kW\cdot h)$$

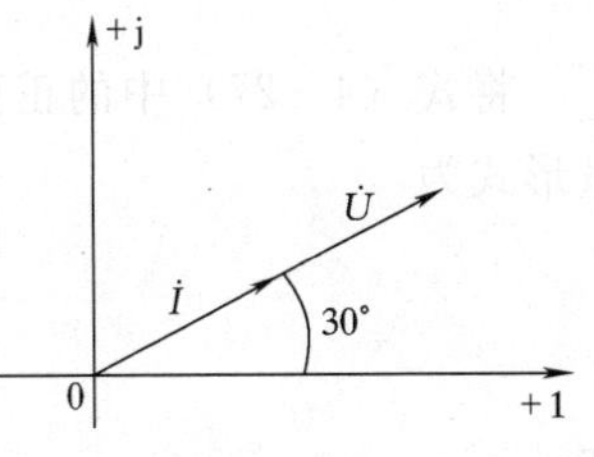

图 4-15　例 4-11 图

【例 4-12】　已知通过某电阻的电流为 $i=10\sqrt{2}\cos(\omega t+60°)$ A，其两端电压为 $u=200\sqrt{2}\cos(\omega t+60°)$ V，该电阻的阻值及它消耗的功率。

解：由已知条件得　　$U=200$ (V)　　$I=10$ (A)

根据式 (4-21) 得　　$R=\dfrac{U}{I}=\dfrac{200}{10}=20$ (Ω)

电阻消耗的功率为　　$P=UI=200\times10=2000$ (W)

4.3.2　正弦电流电路中的电感元件

4.3.2.1　电感元件电压与电流关系

如图 4-16 (a) 所示，是只有电感元件的正弦电流电路，取电感元件的电压 u_L、电流 i_L 为关联参考方向，则电感元件时域形式的电压电流关系为

$$u_L=L\frac{di_L}{dt} \tag{4-27}$$

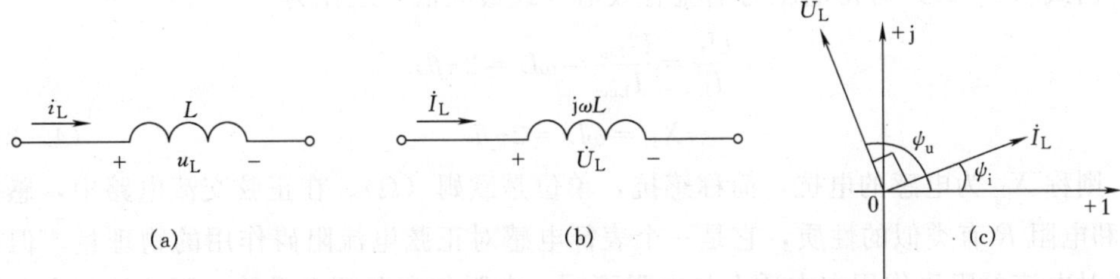

图 4-16　电感元件的时域模型、相量模型、相量图

(a) 时域模型；(b) 相量模型；(c) 相量图

在电感元件中通入正弦电流 i_L 后，将在其两端产生一个同频率的正弦电压 u_L。设正弦电压、正弦电流分别为

$$u_L=\sqrt{2}U_L\cos(\omega t+\psi_u)$$

$$i_L = \sqrt{2} I_L \cos(\omega t + \psi_i)$$

将式（4-27）中的正弦量用相应的相量表示，得电感元件电压与电流关系的相量形式为

$$\dot{U}_L = j\omega L \dot{I}_L \quad 或 \quad \dot{I}_L = \frac{\dot{U}_L}{j\omega L} \tag{4-28}$$

即
$$U_L \angle \psi_u = \omega L I_L \angle \left(\psi_i + \frac{\pi}{2}\right)$$

由上式得出下列关系：

（1）电感元件电压电流大小关系为

$$\left.\begin{aligned} U_L &= \omega L I_L \\ U_{Lm} &= \omega L I_{Lm} \end{aligned}\right\} \tag{4-29}$$

（2）电感元件电压电流相位关系为

$$\psi_u = \psi_i + \frac{\pi}{2} \tag{4-30}$$

电压与电流的相位差为
$$\varphi = \psi_u - \psi_i = \frac{\pi}{2}$$

即：电感元件的电压 $\dot{U}_L$ 超前电流 $\dot{I}_L$ $\frac{\pi}{2}$角。

根据以上分析可知：将电感元件电压、电流用相量表示，电感 L 用 $j\omega L$ 代替后，可得到电感元件的相量模型，如图 4-16（b）所示。根据电感元件电压、电流的相位关系作出相量图，如图 4-16（c）所示。

由式（4-29）可得电压与电流有效值（或最大值）之比为

$$\frac{U_L}{I_L} = \frac{U_{Lm}}{I_{Lm}} = \omega L = 2\pi f L$$

令
$$X_L = \omega L = 2\pi f L \tag{4-31}$$

则称 X_L 为电感的电抗，简称感抗，单位是欧姆（Ω）。在正弦交流电路中，感抗 X_L 和电阻 R 有类似的性质，它是一个表征电感对正弦电流阻碍作用的物理量。但是感抗对电流的阻碍作用在本质上与电阻不同，电阻与电源频率无关，而感抗与电源频率有关。感抗 X_L 与频率 f 成正比，即 f 越高，X_L 越大，阻碍电流通过的能力越强，电流越不容易通过，当 $f=+\infty$ 时，$X_L=+\infty$，这时电感相当于开路。反之，f 越低，X_L 越小，阻碍电流通过的能力越弱，电流越容易通过，当 $f=0$ 时（即直流），$X_L=0$，这时电感相当于短路。总之，电感具有“通低频、阻高频”的作用。

感抗的倒数称为电感电纳，简称感纳，单位是西门子（S），感纳表示电感对正

弦电流的导通能力，用 B_L 表示，

即
$$B_L = \frac{1}{X_L} = \frac{1}{\omega L} \tag{4-32}$$

有了感抗和感纳，电感元件电压与电流关系可表示为

$$\left.\begin{aligned} \dot{U}_L &= jX_L \dot{I}_L \\ \dot{I}_L &= -jB_L \dot{U}_L \\ U_L &= X_L I_L \\ I_L &= B_L U_L \end{aligned}\right\} \tag{4-33}$$

4.3.2.2 电感元件的功率

像电阻元件一样，当 u_L、i_L 为关联参考方向时，电感元件的瞬时功率为

$$p_L = u_L i_L$$

由于电感元件的电压 $\dot{U}_L$ 超前电流 $\dot{I}_L$ $\frac{\pi}{2}$角，所以，

若
$$u_L = \sqrt{2} U_L \cos\omega t$$

则
$$i_L = \sqrt{2} I_L \cos\left(\omega t - \frac{\pi}{2}\right)$$

于是
$$\begin{aligned} p_L &= u_L i_L = \sqrt{2} U_L \cos(\omega t) \times \sqrt{2} I_L \cos\left(\omega t - \frac{\pi}{2}\right) \\ &= U_L I_L \sin 2\omega t \end{aligned} \tag{4-34}$$

由上式可见，p_L 是幅值为 $U_L I_L$，并以 2ω 的角频率随时间而变化的正弦量，在 u_L 和 i_L 变化的一个周期 T 内，瞬时功率 p_L 变化两周，两次为正，两次为负。当 $p_L > 0$ 时，表明电感元件吸收功率和电能，并把电能转换为磁场能量储存起来；当 $p_L < 0$ 时，表明电感元件发出功率，放出磁场能量，并把磁场能量转变为电能还给电源。同时电感元件吸收的能量正好等于它所放出的能量，因此电感元件在一个周期内的平均功率为零，即

$$P_L = \frac{1}{T}\int_0^T p_L \mathrm{d}t = \frac{1}{T}\int_0^T U_L I_L \sin 2\omega t \, \mathrm{d}t = 0$$

所以电感元件不消耗电能，是一个储能元件。

电感元件在正弦交流电路中虽不消耗电能，但与电源不断地交换能量，进行能量的“吞吐”，为了衡量这种能量交换的规模，引出无功功率的概念，定义电感元件瞬时功率的最大值（即电感元件与电源交换能量的最大速率）为无功功率，并用 Q_L 表示，单位是乏（var 或 kvar），即

$$Q_L = U_L I_L \tag{4-35}$$

将 $U_L = X_L I_L$ 代入上式得 $$Q_L = U_L I_L = I_L{}^2 X_L = \frac{U_L^2}{X_L} \quad (4-36)$$

无功功率与有功功率的意义完全不同，无功功率 Q_L 只反映储能元件与电源进行能量交换的速率，而不消耗能量，有功功率则是电阻元件实际消耗的能量，对于电源来说，与储能元件必须进行能量交换也构成一种负担，无功功率就反映了这种负担。

【例 4-13】 一电感元件 $L=127\text{mH}$，接于电压 $u=220\sqrt{2}\cos(314t+60°)$ V 的电源上，在电感元件的电压 u、电流 i 为关联参考方向下，求：(1) 该电感元件的感抗 X_L；(2) 电流相量 $\dot{I}$、电流有效值 I、电流瞬时值 i；(3) 电压 u 与电流 i 相位差 φ；(4) 电感元件的无功功率 Q_L；(5) 画出电压、电流的相量图。

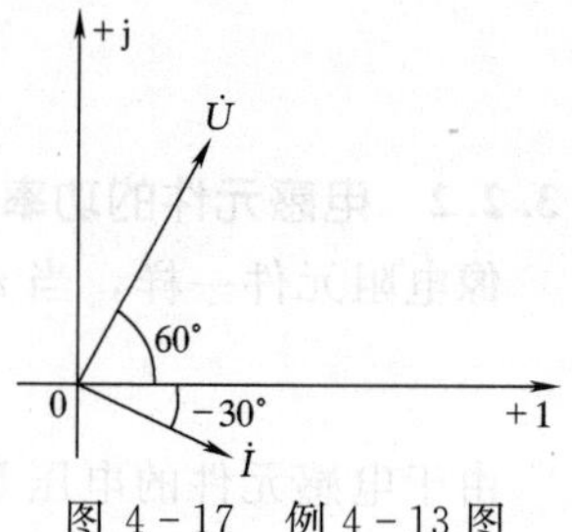

图 4-17 例 4-13 图

解：(1) 根据式 (4-31) 得感抗为

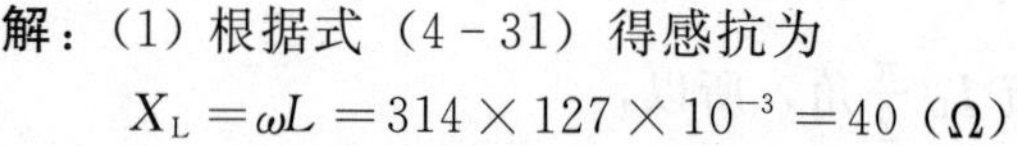

$$X_L = \omega L = 314 \times 127 \times 10^{-3} = 40\ (\Omega)$$

(2) 由已知条件得 $$\dot{U} = 220\angle 60°\ (\text{V})$$

电流相量 $\dot{I}$ 为 $$\dot{I} = \frac{\dot{U}}{\text{j}X_L} = \frac{220\angle 60°}{\text{j}40} = 5.5\angle -30°\ (\text{A})$$

电流有效值 I 为 $$I = 5.5\ (\text{A})$$

电流瞬时值 i 为 $$i = 5.5\sqrt{2}\cos(314t - 30°)\ (\text{A})$$

(3) 电压 u 与电流 i 相位差 φ 为：

$$\varphi = \psi_u - \psi_i = 60° - (-30°) = 90°$$

(4) 根据式 (4-35) 得

电感元件的无功功率 Q_L 为

$$Q_L = UI = 220 \times 5.5 = 1210\ \text{var} = 1.21\ (\text{kvar})$$

(5) 电压、电流的相量图如图 4-17 所示。

4.3.3 正弦电流电路中的电容元件

4.3.3.1 电容元件电压与电流关系

如图 4-18 所示，是只有电容元件的正弦电流电路，取电容元件的电压 u_C、电流 i_C 为关联参考方向，则电容元件时域形式的电压、电流关系式

$$i_C = C\frac{\text{d}u_C}{\text{d}t} \quad (4-37)$$

在电容元件两端施加一正弦电压 u_C 后，将在该元件上产生一个同频率的正弦电

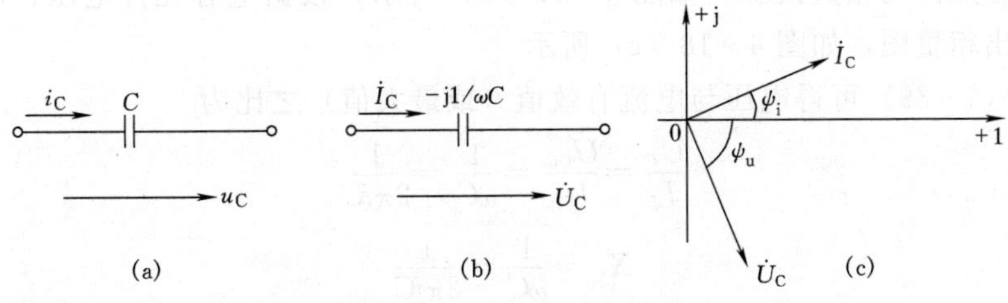

图 4-18 电容元件的时域模型、相量模型、相量图

(a) 时域模型；(b) 相量模型；(c) 相量图

流 i_C，设正弦电压、正弦电流分别为

$$u_C = \sqrt{2} U_C \cos(\omega t + \psi_u)$$

$$i_C = \sqrt{2} I_C \cos(\omega t + \psi_i)$$

将式（4-37）中的正弦量用相应的相量表示后得电容元件电压与电流关系的相量形式：

$$\dot{I}_C = j\omega C \dot{U}_C \quad 或 \quad \dot{U}_C = \frac{1}{j\omega C}\dot{I}_C = -j\frac{1}{\omega C}\dot{I}_C \tag{4-38}$$

即 $$I_C \angle \psi_i = \omega C U_C \angle \left(\psi_u + \frac{\pi}{2}\right) \quad 或 \quad U_C \angle \psi_u = \frac{1}{\omega C} I_C \angle \left(\psi_i - \frac{\pi}{2}\right)$$

由上式得出下列关系：

（1）电容元件电压电流大小关系为

$$\left.\begin{aligned} I_C &= \omega C U_C \\ I_{Cm} &= \omega C U_{Cm} \\ U_C &= \frac{1}{\omega C} I_C \\ U_{Cm} &= \frac{1}{\omega C} I_{Cm} \end{aligned}\right\} \tag{4-39}$$

（2）电容元件电压电流相位关系为

$$\psi_u = \psi_i - \frac{\pi}{2} \tag{4-40}$$

电压与电流的相位差为 $\varphi = \psi_u - \psi_i = -\frac{\pi}{2}$

即：电容元件的电压 $\dot{U}_C$ 滞后电流 $\dot{I}_C$ $\frac{\pi}{2}$角。

根据以上分析可知：将电容元件电压、电流用相量表示，电容 C 用$\frac{1}{j\omega C}$代替后，

可得到电容元件的相量模型，如图 4-18（b）所示，根据电容元件电压、电流的相位关系作出相量图，如图 4-18（c）所示。

由式（4-39）可得电压与电流有效值（或最大值）之比为

$$\frac{U_C}{I_C}=\frac{U_{Cm}}{I_{Cm}}=\frac{1}{\omega C}=\frac{1}{2\pi fC}$$

令

$$X_C=\frac{1}{\omega C}=\frac{1}{2\pi fC} \tag{4-41}$$

则称 X_C 为电容的电抗，简称容抗，单位也是欧姆（Ω）。在正弦交流电路中，容抗 X_C 和电阻 R 也有类似的性质，它是一个表征电容对正弦电流阻碍作用的物理量。但是容抗对电流的阻碍作用在本质上也与电阻不同，容抗与电源频率有关。容抗 X_C 与频率 f 成反比，即 f 越高，X_C 越小，阻碍电流通过的能力越弱，电流越容易通过，当 $f=+\infty$时，$X_L=0$，这时电容相当于短路。反之，f 越低，X_C 越大，阻碍电流通过的能力越强，电流越不容易通过，当 $f=0$ 时（即直流），$X_C=+\infty$，这时电容相当于开路。总之，电容具有“通高频、阻低频、隔直流”的作用。

容抗的倒数称为电容电纳，简称容纳，单位是西门子（S），容纳也是表示电容对正弦电流的导通能力，用 B_C 表示，即

$$B_C=\frac{1}{X_C}=\omega C \tag{4-42}$$

有了容抗和容纳，电容元件电压与电流关系可表示为

$$\left.\begin{aligned}\dot{U}_C&=-\mathrm{j}X_C\dot{I}_C\\ \dot{I}_C&=\mathrm{j}B_C\dot{U}_C\\ U_C&=X_CI_C\\ I_C&=B_CU_C\end{aligned}\right\} \tag{4-43}$$

4.3.3.2 电容元件的功率

当 u_C、i_C 为关联参考方向时，电容元件的瞬时功率为

$$p_C=u_Ci_C$$

由于电容元件的电压 $\dot{U}_C$ 滞后电流 $\dot{I}_C$ $\frac{\pi}{2}$角，所以

若

$$u_C=\sqrt{2}U_C\cos\omega t$$

则

$$i_C=\sqrt{2}I_C\cos\left(\omega t+\frac{\pi}{2}\right)$$

于是

$$p_C=u_Ci_C=\sqrt{2}U_C\cos(\omega t)\times\sqrt{2}I_C\cos\left(\omega t+\frac{\pi}{2}\right)=-U_CI_C\sin2\omega t \tag{4-44}$$

由上式可见，p_C 是幅值为 U_CI_C，并以 2ω 的角频率随时间而变化的正弦量，在

u_C 和 i_C变化的一个周期 T 内，瞬时功率 p_C 变化两周，两次为正，两次为负。当 $p_C>0$ 时，表明电容元件吸收功率和电能，并把电能转换为电场能量储存起来；当 $p_C<0$ 时，表明电容元件发出功率，放出电场能量，并把电场能量转变为电能还给电源。同时电容元件吸收的能量正好等于它所放出的能量，因此电容元件在一个周期内的平均功率也为零，即

$$P_C=\frac{1}{T}\int_0^T p_C\,dt=-\frac{1}{T}\int_0^T U_C I_C \sin 2\omega t\,dt=0$$

所以电容元件不消耗电能，也是一个储能元件。

电容元件与电感元件相似，在正弦电流电路中虽不消耗电能，但与电源不断地交换能量，进行能量的“吞吐”。定义电容元件瞬时功率的最大值（即电容元件与电源交换能量的最大速率）为无功功率，并用 Q_C 表示，单位是乏（var 或 kvar）。但是由于电感元件的电压超前电流$\frac{\pi}{2}$，而电容元件的电压滞后电流$\frac{\pi}{2}$，若在电感元件与电容元件上加相同的电压时，电感元件 $p_L>0$，而电容元件 $p_C<0$，即当电感元件吸收功率时，电容元件恰好发出功率，反之亦然。所以工程上，往往把电感元件的无功功率取为正值，并称电感元件吸收无功功率；把电容元件的无功功率取为负值，并称电容元件发出无功功率。根据式（4－44）得电容元件无功功率为

$$Q_C=-U_C I_C=-I_C{}^2 X_C=-\frac{U_C^2}{X_C} \tag{4-45}$$

【例 4－14】 一个电容元件 $C=31.8\mu F$，接于电压 $u=200\sqrt{2}\cos(314t-60°)$V 的电源上，在电容元件的电压 u、电流 i 为关联参考方向下，求：（1）该电容元件的容抗 X_C；（2）电流相量 $\dot{I}$、电流有效值 I、电流瞬时值 i；（3）电压 u 与电流 i 相位差 φ；（4）电容元件的无功功率 Q_C；（5）画出电压、电流的相量图。

解：（1）根据式（4－41）得

容抗为 $$X_C=\frac{1}{\omega C}=\frac{1}{314\times31.8\times10^{-6}}=100\ (\Omega)$$

（2）由已知条件得 $$\dot{U}=200\angle{-60°}\ (V)$$

电流相量 $\dot{I}$ 为 $$\dot{I}=\frac{\dot{U}}{-jX_C}=\frac{200\angle{-60°}}{-j100}=2\angle{30°}\ (A)$$

电流有效值 I 为 $$I=2\ (A)$$

电流瞬时值 i 为 $$i=2\sqrt{2}\cos(314t+30°)\ (A)$$

（3）电压 u 与电流 i 相位差 φ 为

$$\varphi=\psi_u-\psi_i=-60°-30°=-90°$$

(4) 根据式 (4-45) 得

电容元件的无功功率 Q_C 为

$$Q_C=-UI=-200\times2=-400\ \text{(var)}$$

(5) 电压、电流的相量图如图 4-19 所示。

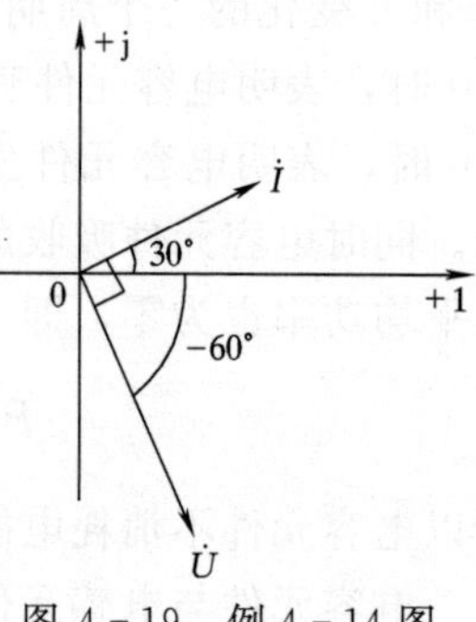

图 4-19　例 4-14 图

【例 4-15】　在 [例 4-14] 中，若电压频率增大到原来的 10 倍，则 X_C、I、Q 各为多少？

解：当电压频率增大到原来的 10 倍时，角频率也增大到原来的 10 倍，即

$$\omega=3140\ \text{(rad/s)}$$

容抗为
$$X_C=\frac{1}{\omega C}=\frac{1}{3140\times31.8\times10^{-6}}=10\ (\Omega)$$

电流有效值为

$$I=\frac{U}{X_C}=\frac{200}{10}=20\ \text{(A)}$$

无功功率为
$$Q_C=-UI=-200\times20=-4000\ \text{(var)}$$

【思考与练习】

(1) 指出下列各式哪些对，哪些不对？

对电阻元件

$$U=RI,\quad u=RI,\quad \dot{U}=RI,\quad P=UI,\quad p=UI$$
$$\psi_u=\psi_i+90^\circ,\ \psi_u=\psi_i-90^\circ,\ \psi_u=\psi_i$$

对电感元件

$$U=L\frac{di}{dt},\quad U=X_LI,\quad U=jX_LI,\quad Q=\dot{U}\dot{I},\quad Q=UI$$
$$\psi_u=\psi_i+90^\circ,\ \psi_u=\psi_i-90^\circ,\ \psi_u=\psi_i$$

对电容元件

$$u=X_Ci,\quad \dot{U}=X_C\dot{I},\quad U=X_CI,\quad Q=ui,\quad Q=I^2X_C$$
$$\psi_u=\psi_i+90^\circ,\quad \psi_u=\psi_i-90^\circ,\quad \psi_u=\psi_i$$

(2) 电感和电容对正弦电流的阻碍作用与电阻对正弦电流的阻碍作用在本质上有什么不同？它们分别用什么物理量来表示对电流的阻碍作用？当电源的频率增加时，通过电阻、电感、电容的电流有何变化？

(3) 一电阻元件 $R=20\Omega$，接在正弦电源 $u=110\sqrt{2}\cos(314t+20^\circ)$ V 上，若电

压、电流为关联参考方向，求通过电阻元件的电流 i 和电阻消耗的平均功率 P。

（4）电路由单一元件（电阻、电感、电容）组成，元件两端电压、电流为关联参考方向，在下列情况下。判断电路中是什么元件？并求元件的参数 R、L、C。

① $u=220\sqrt{2}\cos(314t+45°)$ V，$i=5\sqrt{2}\cos(314t-45°)$ A；

② $u=-100\sqrt{2}\cos(314t+45°)$ V，$i=5\sqrt{2}\cos(314t-45°)$ A；

③ $u=15\sqrt{2}\cos(500t+60°)$ V，$i=-\sqrt{2}\cos(500t-120°)$ A；

④ $u=110\sqrt{2}\cos(314t+135°)$ V，$i=10\sqrt{2}\cos(314t+45°)$ A。

4.4 复阻抗与复导纳及其等效变换

4.4.1 R、L、C 串联电路及复阻抗

电阻、电感和电容串联的电路，简称为 R、L、C 串联电路。R、L、C 串联电路是典型的正弦交流电路，而任意两个参数串联的正弦交流电路都可以作为其特例来处理。例如日光灯电路、单相电动机电路，可看成 R、L、C 串联电路中 $X_C=0$ 的特例；而 R、C 串联移相电路，可看成 R、L、C 串联电路中 $X_L=0$ 的特例。

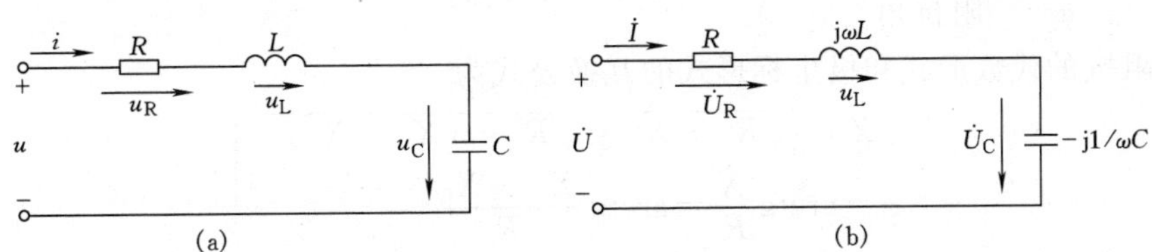

图 4-20 R、L、C 串联电路及相量模型

（a）串联电路；（b）相量模型

R、L、C 串联电路如图 4-20（a）所示，在电路两端加上正弦电压源，则电路中的电流及各元件上的电压都是与电压源同频率的正弦量，设正弦电压、电流分别为

$$u=\sqrt{2}U\cos(\omega t+\psi_u)$$

$$i=\sqrt{2}I\cos(\omega t+\psi_i)$$

则电压、电流相量分别为 $\dot{U}=U\angle\psi_u$ $\quad\dot{I}=I\angle\psi_i$

如果将电路中的正弦量用相量表示，R、L、C 分别用它们的相量模型表示，就得到电路的相量模型，如图 4-20（b）所示。

根据 KVL 的相量形式得 $\quad\dot{U}=\dot{U}_R+\dot{U}_L+\dot{U}_C$

将各元件电压、电流关系的相量形式代入上式得

$$\dot{U}=R\dot{I}+\mathrm{j}\omega L\dot{I}-\mathrm{j}\frac{1}{\omega C}\dot{I}=[R+\mathrm{j}(X_L-X_C)]\dot{I}=(R+\mathrm{j}X)\dot{I}$$

令

$$Z=R+\mathrm{j}(X_L-X_C)=R+\mathrm{j}X \tag{4-46}$$

则

$$\dot{U}=Z\dot{I} \quad 或 \quad \dot{I}=\frac{\dot{U}}{Z} \tag{4-47}$$

上式是R、L、C串联电路电压与电流关系的相量形式，也称为相量形式的欧姆定律。Z称为R、L、C串联电路的复阻抗，式（4-46）的虚部$X=X_L-X_C$称为电路的等效电抗，简称电抗，复阻抗Z和电抗X单位都是Ω。

对于复阻抗需要说明以下几点：

(1) 复阻抗Z是复数，可以用复数的各种表示形式来表示，但它不代表正弦量的相量，所以复阻抗Z上面不加小圆点。复阻抗Z的大小取决于电路的结构、电路的参数及电源的频率。

(2) 复阻抗的表示形式。式（4-46）是复阻抗的代数形式，复阻抗的极坐标形式为

$$Z=|Z|\angle\varphi \tag{4-48}$$

式中　$|Z|$——复阻抗的模，它表示复阻抗大小；

φ——阻抗角。

复阻抗的代数形式和极坐标形式的互换公式为

$$\left.\begin{aligned}&|Z|=\sqrt{R^2+X^2}=\sqrt{R^2+(X_L-X_C)^2}\\&\varphi=\mathrm{arctg}\frac{X}{R}=\mathrm{arctg}\frac{X_L-X_C}{R}\\&R=|Z|\cos\varphi\\&X=|Z|\sin\varphi\end{aligned}\right\} \tag{4-49}$$

所以R、X、$|Z|$三者组成直角三角形，称为阻抗三角形，如图4-21所示。

(3) 复阻抗与电压、电流的关系。由式（4-47）可得

$$Z=|Z|\angle\varphi=\frac{\dot{U}}{\dot{I}}=\frac{U}{I}\angle(\psi_u-\psi_i) \tag{4-50}$$

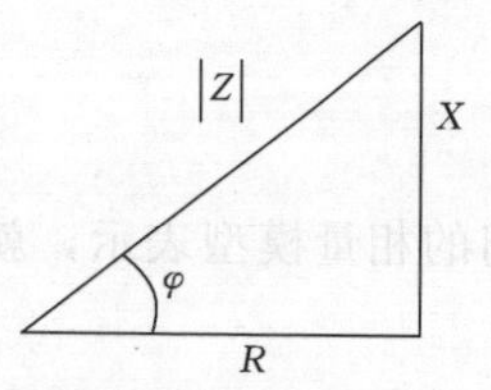

图4-21　阻抗三角形

上式表明　　$|Z|=\frac{U}{I}$，$\varphi=\psi_u-\psi_i$

由以上分析可知，复阻抗的模$|Z|$等于电压与电流有效值之比，阻抗角φ等于电压与电流的相位差。所以复阻抗不但表示了电压与电流有效值之间的关系，而且还表示了电压与电

流相位之间的关系。因此，根据复阻抗虚部电抗的正负，或者阻抗角的正负，可以判断电路中电压与电流的相位关系。

(4) 阻抗角 φ 与电路性质的关系。①当 $X>0$ 时，$\varphi>0$，电压相量 $\dot{U}$ 超前电流相量 $\dot{I}$ 一个 φ 角，电路呈感性。例如 $Z=3+j4\Omega$，所对应的电路呈感性。②当 $X<0$ 时，$\varphi<0$，电压相量 $\dot{U}$ 滞后电流相量 $\dot{I}$ 一个 $|\varphi|$ 角，电路呈容性。例如 $Z=3-j4\Omega$，所对应的电路呈容性。③当 $X=0$ 时，$\varphi=0$，电压相量 $\dot{U}$ 与电流相量 $\dot{I}$ 同相位，电路呈电阻性，此时 R、L、C 串联电路发生了串联谐振。

电路相量图的画法：

电路的相量图，不但要反映电压、电流的大小及相位关系，还要反映电压和电流求和的过程，即要反映 KVL 和 KCL。求和时采用“首尾相接”的原则，即第二个相量首端要与第一个相量的尾端相连，求和的结果是从第一个相量的首端指向最后一个相量尾端。

一般情况下串联电路选电流作为参考相量；并联电路选电压作为参考相量；混联电路选并联部分的电压作为参考相量；有时也选已知的电压或电流作为参考相量。电路的相量图可以不画实轴和虚轴。

下面画出 R、L、C 串联电路的相量图。

选电流 $\dot{I}$ 为参考相量，并把它画在水平线上，$\dot{U}_R$ 与电流 $\dot{I}$ 同相位，$\dot{U}_L$ 超前电流 $\dot{I}\ \frac{\pi}{2}$，$\dot{U}_C$ 滞后电流 $\dot{I}\ \frac{\pi}{2}$，利用“首尾相接”的原则求和得电压 $\dot{U}$，R、L、C 串联电路的相量图如图 4-22 所示。在相量图上，电压 $\dot{U}$ 与各元件电压的关系为

$$\dot{U}=\dot{U}_R+\dot{U}_L+\dot{U}_C=\dot{U}_R+\dot{U}_X$$

其中 $\dot{U}_X=\dot{U}_L+\dot{U}_C$ 称为电抗电压相量。由于 $\dot{U}_L$ 与 $\dot{U}_C$ 相位恰好相反，故电抗电压的有效值为 $|U_L-U_C|$。

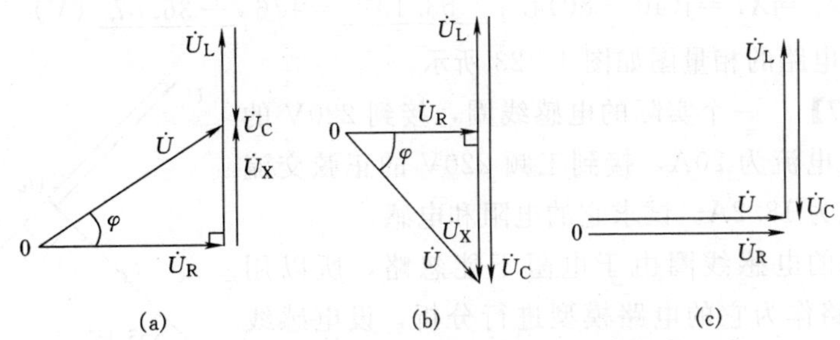

图 4-22 R、L、C 串联电路的相量图

(a) 感性电路；(b) 容性电路；(c) 电阻性电路

从相量图上可以看出，电压相量 U_R、U_X、U 组成一个直角三角形，称为电压三角形，各电压有效值的关系由电压三角形可以求得，即

$$U=\sqrt{U_R^2+U_X^2}=\sqrt{U_R^2+(U_L-U_C)^2} \tag{4-51}$$

$$\varphi=\text{arctg}\frac{U_X}{U_R}=\text{arctg}\frac{U_L-U_C}{U_R} \tag{4-52}$$

由于 $U_R=IR$，$U_X=IX$，$U=I\mid Z\mid$，所以若将电压三角形的各边都除以电流 I，就可得到阻抗三角形，若将阻抗三角形的各边都乘以电流 I，就得到电压三角形。可见阻抗三角形和电压三角形是相似三角形。

【例 4-16】　一 R、L、C 串联电路如图 4-20（b）所示，已知 $R=30\Omega$，$X_L=40\Omega$，$X_C=80\Omega$，接于电压 $U=220\text{V}$ 的正弦电源上，求：（1）电路的复阻抗 Z；（2）电流 I；（3）电压 U_R、U_L、U_C、U_X；（4）画出电路的相量图。

解：（1）电路的复阻抗 Z 为：

$$Z=R+\text{j}(X_L-X_C)=30+\text{j}(40-80)=30-\text{j}40=50\angle-53.13^\circ\ (\Omega)$$

（2）令 $\dot{U}=220\angle 0^\circ$（V）

根据 R、L、C 串联电路电压与电流关系的相量形式得

$$\dot{I}=\frac{\dot{U}}{Z}=\frac{220\angle 0^\circ}{50\angle-53.13^\circ}=4.4\angle+53.13^\circ\ (\text{A})$$

（3）各元件的电压分别为

$$\dot{U}_R=R\dot{I}=30\times4.4\angle 53.13^\circ=132\angle 53.13^\circ\ (\text{V})$$

$$\dot{U}_L=\text{j}X_L\dot{I}=\text{j}40\times4.4\angle 53.13^\circ=176\angle 143.13^\circ\ (\text{V})$$

$$\dot{U}_C=-\text{j}X_C\dot{I}=-\text{j}80\times4.4\angle 53.13^\circ=352\angle-36.87^\circ\ (\text{V})$$

$$\dot{U}_X=\text{j}X\dot{I}=\text{j}(40-80)4.4\angle 53.13^\circ=176\angle-36.87^\circ\ (\text{V})$$

（4）画出电路的相量图如图 4-23 所示。

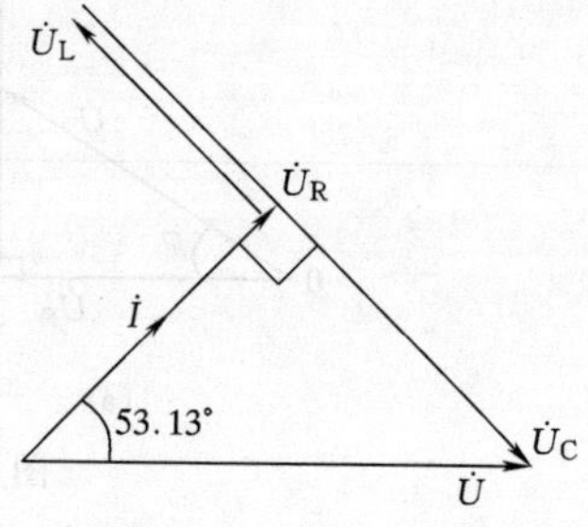

图 4-23　例 4-16 图

【例 4-17】　一个实际的电感线圈，接到 220V 的直流电源上，电流为 20A，接到工频 220V 的正弦交流电源上，电流为 18.2A。试求它的电阻和电感。

解：实际的电感线圈由于电阻不能忽略，所以用 R、L 串联电路作为它的电路模型进行分析，设电感线圈的电阻为 R，电感为 L。

当接到直流电源上时，由于 $f=0$，$X_L=0$，所以复

阻抗的模为

$$|Z|=R$$

又因 $$|Z|=\frac{U}{I}=\frac{220}{20}=11\ (\Omega)$$

所以 $$R=|Z|=11\ (\Omega)$$

接到工频正弦交流电源上时，$f=50\text{Hz}$，$\omega=314\text{rad/s}$

复阻抗的模为 $$|Z|=\sqrt{R^2+X_L^2}$$

又 $$|Z|=\frac{U}{I}=\frac{220}{18.2}\approx 12\ (\Omega)$$

所以感抗为 $$X_L=\sqrt{|Z|^2-R^2}=\sqrt{12^2-11^2}\approx 4.8\ (\Omega)$$

$$L=\frac{X_L}{\omega}=\frac{4.8}{314}=15.3\ (\text{mH})$$

【例 4-18】　如图 4-24 所示为正弦稳态电路，试求未知电压表的读数。

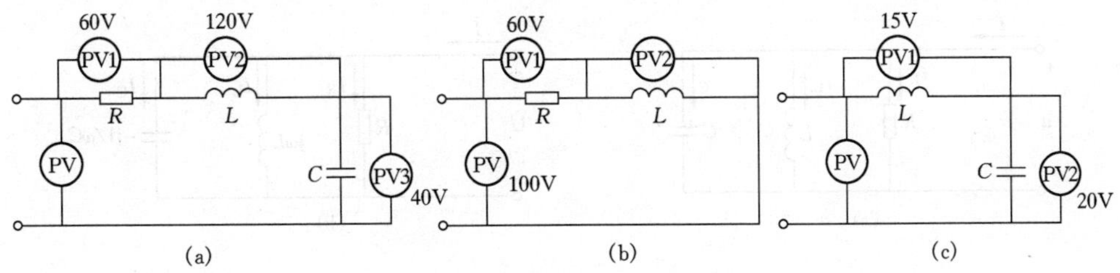

图 4-24　例 4-18 图

解：图 4-24 (a)，根据式 (4-51) 得

$$U=\sqrt{U_R^2+(U_L-U_C)^2}=\sqrt{60^2+(120-40)^2}=100\ (\text{V})$$

所以未知电压表的读数为 100V。

图 4-24 (b)　该图为 R、L 串联电路，相当于 R、L、C 串联电路中 $U_C=0$ 的情况，所以根据式 (4-51) 得

$$U=\sqrt{U_R^2+(U_L-U_C)^2}=\sqrt{60^2+(U_L-0)^2}=100\ (\text{V})$$

$$U_L=\sqrt{100^2-60^2}=80\ (\text{V})$$

所以未知电压表的读数为 80V。

图 4-24 (c)　该图为 L、C 串联电路，相当于 R、L、C 串联电路中 $U_R=0$ 的情况，所以根据式 (4-51) 得

$$U=\sqrt{U_R^2+(U_L-U_C)^2}=\sqrt{0+(15-20)^2}=5\ (\text{V})$$

或　　　　　　$U=|U_L-U_C|=|15-20|=5\text{(V)}$

所以未知电压表的读数为 5V。

4.4.2　R、L、C 并联电路及复导纳

电阻、电感和电容并联的电路，简称为 R、L、C 并联电路。R、L、C 并联电路也是典型的正弦交流电路，而任意两个参数并联的正弦交流电路都可以作为其特例来处理。

R、L、C 并联电路如图 4-25（a）所示，在电路两端加上正弦电压源，则电路中的电流都是与电源电压同频率的正弦量，设正弦电压、电流为

$$u=\sqrt{2}U\cos(\omega t+\psi_u)$$

$$i=\sqrt{2}I\cos(\omega t+\psi_i)$$

则电压、电流相量为　　$\dot{U}=U\angle\psi_u$　　$\dot{I}=I\angle\psi_i$

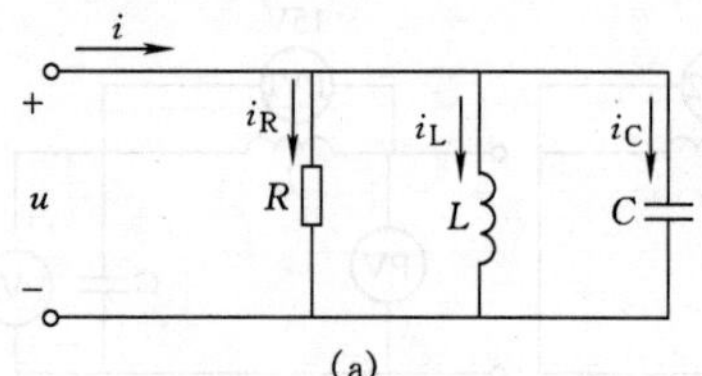

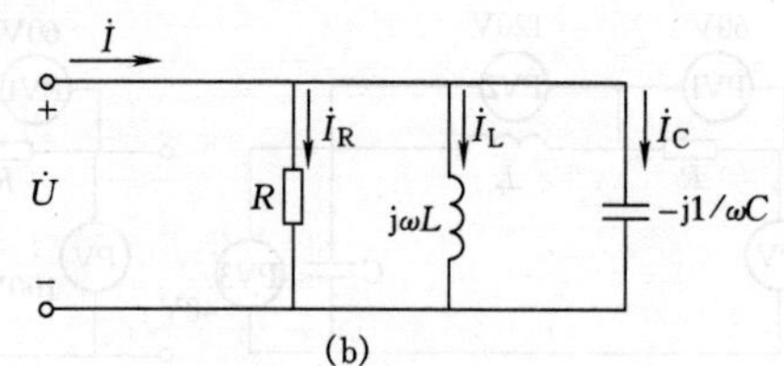

图 4-25　R、L、C 并联电路及相量模型

如果将电路中的正弦量用相量表示，R、L、C 分别用它们的相量模型表示，就得到电路的相量模型，如图 4-25（b）所示。

根据 KCL 的相量形式得　　$\dot{I}=\dot{I}_R+\dot{I}_L+\dot{I}_C$

将各元件电压、电流关系的相量形式代入上式得

$$\dot{I}=\frac{\dot{U}}{R}+\frac{\dot{U}}{jX_L}+\frac{\dot{U}}{-jX_C}$$

$$=[G-j(B_L-B_C)]\dot{U}$$

$$=(G-jB)\dot{U}$$

令　　$$Y=G-j(B_L-B_C)=G-jB \tag{4-53}$$

则　　$$\dot{I}=Y\dot{U}\quad 或\quad \dot{U}=\frac{\dot{I}}{Y} \tag{4-54}$$

上式是R、L、C并联电路电压与电流关系的相量形式，也称为相量形式的欧姆定律。Y称为R、L、C并联电路的复导纳，式（4－53）的虚部$B=B_L-B_C$称为电路的等效电纳，简称电纳，复导纳Y和电纳B的单位都是西门子（S)。

对于复导纳需要说明以下几点：

(1) 复导纳Y是复数，可以用复数的各种表示形式来表示，但它不代表正弦量的相量，所以复导纳Y上面不加小圆点。复导纳Y的大小取决于电路的结构、电路的参数及电源的频率。

(2) 复导纳的表示形式。式（4－53）是复导纳的代数形式，复导纳的极坐标形式为

$$Y=|Y|\angle\varphi_Y \tag{4-55}$$

式中 $|Y|$——复导纳的模，它表示复导纳大小；

φ_Y——导纳角。

复导纳的代数形式和极坐标形式的互换公式为

$$\left.\begin{aligned}
&|Y|=\sqrt{G^2+B^2}=\sqrt{G^2+(B_L-B_C)^2}\\
&\varphi_Y=\text{arctg}\,\frac{-B}{G}=-\text{arctg}\,\frac{B_L-B_C}{G}\\
&G=|Y|\cos\varphi_Y\\
&B=-|Y|\sin\varphi_Y
\end{aligned}\right\} \tag{4-56}$$

所以G、B、$|Y|$三者组成直角三角形，称为导纳三角形，如图4－26所示。

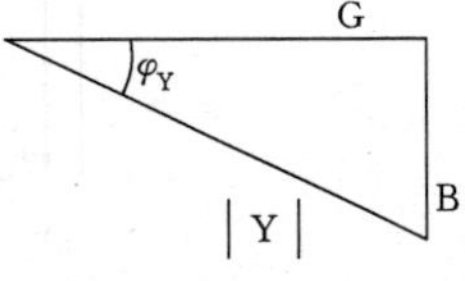

图4－26 导纳三角形

(3) 复导纳与电压、电流的关系。由式（4－54）可得

$$Y=|Y|\angle\varphi_Y=\frac{\dot{I}}{\dot{U}}=\frac{I}{U}\angle(\psi_i-\psi_u)=\frac{I}{U}\angle-\varphi \tag{4-57}$$

上式表明
$$|Y|=\frac{I}{U}\qquad \varphi_Y=\psi_i-\psi_u=-\varphi$$

所以
$$\varphi=-\varphi_Y=\text{arctg}\,\frac{B}{G} \tag{4-58}$$

式（4－58）说明，当电纳B和电抗X都为正或都为负时，阻抗角是相同的，即电路的性质是一样的，所以把复导纳定义为$Y=G-\text{j}B$。

由以上分析可知，复导纳的模$|Y|$等于电流与电压有效值之比，导纳角φ_Y等于电流与电压的相位差。所以复导纳不但表示了电压与电流有效值之间的关系，而且还

表示了电压与电流相位之间的关系。因此，根据复导纳虚部电纳的正负，或者导纳角（阻抗角）的正负，可以判断电路中电压与电流的相位关系。

（4）导纳角 φ_Y 与电路性质的关系。①当 $B>0$ 时，$\varphi_Y<0$，$\varphi>0$，电路呈感性。例如 $Y=0.2-j0.3$，所对应的电路呈感性。②当 $B<0$ 时，$\varphi_Y>0$，$\varphi<0$，电路呈容性。例如 $Y=0.2+j0.3$，所对应的电路呈容性。③当 $B=0$ 时，$\varphi_Y=0$，$\varphi=0$，电路呈电阻性，此时 R、L、C 并联电路发生并联谐振。

下面画出 R、L、C 并联电路的相量图。

选电压 $\dot{U}$ 为参考相量，并把它画在水平线上，$\dot{I}_R$ 与电压 $\dot{U}$ 同相位，$\dot{I}_L$ 滞后电压 $\dot{U}\ \frac{\pi}{2}$，$\dot{I}_C$ 超前电压 $\dot{U}\ \frac{\pi}{2}$，利用"首尾相接"的原则求和得电流 $\dot{I}$，R、L、C 并联电路的相量图如图 4-27 所示。在相量图上，电流 $\dot{I}$ 与各元件电流的关系为

$$\dot{I}=\dot{I}_R+\dot{I}_L+\dot{I}_C=\dot{I}_G+\dot{I}_B$$

式中 $\dot{I}_B$——电纳电流相量，$\dot{I}_B=\dot{I}_C+\dot{I}_L$。

由于 $\dot{I}_L$ 与 $\dot{I}_C$ 相位恰好相反，故电纳电流的有效值为 $|I_L-I_C|$。

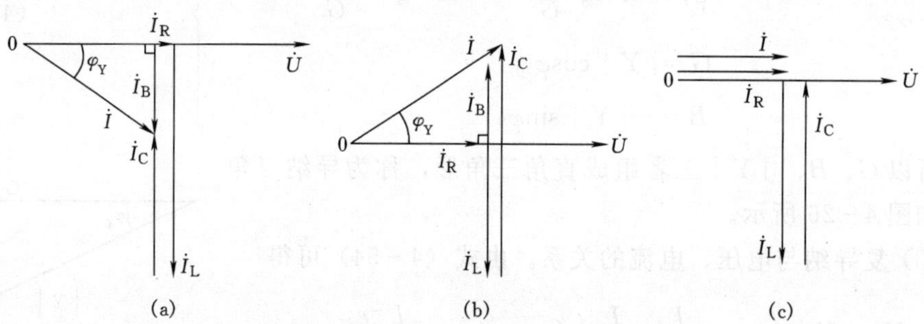

图 4-27 R、L、C 并联电路的相量图

(a) 感性电路；(b) 容性电路；(c) 电阻性电路

从相量图上可以看出，电流相量 $\dot{I}_G$、$\dot{I}_B$、$\dot{I}$ 组成一个直角三角形，称为电流三角形，各电流有效值的关系由电流三角形可以求得，即

$$I=\sqrt{I_G^2+I_B^2}=\sqrt{I_R^2+(I_L-I_C)^2} \tag{4-59}$$

$$\varphi=\operatorname{arctg}\frac{I_B}{I_G}=\operatorname{arctg}\frac{I_L-I_C}{I_R} \tag{4-60}$$

由于 $I_G=GU$，$I_B=BU$，$I=|Y|U$，所以若将电流三角形的各边都除以电压 U，就可得到导纳三角形，若将导纳三角形的各边都乘以电压 U，就得到电流三角

形。可见导纳三角形和电流三角形是相似三角形。

【例 4-19】 R、L、C 并联电路如图 4-28 所示，已知 $R=1\Omega$，$L=2\text{H}$，$C=0.5\text{F}$，$i_S=5\sqrt{2}\cos 2t\text{A}$，试求（1）电路的复导纳 Y，并判断电路的性质；（2）总电压 u 和各支路电流；（3）画出电路的相量图。

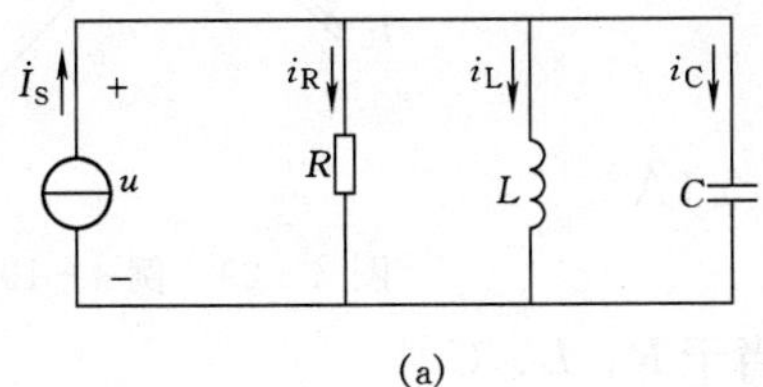

(a)

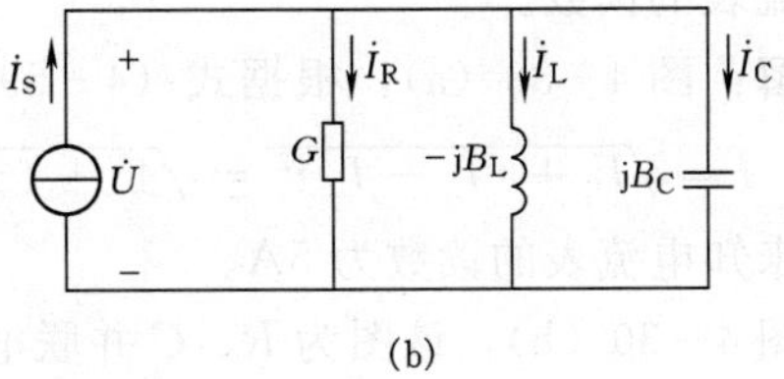

(b)

图 4-28 例 4-19 图

(a) 原电路；(b) 相量模型

解：(1) 由已知条件得

$$G=1\text{S}$$

$$B_L=\frac{1}{\omega L}=\frac{1}{4}\text{S}$$

$$B_C=\omega C=1\text{S}$$

根据式（4-53）得电路的复导纳

$$Y=G-\text{j}(B_L-B_C)=1-\text{j}\left(\frac{1}{4}-1\right)=1+\text{j}0.75=1.25\underline{/36.87^\circ}\ (\text{S})$$

由于 $\varphi_Y>0$，$\varphi<0$，所以电路呈容性。

(2) 由已知条件可知，$\dot{I}_S=5\underline{/0^\circ}$ (A)

所以

$$\dot{U}=\frac{\dot{I}_S}{Y}=\frac{5\underline{/0^\circ}}{1.25\underline{/36.87^\circ}}=4\underline{/-36.87^\circ}\ (\text{V})$$

根据各元件电压、电流关系的相量形式得

$$\dot{I}_R=G\dot{U}=1\times 4\underline{/-36.87^\circ}=4\underline{/-36.87^\circ}\ (\text{A})$$

$$\dot{I}_L=-\text{j}B_L\dot{U}=-\text{j}\ \frac{1}{4}\times 4\underline{/-36.87^\circ}=1\underline{/-126.87^\circ}\ (\text{A})$$

$$\dot{I}_C=\text{j}B_C\dot{U}=\text{j}\times 4\underline{/-36.87^\circ}=4\underline{/53.13^\circ}\ (\text{A})$$

电压、电流的瞬时值表达式为

$$u=4\sqrt{2}\cos(2t-36.87^\circ)\ (\text{V})$$

$$i_R=4\sqrt{2}\cos(2t-36.87^\circ)\ (\text{A})$$

$i_L = \sqrt{2}\cos(2t - 126.87°)$ (A)

$i_C = 4\sqrt{2}\cos(2t + 53.13°)$ (A)

(3) 画出电路的相量图如图 4-29 所示。

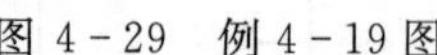

图 4-29 例 4-19 图

【例 4-20】 如图 4-30 所示为正弦稳态电路，试求未知电流表的读数。

解：图 4-30 (a)，根据式 (4-59) 得

$$I = \sqrt{I_R^2 + (I_L - I_C)^2} = \sqrt{4^2 + (5-2)^2} = 5 \text{ (A)}$$

所以未知电流表的读数为 5A。

图 4-30 (b)，该图为 R、C 并联电路，相当于 R、L、C 并联电路中 $I_L = 0$ 的情况，所以根据式 (4-59) 得

$$I = \sqrt{I_R^2 + (I_L - I_C)^2} = \sqrt{4^2 + (0-3)^2} = 5 \text{ (A)}$$

所以未知电流表的读数为 5A。

图 4-30 (c)，该图为 L、C 并联电路，相当于 R、L、C 并联电路中 $I_R = 0$ 的情况，所以根据式 (4-59) 得

$$I = \sqrt{I_R^2 + (I_L - I_C)^2} = \sqrt{0 + (5-3)^2} = 2 \text{ (A)}$$

所以未知电流表的读数为 2A。

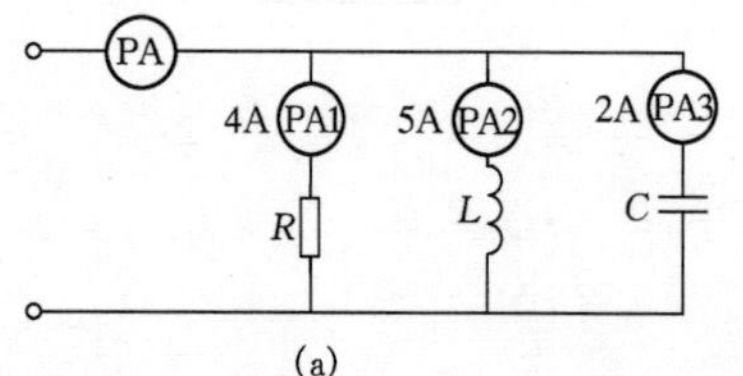

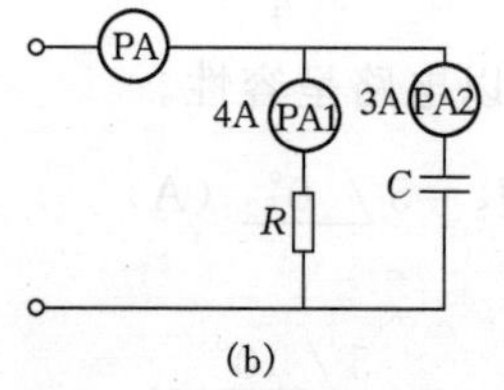

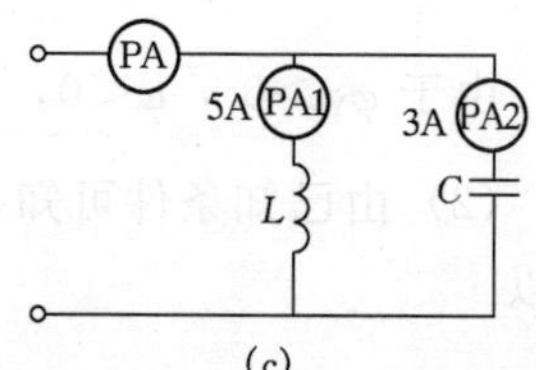

图 4-30 例 4-20 图

4.4.3 无源二端网络的等效复阻抗和复导纳

4.4.3.1 无源二端网络的等效复阻抗和等效复导纳

图 4-31 (a) 所示为无源二端网络，其等效复阻抗定义为：在电压、电流关联参考方向下，端口上的电压相量与电流相量之比值，即

$$Z = \frac{\dot{U}}{\dot{I}} = |Z| \angle \varphi = R + jX \tag{4-61}$$

式中 R——电阻分量，$R = \text{Re}[Z]$，Ω；

X——电抗分量，$X=\text{Im}[Z]$，Ω。

无源二端网络用复阻抗表示时，其等效电路应由等效电阻 R 和等效电抗 X 串联组成，如图 4-31（b）所示。

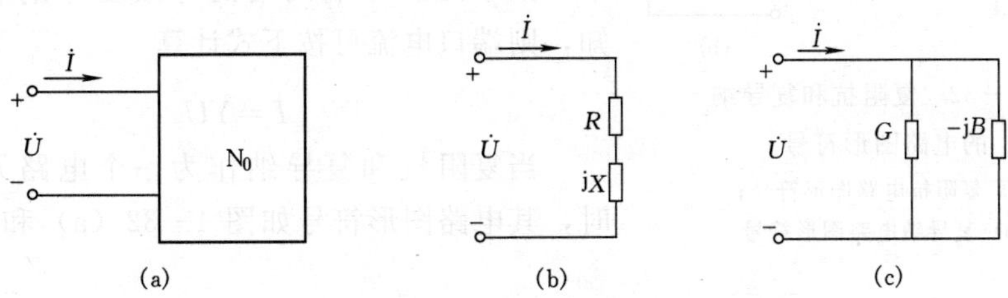

图 4-31　无源二端网络及等效电路

（a）无源二端网络；（b）串联等效电路；（c）并联等效电路

由复阻抗的定义可知，对于单一元件 R、L、C 组成的无源二端网络，其复阻抗分别为

$$Z_R = R$$

$$Z_L = j\omega L = jX_L$$

$$Z_C = -j\frac{1}{\omega C} = -jX_C$$

如果无源二端网络的等效复阻抗和电流为已知，则端口电压可按下式计算

$$\dot{U} = Z\dot{I}$$

无源二端网络的等效复导纳定义为在电压、电流关联参考方向下，端口上的电流相量 $\dot{I}$ 与电压相量 $\dot{U}$ 之比值，即

$$Y = \frac{\dot{I}}{\dot{U}} = |Y| \angle \varphi_Y = G - jB \tag{4-62}$$

式中　G——电导分量，$G=\text{Re}[Y]$，S；

B——电纳分量，$B=\text{Im}[Y]$，S。

无源二端网络用复导纳表示时，其等效电路应由等效电导 G 和等效电纳 B 并联组成，如图 4-31（c）所示。

由复导纳的定义可知，对于单一元件 R、L、C 组成的二端网络，其复导纳分别为

$$Y_R = \frac{1}{R} = G$$

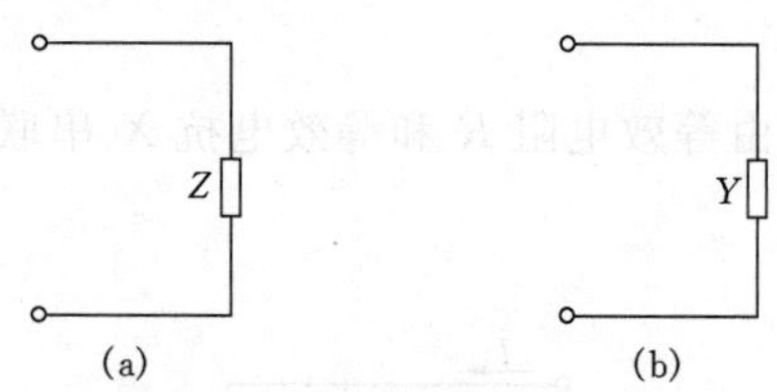

图 4-32 复阻抗和复导纳的电路图形符号

(a) 复阻抗电路图形符号；(b) 复导纳电路图形符号

$$Y_L = -j\frac{1}{\omega L} = -jB_L$$

$$Y_C = j\omega C = jB_C$$

如果无源二端网络的等效复导纳和电压已知，则端口电流可按下式计算

$$\dot{I} = Y\dot{U}$$

当复阻抗和复导纳作为一个电路元件看待时，其电路图形符号如图 4-32 (a) 和图 4-32 (b) 所示。

4.4.3.2 无源二端网络等效复阻抗与等效复导纳的关系

由复阻抗和复导纳的定义可知，同一无源二端网络的复阻抗与复导纳是互为倒数的关系，即

$$Y = \frac{1}{Z} \tag{4-63}$$

若已知复阻抗 $Z=R+jX$，其等效复导纳 Y 为

$$Y = \frac{1}{R+jX} = \frac{R-jX}{(R+jX)(R-jX)} = \frac{R}{R^2+X^2} - j\frac{X}{R^2+X^2} = G - jB$$

所以并联等效电路的电导分量和电纳分量分别为

$$G = \frac{R}{R^2+X^2} \qquad B = \frac{X}{R^2+X^2}$$

若已知复导纳 $Y=G-jB$，其等效复阻抗 Z 为

$$Z = \frac{1}{G-jB} = \frac{G+jB}{(G-jB)(G+jB)} = \frac{G}{G^2+B^2} + j\frac{B}{G^2+B^2} = R + jX$$

所以串联等效电路的电阻分量和电抗分量分别为

$$R = \frac{G}{G^2+B^2}, \qquad X = \frac{B}{G^2+B^2}$$

从以上分析可知，R、X 串联电路可等效成 G、B 并联电路，同样，G、B 并联电路可以等效成 R、X 串联电路。R、X 串联电路与 G、B 并联电路等效互换时，R 和 G 一般并不互为倒数，X 和 B 一般也并不互为倒数。对于一个无源二端网络，既可以用复阻抗表示，也可以用复导纳表示。究竟采用复阻抗表示，还是采用复导纳表示，要视分析计算的方便与否来确定。一般分析串联电路用复阻抗表示比较简便，而分析并联电路用复导纳表示比较简便。

4.4.3.3 复阻抗和复导纳的串、并联电路

由于相量形式的 KVL、KCL 和欧姆定律与它们在直流电阻电路中的表示形式相

似，因此，复阻抗和复导纳的串联、并联、混联电路的分析计算方法，形式上就与直流电阻电路相似，只要将直流电阻电路公式中的 R、G、u、i，分别用 Z、Y、$\dot{U}$、$\dot{I}$ 替换后即可使用。

1. 复阻抗的串联、并联

由 n 个复阻抗串联而成的电路如图 4-33 所示，其等效复阻抗为

$$Z = Z_1 + Z_2 + \cdots + Z_n = \sum_{k=1}^{n} Z_k \tag{4-64}$$

各个复阻抗的电压为

$$\dot{U}_k = \frac{Z_k}{Z}\dot{U} \tag{4-65}$$

上式是复阻抗串联的分压公式。

两个复阻抗串联时的分压公式为

$$\left.\begin{aligned} \dot{U}_1 &= \frac{Z_1}{Z}\dot{U} \\ \dot{U}_2 &= \frac{Z_2}{Z}\dot{U} \end{aligned}\right\} \tag{4-66}$$

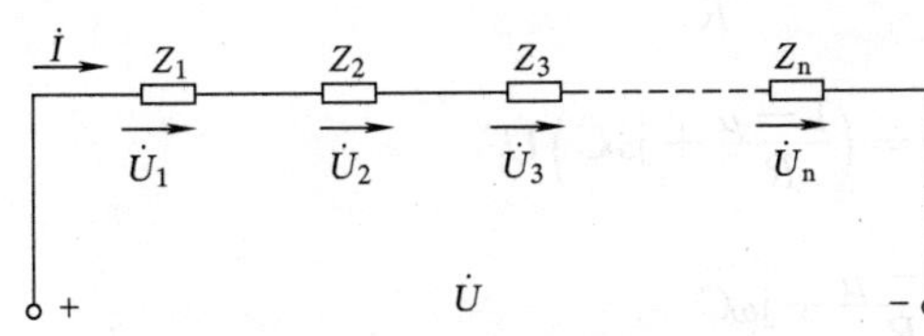

图 4-33 复阻抗的串联

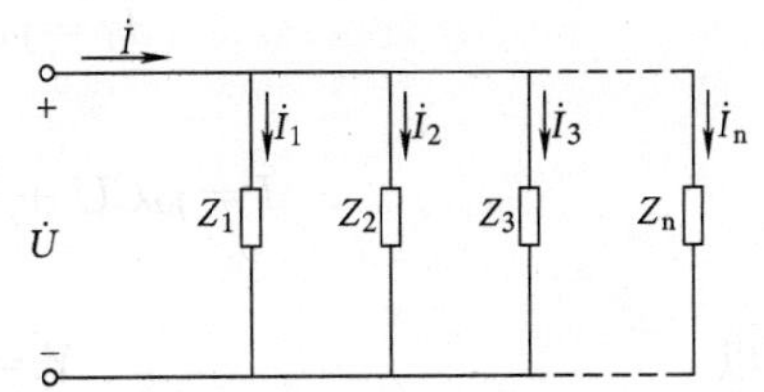

图 4-34 复阻抗的并联

由 n 个复阻抗并联的电路如图 4-34 所示，其等效复阻抗为

$$\frac{1}{Z} = \frac{1}{Z_1} + \frac{1}{Z_2} + \cdots + \frac{1}{Z_n} = \sum_{k=1}^{n} \frac{1}{Z_k} \tag{4-67}$$

两个复阻抗并联的电路，其等效复阻抗为

$$Z = \frac{Z_1 Z_2}{Z_1 + Z_2} \tag{4-68}$$

两个复阻抗并联时的分流公式为

$$\left.\begin{aligned} \dot{I}_1 &= \frac{Z_2}{Z_1 + Z_2}\dot{I} \\ \dot{I}_2 &= \frac{Z_1}{Z_1 + Z_2}\dot{I} \end{aligned}\right\} \tag{4-69}$$

2. 复导纳的并联

由 n 个复导纳并联而成的电路如图4-35所示，其等效复导纳为

$$Y = Y_1 + Y_2 + \cdots + Y_n = \sum_{k=1}^{n} Y_k \tag{4-70}$$

各个复导纳的电流为

$$\dot{I}_k = \frac{Y_k}{Y}\dot{I} \tag{4-71}$$

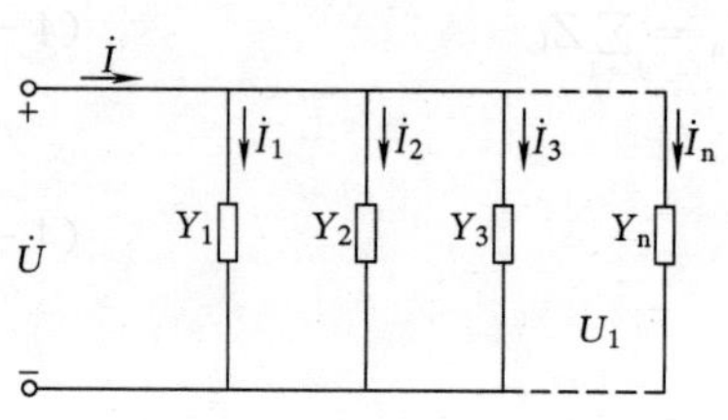

图4-35 复导纳的并联

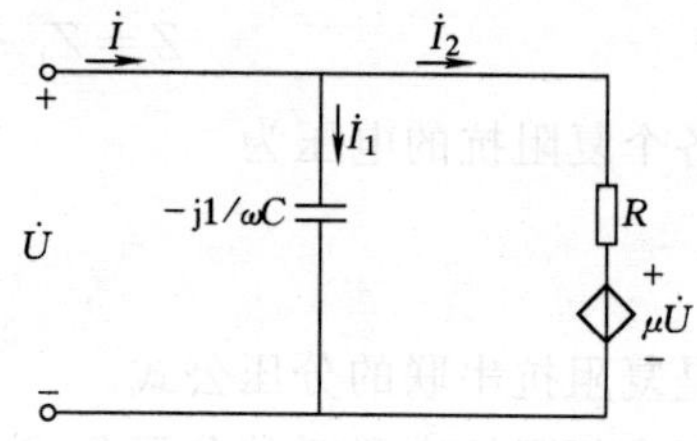

图4-36 例4-21图

【例4-21】 求图4-36所示无源二端网络的等效复导纳和等效复阻抗。

解：依KCL的相量形式得 $\dot{I} = \dot{I}_1 + \dot{I}_2$

又

$$\dot{I}_1 = \mathrm{j}\omega C\dot{U} \qquad \dot{I}_2 = \frac{\dot{U} - \mu\dot{U}}{R}$$

$$\dot{I} = \mathrm{j}\omega C\dot{U} + \frac{\dot{U} - \mu\dot{U}}{R} = \left(\frac{1-\mu}{R} + \mathrm{j}\omega C\right)\dot{U}$$

所以

$$Y = \frac{\dot{I}}{\dot{U}} = \frac{1-\mu}{R} + \mathrm{j}\omega C$$

$$Z = \frac{\dot{U}}{\dot{I}} = \frac{1}{\dfrac{1-\mu}{R} + \mathrm{j}\omega C} = \frac{(1-\mu)R}{(1-\mu)^2 + (\omega CR)^2} - \mathrm{j}\,\frac{\omega CR^2}{(1-\mu)^2 + (\omega CR)^2}$$

【例4-22】 有一个100Ω的电阻和一个10μF的电容并联，接在50Hz的正弦电源电压上，求(1)电路的等效复导纳 Y；(2)等效复阻抗 Z；(3)串联等效电路的电阻分量 R' 和电抗分量 X'。

解：(1) 因为 $\omega = 2\pi f = 2\pi \times 50 = 314$ (rad/s)

$$Y_R = G = \frac{1}{R} = \frac{1}{100} = 0.01 \ (\mathrm{S})$$

$$Y_C = \mathrm{j}\omega C = \mathrm{j}314 \times 10 \times 10^{-6} = \mathrm{j}3.14 \times 10^{-3} \ (\mathrm{S})$$

所以电路的复导纳为：$Y = Y_R + Y_C = 0.01 + \mathrm{j}3.14 \times 10^{-3} = 0.0105\angle 17.43^\circ$ (S)

(2) 等效复阻抗为

$$Z=\frac{1}{Y}=\frac{1}{0.0105\angle 17.43^\circ}=95.24\angle -17.43^\circ=90.87-j28.53\ (\Omega)$$

（3）电阻分量为　　　　　$R'=90.87\ (\Omega)$

电抗分量为　　　　　$X'=-28.53\ (\Omega)$

【例 4-23】 电路如图 4-37（a）所示，已知 $Z_1=-j10\Omega$，$Z_2=5+j5\Omega$，$Z_3=-j10\Omega$，$U=141.4V$。求各支路电流、电压，并画出电路的相量图。

解：根据复阻抗的串并联公式得电路的复阻抗为

$$Z=Z_1+\frac{Z_2Z_3}{Z_2+Z_3}=-j10+\frac{(5+j5)(-j10)}{5+j5-j10}=10-j10=10\sqrt{2}\angle -45^\circ\ (\Omega)$$

令 $\dot{U}=141.4\angle 0^\circ$ (V)，则总电流为

$$\dot{I}_1=\frac{\dot{U}}{Z}=\frac{141.4\angle 0^\circ}{10\sqrt{2}\angle -45^\circ}=10\angle 45^\circ\ (A)$$

根据分流公式得

$$\dot{I}_2=\frac{Z_3}{Z_2+Z_3}\dot{I}_1=\frac{-j10}{5+j5-j10}\times 10\angle 45^\circ=10\sqrt{2}\angle 0^\circ\ (A)$$

$$\dot{I}_3=\frac{Z_2}{Z_2+Z_3}\dot{I}_1=\frac{5+j5}{5+j5-j10}\times 10\angle 45^\circ=10\angle 135^\circ\ (A)$$

各支路电压为　　$\dot{U}_1=Z_1\dot{I}_1=-j10\times 10\angle 45^\circ=100\angle -45^\circ$ (V)

$$\dot{U}_{10}=Z_3\dot{I}_3=-j10\times 10\angle 135^\circ=100\angle 45^\circ\ (V)$$

画出电路的相量图，如图 4-37（b）所示。

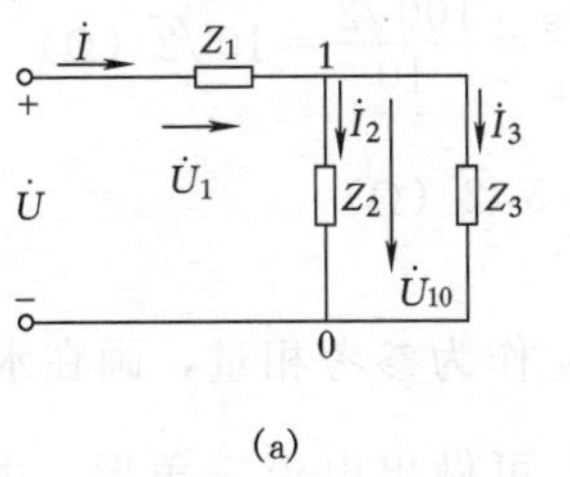

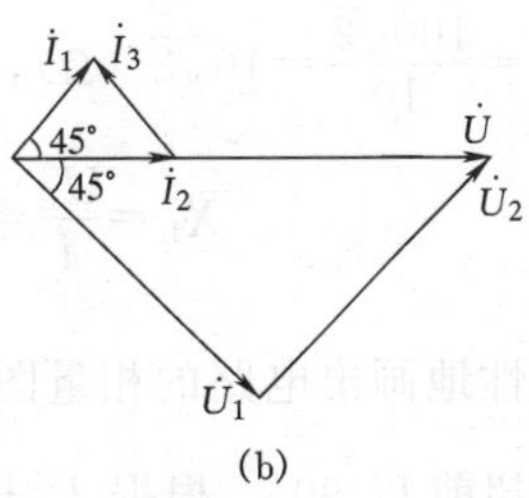

图 4-37　例 4-23 图

（a）电路图；（b）电路相量图

【例 4-24】 电路如图 4-38（a）所示，已知 $I_1=I_2=10A$，$U=100V$，$\dot{U}$ 与 $\dot{I}$ 同相，试求 I、R、X_C 及 X_L。

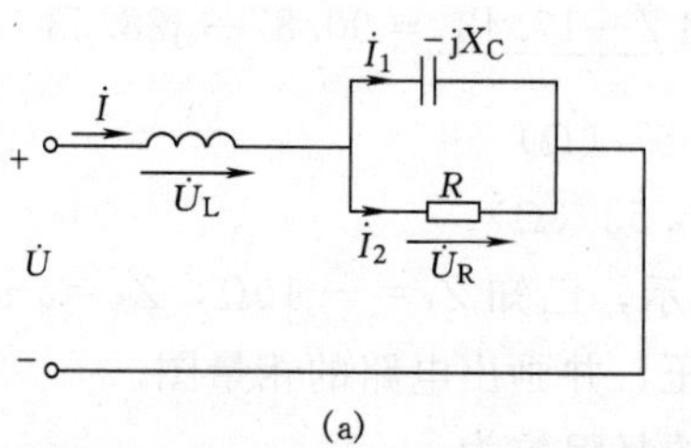

(a)

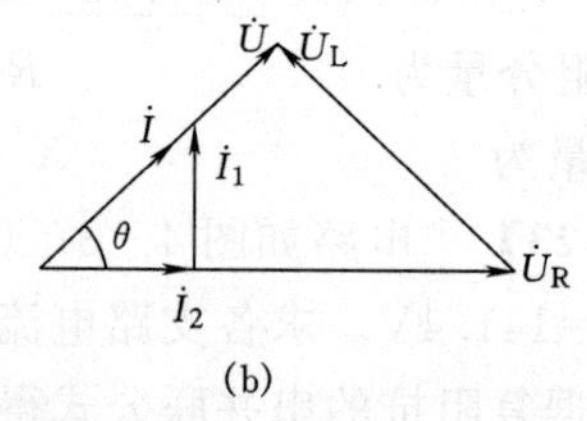

(b)

图 4-38 例 4-24 图

(a) 电路图；(b) 电路相量图

解法一：令 $\dot{U}_R=U_R\angle 0°$ V，则有 $\dot{I}_1=10\angle 90°$ A，$\dot{I}_2=10\angle 0°$ A

依 KCL 的相量形式得

$$\dot{I}=\dot{I}_1+\dot{I}_2=10\angle 90°+10\angle 0°=10\sqrt{2}\angle 45° \ (A)$$

$$I=10\sqrt{2} \ (A)$$

因为 $\dot{U}$ 与 $\dot{I}$ 同相，$\dot{U}_L$ 超前 $\dot{I}$ 90°，

所以 $\dot{U}=100\angle 45°$ A $\dot{U}_L=U_L\angle 135°$ V

依 KVL 的相量形式得 $\dot{U}=\dot{U}_L+\dot{U}_R$

即 $100\angle 45°=U_L\angle 135°+U_R\angle 0°$

$$\begin{cases}100\cos 45°=U_L\cos 135°+U_R\\100\sin 45°=U_L\sin 135°\end{cases}$$

解上式得 $U_L=100$ V $U_R=100\sqrt{2}$ V

所以 $R=\dfrac{U_R}{I_2}=\dfrac{100\sqrt{2}}{10}=10\sqrt{2}$ (Ω)，$X_C=\dfrac{U_R}{I_1}=\dfrac{100\sqrt{2}}{10}=10\sqrt{2}$ (Ω)

$$X_L=\frac{U_L}{I}=\frac{100}{10\sqrt{2}}=5\sqrt{2} \ (\Omega)$$

解法二：定性地画出电路的相量图，选 $\dot{U}_R$ 作为参考相量，画在水平方向上，$\dot{I}_2$ 与 $\dot{U}_R$ 同相，$\dot{I}_1$ 超前 $\dot{U}_R$90°，根据 $\dot{I}_1+\dot{I}_2=\dot{I}$，可做出电流三角形。由给定条件，$\dot{U}$ 与 $\dot{I}$ 同相，故其方向与 $\dot{I}$ 的相同，$\dot{U}_L$ 超前 $\dot{I}$90°，故从 $\dot{U}_R$ 的末端引 $\dot{U}$ 的垂直线与 $\dot{U}$ 相交，即得 $\dot{U}_L$，这样可做出电压三角形。电路的相量图如图 4-38 (b) 所示。

由电流三角形可得

$$I=\sqrt{I_1^2+I_2^2}=\sqrt{10^2+10^2}=10\sqrt{2} \ (A)$$

$$\theta = \text{arctg}\,\frac{I_1}{I_2} = \text{arctg}\,\frac{10}{10} = 45°$$

由电压三角形可得

$$U_L = U\text{tg}\theta = 100\text{tg}45° = 100 \text{ (V)}$$

$$U_R = \frac{U}{\cos\theta} = \frac{100}{\cos 45°} = 100\sqrt{2} \text{ (V)}$$

所以 $X_L = \frac{U_L}{I} = \frac{100}{10\sqrt{2}} = 5\sqrt{2} \ (\Omega)$

$$R = \frac{U_R}{I_2} = \frac{100\sqrt{2}}{10} = 10\sqrt{2} \ (\Omega)$$

$$X_C = \frac{U_R}{I_1} = \frac{100\sqrt{2}}{10} = 10\sqrt{2} \ (\Omega)$$

【思考与练习】

(1) 判断下列关系式中哪些是对的？哪些是错的？

1) 对于 R、L、C 串联电路

$Z = R + X_L + X_C$，$U = ZI$，$U = U_R + U_L + U_C$，$\dot{U} = \dot{U}_R + \dot{U}_L + \dot{U}_C$，

$\dot{U} = |Z|\dot{I}$，$|Z| = R + X_L + X_C$，$\dot{U} = Z\dot{I}$，$u = I_m Z\cos(\omega t + \psi_i)$，

$U = \sqrt{U_R^2 + U_L^2 + U_C^2}$，$Z = R + \text{j}(X_L - X_C)$

2) 对于 R、L、C 并联电路

$Y = G + B_L + B_C$，$\dot{I} = \text{j}Y\dot{U}$，$\dot{I} = \dot{I}_R + \dot{I}_L + \dot{I}_C$，$I = I_R + I_L + I_C$，$\dot{I} = |Y|\dot{U}$，

$\dot{I} = \sqrt{I_R^2 + (I_L - I_C)^2}$，$\dot{I} = Y\dot{U}$，$I = \sqrt{I_R^2 + I_L^2 + I_C^2}$，$|Y| = G + B_L + B_C$，

$Y = G - \text{j}(B_L - B_C)$

3) 对于无源二端网络

$|Z| = \frac{\dot{U}}{\dot{I}}$，$Y = \frac{1}{U}$，$ZY = 1$，$\varphi = \varphi_Y$

若 $Z = R + \text{j}X$，则有 $Y = \frac{1}{R} - \text{j}\,\frac{1}{X}$；若 $Y = G - \text{j}B$，则有 $Z = \frac{1}{G - \text{j}B}$

(2) 回答下列问题：

1) 在 R、L 串联电路中，电路的复阻抗有可能是 $Z = 3 - \text{j}4\Omega$ 吗？

2) 在 R、C 串联电路中，电路的复阻抗有可能是 $Z = 3 + \text{j}4\Omega$ 吗？

3) 在 R、L、C 串联电路中，电路的复阻抗有可能是 $Z = 3 + \text{j}4\Omega$ 或 $Z = 3 - \text{j}4\Omega$ 吗？

4）在 R、L 并联电路中，电路的复导纳有可能是 $Y=0.1-\mathrm{j}0.02\mathrm{S}$ 吗？

5）在 R、C 并联电路中，电路的复导纳有可能是 $Y=0.1-\mathrm{j}0.02\mathrm{S}$ 吗？

6）在 R、L、C 并联电路中，电路的复导纳有可能是 $Y=0.1-\mathrm{j}0.02\mathrm{S}$ 和 $Y=0.1+\mathrm{j}0.02\mathrm{S}$ 吗？

7）对于无源二端网络

当阻抗角 $\varphi=30°$时，电路呈什么性质？当导纳角 $\varphi_Y=30°$时，电路呈什么性质？

当阻抗角 $\varphi=-30°$时，电路呈什么性质？当导纳角 $\varphi_Y=-30°$时，电路呈什么性质？

当阻抗角 $\varphi=0$ 时，电路呈什么性质？当导纳角 $\varphi_Y=0$ 时，电路呈什么性质？

8）若某电路的复阻抗为 $Z=6+\mathrm{j}8\Omega$，则复导纳 $Y=\frac{1}{6}-\mathrm{j}\frac{1}{8}\mathrm{S}$，对吗？为什么？

（3）一无源二端网络，其端口电压 u 和 i 为关联参考方向，且 u 和 i 分别

$$u=180\sqrt{2}\cos(314t-30°)\ \mathrm{V}$$

$$i=10\sqrt{2}\cos\ (314t+30°)\ \mathrm{A}$$

试求：1）二端网络的等效复阻抗，等效复导纳；

2）说明二端网络呈什么性质；

3）电阻分量、电抗分量。

（4）已知：$Z_1=$（4+j8）Ω，$Z_2=$（4−j8）Ω。求等效复阻抗和等效复导纳。

1）当两个复阻抗串联时；

2）当两个复阻抗并联时。

4.5 正弦交流电路中的功率

4.5.1 正弦电流电路的瞬时功率

对于无源二端网络，在 u、i 关联参考方向下，输入该二端网络的瞬时功率 p 等于端口电压、电流瞬时值的乘积，即

$$p=ui$$

设无源二端网络端口电压、电流分别为

$$u=\sqrt{2}U\cos\omega t$$

$$i=\sqrt{2}I\cos(\omega t-\varphi)$$

$\varphi=\psi_u-\psi_i$ 为端口电压和电流的相位差。

所以 $$p=ui=\sqrt{2}U\cos\omega t\cdot\sqrt{2}I\cos(\omega t-\varphi)$$

$$=UI\cos\varphi+UI\cos(2\omega t-\varphi) \quad (4-72)$$

从上式可以看出：瞬时功率有两部分组成，其中第一部分为恒定分量，第二部分是正弦分量，其频率是电压（或电流）频率的两倍。

瞬时功率还可以改写为

$$p=UI\cos\varphi+UI\cos(2\omega t-\varphi)$$
$$=UI\cos\varphi(1+\cos2\omega t)+UI\sin\varphi\sin2\omega t \quad (4-73)$$

上式中的第一项总是大于或等于零（$\varphi\leqslant\pi/2$），这一部分是不可逆的，它代表明二端网络从电源吸收的瞬时功率。第二项是瞬时功率中的可逆部分，其值正负交替，它代表二端网络内部电抗元件与电源之间进行能量交换的情况。

如果二端网络内部由 R、L、C 单个元件组成，吸收的瞬时功率为：

(1) 电阻元件。$\varphi=0$，$p_R=U_RI_R\ [1+\cos2\omega t]$，表明电阻的耗能特性。

(2) 电感元件。$\varphi=\frac{\pi}{2}$，$p_L=U_LI_L\sin2\omega t$，表明电感的储能特性。

(3) 电容元件。$\varphi=-\frac{\pi}{2}$，$p_C=-U_CI_C\sin2\omega t$，表明电容的储能特性。

以上各元件的瞬时功率与前几节讨论的单个元件的瞬时功率是一致的。

4.5.2 平均功率 P（或有功功率）、无功功率、视在功率

二端网络的平均功率 P（或有功功率）是瞬时功率在一个周期内的平均值，由式（4－72）得二端网络的平均功率（或有功功率）为

$$P=\frac{1}{T}\int_0^T p\mathrm{d}t=\frac{1}{T}\int_0^T UI[\cos\varphi+\cos(2\omega t-\varphi)]\mathrm{d}t=UI\cos\varphi \quad (4-74)$$

有功功率是二端网络实际消耗的功率，单位为瓦特（W），它就是式（4－72）的恒定分量。它不仅与电压和电流的有效值有关，且与它们的相位差有关。式中 $\cos\varphi$ 称为功率因数，并用 λ 表示，即

$$\lambda=\cos\varphi$$

$\cos\varphi$ 的值取决于电压和电流的相位差，即决定于无源二端网络等效复阻抗的阻抗角 φ，φ 角也称为功率因数角。

如果二端网络内部由 R、L、C 单个元件组成，其有功功率为

电阻吸收的有功功率 $P_R=U_RI_R\cos0^\circ=U_RI_R$

电感吸收的有功功率 $P_L=U_LI_L\cos\frac{\pi}{2}=0$

电容吸收的有功功率 $P_C=U_CI_C\cos\left(-\frac{\pi}{2}\right)=0$

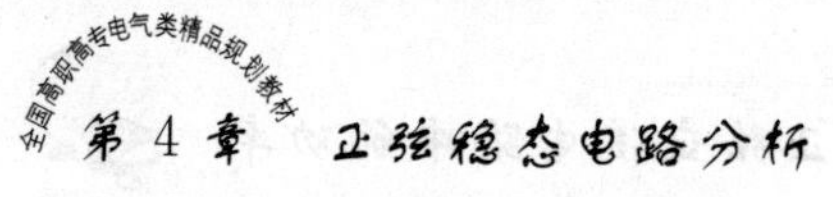

以上各元件的有功功率也与前几节讨论的单个元件的有功功率是一致的。

对于由 R、L、C 组成的无源二端网络，考虑到只有电阻吸收有功功率，电感和电容不吸收有功功率，根据能量守恒原理，此无源二端网络的有功功率等于其中各电阻吸收的有功功率之和，设网络中共有 n 个电阻，则有

$$P=\sum_{k=1}^{n} I_{\mathrm{k}}^{2} R_{\mathrm{k}} \tag{4-75}$$

式中 R_{k}、I_{k}——第 k 个电阻的阻值和流过第 k 个电阻的电流有效值。

式（4-73）的第二项是瞬时功率的可逆部分，其最大值 $UI\sin\varphi$ 反映了二端网络内部与电源进行能量交换的规模，把它定义为二端网络的无功功率，单位为乏（var），即

$$Q=UI\sin\varphi \tag{4-76}$$

对感性电路而言，$\varphi>0$，$\sin\varphi>0$，$Q>0$，认为二端网络“吸收”无功功率；

对容性电路而言，$\varphi<0$，$\sin\varphi<0$，$Q<0$，认为二端网络“发出”无功功率。

如果二端网络分别为 R、L、C 时，其无功功率为：

电阻吸收的无功功率 $Q_{\mathrm{R}}=U_{\mathrm{R}} I_{\mathrm{R}} \sin 0^{\circ}=0$

电感吸收的无功功率 $Q_{\mathrm{L}}=U_{\mathrm{L}} I_{\mathrm{L}} \sin \frac{\pi}{2}=U_{\mathrm{L}} I_{\mathrm{L}}$

电容吸收的无功功率 $Q_{\mathrm{C}}=U_{\mathrm{C}} I_{\mathrm{C}} \sin\left(-\frac{\pi}{2}\right)=-U_{\mathrm{C}} I_{\mathrm{C}}$

以上各元件的无功功率与前几节讨论的单个元件的无功功率是一致的。

对于由 R、L、C 组成的无源二端网络，考虑到只有电感和电容有无功功率，电阻没有无功功率，根据能量守恒原理，此无源二端网络的无功功率等于其中各电感和电容吸收的无功功率之和，设网络中共有 n 个电感，m 个电容，则有

$$Q=\sum_{k=1}^{n} I_{\mathrm{k}}^{2} X_{\mathrm{Lk}}-\sum_{k=1}^{m} I_{\mathrm{k}}^{2} X_{\mathrm{Ck}} \tag{4-77}$$

正弦交流电路中，电压与电流有效值的乘积称为视在功率，用字母 S 表示，即

$$S=UI \tag{4-78}$$

为了与有功功率、无功功率区别，视在功率的单位用伏安（VA）或千伏安（kVA）。

工程上，发电机、变压器的额定容量就是由它们的额定电压和额定电流的乘积来决定的，因此往往用视在功率来表示，即

$$S_{\mathrm{N}}=U_{\mathrm{N}} I_{\mathrm{N}}$$

综上所述，有功功率、无功功率、视在功率、功率因数之间有如下关系

$$\left.\begin{aligned}P&=S\cos\varphi=UI\cos\varphi=U_{\mathrm{R}}I\\Q&=S\sin\varphi=UI\sin\varphi=U_{\mathrm{X}}I\\S&=\sqrt{P^{2}+Q^{2}}=UI\\\lambda&=\cos\varphi=\frac{P}{S}\end{aligned}\right\}\qquad(4-79)$$

所以，S、P、Q组成直角三角形，称为功率三角形，如图4-39所示，其中φ角为功率因数角。由于功率三角形的三条边是电压三角形的三条边分别乘以电流有效值I得到的，所以功率三角形与同一网络的电压三角形是相似的，而电压三角形又和阻抗三角形是相似的，所以正弦交流电路中阻抗三角形、电压三角形、功率三角形是相似三角形。

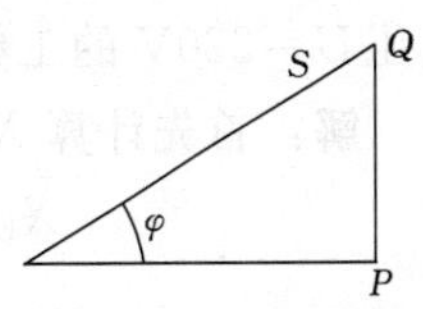

图4-39 功率三角形

4.5.3 复功率

正弦交流电路中的有功功率P、无功功率Q和视在功率S还可以用电压相量和电流相量直接计算出来。

设二端网络端口的电压、电流为关联参考方向，电压相量和电流相量分别为

$$\dot{U}=U\angle\varphi_{\mathrm{u}}\qquad\dot{I}=I\angle\psi_{\mathrm{i}}$$

电流相量的共轭复数为 $\dot{I}^{*}=I\angle-\psi_{\mathrm{i}}$

电压相量与电流相量的共轭复数之乘积定义为复功率，并用$\tilde{S}$表示，即

$$\tilde{S}=\dot{U}\dot{I}^{*}=U\angle\psi_{\mathrm{u}}\ I\angle-\psi_{\mathrm{i}}=UI\angle\psi_{\mathrm{u}}-\psi_{\mathrm{i}}=S\angle\varphi=P+\mathrm{j}Q\qquad(4-80)$$

上式表明：复功率$\tilde{S}$的实部为有功功率P，虚部为无功功率Q，复功率的模为视在功率S，复功率的幅角为功率因数角φ。所以复功率$\tilde{S}$将有功功率P、无功功率Q、视在功率S和功率因数角φ统一表示在一个式子里，从而为计算电路的功率带来方便。

在复功率中，若$Q>0$，则为感性电路；若$Q<0$，则为容性电路。因此，根据无功功率Q的正负可判断电路是感性还是容性。

可以证明，任何一个正弦电流电路，有功功率P、无功功率Q、复功率$\tilde{S}$都是守恒的，即总的有功功率P等于各部分有功功率之和，总的无功功率Q等于各部分无功功率之和，总的复功率等于各部分复功率之和。但是，一般情况下，总的视在功

率不等于各部分视在功率之和，即视在功率不守恒，

$$\left.\begin{aligned} P&=P_1+P_2+P_3+\cdots=\sum P_k \\ Q&=Q_1+Q_2+Q_3+\cdots=\sum Q_k \\ \tilde{S}&=\tilde{S}_1+\tilde{S}_2+\tilde{S}_3+\cdots=\sum \tilde{S}_k \\ S&\neq S_1+S_2+S_3+\cdots=\sum S_k \end{aligned}\right\} \quad (4-81)$$

【例 4-25】 一 R、L、C 串联电路，$R=80\Omega$，$L=127\text{mH}$，$C=31.8\mu\text{F}$，接在电压 $U=220\text{V}$ 的工频正弦交流电源上，求电路的 I、P、Q、S 和功率因数 $\cos\varphi$。

解：首先计算 X_L 和 X_C

$$X_L=2\pi fL=2\times3.14\times50\times127\times10^{-3}=40\ (\Omega)$$

$$X_C=\frac{1}{2\pi fC}=\frac{1}{2\times3.14\times50\times3.18\times10^{-6}}=100\ (\Omega)$$

复阻抗的模为 $|Z|=\sqrt{80^2+(40-100)^2}=100\ (\Omega)$

阻抗角为 $\varphi=\text{arctg}\dfrac{X}{R}=\text{arctg}\dfrac{40-100}{80}=-36.87°$

电路中电流为 $I=\dfrac{U}{|Z|}=\dfrac{220}{100}=2.2\ (\text{A})$

电路的有功功率为 $P=UI\cos\varphi=220\times2.2\cos36.87°=389.2\ (\text{W})$

电路的无功功率为 $Q=UI\sin\varphi=220\times2.2\sin(-36.87°)=-290.4\ (\text{var})$

电路的视在功率为 $S=UI=220\times2.2=484\ (\text{VA})$

电路的功率因数为 $\cos\varphi=\cos36.87°=0.8$

【例 4-26】 电路如图 4-40 所示，已知 $R_1=5\Omega$，$X_{L1}=X_C=15\Omega$，$R_2=X_{L2}=7.5\Omega$，$U=200\text{V}$，求电源向电路提供的有功功率、无功功率、视在功率、复功率和功率因数 λ。

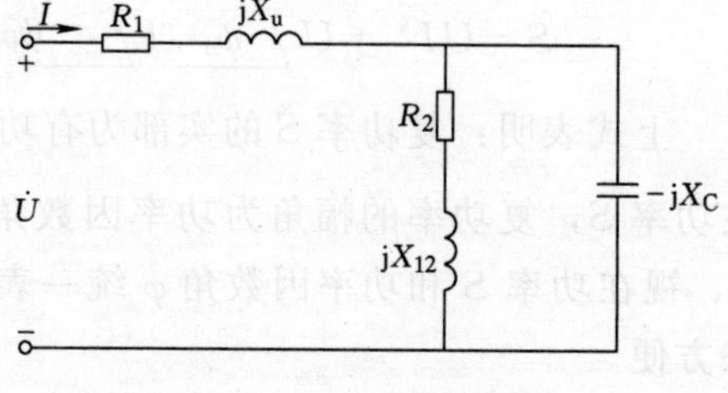

图 4-40 例 4-26 图

解：电路的等效复阻抗

$$Z=5+j15+\frac{(7.5+j7.5)(-j15)}{7.5+j7.5-j15}$$

$$=20+j15=25\angle 36.87°\ (\Omega)$$

令 $\dot{U}=200\angle 0°\ \text{V}$

根据相量形式的欧姆定律得

$$\dot{I}=\frac{\dot{U}}{Z}=\frac{200\angle 0°}{25\angle 36.87°}=8\angle -36.87°\ (\text{A})$$

有功功率 $P=UI\cos\varphi=200\times8\cos36.87°=1280$（W）

无功功率 $Q=UI\sin\varphi=200\times8\sin36.87°=960$（var）

视在功率 $S=UI=200\times8=1600$（VA）

复功率 $\tilde{S}=\dot{U}\dot{I}^*=200\angle0°\times8\angle36.87°=1600\angle36.87°$（VA）

或 $\tilde{S}=P+jQ=1280+j960$（VA）

功率因数 $\lambda=\cos\varphi=\cos(36.87°)=0.8$

【例 4-27】 某工厂有三个车间，已知第一个车间有功功率为 50kW，无功功率为 60kvar（感性），第二个车间有功功率为 100kW，功率因数为 1，第三个车间有功功率为 30kW，功率因数为 0.9（容性）。仅就这三个车间而言，（1）问整个工厂的有功功率、无功功率、功率因数各是多少？（2）如果该工厂要装设一台配电变压器，问该变压器的容量至少要多大？

解：（1）由已知条件得

$$P_1=50\ \text{kW}\qquad Q_1=60\ \text{kvar}$$

$$P_2=100\ \text{kW}\qquad Q_2=0$$

$$P_3=30\ \text{kW}\qquad \cos\varphi_3=0.9(\text{容性})\quad \varphi_3=-25.84°$$

$$Q_3=P_3\text{tg}\varphi_3=30\text{tg}(-25.84°)=-14.53\ \text{kvar}$$

故整个工厂的有功功率、无功功率、功率因数分别为

$$P=P_1+P_2+P_3=50+100+30=180\ (\text{kW})$$

$$Q=Q_1+Q_2+Q_3=60-14.53=45.47\ (\text{kvar})$$

$$\lambda=\cos\varphi=\frac{P}{\sqrt{P^2+Q^2}}=\frac{180}{\sqrt{180^2+45.47^2}}=0.97$$

（2）该工厂的视在功率为

$$S=\sqrt{P^2+Q^2}=\sqrt{180^2+45.47^2}=185.65\ (\text{kVA})$$

所以该工厂装设变压器的容量至少 186kVA。

【例 4-28】 已知施加于某无源二端网络的电压 $u=100\sqrt{2}\cos(314t+60°)$ V，电流 $i=5\sqrt{2}\cos(314t+30°)$ A，电压、电流为关联参考方向。求（1）该二端网络的等效复阻抗；（2）该二端网络的功率因数；（3）$\tilde{S}$、P、Q、S。

解：由已知得 $\dot{U}=100\angle60°$ V

$$\dot{I}=5\angle30°\ \text{A}$$

（1）等效复阻抗 $Z=\dfrac{\dot{U}}{\dot{I}}=\dfrac{100\angle60°}{5\angle30°}=20\angle30°$（Ω）

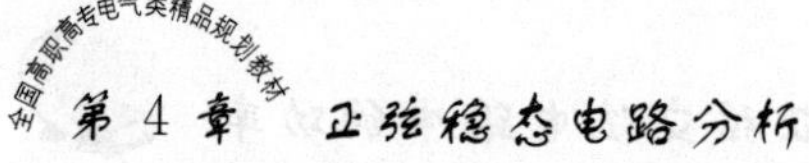

(2) 功率因数角 $\varphi=30^\circ$，功率因数 $\cos30^\circ=0.866$

(3) 由复功率定义得

$$\tilde{S}=\dot{U}\dot{I}^{*}=100\angle 60^\circ\times 5\angle -30^\circ=500\angle 30^\circ=433+\mathrm{j}250\ (\mathrm{VA})$$

所以 $P=433\ (\mathrm{W})$，$Q=250\ (\mathrm{var})$，$S=500\ (\mathrm{VA})$

【思考与练习】

(1) 在正弦交流电路中，下列关系式哪些是对的？哪些是错的？

①$p=UI$，$P=\dot{U}\dot{I}$，$P=UI\cos\varphi$，$Q=P\mathrm{tg}\varphi$，$P=\sum\limits_{k=1}^{n}I_k^2R_k$

②$Q=S\sin\varphi$，$Q=UI$，$Q=S-P$，$Q=\dot{U}\dot{I}\sin\varphi$，$Q=\sum\limits_{k=1}^{n}Q_k$

③$S=P+Q$，$S=\dot{U}\dot{I}$，$S=\dfrac{Q}{\sin\varphi}$，$S=UI$，$S=\sum\limits_{k=1}^{n}S_k$

④$\tilde{S}=\dot{U}\dot{I}$，$\tilde{S}=\dot{U}\dot{I}^{*}$，$\tilde{S}=P+\mathrm{j}Q$，$\tilde{S}=\sqrt{P^2+Q^2}$，$\tilde{S}=\sum\limits_{k=1}^{n}\tilde{S}_k$

(2) 某正弦交流电路中

①已知功率因数 $\cos\varphi=0.6$，有功功率 $P=1000\mathrm{W}$，求 S、Q、$\tilde{S}$。

②已知无功功率 $Q=300\mathrm{var}$，有功功率 $P=400\mathrm{W}$，求 S、$\tilde{S}$、$\cos\varphi$。

③已知复功率 $\tilde{S}=1000\angle 36.87^\circ\ \mathrm{VA}$，求 P、Q、S、$\cos\varphi$。

④已知视在功率 $S=1500\mathrm{VA}$，功率因数 $\cos\varphi=0.6$，求 P、Q、$\tilde{S}$。

(3) 求某无源二端网络的等效复阻抗

①在端口电压为 $U=50\mathrm{V}$ 时，二端网络吸收的复功率为 $\tilde{S}=100\angle 36.87^\circ\ \mathrm{VA}$；

②在端口电流为 $I=12.5\mathrm{A}$ 时，二端网络吸收的复功率为 $\tilde{S}=5000\angle 45^\circ\ \mathrm{VA}$；

③端口电压和电流为关联参考方向，在端口电压为220V，电流为10A时，二端网络吸收的无功功率为$-1500\mathrm{var}$。

4.6 功率因数的提高

在直流电路中，电路的功率为 $P=UI$，而在正弦交流电路中，电路的平均功率（有功功率）$P=UI\cos\varphi$，其中 $\cos\varphi$ 为电路的功率因数。功率因数是用电设备的一个重要指标，它由电路（负载）参数决定，对纯电阻负载（白炽灯，电阻炉）电压与电流同相位，功率因数 $\cos\varphi=1$；对于其他负载，其功率因数均介于0～1之间。在工

农业生产中使用的电气设备多数是电感性负载，如异步电动机、电焊变压器和带镇流器的日光灯，它们的功率因数都比较低。提高用户的功率因数，对于提高电网运行的经济效益以及节约电能都具有重要的经济意义。

4.6.1 提高功率因数的经济意义

1. 充分利用电源设备的容量

在电源额定容量 S_N 一定时，向外输送多少有功功率，要由负载的阻抗角（功率因数角）φ 来决定，因为有功功率 $P=UI\cos\varphi$，阻抗角 φ 越小，功率因数 $\cos\varphi$ 的值越大，电源向外输送的有功功率就越多，反之，电源向外输送的有功功率就越少。

例如：一台发电机的容量为 75000kVA，负载功率因数 $\cos\varphi=1$ 时，发电机输出的有功功率 P 为 75000kW；若 $\cos\varphi$ 降到 0.5 时，则发电源向外输出的有功功率 P 为 37500kW，显然，负载功率因数 $\cos\varphi$ 降低以后，电源向外输出的有功功率 P 减小。这就说明电源的潜力没有得到充分发挥，因此，提高功率因数，可以提高电源设备的利用率。

2. 降低线路损耗和线路压降，提高输电效率

若输电线的电阻为 R_1，则线路的损耗为 $P_1=I^2R_1$，线路压降为 $U_1=IR_1$，线路电流为 $I=\frac{P}{U\cos\varphi}$。当电源电压 U 及输出的有功功率 P 一定时，功率因数 $\cos\varphi$ 越大，则在输电线上的电流 I 就减小，线路的损耗 P_1 也就减了，输电效率就提高了；同时线路上的压降 U_1 减小，使负载端电压变化减小，提高了供电质量；另外，线路电流减小，输电导线可以细些，从而节约了铜材。

3. 减少用户电费支出

为了促进用户提高功率因数，电力部门对不同的用电大户，规定了功率因数的指标。《全国供用电规则》规定功率因数的指标分别为 0.9、0.85、0.8，凡用户功率因数超过或低于指标的，供电部门可按一定的百分比减收或增收电费，对长期低于又不增添无功补偿设备的用户，供电部门可停止或限制供电。可见提高功率因数，不论对整个电力系统，还是对用户，都是大有好处的。

4.6.2 提高功率因数的方法

提高功率因数的方法有提高用电设备的自然功率因数和采用无功补偿两种。

在电力系统中，异步电动机是电网中占用无功功率最多的用电设备。异步电动机的功率因数不是一个固定不变的数值，而是随电动机实际所带的负荷在一个很大的范围内变化，如电动机满载时的功率因数约为 0.7～0.9，空载时仅为 0.2～0.3，因此，

要合理选择电动机，使电动机尽量满载运行，减少轻载运行，限制空载运行，从而提高异步电动机自然功率因数。

提高功率因数主要的方法是采用无功补偿。为了减少电源与负载进行能量交换的规模，而又使负载取得所需的无功功率，就要在负载两端并联电容器，使无功功率就地补偿。电路如图 4－41（a）所示，感性负载由 R、L 串联电路组成，设负载端电压相量为 $\dot{U}$。

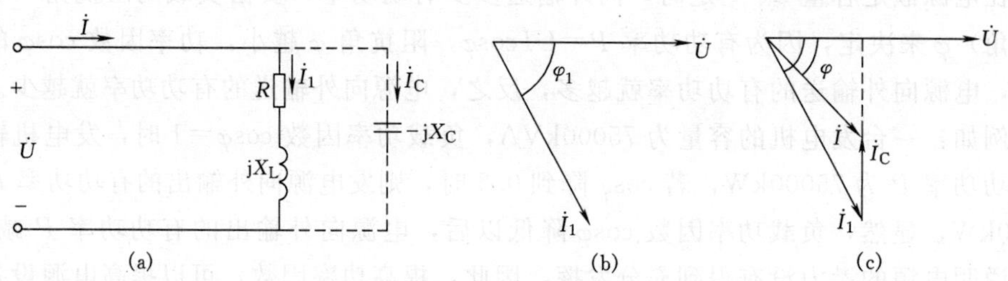

图 4－41　并联电容器提高功率因数

（a）电路图；（b）、（c）电压、电流的相量图

补偿前（并联电容器前）

感性负载的电流为
$$I_1=\frac{U}{\sqrt{R^2+X_L^2}}$$

功率因数为
$$\cos\varphi_1=\frac{R}{\sqrt{R^2+X_L^2}}$$

电路的有功功率为
$$P=UI_1\cos\varphi_1 \tag{4-82}$$

电路的无功功率为
$$Q_1=P\text{tg}\varphi_1 \tag{4-83}$$

补偿后（并联电容器后），由于电源电压和负载参数没有改变，所以，负载 I_1 和负载功率因数 $\cos\varphi_1$ 均未改变。画出补偿前后电压、电流的相量图，如图 4－41（b）和 4－41（c）所示，由相量图可知，并联电容器后，线路电流由 $\dot{I}_1$ 减小为 $\dot{I}$，电源电压 $\dot{U}$ 和电流 $\dot{I}$ 之间的相位差由 φ_1 减小为 φ，功率因数 $\cos\varphi_1<\cos\varphi$，所以补偿后整个电路的功率因数 $\cos\varphi$ 提高了。由于电容器不消耗有功功率，所以补偿前、后电路的有功功率不变。

补偿后电路的有功功率为
$$P=UI\cos\varphi \tag{4-84}$$

补偿后电路的无功功率为
$$Q_2=P\text{tg}\varphi \tag{4-85}$$

由于 $\mathrm{tg}\varphi_1 > \mathrm{tg}\varphi$，所以 $Q_1 > Q_2$，也就是说补偿以后，电源发出的无功功率减少了，减少的无功功率则由电容器补偿。

电容器补偿的无功功率为 $Q_C = Q_1 - Q_2 = P\mathrm{tg}\varphi_1 - P\mathrm{tg}\varphi$

又因 $$Q_C = \frac{U^2}{X_C} = \omega CU^2$$

故 $$C = \frac{Q_C}{\omega U^2} = \frac{P}{\omega U^2}(\mathrm{tg}\varphi_1 - \mathrm{tg}\varphi) \tag{4-86}$$

式中 P——负载吸收的有功功率；

U——负载端电压有效值；

φ_1、φ——补偿前、后电路的功率因数角；

ω——电源的角频率。

式（4-86）是把电路的功率因数从 $\cos\varphi_1$ 提高到 $\cos\varphi$，所需并联电容器的电容量。

工程上常采用查表的方法，根据 $\cos\varphi_1$、$\cos\varphi$ 和 P 从电工手册中直接查得所需并联电容器的电容量。补偿电容器可并联于负载附近，也可装置于用户变电所的出口处。

实际生产中，并不要求把功率因数提高到 1，即补偿后仍使整个电路呈感性，若将功率因数提高到 1，需要并联的电容较大，会增加设备投资。

【例 4-29】 有一感性负载，其功率 $P=1.21\mathrm{kW}$，功率因数 $\cos\varphi_1=0.5$，接在电压 $U=220\mathrm{V}$ 的工频正弦交流电源上。

（1）计算电路中的电流 I_1 和电源发出无功功率 Q_1；

（2）如果将电路的功率因数提高到 $\cos\varphi=0.91$，需并联多大容量的电容器；

（3）计算并联电容器以后电路中的电流 I 和电源发出无功功率 Q_2；

（4）计算电容器补偿的无功功率 Q_C。

解：（1）根据式（4-82）得

$$I_1 = \frac{P}{U\cos\varphi_1} = \frac{1.21 \times 10^3}{220 \times 0.5} = 11\ (\mathrm{A})$$

由于 $$\cos\varphi_1 = 0.5 \quad \varphi_1 = 60°$$

所以 $$Q_1 = P\mathrm{tg}\varphi_1 = 1.21 \times 10^3 \times \mathrm{tg}60° = 2.1\ (\mathrm{kvar})$$

（2）由于 $\cos\varphi=0.91$，$\varphi=24.5°$

根据式（4-86）得

$$C = \frac{P}{\omega U^2}(\mathrm{tg}\varphi_1 - \mathrm{tg}\varphi)$$

$$=\frac{1.21\times10^3}{2\times3.14\times50\times220^2}(\text{tg}60°-\text{tg}24.5°)$$

$$=102\ (\mu\text{F})$$

(3) 根据式 (4-84) 得

$$I=\frac{P}{U\cos\varphi}=\frac{1.21\times10^3}{220\times0.91}=6.04\ (\text{A})$$

根据式 (4-85) 得

$$Q_2=P\text{tg}\varphi=1.21\times10^3\times\text{tg}24.5°=0.55\ (\text{kvar})$$

(4) 电容器补偿的无功功率为 $Q_C=Q_1-Q_2=2.1-0.55=1.55\ (\text{kvar})$

【例 4-30】 某工厂供电线路的额定电压为 10kV，负载的有功功率为 400kW，无功功率为 260kvar，为使该厂的功率因数提高到 0.9，求 (1) 电容器所补偿的无功功率；(2) 并联电容器的电容量（工频交流电）。

解：(1) 根据 $Q_1=P\text{tg}\varphi_1$ 得

$$\text{tg}\varphi_1=\frac{Q_1}{P}=\frac{260}{400}=0.65$$

又因为 $\cos\varphi=0.9\qquad\varphi=25.84°$

所以 $\text{tg}\varphi=\text{tg}25.84°=0.484$

补偿后电路的无功功率为

$$Q_2=P\text{tg}\varphi=400\times10^3\times0.484=193.6\ (\text{kvar})$$

电容器补偿的无功功率为

$$Q_C=Q_1-Q_2=260-193.6=66.4\ (\text{kvar})$$

(2) 并联电容器的电容量为

$$C=\frac{Q_C}{\omega U^2}=\frac{66.4\times10^3}{314\times(10\times10^3)^2}=2.11\ (\mu\text{F})$$

【思考与练习】

(1) 提高功率因数有何经济意义？通常采用什么方法提高功率因数？

(2) 感性负载并联电容器可以提高功率因数，是否并联电容器的电容量越大，功率因数提高得越高？

(3) 为什么不采用串联电容器提高功率因数？

(4) 分析以下说法是否正确？

①与感性负载并联电容器可以提高感性负载的功率因数；

②在负载端电压和有功功率一定时，并联电容器提高功率因数，可以减少线路和

负载上的电流；

③在电源容量一定时，提高功率因数可使电源多发有功；

④与感性负载并联电容器提高功率因数，可以增加电源的无功功率；

⑤与感性负载并联电容器提高功率因数，负载的有功功率、无功功率减少；

⑥在电源容量一定时，提高功率因数可使电源少发无功。

4.7 复杂正弦电路的稳态分析

对于直流电阻电路，基尔霍夫定律和欧姆定律为

$$\sum I=0;\quad \sum U=0;\quad U=RI;\quad I=GU$$

对于正弦电流电路，基尔霍夫定律和欧姆定律的相量形式为

$$\sum \dot{I}=0;\quad \sum \dot{U}=0;\quad \dot{U}=Z\dot{I};\quad \dot{I}=Y\dot{U}$$

由此可见，在正弦电流电路中，引入相量及复阻抗之后，基尔霍夫定律和欧姆定律的相量形式与线性电阻电路中所用的同一公式在形式上完全相同。所以分析计算直流电阻电路的各种方法和电路定理用相量法就可以推广用于正弦交流电路。其不同之处仅在于所得到的电路方程为相量形式的代数方程（复数方程），而计算为复数计算。

下面通过例题来说明直流电阻电路的各种方法和电路定理在正弦电流电路中的应用。

4.7.1 节点电压法的应用

【例 4-31】 电路相量模型如图 4-42 所示，用节点电压法求电路中的电流相量 $\dot{I}_1$、$\dot{I}_2$ 和 $\dot{I}_3$。

解：选定节点 0 为参考节点，用观察法列出节点 1 节点电压方程为

$$\left(\frac{1}{-\mathrm{j}20}+\frac{1}{\mathrm{j}50}+\frac{1}{-\mathrm{j}100}\right)\dot{U}_1=\frac{100\angle 0^\circ}{-\mathrm{j}20}+\frac{250\angle 0^\circ}{-\mathrm{j}100}\quad(1)$$

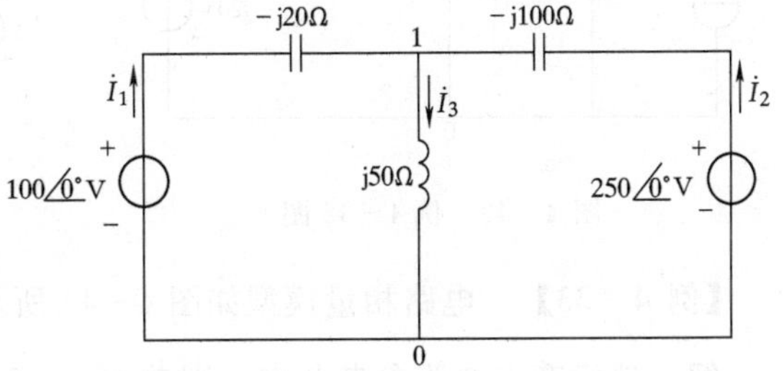

图 4-42 例 4-31 图

解得 $\dot{U}=187.5\angle 0^\circ$ (V)

根据支路的伏安关系求各支路电流相量，即

$$\dot{I}_1=\frac{100\angle 0^\circ-187.5\angle 0^\circ}{-j20}=-j4.375=4.375\angle -90^\circ\ (A)$$

$$\dot{I}_2=\frac{250\angle 0^\circ-187.5\angle 0^\circ}{-j100}=j0.625=0.625\angle 90^\circ\ (A)$$

$$\dot{I}_3=\frac{187.5\angle 0^\circ}{j50}=-j3.75=3.75\angle -90^\circ\ (A)$$

【例 4-32】 电路相量模型如图 4-43 所示，用节点电压法求电路节点电压 $\dot{U}_{n1}$、$\dot{U}_{n2}$ 以及电流 $\dot{I}_C$。

解：选定节点 0 为参考节点，则节点 1、2 电压为 $\dot{U}_{n1}$、$\dot{U}_{n2}$，用观察法列出各节点电压方程为

节点 ① $$\left(1+\frac{1}{-j}\right)\dot{U}_{n1}-\frac{1}{-j}\dot{U}_{n2}=10\angle 0^\circ \quad (1)$$

节点 ② $$-\frac{1}{-j}\dot{U}_{n1}+\left(\frac{1}{2}+\frac{1}{2}+\frac{1}{-j}\right)\dot{U}_{n2}=\frac{j20}{2} \quad (2)$$

解方程组得： $\dot{U}_{n1}=4+j2\ (V)$ $\qquad \dot{U}_{n2}=6+j8=10\angle 53.13^\circ\ (V)$

电流 $$\dot{I}_C=\frac{\dot{U}_{n1}-\dot{U}_{n2}}{-j}=\frac{(4+j2)-(6+j8)}{-j}=6-j2=6.32\angle -18.43^\circ\ (A)$$

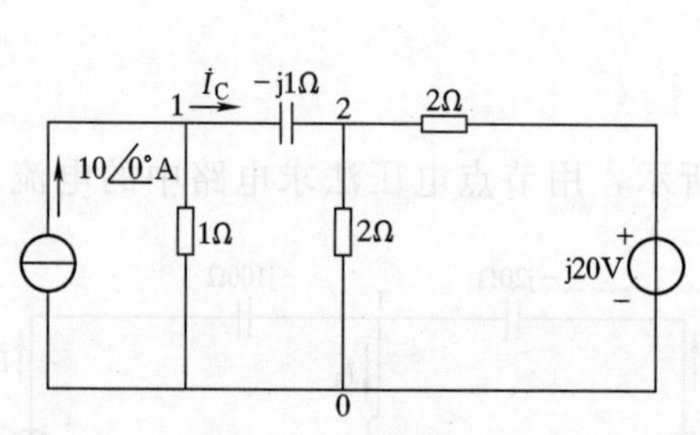

图 4-43 例 4-32 图

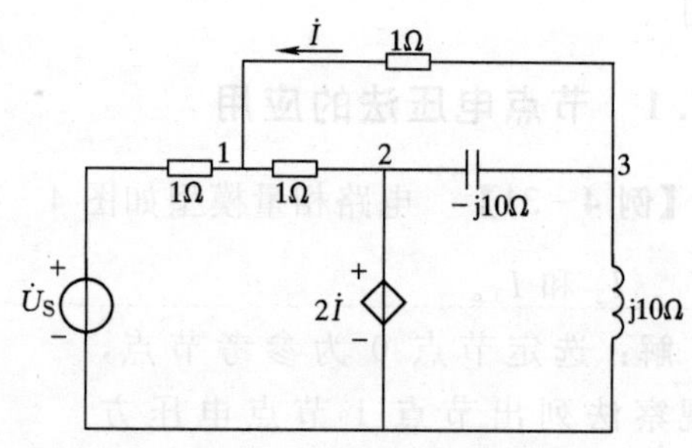

图 4-44 例 4-33 图

【例 4-33】 电路相量模型如图 4-44 所示，列出节点电压方程。

解：选定节点 0 为参考节点，则节点 1、2、3 电压为 $\dot{U}_{n1}$、$\dot{U}_{n2}$、$\dot{U}_{n3}$，用观察法列出各节点电压方程为

节点 ① $$(1+1+1)\dot{U}_{n1}-\dot{U}_{n2}-\dot{U}_{n3}=\dot{U}_S \quad (1)$$

节点② $\dot{U}_{n2}=2\dot{I}_1$ (2)

节点③ $-\dot{U}_{n1}-\frac{1}{-j10}\dot{U}_{n2}+\left(1+\frac{1}{-j10}+\frac{1}{j10}\right)\dot{U}_{n3}=0$ (3)

又 $\dot{I}=\dot{U}_{n3}-\dot{U}_{n1}$ (4)

整理以上方程得

节点① $3\dot{U}_{n1}-\dot{U}_{n2}-\dot{U}_{n3}=\dot{U}_S$

节点② $2\dot{U}_{n1}+\dot{U}_{n2}-2\dot{U}_{n3}=0$

节点③ $-\dot{U}_{n1}-j0.1\dot{U}_{n2}+\dot{U}_{n3}=0$

4.7.2 叠加定理和戴维南定理的应用

【例 4-34】 应用叠加定理求图 4-43 中的电流 $\dot{I}_C$。

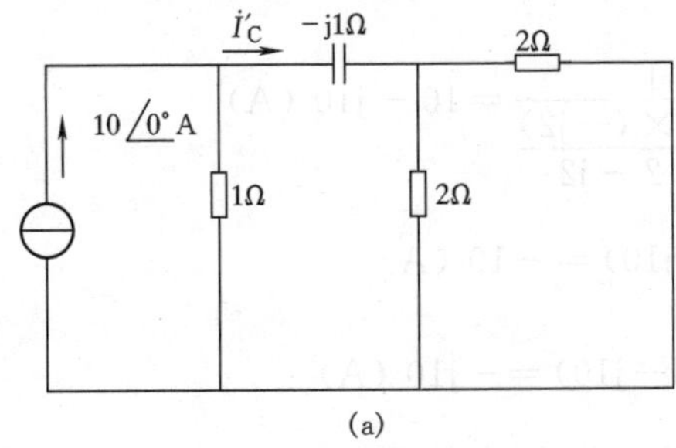

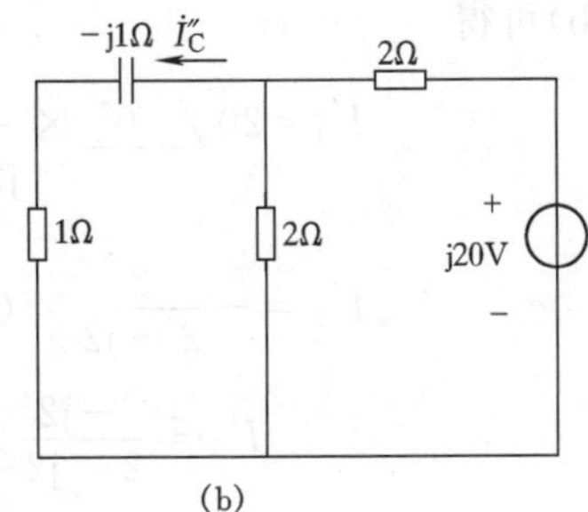

图 4-45 例 4-34 图

(a) 10∠0° A 电流源单独作用电路图；(b) j20V 电压源单独作用电路图

解：(1) 10∠0° A 电流源单独作用时，分电路如图 4-45 (a) 所示，由图 4-45 (a) 可得

$$\dot{I}'_C=10\angle 0^\circ\times\frac{1}{1+1-j}=\frac{10}{2-j}=4+j2\ (A)$$

(2) j20V 电压源单独作用时，分电路如图 4-45 (b) 所示。由图 4-45 (b) 可得

$$\dot{I}''_C=j20\times\frac{1}{2+\frac{2\times(1-j)}{2+(1-j)}}\times\frac{2}{2+(1-j)}=-2+j4\ (A)$$

(3) 两个独立电源共同作用时，有

$$\dot{I}_C = \dot{I}'_C - \dot{I}''_C = (4 + j2) - (-2 + j4) = 6 - j2 = 6.32\angle -18.43^\circ \text{ (A)}$$

【例 4-35】 电路如图 4-46（a）所示，应用叠加定理求各支路电流。

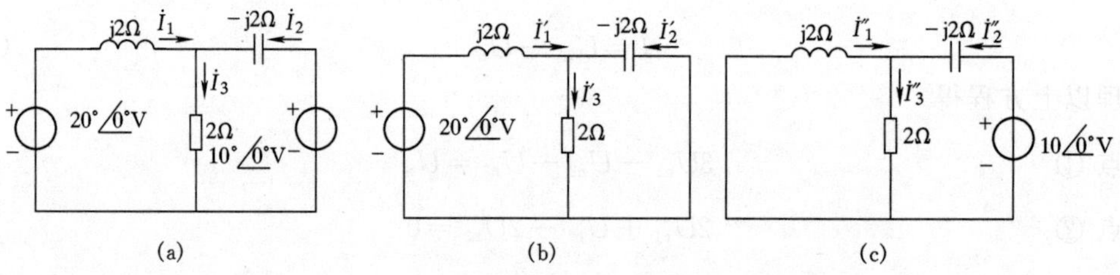

图 4-46 例 4-35 图

（a）电路图；（b）$20\angle 0^\circ$ V 电压源单独作用时的电路图；
（c）$10\angle 0^\circ$ V 电压源单独作用时的电路图

解：（1）$20\angle 0^\circ$ V 电压源单独作用时，分电路如图 4-46（b）所示，由图 4-46（b）可得

$$\dot{I}'_1 = 20\angle 0^\circ \times \frac{1}{j2 + \dfrac{2 \times (-j2)}{2 - j2}} = 10 - j10 \text{ (A)}$$

$$\dot{I}'_2 = -\frac{2}{2 - j2} \times (10 - j10) = -10 \text{ (A)}$$

$$\dot{I}'_3 = \frac{-j2}{2 - j2} \times (10 - j10) = -j10 \text{ (A)}$$

（2）$10\angle 0^\circ$ V 电压源单独作用时，分电路如图 4-46（c）所示。由图 4-46（c）可得

$$\dot{I}''_2 = 10\angle 0^\circ \times \frac{1}{-j2 + \dfrac{2 \times j2}{2 + j2}} = 5 + j5 \text{ (A)}$$

$$\dot{I}''_1 = -\frac{2}{2 + j2} \times (5 + j5) = -5 \text{ (A)}$$

$$\dot{I}''_3 = \frac{j2}{2 + j2} \times (5 + j5) = j5 \text{ (A)}$$

（3）两个独立电源共同作用时，有

$$\dot{I}_1 = \dot{I}'_1 + \dot{I}''_1 = 10 - j10 - 5 = 5 - j10 \text{ (A)}$$

$$\dot{I}_2 = \dot{I}'_2 + \dot{I}''_2 = -10 + 5 + j5 = -5 + j5 \text{ (A)}$$

$$\dot{I}_3 = \dot{I}'_3 + \dot{I}''_3 = -j10 + j5 = -j5 \text{ (A)}$$

【例 4-36】 应用戴维南定理求图 4-43 中的电流 $\dot{I}_C$。

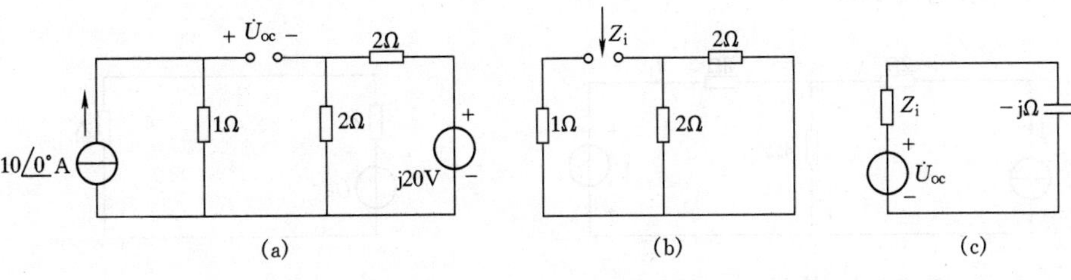

图 4-47 例 4-36 图

解：(1) 求开路电压 $\dot{U}_{oc}$。将电容支路断开移走，剩余部分为含源二端网络，如图 4-47 (a)，则开路电压为

$$\dot{U}_{oc}=10\angle 0°\times 1-\frac{1}{2}\times j20=10-j10\ (\text{V})$$

(2) 求等效复阻抗 Z_i。将含源二端网络中电压源用短路代替，电流源用开路代替，如图 4-47 (b) 所示。则无源二端网络的等效复阻抗为

$$Z_i=1+1=2\ (\Omega)$$

(3) 求支路电流 $\dot{I}_C$。用戴维南等效电路（相量模型）代替含源二端网络，在得到的戴维南等效电路两端接上原来移走的电容支路，如图 4-47 (c) 所示，则支路电流为

$$\dot{I}_C=\frac{\dot{U}_{oc}}{Z_i-j}=\frac{10-j10}{2-j}=6-j2=6.32\angle -18.43°\ (\text{A})$$

【思考与练习】

(1) 用相量法分析复杂正弦交流电路时，直流电阻电路的所有方法、公式、定理完全可以适用于正弦交流电路的分析和计算中，不同之处是什么？

(2) 求图 4-48 所示二端网络的戴维南等效电路。

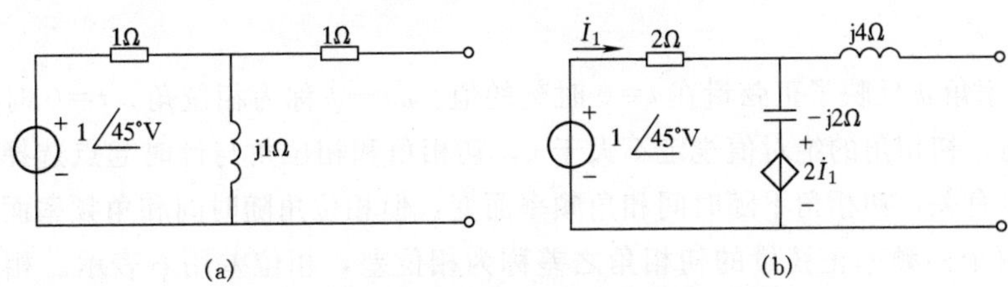

图 4-48 练习 (2) 图

(3) 电路如图 4-49 所示，已知 $\dot{I}_1=1\angle 30^\circ$ A，$\dot{U}=2\angle 0^\circ$ V，且角频率 $\omega=10^4$ rad/s，求电流 $i(t)$。

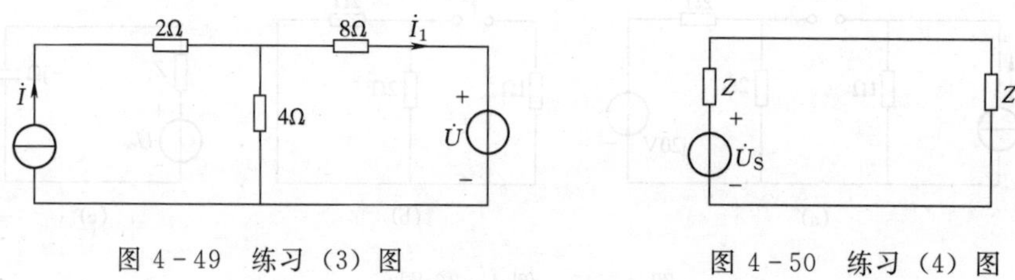

图 4-49 练习 (3) 图　　图 4-50 练习 (4) 图

(4) 电路如图 4-50 所示，电源电压为 $\dot{U}_S$，其内阻抗为 $Z=R_S+jX_S$，负载阻抗为 $Z_L=R_L+jX_L$，负载电阻及电抗均可独立地变化，试证明负载获得最大功率的条件是 $Z_L=Z^*$，最大功率为 $P_{Lmax}=\dfrac{U_S^2}{4R_S}$。

小 结

(1) 随时间按正弦规律变化的电压、电流和电动势称为正弦交流电，又统称为正弦量。由正弦交流电源激励的电路称为正弦交流电路，常简称为交流电路。正弦交流电路中的全部稳态响应将是同频的正弦量。正弦电流、电压、电动势分别用 i、u、e 表示，一个正弦电流 i（或正弦电压 u）在规定的参考方向下，可以用瞬时值表达式（解析式）表示成

$$i=I_m\cos(\omega t+\psi_i)$$

(2) 正弦量的三要素是最大值、角频率、初相角。其中：

1) 最大值是瞬时值中最大的值，它反映正弦量的变化幅度，不随时间而变，与正弦量的参考方向无关。

2) 角频率 ω 是反映正弦量变化快慢的要素，它与周期、频率的关系为 $\omega=\dfrac{2\pi}{T}=2\pi f$

3) 初相角 ψ 反映了正弦量在 $t=0$ 时刻的值。$\omega t+\psi$ 称为相位角，$t=0$ 时的相位角就是初相角，初相角的绝对值规定不大于 π，初相角和相位角与计时起点选择有关，也与参考方向有关，初相角不随时间和角频率而变，但相位角随时间和角频率而变。

(3) 两个同频率正弦量的初相角之差称为相位差，相位差用 φ 表示。相位差的绝对值规定不大于 π。相位差与计时起点选择无关，不随时间和角频率而变。

设两个正弦量 $u=U_{\mathrm{m}}\cos(\omega t+\psi_{\mathrm{u}})$

$$i=I_{\mathrm{m}}\cos(\omega t+\psi_{\mathrm{i}})$$

它们的相位差 $\varphi=\psi_{\mathrm{u}}-\psi_{\mathrm{i}}$，其中：

1）$\varphi>0$ 时，u 超前 i（i 落后 u）。

2）$\varphi<0$ 时，u 落后 i（i 超前 u）。

3）$\varphi=0$ 时，u 与 i 同相。

4）$\varphi=\pm\pi$ 时，u 与 i 反相。

（4）复数有五种表示形式：代数形式、三角形式、指数形式、极坐标形式、在复平面上用向量表示；两个复数相等其实部和虚部分别相等或者复数模和辐角分别相等；复数的加、减、乘、除运算可以用代数形式进行，也可以用向量完成；但复数的乘、除运算用极坐标形式比较简单。±j 和 −1 都可视为旋转因子。

（5）正弦量可以用瞬时值和波形图表示，也可以用相量表示，例如：正弦电流 $i=I_{\mathrm{m}}\cos(\omega t+\psi_{\mathrm{i}})$，其相量为：$\dot{I}=I\mathrm{e}^{\mathrm{j}\psi_{\mathrm{i}}}=I\angle\psi_{\mathrm{i}}$。正弦量与其相量是一一对应关系，正弦量的代数和可以转换为相量的代数和；正弦量的导数对应的相量等于原正弦量的相量乘以 $\mathrm{j}\omega$；正弦量的积分对应的相量等于原正弦量的相量除以 $\mathrm{j}\omega$。

将正弦量的相量画在复平面上得到的图形称为相量图，相量求和可以在复平面上完成。画正弦交流电路的相量图时，可以适当选取参考相量，并令参考相量的初相角为零，求和时采用“尾首相接”原则。

（6）基尔霍夫定律相量形式为

$$\sum\dot{I}=0;\qquad\sum\dot{U}=0$$

一般情况下，有效值（或最大值）不满足基尔霍夫定律。

（7）在正弦交流电路中，电阻、电感、电容上的电压、电流都是同频率的正弦量，它们都对电流起阻碍作用。电阻不随频率而变，而感抗 X_{L} 和容抗 X_{C} 随频率而变。在电路中，电阻消耗功率，而电感和电容不消耗功率，电感、电容与电源不断地交换能量，为了衡量能量交换规模的大小，引入无功功率。电感、电容的无功功率等于它们瞬时功率的最大值。

正弦交流电路中的电阻元件、电感元件、电容元件的基本性质列于表 4－1 中。

（8）R、L、C 串联交流电路。分以下几种情况：

1）端电压 u 与电流 i 的关系。

相量关系： $\dot{U}=Z\dot{I}$

大小关系： $U=|Z|I$

相位关系： $\psi_{\mathrm{u}}=\varphi+\psi_{\mathrm{i}}$

表 4-1 正弦交流电路中的电阻元件、电感元件、电容元件的基本性质

项目	元件	R	L	C
电路模型	时域模型	i_R R + − u_R	i_L L + u_L −	i_C C + − u_C
	相量模型	$\dot{I}_R$ R + − $\dot{U}_R$	$\dot{I}_L$ $\mathrm{j}\omega L$ + $\dot{U}_L$ −	$\dot{I}_C$ $-\mathrm{j}1/\omega C$ + − $\dot{U}_C$
电压与电流的关系	瞬时值关系	$u_R=Ri_R$	$u_L=L\frac{di_L}{dt}$	$i_C=C\frac{du_C}{dt}$
	相量关系	$\dot{U}_R=R\dot{I}_R$	$\dot{U}_L=\mathrm{j}\omega L\dot{I}_L$	$\dot{U}_C=-\mathrm{j}\frac{1}{\omega C}\dot{I}_C$
	有效值关系	$U_R=RI_R$	$U_L=\omega LI_L=X_LI_L$	$U_C=\frac{1}{\omega C}I_C=X_CL_C$
	相位关系	$\psi_u=\psi_i$ 电压、电流同相位	$\psi_u=\psi_i+90°$ 电压超前电流 90°	$\psi_u=\psi_i-90°$ 电压滞后电流 90°
	相量图	$\dot{I}_R$ $\dot{U}_R$	0 $\dot{U}_L$ $\dot{I}_L$	$\dot{I}_C$ 0 $\dot{U}_C$
功率	瞬时功率	$p_R=U_RI_R(1+\cos2\omega t)$	$p_L=U_LI_L\sin2\omega t$	$p_C=-U_CI_C\sin2\omega t$
	有功功率	$P_R=U_RI_R=I_R^2R=\frac{U_R^2}{R}$	$P_L=0$	$P_C=0$
	无功功率	$Q_R=0$	$Q_L=U_LI_L=I_L^2X_L=\frac{U_L^2}{X_L}$	$Q_C=-U_CI_C=-I_C^2X_C=-\frac{U_C^2}{X_C}$

2）各电压之间的关系。

相量关系：$\dot{U}=\dot{U}_R+\dot{U}_L+\dot{U}_C$

有效值关系：$U=\sqrt{U_R^2+(U_L-U_C)^2}=\sqrt{U_R^2+U_X^2}$

式中，$\dot{U}_R$、$\dot{U}_X$、$\dot{U}$ 组成直角三角形称为电压三角形。

3）复阻抗 Z 和阻抗角 φ。

$$Z=\frac{\dot{U}}{\dot{I}}=|Z|\underline{/\varphi}=R+\mathrm{j}(X_L-X_C)=R+\mathrm{j}X$$

$$|Z|=\frac{U}{I}=\sqrt{R^2+(X_L-X_C)^2}=\sqrt{R^2+X^2}$$

式中，R、X、$|Z|$ 组成直角三角形称为阻抗三角形。

$$\varphi = \mathrm{tg}^{-1}\frac{X}{R} = \mathrm{tg}^{-1}\frac{X_L - X_C}{R} = \mathrm{tg}^{-1}\frac{U_L - U_C}{U_R}$$

当 $\varphi > 0$ 时，电路呈感性；

当 $\varphi < 0$ 时，电路呈容性；

当 $\varphi = 0$ 时，电路呈电阻性，此时电路发生了串联谐振。

（9）R、L、C 并联交流电路分以下几种情况：

1）端电压 u 与电流 i 的关系。

相量关系： $\dot{I} = Y\dot{U}$

大小关系： $I = |Y| U$

相位关系 $\psi_i = \varphi_Y + \psi_u$

2）各电流之间的关系，即

相量关系： $\dot{I} = \dot{I}_R + \dot{I}_L + \dot{I}_C$

有效值关系： $I = \sqrt{I_R^2 + (I_L - I_C)^2} = \sqrt{I_G^2 + I_B^2}$

式中，$\dot{I}_G$、$\dot{I}_B$、$\dot{I}$ 组成直角三角形称为电流三角形。

3）复导纳 Y 和导纳角 φ_Y，即

$$Y = \frac{\dot{I}}{\dot{U}} = |Y| \angle \varphi_Y = G - \mathrm{j}(B_L - B_C) = G - \mathrm{j}B$$

$$|Y| = \frac{I}{U} = \sqrt{G^2 + (B_L - B_C)^2} = \sqrt{G^2 + B^2}$$

式中，G、B、$|Y|$ 组成直角三角形称为导纳三角形

$$\varphi_Y = -\mathrm{tg}^{-1}\frac{B}{G} = -\mathrm{tg}^{-1}\frac{B_L - B_C}{G} = -\mathrm{tg}^{-1}\frac{I_L - I_C}{I_R}$$

当 $\varphi_Y < 0$ 时，电路呈感性；

当 $\varphi_Y > 0$ 时，电路呈容性；

当 $\varphi_Y = 0$ 时，电路呈电阻性，此时电路发生了并联谐振。

（10）无源二端网络的端电压与电流相量的比值定义为该二端网络的等效复阻抗，即

$$Z = \frac{\dot{U}}{\dot{I}} = |Z| \angle \varphi = R + \mathrm{j}X$$

式中，R 称为电阻分量，X 称为电抗分量，单位都是欧姆（Ω）。

无源二端网络的端电流与电压相量的比值定义为该二端网络的等效复导纳，即

$$Y=\frac{\dot{I}}{\dot{U}}=|Y|\angle\varphi_Y=G-jB$$

式中，G 称为电导分量，B 称为电纳分量，单位都是西门子（S）。

无源二端网络等效复阻抗与等效复导纳互为倒数关系，即

$$Y=\frac{1}{Z}=\frac{1}{|Z|\angle\varphi}=\frac{1}{|Z|}\angle-\varphi=|Y|\angle\varphi_Y$$

因此，一个无源二端网络的可以用等效复阻抗表示，也可以用等效复导纳表示。

（11）复阻抗和复导纳的串、并联，其中：

n 个复阻抗串联其等效复阻抗为　$Z=Z_1+Z_2+Z_3+\cdots=\sum\limits_{k=1}^{n}Z_k$

n 个复阻抗并联其等效复阻抗为　$\frac{1}{Z}=\frac{1}{Z_1}+\frac{1}{Z_2}+\frac{1}{Z_3}+\cdots=\sum\limits_{k=1}^{n}\frac{1}{Z_k}$

两个复阻抗并联其等效复阻抗为　$Z=\frac{Z_1Z_2}{Z_1+Z_2}$

n 个复导纳并联其等效复导纳为　$Y=Y_1+Y_2+Y_3+\cdots=\sum\limits_{k=1}^{n}Y_k$

（12）正弦交流电路的瞬时功率为 $p=ui$，瞬时功率是随时间变化的。

正弦交流电路的平均功率即有功功率为

$$P=UI\cos\varphi$$

电路中只有电阻消耗有功功率，所以电路中消耗的总功率还可以用下式求出：

$$P=\sum I_k^2R_k$$

正弦交流电路的无功功率为　$Q=UI\sin\varphi$

电路中，总的无功功率等于电感、电容无功功率之代数和，即

$$Q=\sum Q_k$$

电感无功功率 Q_L 为正，电容无功功率 Q_C 为负。

正弦交流电路的视在功率为　$S=UI=\sqrt{P^2+Q^2}$

正弦交流电路功率因数为　$\cos\varphi=\frac{P}{S}$

正弦交流电路的复功率为　$\tilde{S}=\dot{U}\dot{I}^*=S\angle\varphi=P+jQ$

整个电路中，有功功率、无功功率、复功率是守恒的，但一般情况下，视在功率不守恒。

（13）提高功率因数的经济意义：①在电源容量一定时，可以充分利用电源设备的容量；②在电源电压和负载一定时，可以减少线路损失，改善供电质量，提高输电

效率；③减少用户电费支出。

提高功率因数的方法：①改善设备自然功率因数；②采用无功补偿，在感性负载上装置电力电容器，使无功功率就地补偿，减少感性负载与电源能量交换的规模。把功率因数从 $\cos\varphi_1$ 提高到 $\cos\varphi_2$ 需要并联电容器的电容值为

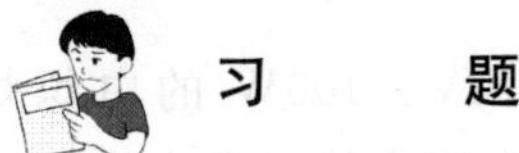

$$C=\frac{P}{\omega U^2}(\mathrm{tg}\varphi_1-\mathrm{tg}\varphi_2)$$

（14）采用相量法分析正弦交流电路，是以电路相量模型为分析对象，在电路相量模型中，仿照直流电阻电路的分析方法进行复数运算，即直流电阻电路的各种方法和电路定理都可推广用于正弦交流电路。

习　题

4－1　已知电压 $u=100\cos\left(\omega t+\frac{\pi}{3}\right)$ V，试求瞬时值 u（0）、$u\left(\frac{T}{4}\right)$、$u\left(\frac{T}{2}\right)$、$u\left(\frac{3T}{4}\right)$、$u$（$T$）。

4－2　已知正弦电压和正弦电流的波形如图 4－51 所示，频率为 50Hz，试指出它们的最大值、初相角以及它们的相位差，并说明哪个正弦量超前，超前多少角度？超前多少时间？

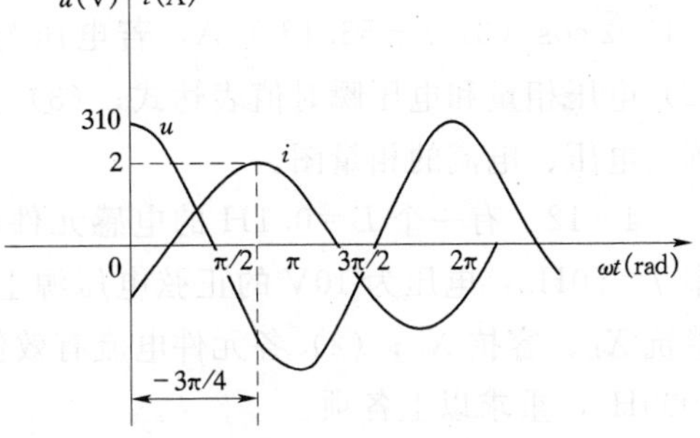

图 4－51　题 4－2 图

4－3　已知：正弦量 $u_1=100\sqrt{2}\cos(314t+150°)$ V

$u_2=180\sqrt{2}\cos(314t+30°)$ V

求：（1）正弦量的最大值、有效值；

（2）角频率、频率、周期；

（3）初相角、相位差并说明超前、滞后关系；

（4）画出 u、i 波形；

（5）若 u_2 方向反过来，重求（3）、（4）。

4－4　三个正弦电压分别为 $u_1=110\sqrt{2}\cos\omega t$ V，$u_2=110\sqrt{2}\cos(\omega t-120°)$ V，$u_3=110\sqrt{2}\cos(\omega t+120°)$ V，说明它们的相位关系。若改选以 u_2 为参考正弦量，试重写它们的瞬时值表达式。

4－5　已知复数 $A_1=6+\mathrm{j}8$，$A_2=4-\mathrm{j}4$，试求它们的和、差、积、商。

4-6 试用极坐标形式写出下列正弦量的相量，并画出它们的相量图。

(1) $u=141.4\cos\left(\omega t+\frac{\pi}{3}\right)$V；(2) $i=2\sqrt{2}\sin\left(\omega t-\frac{\pi}{6}\right)$A；

(3) $u=-220\sqrt{2}\cos(314t-36.87°)$ V；(4) $i=-5\sqrt{2}\cos(314t+135°)$ A。

4-7 已知相量 $\dot{I}_1=4+\mathrm{j}3$A，$\dot{I}_2=\sqrt{2}-\mathrm{j}\sqrt{2}$A，$\dot{I}_3=\mathrm{j}10$A，$\dot{I}_4=-\mathrm{j}5$A，$\dot{I}_5=3$A，设 $\omega=1000$rad/s，试求（1）电流的极坐标形式；（2）电流的瞬时值表达式。

4-8 已知 $u_A=220\sqrt{2}\cos(\omega t+30°)$ V，$u_B=220\sqrt{2}\cos(\omega t-90°)$ V，$u_C=220\sqrt{2}\cos(\omega t+150°)$。试用相量法求：（1）$u_A-u_B$，$u_B-u_C$，$u_C-u_A$；（2）$u_A+u_B+u_C$；（3）画出相量图。

4-9 已知一额定值为 220V、100W 的白炽灯，其两端电压为 $u=220\sqrt{2}\times\cos(314t+60°)$ V，若电压与电流为关联参考方向，试求（1）白炽灯的电流相量及电流瞬时值表达式；（2）白炽灯消耗的功率。

4-10 有一电阻 $R=40\Omega$，通过正弦电流 $i=\sqrt{2}\cos(\omega t+30°)$ A，若电压与电流为关联参考方向，求（1）电阻两端电压相量、电压有效值和电压瞬时值表达式；（2）电阻消耗的平均功率、瞬时功率的最大值；（3）画出电压、电流的相量图。

4-11 有一电感线圈 $L=127$mH，其电阻可忽略，已知通过电感线圈的电流为 $i=10\sqrt{2}\cos(314t+53.13°)$ A，若电压与电流为关联参考方向，求（1）感抗 X_L；（2）电压相量和电压瞬时值表达式；（3）无功功率 Q 和瞬时功率的最大值 p_{max}；（4）画出电压、电流的相量图。

4-12 有一个 $L=0.1$H 的电感元件和一个 $C=25\mu$F 的电容元件，分别接在频率 $f=50$Hz，电压为 10V 的正弦电压源上，若电压与电流为关联参考方向，求（1）感抗 X_L、容抗 X_C；（2）各元件电流有效值；（3）若外加电压的数值不变，频率变为 5000Hz，重求以上各项。

4-13 有一电感元件接到一工频正弦电压上，若电压有效值为 $U=100$V，通过元件的电流有效值为 $I=1$A，试求（1）感抗 X_L；（2）电感 L；（3）无功功率 Q。

4-14 有一个 $C=20\mu$F 的电容元件，通过元件的电流为 $i=\sqrt{2}\cos(1000t+30°)$ A，若电压与电流为关联参考方向，求（1）容抗 X_C；（2）电压相量和电压的瞬时值表达式；（3）无功功率 Q 和瞬时功率的最大值 p_{max}；（4）画出电压、电流的相量图。

4-15 一 R、L、C 串联电路，$R=40\Omega$，$X_L=80\Omega$，$X_C=50\Omega$，通过正弦电流 $\dot{I}=2\underline{/30°}$ A。（1）求电路的复阻抗；（2）求 $\dot{U}_R$、$\dot{U}_L$、$\dot{U}_C$、$\dot{U}$；（3）画出电路的相量图。

4-16　一 R、L、C 并联电路，接在电压为 $u=220\sqrt{2}\cos(314t+30°)$ V 的电源上，已知 $R=22\Omega$，$X_L=22\Omega$，$X_C=11\Omega$，试求 $\dot{I}_R$、$\dot{I}_L$、$\dot{I}_C$、$\dot{I}$。

4-17　如图 4-52 所示为正弦稳态电路，求未知电压表、电流表的读数。

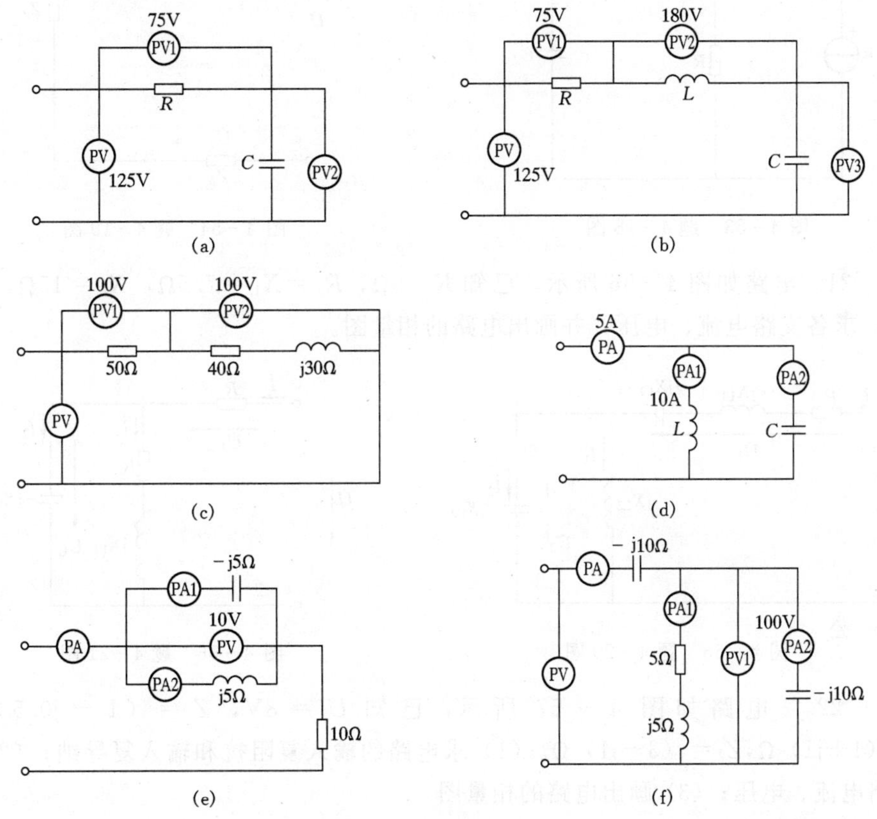

图 4-52　题 4-17 图

4-18　电路如图 4-53 所示，已知 $i_S=50\sqrt{2}\cos(1000t)$ A，$u=100\sqrt{2}\cos(1000t-36.87°)$ V，求 R 和 C。

4-19　电路如图 4-54 所示，已知 $Z_1=5+\mathrm{j}8\Omega$，$Z_2=5-\mathrm{j}4\Omega$，$U_3=100$V，Z_3 的阻抗角为 53.13°，电路电流 $I=10$A。求总电压。

4-20　电路如图 4-55 所示，已知 $\dot{U}=120\angle 0°$ V，$R_1=20\Omega$，$X_{L1}=10\Omega$，$X_{C1}=30\Omega$，$X_{L2}=20\Omega$，$X_{C2}=20\Omega$，分别求开关 S 打开和闭合时，电路中的电流 $\dot{I}$、$\dot{I}_1$、$\dot{I}_2$ 和电压 $\dot{U}_1$、$\dot{U}_2$。

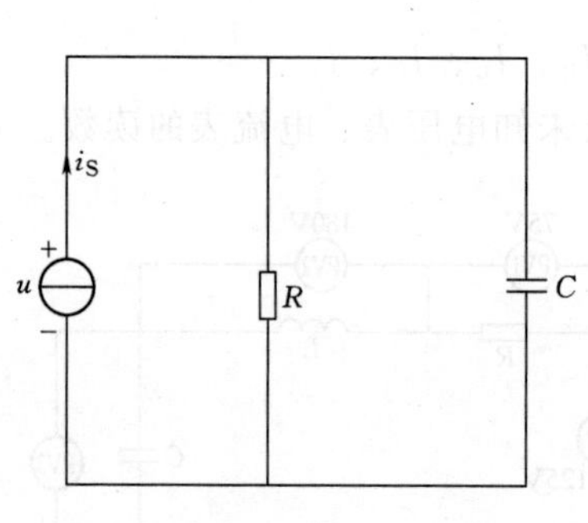

图 4-53　题 4-18 图

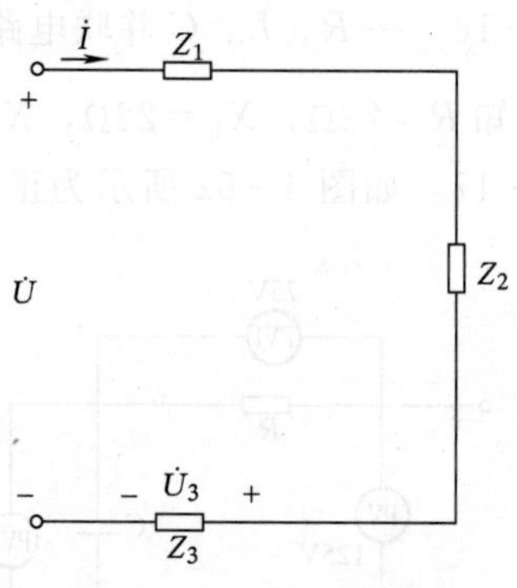

图 4-54　题 4-19 图

4-21　电路如图 4-56 所示，已知 $R=5\Omega$，$R_1=X_L=7.5\Omega$，$X_C=15\Omega$，$U=200V$，求各支路电流、电压，并画出电路的相量图。

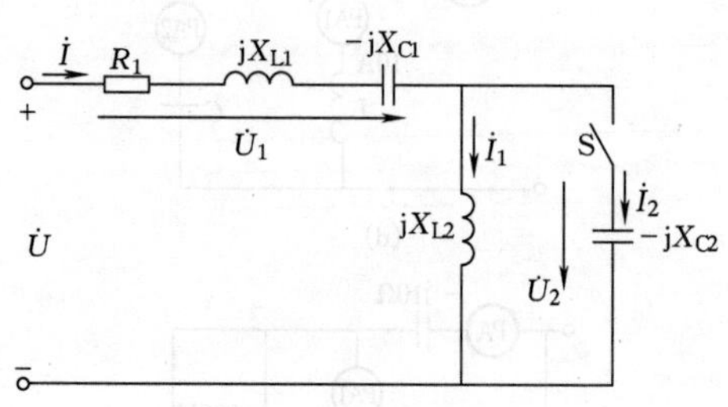

图 4-55　题 4-20 图

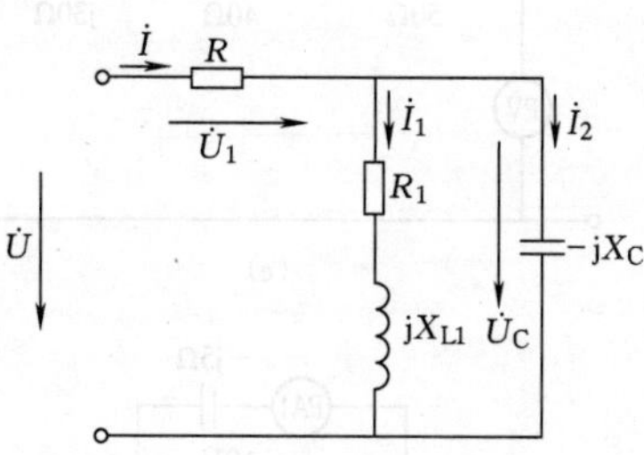

图 4-56　题 4-21 图

4-22　电路如图 4-57 所示，已知 $U=8V$，$Z=(1-j0.5)\ \Omega$，$Z_1=(1+j1)\ \Omega$，$Z_2=(3-j1)\ \Omega$。(1) 求电路的输入复阻抗和输入复导纳；(2) 求各支路电流、电压；(3) 画出电路的相量图。

4-23　电路如图 4-58 所示，求各支路电流、电压。

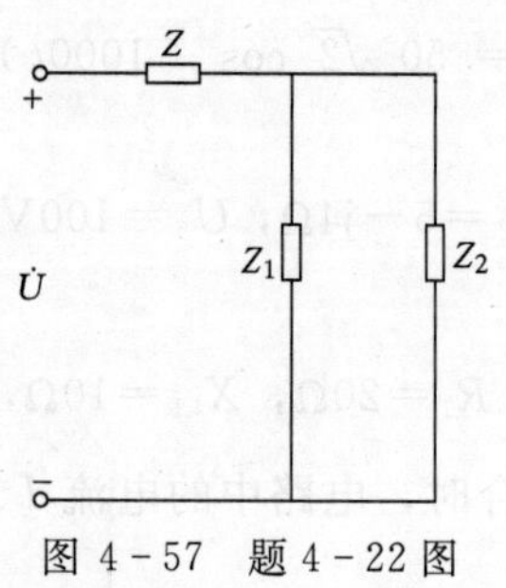

图 4-57　题 4-22 图

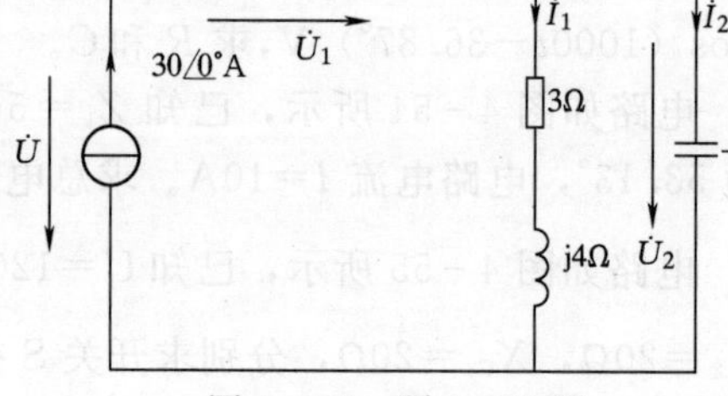

图 4-58　题 4-23 图

4-24　电路如图 4-59 所示，已知 $I_2=10\text{A}$，若以电压 $\dot{U}_{10}$ 为参考相量，求电压 $\dot{U}_S$，并画出电路的相量图。

4-25　电路如图 4-60 所示，已知 $\dot{U}_C=1\angle 0°\ \text{V}$，求 $\dot{U}$。

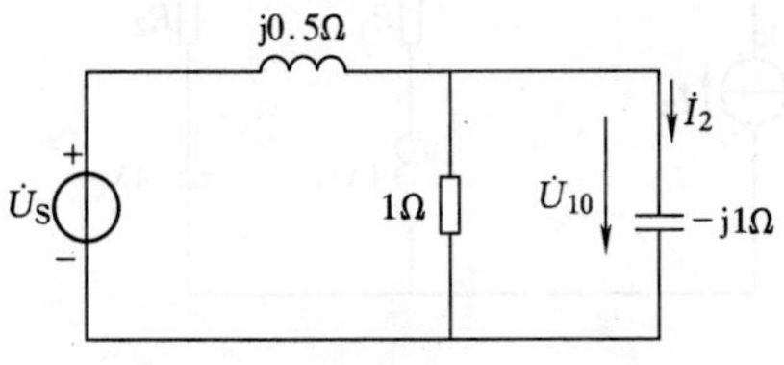

图 4-59　题 4-24 图

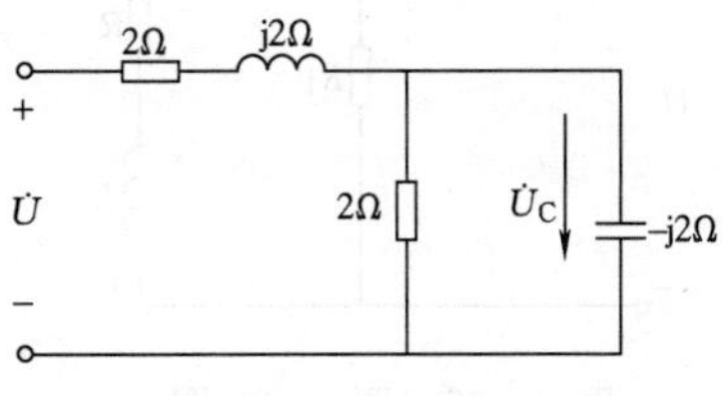

图 4-60　题 4-25 图

4-26　电路如图 4-61 所示，已知 $Z_1=(10+\text{j}50)\ \Omega$，$Z_2=(400+\text{j}1000)\ \Omega$，$\beta=-41$，求电路的等效复阻抗。

4-27　电路如图 4-62 所示，求电路的等效复导纳，并画出其并联等效电路。

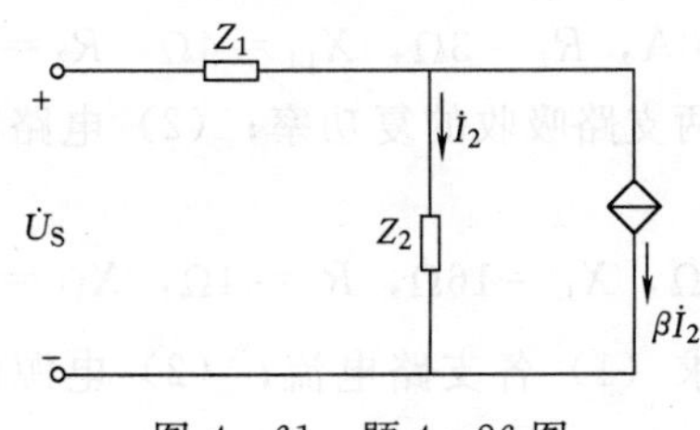

图 4-61　题 4-26 图

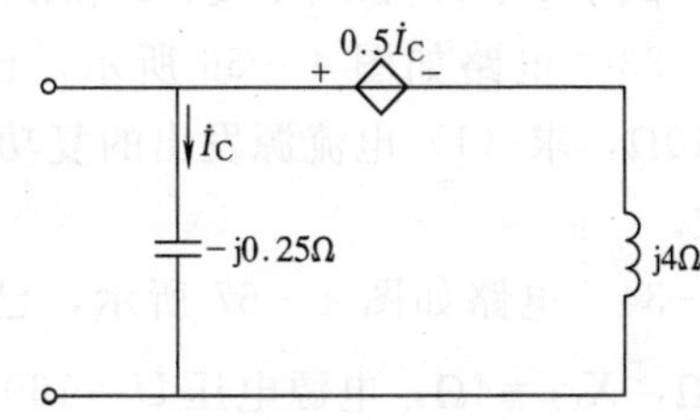

图 4-62　题 4-27 图

4-28　电路如图 4-63 所示，已知 $U_S=200\text{V}$，$U_1=150\text{V}$，$U_2=80\text{V}$，$Z_1=30\Omega$，求 Z_2。

4-29　电路如图 4-64 所示，已知 $Z_1=(5+\text{j}12)\ \Omega$，$Z_2=(10+\text{j}18)\ \Omega$，调节电阻 R 可使 $\dot{I}_2$ 与 $\dot{U}_S$ 的相位差为 90°。求 R 值。

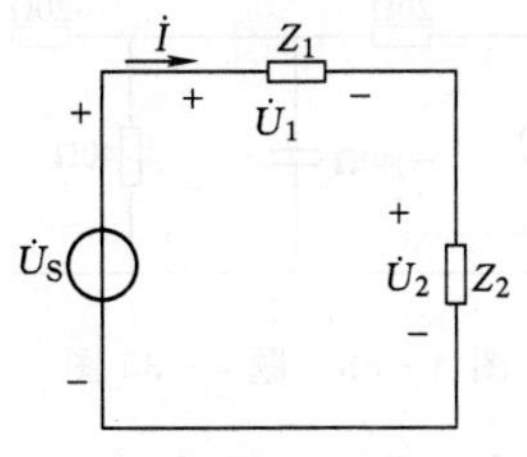

图 4-63　题 4-28 图

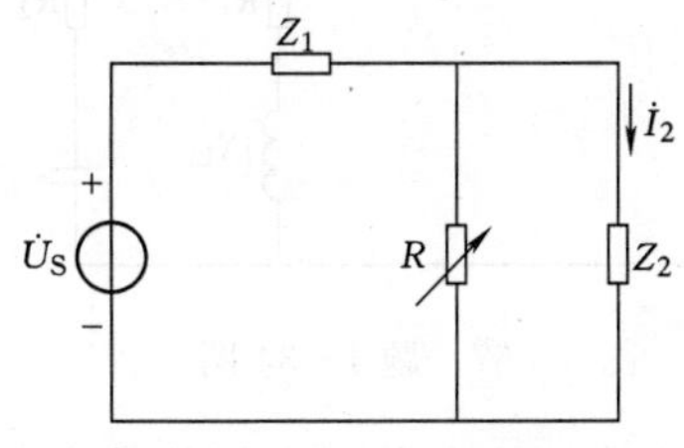

图 4-64　题 4-29 图

4-30　电路如图 4-65 所示，有一电感线圈，现欲测定它的参数 R 和 L，将它

与已知电阻 R_1 并联，接在 $f=50\text{Hz}$ 的电源上，已知 $R_1=50\Omega$，并用交流电流表测得各支路电流为：$I=1.789\text{A}$，$I_1=1\text{A}$，$I_2=1\text{A}$，试计算 R 和 L。

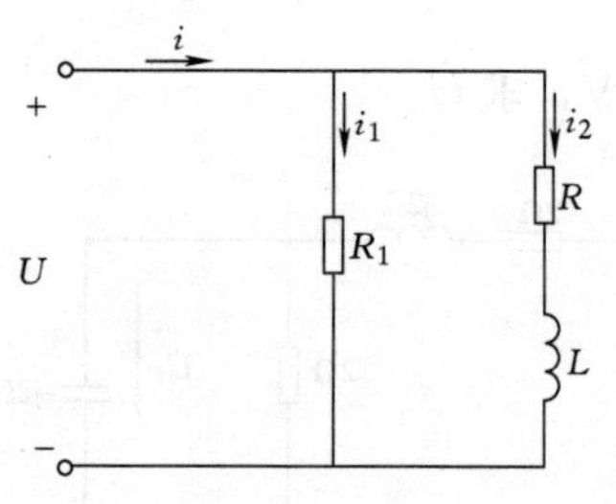

图 4-65　题 4-30 图

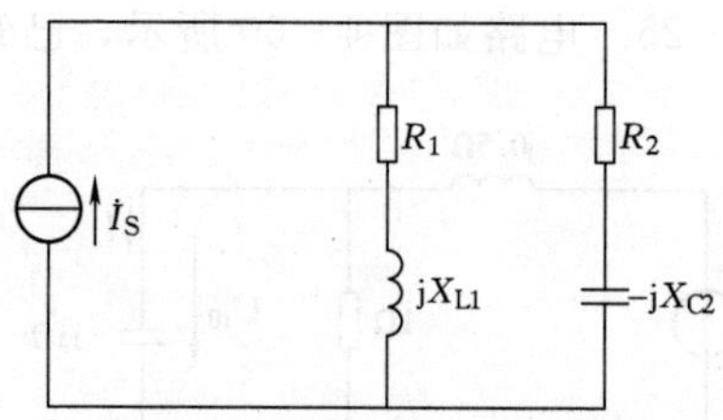

图 4-66　题 4-33 图

4-31　电路如图 4-56 所示，已知 $U=200\text{V}$，$I_1=10\sqrt{2}\text{ A}$，$I_2=10\text{A}$，$U_1=50\text{V}$，$R_1=X_{L1}$，求 I、R、R_1、X_{L1} 及 X_C。

4-32　一 R、L 串联正弦电路，端电压 $U=100\text{V}$，电流 $I=2\text{A}$，功率 $P=120\text{W}$，试求 R、X_L、U_L、Q、S 和 λ。

4-33　电路如图 4-66 所示，已知 $I_S=10\text{A}$，$R_1=3\Omega$，$X_{L1}=4\Omega$，$R_2=5\Omega$，$X_{C2}=10\Omega$，求（1）电流源发出的复功率和另外两支路吸收的复功率；（2）电路的功率因数。

4-34　电路如图 4-67 所示，已知 $R=12\Omega$，$X_L=16\Omega$，$R_1=4\Omega$，$X_{L1}=4\Omega$，$R_2=4\Omega$，$X_{C2}=4\Omega$，电源电压 $U=160\sqrt{2}\text{ V}$，试求（1）各支路电流；（2）电源的有功功率 P、无功功率 Q、视在功率 S 和复功率 $\tilde{S}$。

4-35　电路如图 4-68 所示，求各支路电流和电源发出的复功率，并验证复功率守恒。

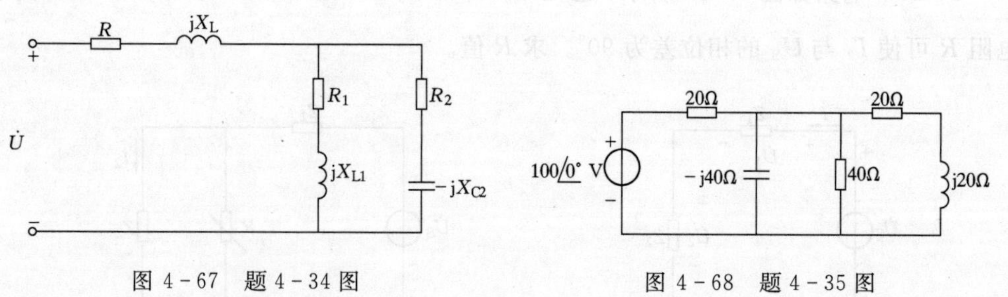

图 4-67　题 4-34 图　　　图 4-68　题 4-35 图

4-36　有三个负载，它们的功率和功率因数分别为：$P_1=5.28\text{kW}$、$\cos\varphi_1=0.6$（感性），$P_2=8.8\text{kW}$、$\cos\varphi_2=0.8$（感性），$P_3=6.6\text{kW}$、$\cos\varphi_3=0.5$（容性），将它

们并联接到220V的电源上。求（1）电源供给的总有功功率和无功功率；（2）电源提供的视在功率；（3）电源供给的总电流；（4）电路的功率因数。

4-37　有两个负载并联接到100V的电源上，它们的功率因数分别为 $\cos\varphi_1=0.8$（容性），$\cos\varphi_2=0.5$（感性），两个负载电流分别为 $I_1=10\text{A}$，$I_2=20\text{A}$。求电路的总有功功率、总电流及功率因数。

4-38　输电线的复阻抗 $Z_L=0.08+\text{j}0.25\Omega$，用来传送功率给负载。负载端电压为 $220\angle 0°$ V，负载功率为40kW，功率因数为0.6（感性）。求负载电流和输电线损失的功率 P_L。

4-39　在上题中，电源频率为50Hz，若将负载的功率因数提高到0.9，需要在负载端并联多大电容？此时负载电流和输电线损失的功率 P_L 是多少？

4-40　某电源设备的容量 $S_N=20\text{kVA}$，$U_N=220\text{V}$，$f=50\text{Hz}$。试求：（1）该电源的额定电流；（2）该电源供给 $\cos\varphi_1=0.5$、40W的日光灯，最多可点多少盏灯？此时线路的电流是多少？（3）若将电路的功率因数提高到 $\cos\varphi_2=0.9$，需并联多大电容？此时线路的电流是多少？

4-41　某车间的负载为感性，用电电压为220V，频率为50Hz，车间的有功功率为60kW，无功功率为80kvar。试问（1）车间的总电流和功率因数是多少？（2）若将车间功率因数提高到0.9，需并联多大电容？这时车间的总电流又为多少？

4-42　某电源设备的容量 $S_N=25\text{kVA}$，它为一组感性负载和一组40W的白炽灯供电，已知感性负载的总功率为12kW，功率因数为0.6。试问（1）可接多少盏白炽灯？（2）整个电路的功率因数为多少？（3）若用并联电容的方法将电路的功率因数提高到0.866，还可以再供多少盏白炽灯用电？

4-43　电路如图4-69所示，已知 $i_S=10\sqrt{2}\cos(5000t)$ A，$R_1=R_2=10\Omega$，$C=10\mu\text{F}$，$\mu=0.5$。分别用结点电压法和戴维南定理求电流 i_2。

4-44　电路如图4-70所示，已知 $u_S=2\sqrt{2}\cos t\text{V}$，$i_S=4\sqrt{2}\cos t\text{A}$，分别用节点电压法和叠加定理求电容的电压 u_C。

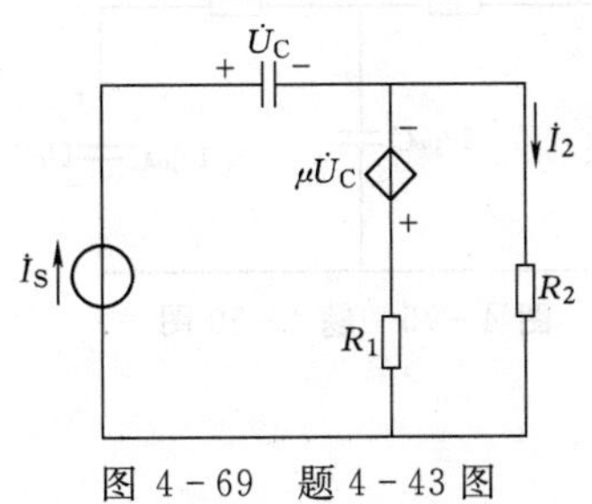

图4-69　题4-43图

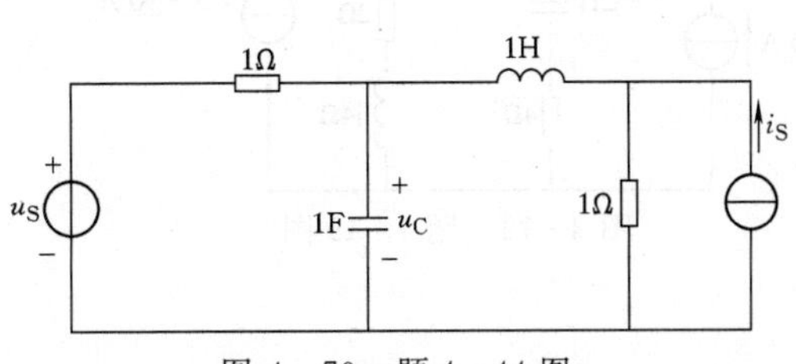

图4-70　题4-44图

4－45　电路如图 4－71 所示，已知 $\dot{U}_S=7\underline{/0°}$ V，用节点电压法求电流 $\dot{I}_C$。

4－46　电路如图 4－72 所示，用节点电压法求电路的各支路电流。

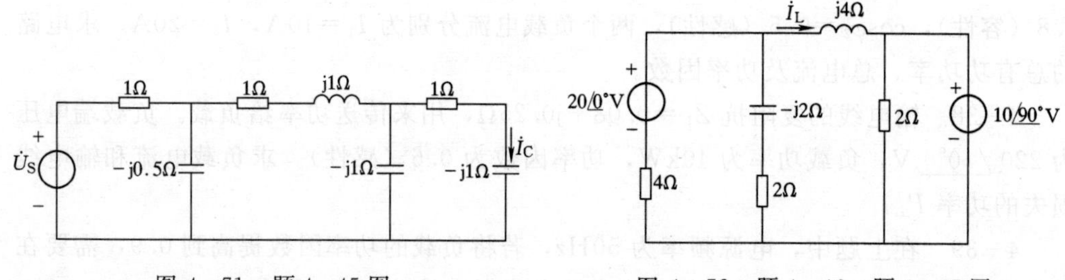

图 4－71　题 4－45 图　　　　图 4－72　题 4－46、题 4－47 图

4－47　电路如图 4－72 所示，分别用叠加定理和戴维南定理求电感电流 $\dot{I}_L$。

4－48　求图 4－73 所示二端网络的戴维南等效电路。

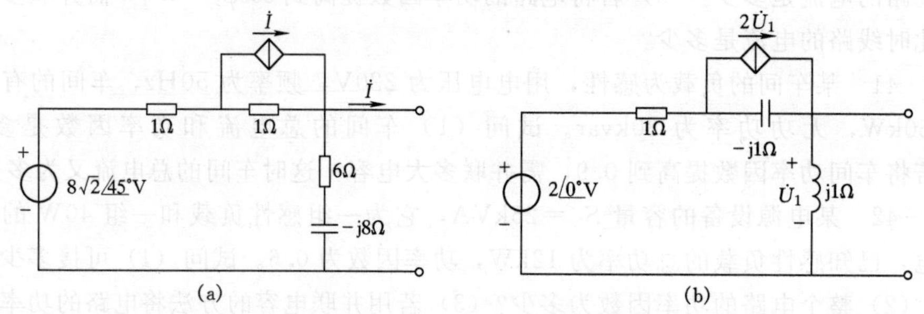

图 4－73　题 4－48 图

4－49　电路如图 4－74 所示，试用节点电压法和叠加定理求各支路电流。

4－50　电路如图 4－75 所示，若使 $\dot{U}_C$ 滞后 $\dot{U}_S$ 的角度为 $\pi/2$，R、C 应如何选择？

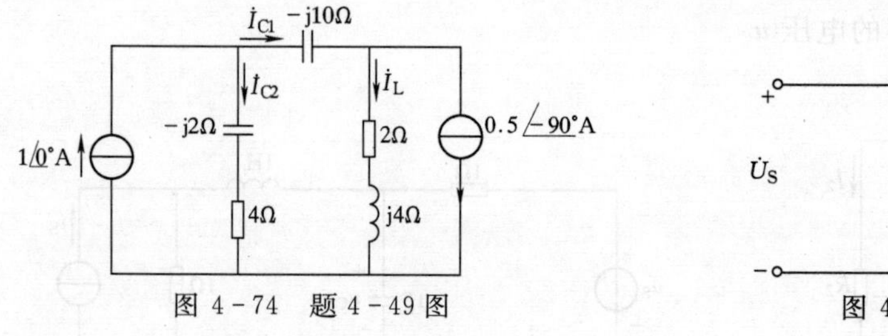

图 4－74　题 4－49 图

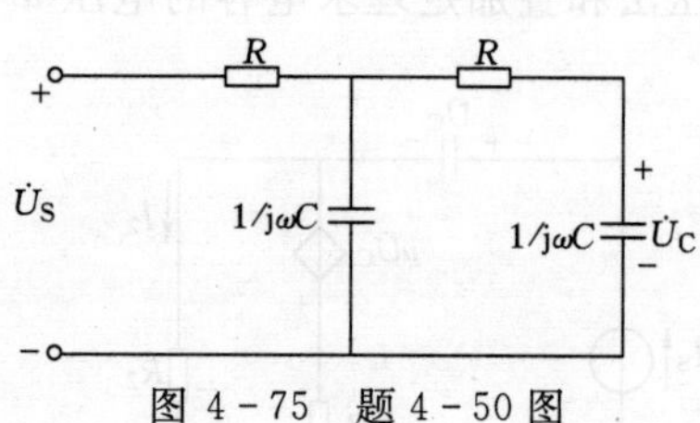

图 4－75　题 4－50 图

第5章

谐振与非正弦周期电流电路

在具有电感与电容元件的交流电路中，多数情况下电路两端的电压和电流在相位上是不同的，当改变电路的参数或电源的频率时，电路端口的电压与电流同相，这种现象称电路发生了谐振。谐振在电信工程中有着广泛的应用，但在有些场合也可能造成某种危害。因而研究谐振有着重要的实用意义。根据发生谐振的电路的不同，谐振现象可分为串联谐振和并联谐振。

前面几章研究了正弦交流电路的性质和分析方法，在实际工程中，还常常遇到电压和电流不按正弦规律变化的非正弦交流电路。例如，当电路中同时有几个不同频率的正弦激励时，其响应会是非正弦的；电力工程中应用的正弦交流电激励，只是近似的；有非线性元件存在的电路中，响应也会是非正弦的。因此研究非正弦交流电路是非常必要的。本章着重研究以上两个方面的问题。

5.1 串联谐振电路

发生在R、L、C串联电路中的谐振叫做串联谐振。

5.1.1 串联谐振的条件和特征

图5-1为R、L、C串联电路，在正弦电压的激励下，

$$Z=R+\mathrm{j}\left(\omega L-\frac{1}{\omega C}\right)$$

显然，当$\omega L=\frac{1}{\omega C}$时，$\varphi=\arctan\frac{\omega L-\frac{1}{\omega C}}{R}=0$端口电流电压同相。此时，电路发生谐振，由于是在$R$、$L$、$C$串联电路中发生的，故称串联谐振。所以，发生串联谐振的条件是电

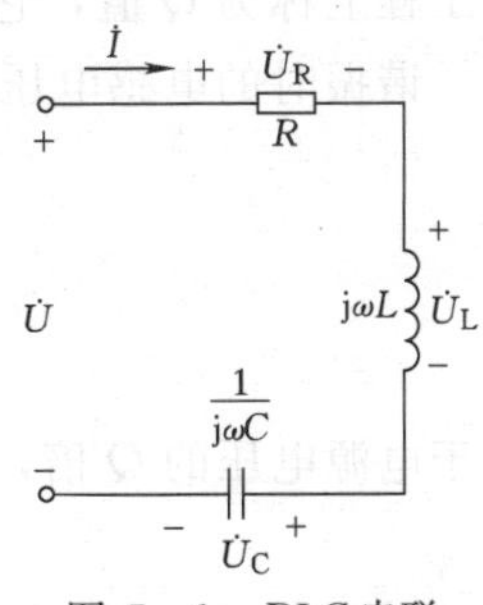

图5-1 RLC串联谐振电路

路的感抗和容抗应相等。串联谐振时的角频率 ω_0 和频率 f_0 分别为

$$\omega_0=\frac{1}{\sqrt{LC}} \quad f_0=\frac{1}{2\pi\sqrt{LC}} \tag{5-1}$$

谐振时电路的频率又称为电路的固有频率，它是由电路的结构和参数决定的。改变电路的参数 L 和 C 都能改变电路的固有频率，从而使电路在某一频率下发生谐振或避免谐振的发生。

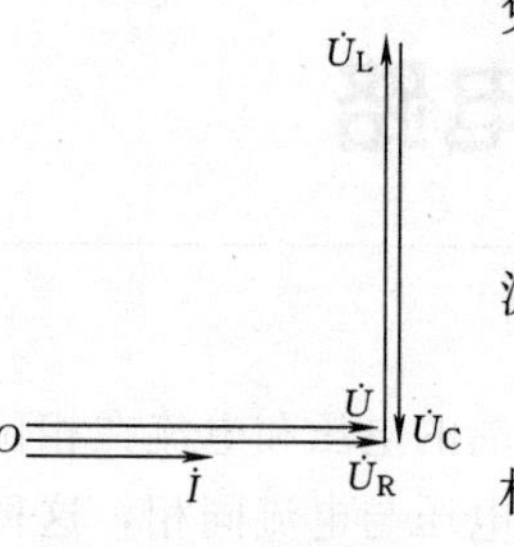

图 5-2 串联谐振相量图

当电路发生串联谐振时，具有以下特征：

(1) 电路的阻抗最小，$Z=R$，当端口电压 U 不变时，电流最大，$I=I_0=\dfrac{U}{R}$。I_0 称为谐振电流。$U_R=IR=U$。

(2) 谐振时，电感电压和电容电压大小相等，相位相反，相互抵消，即电抗电压 $U_X=U_L-U_C=0$。相量图如图 5-2 所示。

(3) 谐振时，电路与电源间不发生能量交换，能量的互换只在电感和电容之间进行。

5.1.2 特性阻抗和品质因数

谐振时的感抗与容抗相等，称它们为特性阻抗，记为 ρ，其 SI 单位为 Ω，它是一个只与电路参数有关而与频率无关的常量。即

$$\rho=\omega_0 L=\frac{1}{\omega_0 C}=\sqrt{\frac{L}{C}} \tag{5-2}$$

特性阻抗与电阻 R 的比值，称为品质因数，其比值用 Q 表示，即

$$Q=\frac{\rho}{R}=\frac{\omega_0 L}{R}=\frac{1}{\omega_0 CR}=\frac{1}{R}\sqrt{\frac{L}{C}} \tag{5-3}$$

在工程上称为 Q 值，它是一个由电路参数 R、L、C 决定的量。

谐振时的电感电压和电容电压分别为

$$U_L=\omega_0 LI_0=\frac{\omega L}{R}U=QU \tag{5-4}$$

$$U_C=\frac{1}{\omega_0 C}I_0=\frac{1}{\omega_0 CR}U=QU \tag{5-5}$$

等于电源电压的 Q 倍，因此

$$U_L=U_C=QU$$

当 $Q>1$ 时，$U_L=U_C>U$，当 $Q\gg 1$ 时，$U_L=U_C\gg U$。可见，当电源电压过高时，若 $Q\gg 1$，可能会击穿线圈或电容器的绝缘，因此在电力工程中一般应避免发生串联谐

振，而在无线电工程中，常常利用串联谐振以获得较高的电压。由于发生串联谐振时，U_L 和 U_C 可能远远大于电源电压 U，所以串联谐振又称为电压谐振。

【例 5-1】 在 RLC 串联谐振电路中，$L=0.05\text{mH}$，$C=200\text{pF}$，品质因数 $Q=100$，交流电压的有效值 $U=1\text{mV}$，试求：

（1）电路的谐振频率 f_0。

（2）谐振电流 I_0。

（3）电容上的电压 U_C。

解：（1）电路的谐振频率为

$$f_0=\frac{1}{2\pi\sqrt{LC}}=\frac{1}{2\times3.14\times\sqrt{5\times10^{-5}\times2\times10^{-10}}}=1.59\ (\text{MHz})$$

（2）由于品质因数，$Q=\frac{1}{R}\sqrt{\frac{L}{C}}$，则 $R=\frac{1}{Q}\sqrt{\frac{L}{C}}=\frac{1}{100}\sqrt{\frac{5\times10^{-5}}{2\times10^{-10}}}=5\ (\Omega)$

谐振时，电流为

$$I_0=\frac{U}{R}=\frac{1\times10^{-3}}{5}=0.2\ (\text{mA})$$

（3）电容两端的电压是电源电压的 Q 倍

$$U_C=QU=100\times1\times10^{-3}=0.1\ (\text{V})$$

5.1.3 谐振曲线

电路的品质因数 Q 值的大小是谐振电路质量优劣的重要指标。理论和实验证明，电流随频率变化的关系为

$$I(f)=I_0\frac{1}{\sqrt{1+Q^2\left(\frac{f}{f_0}-\frac{f_0}{f}\right)^2}} \tag{5-6}$$

根据上式，选取不同的 Q 值，做出一组电流随频率变化的曲线，即谐振曲线，如图 5-3 所示。由图可见 Q 值不同，谐振曲线的形状不同，Q 值越大，曲线就越尖；Q 值越小，曲线就越趋于平坦。Q 值较低的情况下，当频率偏离谐振频率时，电流变化不大，电路对非谐振频率下的电流的抑制能力较弱。相反，当 Q 值较高时，频率偏离谐振频率，电流

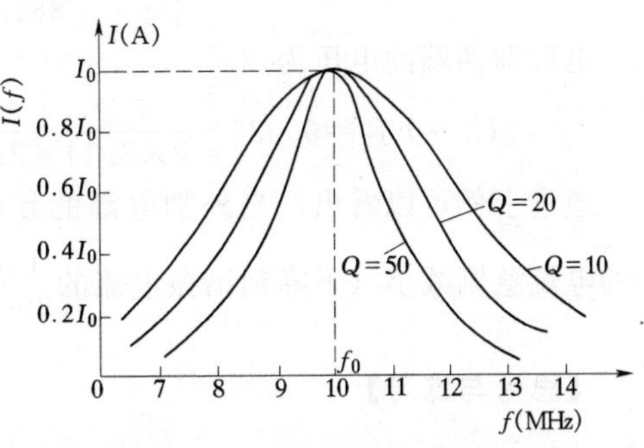

图 5-3 串联电路谐振曲线

从谐振时的极大值急剧下降，电路对非谐振频率下的电流具有较强的抑制能力，因此说，Q 值高，电路的选择性好，Q 值低，电路的选择性差。在无线电广播通信技术中，常常应用谐振电路，从许多不同频率的信号中，选出所需要的信号。

【例 5-2】 已知图 5-1 所示电路中，$R=50\Omega$，$L=4\text{mH}$，$C=160\mu\text{F}$，外加电压的有效值为 25V，试求：

(1) 谐振频率；电容两端电压 U_C；品质因数 Q。

(2) 当外加频率是谐振频率的 1.1 倍，求电流 I 和电容上的电压 U_C。

解：(1) 电路的谐振频率为

$$f_0=\frac{1}{2\pi\sqrt{LC}}=\frac{1}{2\times3.14\times\sqrt{4\times10^{-3}\times160\times10^{-12}}}=200\ (\text{kHz})$$

谐振时电流

$$I_0=\frac{U}{R}=\frac{25}{50}=0.5\ (\text{A})$$

电容器两端的电压为

$$U_C=I_0X_C=\frac{I_0}{\omega C}=\frac{0.5}{2\times3.14\times200\times10^3\times160\times10^{-12}}=2500\ (\text{V})$$

品质因数 Q 为

$$Q=\frac{U_C}{U}=\frac{2500}{25}=100$$

(2) 当外加频率是谐振频率的 1.1 倍，则

$$f=1.1f_0=1.1\times200=220\ (\text{kHz})$$

此时电路的电抗不为零，则阻抗

$$|z|=\sqrt{R^2+\left(\omega L-\frac{1}{\omega C}\right)^2}=881.42\ (\Omega)$$

电流有效值为

$$I=\frac{U}{|z|}=\frac{25}{881.42}=0.028\ (\text{A})$$

电容器两端的电压为

$$U_C=IX_C=0.028\times\frac{1}{2\times3.14\times220\times10^3\times160\times10^{-12}}=127\ (\text{V})$$

通过上例可以看出，当外加电源的频率偏离了谐振频率（高出 10%）时，电路中的电流急剧减小（下降到谐振电流的$\frac{1}{20}$），这说明该电路的选择性是很好的。

【思考与练习】

(1) 什么叫串联谐振，串联谐振电路的特征是什么？

(2) 串联谐振电路的品质因数 Q 具有什么意义？它的大小对谐振曲线有什么影响？

(3) 已知 RLC 串联电路中，若 (1) L 值增大到原来的 2 倍；(2) R 值增大到原来的 2 倍，则应如何调整 C，才能让电路在原来的频率下谐振？这时特性阻抗 ρ 有何变化？

(4) 已知 RLC 串联电路中，$R=5\Omega$，$L=0.06\text{H}$，电源电压 $U=10\text{mV}$，$\omega=5000\text{rad/s}$。试计算谐振时的电容 C、电流 I_0、电容电压 U_C 及电路品质因数 Q。

5.2 并联谐振电路

发生在 RLC 并联电路中的谐振称为并联谐振。

5.2.1 谐振角频率

在图 5-4 (a) 所示的电路中，三个元件上的电流有效值分别为

$$I_R=\frac{U}{R},\ I_L=\frac{U}{\omega L},\ I_C=\omega CU \tag{5-7}$$

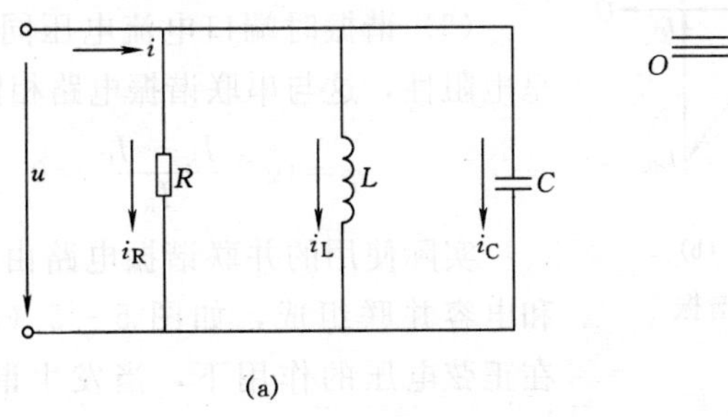

图 5-4 RLC 并联谐振电路和相量图

当电路发生谐振时，端口电流电压同相，电压和电流相量图如图 5-4 (b) 所示，显然 I_L 和 I_C 相等，而总电流 $I=I_R$，因而 R、L、C 并联电路发生谐振的条件是：电感电流与电容电流大小相等，即

$$\frac{1}{\omega L}=\omega C \tag{5-8}$$

谐振角频率

$$\omega_0=\sqrt{\frac{1}{LC}} \tag{5-9}$$

与 RLC 串联电路的谐振角频率相同。

5.2.2 并联谐振的特征及其应用

RLC 并联谐振电路的性质有的与串联谐振电路的性质相似，但有的却相反，通过比较，并联谐振的特征如下：

（1）并联谐振电路的阻抗最大 $|Z|=R$，这与串联谐振电路相反。

（2）总电流最小 $$I_0=\sqrt{I_R^2+(I_L-I_C)^2}=I_R \qquad (5-10)$$

电感支路与电容支路的电流完全补偿。

$$I_L=\frac{U}{X_L}=\frac{R}{X_L}I \qquad (5-11)$$

$$I_C=\frac{U}{X_C}=\frac{R}{X_C}I \qquad (5-12)$$

如果 $X_L=X_C\ll R$，则 $I_L=I_C\gg I$，即 L 和 C 支路中的电流将远大于电路的总电流。由于这个特征，并联谐振又称为电流谐振。

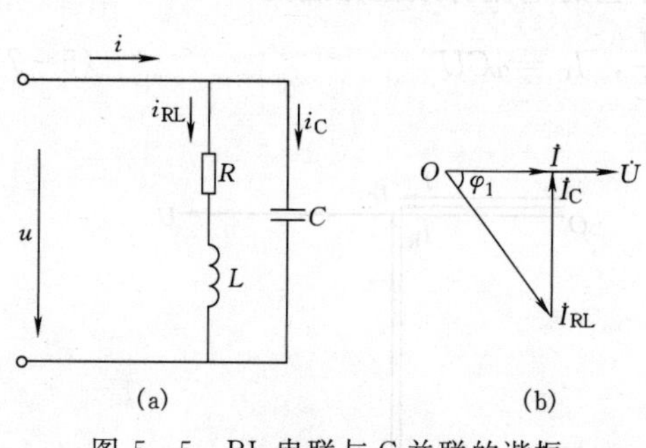

图 5-5 RL 串联与 C 并联的谐振电路和相量图

并联谐振电路的品质因数

$$Q=\frac{I_L}{I}=\frac{I_C}{I} \qquad (5-13)$$

（3）谐振时端口电流电压同相，电路呈电阻性，这与串联谐振电路相同。

$$\varphi=\mathrm{tg}^{-1}\frac{I_L-I_C}{I_R}=0 \qquad (5-14)$$

实际使用的并联谐振电路由电感线圈和电容并联组成，如图 5-5（a）所示。在正弦电压的作用下，当发生谐振时，u 与 i 同相，电路呈阻性，电流电压相量图如图 5-5（b）所示。

电路的等效导纳为

$$Y=\mathrm{j}\omega C+\frac{1}{R+\mathrm{j}\omega L}=\frac{R}{R^2+(\omega L)^2}+\mathrm{j}\left[\omega C-\frac{\omega L}{R^2+(\omega L)^2}\right] \qquad (5-15)$$

当 $\omega C-\frac{\omega L}{R^2+(\omega L)^2}=0$ 时，端口电流电压同相，电路发生并联谐振。此时谐振频率为

$$\left.\begin{aligned}\omega_0&=\sqrt{\frac{1}{LC}-\frac{R^2}{L^2}}=\frac{1}{\sqrt{LC}}\sqrt{1-\frac{CR^2}{L}}\\ f_0&=\frac{1}{2\pi\sqrt{LC}}\sqrt{1-\frac{CR^2}{L}}\end{aligned}\right\} \qquad (5-16)$$

上式中，当 $R<\sqrt{\frac{L}{C}}$ 时，ω、f_0 为实数，电路发生谐振。如果 $R>\sqrt{\frac{L}{C}}$，则 ω_0、f_0 为虚数，电路不可能发生谐振。一般情况下，线圈的电阻很小，在谐振时 $\omega L\gg R$。则有

$$\omega_0\approx\frac{1}{\sqrt{LC}}\quad f_0\approx\frac{1}{2\pi\sqrt{LC}} \tag{5-17}$$

与串联谐振电路的频率近似相等。

【例 5-3】 收音机并联谐振电路，如图 5-5（a）所示，已知 $R=6\Omega$，$L=150\mu H$，$C=780pF$，求谐振频率。

解：因 $\sqrt{\frac{L}{C}}=\sqrt{\frac{150\times10^{-6}}{780\times10^{-12}}}=438\Omega$，远大于 R，故

$$f_0\approx\frac{1}{2\pi\sqrt{LC}}=\frac{1}{2\pi\times\sqrt{150\times10^{-6}\times780\times10^{-12}}}=465\text{ kHz}$$

【思考与练习】

（1）什么是并联谐振？电路发生并联谐振时有何特征？

（2）RL 串联电路与 C 并联的网络，如 $\omega<\omega_0$，网络是感性还是容性？如 $\omega>\omega_0$，网络是感性还是容性？

（3）电阻 $R=20\Omega$ 与电感 $L=400\mu H$ 串联，再与 $C=100\mu F$ 的电容并联，接到 $I_S=50\mu A$ 的电流源，求谐振频率及谐振时网络的电压和电容的电流。

5.3 非正弦周期电流电路

所谓非正弦周期电流电路是指在线性电路中的电压、电流不按正弦规律变化，但还是作周期性变化的电路。在电工技术中不仅经常遇到直流电路和正弦交流电路，而且也经常遇到非正弦周期电流电路。如图 5-6 所示的波形。

在电工技术方面，产生非正弦交流电的原因可能为以下几种：

（1）由于结构和制造上的原因，发电机产生的电动势不是理想的正弦量。

（2）电路中有多个不同频率的电源同时作用，即使每个电源是正弦的，叠加后的波形也是非正弦的。例如，最简单的是一个直流电源（其频率为零）和一个正弦交流电源串联起来，再与一个线性电阻相连，如图 5-7 所示。

（3）有些电源本身就是非正弦的，如方波发生器提供的是矩形波电压。

（4）当电路中存在着非线性元件，即使激励是正弦量，得到的响应往往是非正

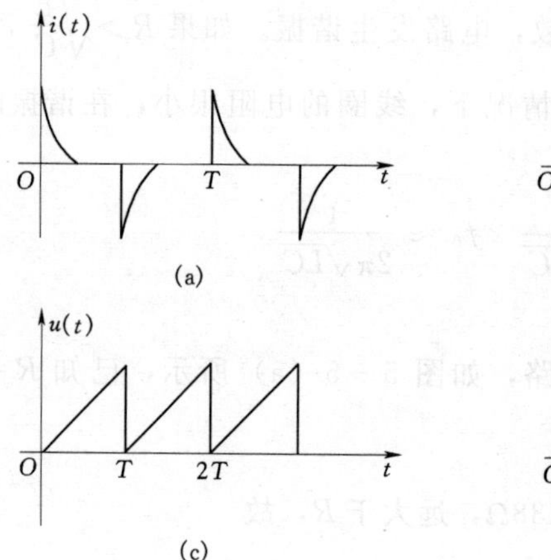

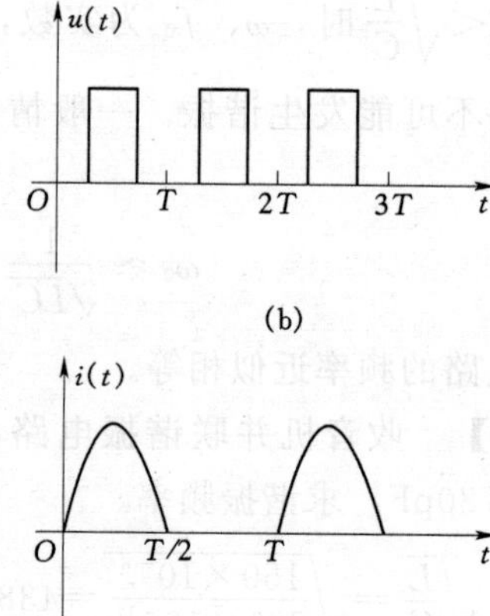

图 5－6　周期性非正弦量

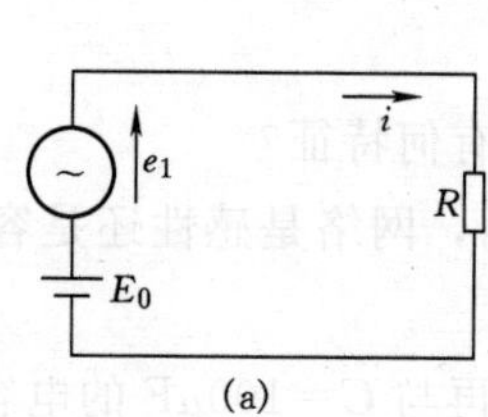

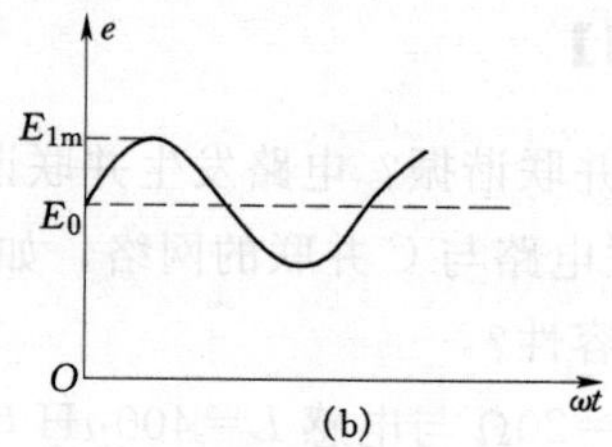

图 5－7　简单的非正弦交流电路图及其电压波形

弦的。

【例 5－4】　如图5－8（a）所示的两电压源，已知 $u_{s1}=U_{1m}\sin\omega t$，$u_{s2}=U_{3m}\sin3\omega t$，且 $U_{1m}=3U_{3m}$ 试求端电压 u 的波形。

解： 由题意画出 u_{s1} 和 u_{s3} 的波形，如图 5－8（b）中虚线所示，由曲线求和法得

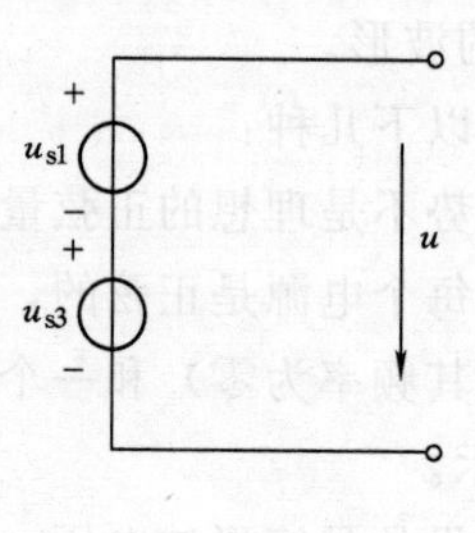

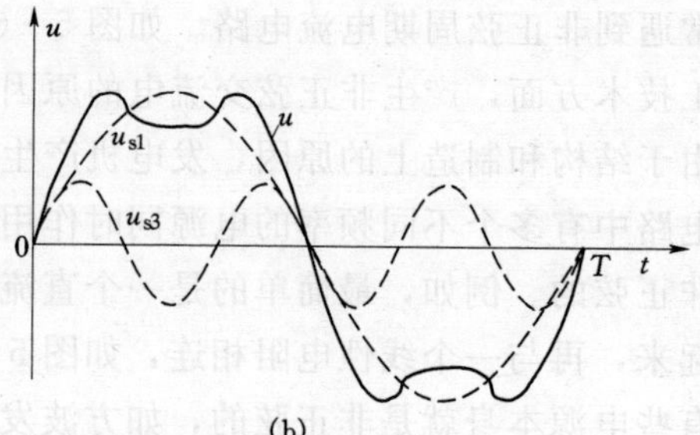

图 5－8　例 5－4图

$u=u_{s1}+u_{s3}$的波形，如图 5-8（b）中实线所示。显然它为一平顶波。

可见，不同频率的正弦量之和为一非正弦量。

5.3.1 非正弦周期量的分解

既然若干个不同频率的正弦量之和为一非正弦量，那么反过来，这个非正弦量也可以分解为若干个不同频率的正弦分量。

由数学知识可知，满足一定条件的非正弦周期函数 $f(t)$，可以展开成傅立叶级数，即

$$f(t)=A_0+A_{1m}\cos(\omega t+\psi_1)+A_{2m}\cos(2\omega t+\psi_2)+\cdots$$
$$=A_0+\sum_{K=1}^{\infty}A_{km}\cos(k\omega t+\psi_k) \tag{5-18}$$

式中　ω——$\omega=\frac{2\pi}{T}$；

T——$f(t)$ 的周期；

A_0——常数项，称为 $f(t)$ 的恒定分量或直流分量。

$A_{1m}\cos(\omega t+\psi_1)$ 的频率与 $f(t)$ 的频率相同，称为 $f(t)$ 的基波分量或一次谐波，$A_{2m}\cos(2\omega t+\psi_2)$ 的频率为 $f(t)$ 频率的两倍，称为二次谐波；依次类推，其余各项分别称为三次谐波、四次谐波等等。$A_{km}\cos(k\omega t+\psi_k)$ 则被称为 k 次谐波，A_{km}及 ψ_k 为 k 次谐波的振幅及初相位。通常将二次及二次以上的谐波称为高次谐波。

当然，式（5-18）只是傅立叶级数的一种表达式，傅立叶级数还可以表示为

$$f(t)=\frac{a_0}{2}+\sum_{k=1}^{\infty}[a_k\cos(k\omega t)+b_k\sin(k\omega t)] \tag{5-19}$$

式（5-19）中，既含有正弦项，又含有余弦项，其中 a_0、a_k、b_k 为傅立叶系数，它们的计算公式如下

$$a_0=\frac{2}{T}\int_0^T f(t)\mathrm{d}t \tag{5-20}$$

$$a_k=\frac{2}{T}\int_0^T f(t)\cos(k\omega t)\mathrm{d}t \tag{5-21}$$

$$b_k=\frac{2}{T}\int_0^T f(t)\sin(k\omega t)\mathrm{d}t \tag{5-22}$$

将一个非正弦周期函数分解为直流分量、基波和一系列不同频率的各次谐波分量之和，称为谐波分析。由于工程上常见的非正弦周期函数的傅立叶级数是收敛的，即谐波的次数越高，其幅值越小。因此，在工程计算中只需取前几项的谐波，就能近似

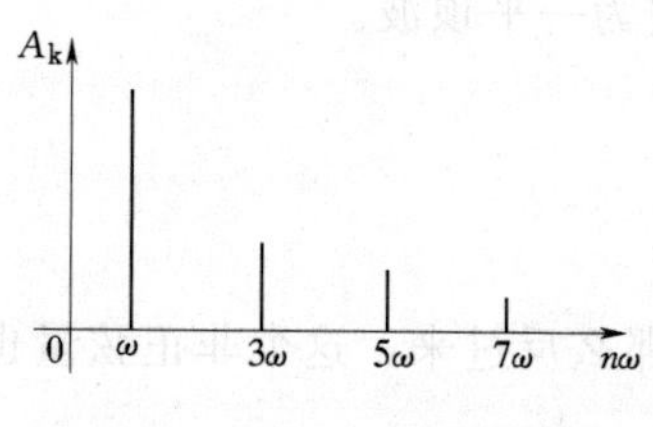

图 5-9 矩形波的振幅频谱

地表示原来的非正弦周期函数，具体取多少项，要根据工程所需的精度而定。

为了直观地表示一个周期函数分解为各次谐波后，其中包含那些频率分量及各分量占多大比重，可画出如图 5-9 所示的频谱图，用横坐标表示各次谐波的频率，用纵坐标方向的线段长度表示各次谐波振幅的大小。这种频谱称为振幅频谱。

电工技术中常见的非正弦周期量的傅立叶级数展开式如表 5-1 所示。

表 5-1 几种典型周期函数的傅立叶级数

名称	函数的波形	傅立叶级数	有效值	整流平均值
正弦波	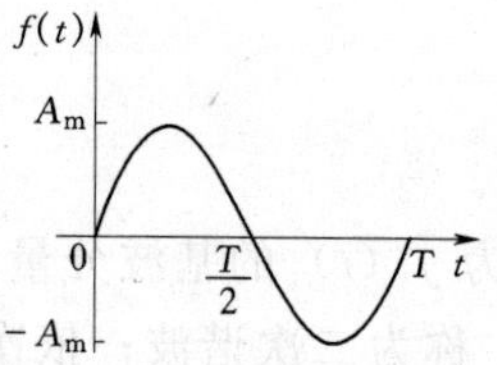	$f(t)=A_m\sin(\omega t)$	$\frac{A_m}{\sqrt{2}}$	$\frac{2A_m}{\pi}$
半波整流波	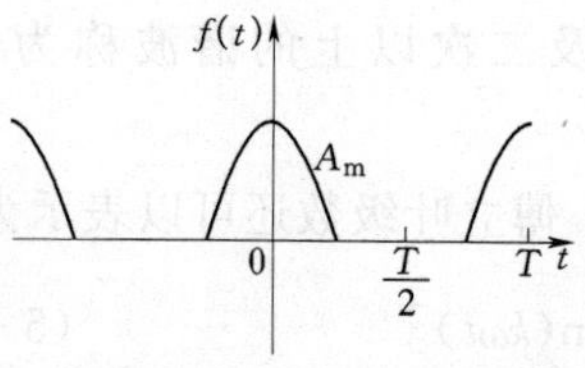	$f(t)=\frac{2}{\pi}A_m\left[\frac{1}{2}+\frac{\pi}{4}\cos(\omega t)+\frac{1}{1\times3}\cos(2\omega t)-\frac{1}{3\times5}\cos(4\omega t)+\frac{1}{5\times7}\cos(6\omega t)-\cdots\right]$	$\frac{A_m}{2}$	$\frac{A_m}{\pi}$
全波整流波	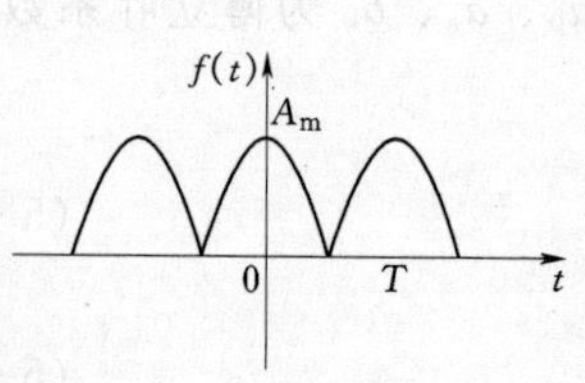	$f(t)=\frac{4}{\pi}A_m\left[\frac{1}{2}+\frac{1}{1\times3}\cos(\omega t)-\frac{1}{3\times5}\cos(2\omega t)+\frac{1}{5\times7}\cos(3\omega t)-\cdots\right]$	$\frac{A_m}{\sqrt{2}}$	$\frac{2A_m}{\pi}$
矩形波	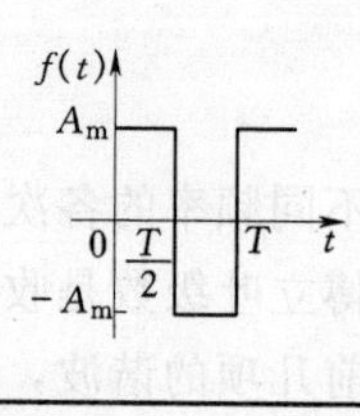	$f(t)=\frac{4A_m}{\pi}\left[\sin(\omega t)+\frac{1}{3}\sin(3\omega t)+\frac{1}{5}\sin(5\omega t)+\cdots+\frac{1}{k}\sin(k\omega t)+\cdots\right]$ （k 为奇数）	A_m	A_m

续表

名称	函数的波形	傅立叶级数	有效值	整流平均值
锯齿波	$f(t)$ A_m 0 T t	$f(t)=A_m\left\{\frac{1}{2}-\frac{1}{\pi}\left[\sin(\omega t)+\frac{1}{2}\times\sin(2\omega t)+\frac{1}{3}\sin(3\omega t)+\cdots\right]\right\}$	$\frac{A_m}{\sqrt{3}}$	$\frac{A_m}{2}$
梯形波	$f(t)$ A_m 0 t_0 $\frac{T}{2}$ T t $-A_m$	$f(t)=\frac{4A_m}{\omega t_0\pi}\left[\sin(\omega t_0)\sin(\omega t)+\frac{1}{9}\sin(3\omega t_0)\sin(3\omega t)+\frac{1}{25}\sin(5\omega t_0)\sin(5\omega t)+\cdots+\frac{1}{k^2}\sin(k\omega t_0)\sin(k\omega t)+\cdots\right]$ (k 为奇数)	$A_m\sqrt{1-\frac{4\omega t_0}{3\pi}}$	$A_m\left(1-\frac{\omega t_0}{\pi}\right)$
三角波	$f(t)$ A_m 0 $\frac{T}{2}$ T t $-A_m$	$f(t)=\frac{8A_m}{\pi^2}\left[\sin(\omega t)-\frac{1}{9}\sin(3\omega t)+\frac{1}{25}\sin(5\omega t)-\cdots+\frac{(-1)^{\frac{k-1}{2}}}{k^2}\sin(k\omega t)+\cdots\right]$ (k 为奇数)	$\frac{A_m}{\sqrt{3}}$	$\frac{A_m}{2}$

工程上常见的非正弦周期量的波形，往往具有某种对称性。根据波形的对称性，可以直观地判断哪些谐波分量存在，哪些谐波分量不存在。这样有利于对非正弦周期量进行谐波分析。

(1) 周期函数的波形在横轴上、下部分包围的面积相等。函数平均值等于零，傅立叶级数展开式中 $\alpha_0=0$，即无直流分量。

(2) 周期函数为奇函数。满足

$$f(t)=-f(-t)$$

的周期函数称为奇函数，其波形对称于原点，表 5-1 中的正弦波、矩形波、三角波和梯形波等都是奇函数。奇函数展开为傅立叶级数时，不含直流分量和余弦谐波分量，只含正弦谐波分量。

(3) 周期函数为偶函数。满足

$$f(t)=f(-t)$$

的周期函数称为偶函数，其波形对称于纵轴，表 5-1 中的半波整流波和全波整流波就是偶函数，它们的傅立叶级数展开式中无正弦谐波分量。

（4）周期函数为奇谐波函数。满足

$$f(t)=-f\left(t+\frac{T}{2}\right)$$

的周期函数称为奇谐波函数，表 5－1 中的矩形波、三角波和梯形波都是奇谐波函数，其波形特点是：将函数$f(t)$的波形移动半个周期后，与原函数波形对称于横轴，即镜像对称，它们的傅立叶级数展开式中无直流分量、无偶次谐波，只含奇次谐波。

从图 5－10 和图 5－11 所示可见，由于一种波形的计时起点选择得不同，一个为奇函数，而另一个为偶函数。因此，一个周期函数是奇函数还是偶函数，不仅与波形有关，还与时间起点的选择（即与纵轴的位置）有关。一个函数是否是奇谐波函数，仅与函数的波形有关，而与时间起点的选择无关。

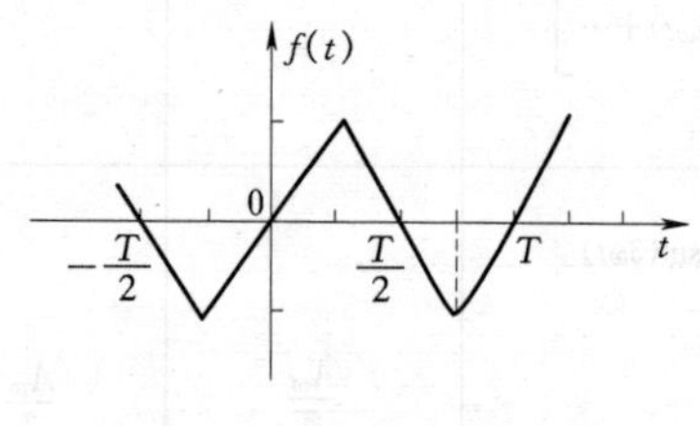

图 5－10　奇函数

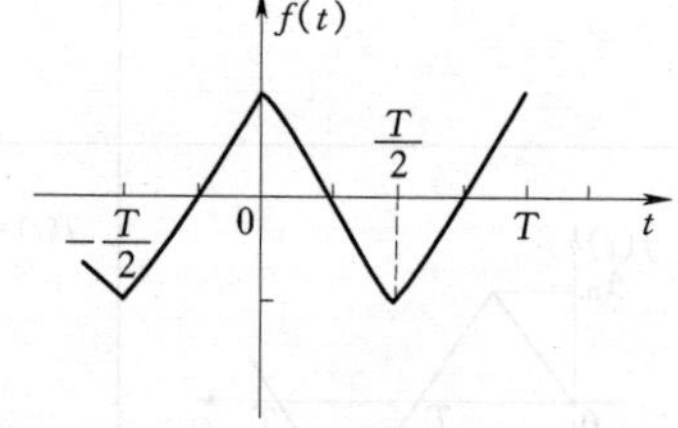

图 5－11　偶函数

5.3.2　非正弦周期量的有效值和平均值

周期量的有效值等于其瞬时值的方均根。对周期电流 I，其有效值

$$I=\sqrt{\frac{1}{T}\int_0^T i^2\,\mathrm{d}t} \tag{5-23}$$

上式既适用于正弦电量，又适用于非正弦周期电量。

设一非正弦周期电流

$$i=I_0+I_{1\mathrm{m}}\cos(\omega t+\psi_1)+I_{2\mathrm{m}}\cos(2\omega t+\psi_2)+\cdots$$

代入式 5－23 中

$$I=\sqrt{\frac{1}{T}\int_0^T i^2\,\mathrm{d}t}=\sqrt{\frac{1}{T}\int_0^T\left[I_0+\sum_{K=1}^{\infty}I_{k\mathrm{m}}\cos(k\omega t+\psi_\mathrm{k})\right]^2\mathrm{d}t}$$

将上式根号内的平方项展开，展开后的各项有两类，一类是各次谐波（包括直流分量）自身的平方，它们的平均值为

$$\frac{1}{T}\int_0^T I_0^2\,\mathrm{d}t=I_0^2$$

$$\frac{1}{T}\int_0^T I_{km}^2\cos^2(k\omega t+\psi_k)\mathrm{d}t=\frac{I_{km}^2}{2}=I_k^2$$

I_k 是 k 次谐波的有效值。

另一类是两个不同次谐波乘积的两倍，即

$$2I_0 i_1+2i_1 i_2+\cdots$$

根据三角函数的正交性，它们的平均值为零。所以，非正弦周期量 i 的有效值为

$$I=\sqrt{I_0^2+I_1^2+I_2^2+\cdots} \quad (5-24)$$

其中，I_0 为恒定分量，I_1、I_2、…为各次谐波电流的有效值。

即，非正弦周期电流的有效值等于恒定分量的平方及各次谐波电流有效值的平方和的平方根。

同理，非正弦周期电压的有效值也可写为

$$U=\sqrt{U_0^2+U_1^2+U_2^2+\cdots} \quad (5-25)$$

【例 5-5】 已知非正弦周期电压 $u=10+70\cos\omega t+40\cos3\omega t$，求其有效值。

解： 由式（5-25）知非正弦周期电压 u 的有效值

$$U=\sqrt{100^2+\left(\frac{70}{\sqrt{2}}\right)^2+\left(\frac{40}{\sqrt{2}}\right)^2}=115.1\ (\mathrm{V})$$

除有效值外，对非正弦周期量还引用平均值，以电流为例，其定义为

$$I_{AV}=\frac{1}{T}\int_0^T i\mathrm{d}t$$

对于一个在一周期内有正有负的周期量，其平均值可能很小，甚至为零。为了对周期量进行测量和分析（如整流效果），常把交流量的绝对值在一个周期内的平均值定义为整流平均值，以电流为例，其整流平均值

$$I_{rect}=\frac{1}{T}\int_0^T|i|\mathrm{d}t \quad (5-26)$$

对上下半周期对称的电流，则有

$$I_{rect}=\frac{2}{T}\int_0^{\frac{T}{2}} i\mathrm{d}t \quad (5-27)$$

【例 5-6】 计算正弦电流 $i=I_m\sin(\omega t)$ 及表5-1中矩形波电压 u 的整流平均值（其电压最大值为 U_m）。

解： 由式 5-27 得

$$I_{rect}=\frac{2}{T}\int_0^{\frac{T}{2}} I_m\sin(\omega t)\mathrm{d}t=\frac{2I_m}{\omega T}[-\cos(\omega t)]\Big|_0^{\frac{T}{2}}=\frac{2}{\pi}I_m$$

矩形波电压的整流平均值为

$$U_{2\mathrm{rect}}=\frac{2}{T}\int_{0}^{\frac{T}{2}}U_{\mathrm{m}}\mathrm{d}t=U_{\mathrm{m}}$$

电工技术中几种典型波形的有效值和整流平均值参见表 5－1。

工程中对于周期量，还用波形因数粗略反映波形的性质。定义波形因数 K_{f} 为周期量的有效值与整流平均值的比值。

正弦波的波形因数为

$$K_{\mathrm{f}}=\frac{I_{\mathrm{m}}/\sqrt{2}}{\frac{2}{\pi}I_{\mathrm{m}}}=1.11$$

如果以正弦波的波形因数作为标准，对非正弦波，如波形因数 $K_{\mathrm{f}}>1.11$，则可估计非正弦波的波形比正弦波尖；$K_{\mathrm{f}}<1.11$，则波形比正弦波平坦。

以表 5－1 中的三角波为例，其有效值、整流平均值可由表查得，则其波形因数为

$$K_{\mathrm{f}}=\frac{A_{\mathrm{m}}/\sqrt{3}}{A_{\mathrm{m}}/2}=\frac{2}{\sqrt{3}}=1.15$$

显然，三角波比正弦波尖。

不同的波形具有不同的波形因数 K_{f}，这给用万用表测量非正弦周期电量的有效值带来误差。在电工实验中可知，万用表的交流挡中，一般为磁电系测量机构连接全波整流装置，指针的偏转角与被测电量的整流平均值成比例。因为正弦量的有效值与整流平均值之比即波形因数 $K_{\mathrm{f}}=1.11$，故将万用表直流挡的刻度扩大 1.11 倍，即作为交流挡的刻度，可用以测量正弦量的有效值。用万用表测量正弦电压或电流的有效值时，其读数是准确的；但用万用表测量非正弦周期电量时，如果非正弦周期量的波形因数不是 1.11，则测量将有误差。电磁系及电动系电压表（电流表）的指针的偏转角与被测电压（或电流）有效值的平方成正比，故可用来测量非正弦周期电压（或电流）的有效值。

5.3.3　非正弦周期电流电路的平均功率

设有一无源二端网络，其电压、电流取关联参考方向，并设其电压、电流为

$$u=U_{0}+\sum_{k=1}^{\infty}U_{k\mathrm{m}}\cos(k\omega t+\psi_{\mathrm{u}k})$$

$$i=I_{0}+\sum_{k=1}^{\infty}I_{k\mathrm{m}}\cos(k\omega t+\psi_{\mathrm{i}k})$$

二端网络吸收的瞬时功率为

$$p = ui = [U_0 + \sum_{k=1}^{\infty} U_{km}\cos(k\omega t + \psi_{uk})][I_0 + \sum_{k=1}^{\infty} I_{km}\cos(k\omega t + \psi_{ik})]$$

故平均功率为

$$P = \frac{1}{T}\int_0^T p\mathrm{d}t = \frac{1}{T}\int_0^T ui\,\mathrm{d}t$$

$$= \frac{1}{T}\int_0^T [U_0 + \sum_{k=1}^{\infty} U_{km}\cos(k\omega t + \psi_{uk})][I_0 + \sum_{k=1}^{\infty} I_{km}\cos(k\omega t + \psi_{ik})]\mathrm{d}t$$

将上式展开，由三角函数的正交性，可得平均功率为

$$\begin{aligned} P &= U_0 I_0 + \sum_{k=1}^{\infty} U_k I_k \cos\varphi_k \\ &= U_0 I_0 + U_1 I_1 \cos\varphi_1 + U_2 I_2 \cos\varphi_2 + \cdots \\ &= P_0 + P_1 + P_3 + \cdots \end{aligned} \tag{5-28}$$

式中　φ_k——k 次谐波电压与 k 次谐波电流的相位差。

式（5-28）表明：非正弦周期电流电路的平均功率（即有功功率）等于恒定分量的平均功率与各次谐波平均功率之和。而且，只有同次谐波的电压、电流才产生平均功率，不同次谐波的电压、电流不构成平均功率。

为了简化计算，在近似的计算中有时把非正弦周期量用正弦量代替，从而把非正弦周期电流电路简化为正弦电流电路处理。用一个等效正弦波代替非正弦周期波，其条件是：

（1）等效正弦波和非正弦周期波应有相同的频率；

（2）等效正弦波和非正弦周期波应有相等的有效值；

（3）用等效正弦波代替非正弦周期波后，全电路的有功功率不变。

根据以上条件中的（1）与（2）先确定等效正弦波的频率与有效值，然后可根据条件（3）确定等效正弦电压与等效正弦电流的相位差，即

$$\varphi = \arccos\frac{P}{UI} = \arccos\lambda \tag{5-29}$$

式（5-29）中 λ 为非正弦周期电流电路的功率因数，P 是非正弦电路的平均功率，U 和 I 是非正弦周期电压电流的有效值。而 φ 角的正负应参照实际电压与电流波形作出选择。

应当指出：等效正弦波不可能与被代替的非正弦周期波在各方面完全等效，它只是在一定误差允许条件下的一种近似计算方法。

【例 5-7】　设一无源二端网络在关联参考方向下的端口电压、电流分别为

$$u = 5 + 141.4\cos(314t + 45°) + 56.6\cos(942t + 60°)\,\mathrm{V}$$

$$i = 2 + 7.07\cos(314t - 15°)\,\mathrm{A}$$

求此网络吸收的平均功率，等效正弦电压、电流的有效值及相位差角 φ。

解：由式（5-28）得

$$P=U_0I_0+U_1I_1\cos\varphi_1$$
$$=5\times 2+\frac{141.4}{\sqrt{2}}\times\frac{7.07}{\sqrt{2}}\times\cos[45°-(-15°)]=260\ (\text{W})$$

等效正弦电压的有效值

$$U=\sqrt{U_0^2+U_1^2+U_3^2}=\sqrt{5^2+100^2+40^2}=107.8\ (\text{V})$$

等效正弦电流的有效值

$$I=\sqrt{I_0^2+I_1^2}=\sqrt{2^2+5^2}=5.4\ (\text{A})$$

等效正弦电压与电流的相位差

$$\varphi=\arccos\frac{P}{UI}=\arccos\frac{260}{107.8\times 5.4}=63.5°$$

5.3.4 非正弦周期电流电路的计算

在前面已经介绍过非正弦周期性电流电路的特点，电路中的响应是非正弦周期量。对于非正弦周期性电流电路的分析计算，通常采用的是谐波分析法，即利用傅立叶级数将激励信号分解成直流分量和不同频率的正弦量之和，然后分别计算直流分量和各频率正弦量单独作用下电路的响应，最后利用线性电路的叠加定理，就可以得到电路的实际响应。

已知电路的参数和非正弦周期性激励时，计算电路响应的一般步骤如下：

(1) 将激励分解为傅立叶级数，所取的谐波次数要视计算所要求的精度而定。

(2) 分别求各次谐波单独作用的响应。对直流分量，电感元件相当于短路，电容元件相当于开路，电路成为电阻性电路。对各次谐波，电路成为正弦交流电路。要注意的是，电感元件、电容元件对不同频率的谐波的感抗、容抗不同。如基波的角频率为 ω，电感 L 对基波的复阻抗为 $Z_{L1}=\text{j}\omega L$，对 k 次谐波的复阻抗为 $Z_{Lk}=\text{j}k\omega L=kZ_{L1}$；电容 C 对基波的复阻抗为 $Z_{C1}=\frac{1}{\text{j}\omega C}$，对 k 次谐波的复阻抗 $Z_{Ck}=\frac{1}{\text{j}k\omega C}=\frac{Z_{C1}}{k}$。所以谐波次数越高，感抗越大，容抗越小。

(3) 应用叠加定理，将所得各次谐波产生的响应的解析式相加，得到总响应的解析式。应当注意的是：不能将代表不同频率的电流（电压）相量直接相加、减，这样是没有意义的。

【例 5-8】 一个RLC串联电路，其 $R=11\Omega$，$L=0.015\text{H}$，$C=70\mu\text{F}$。外加电压为 $u(t)=11+141.4\cos(1000t)-35.4\sin(2000t)$ V，求电路中的电流 $i(t)$ 和

电路消耗的功率。

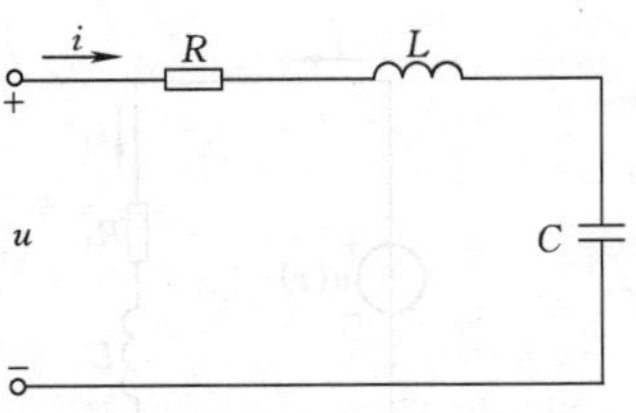

图 5-12 RLC 串联电路

解：RLC 串联电路如图 5-12 所示，

(1) 直流 $U=11\text{V}$ 单独作用时，电感 L 为短路，电容 C 为开路，故

$$I(0)=0,\ P(0)=0$$

(2) 基波单独作用时，令 $\dot{U}(1)=100\angle 0^\circ\ \text{V}$，$\omega L=15\Omega$，$\dfrac{1}{\omega C}=14.29\Omega$

$$Z(1)=R+\text{j}\omega L-\text{j}\frac{1}{\omega C}=11+\text{j}0.714=11.02\angle 3.71^\circ\ \Omega$$

故
$$\dot{I}(1)=\frac{\dot{U}(1)}{Z(1)}=\frac{100\angle 0^\circ}{11.02\angle 3.71^\circ}=9.07\angle -3.71^\circ\ (\text{A})$$

$$P(1)=I(1)^2R=904.91\ (\text{W})$$

(3) 二次谐波单独作用时，令 $\dot{U}(2)=\dfrac{35.4}{\sqrt{2}}\angle 90^\circ\ \text{V}=25.03\angle 90^\circ\ (\text{V})$

$$Z(2)=R+\text{j}\left(2\omega l-\frac{1}{2\omega C}\right)=11+\text{j}\left(30-\frac{1}{2}\times 14.29\right)=25.36\angle 64.3^\circ\ (\Omega)$$

故
$$\dot{I}(2)=\frac{\dot{U}(2)}{Z(2)}=\frac{25.03\angle 90^\circ}{25.36\angle 64.3^\circ}=0.99\angle 25.7^\circ\ (\text{A})$$

$$P(2)=I^2(2)R=0.99^2\times 11=10.78\ (\text{W})$$

所以，电路中的电流

$$\begin{aligned}i(t)&=0+\sqrt{2}\times 9.07\cos(1000t-3.71^\circ)+\sqrt{2}\times 0.99\cos(2000t+25.7^\circ)\\&=12.83\cos(1000t-3.71^\circ)-1.4\sin(2000t-64.3^\circ)\ (\text{A})\end{aligned}$$

电路消耗的功率

$$P=P(0)+P(1)+P(2)=0+904.91+10.78=915.69\ (\text{W})$$

【例 5-9】 电路如图5-13 (a) 所示，已知 $R_1=5\Omega$，$R_2=10\Omega$，$\omega L=2\Omega$，$\dfrac{1}{\omega C}=15\Omega$，电源电压 $u(t)=10+100\sqrt{2}\cos\omega t+50\sqrt{2}\cos(3\omega t+30^\circ)$ V 求各支路电流和电源的功率。

解：(1) 电源的直流分量 U_0 单独作用时，L 视为短路，C 视为开路，等效电路如图 5-13 (b)。

$$I_1(0)=\frac{U_0}{R_1}=\frac{10}{5}=2\ (\text{A})$$

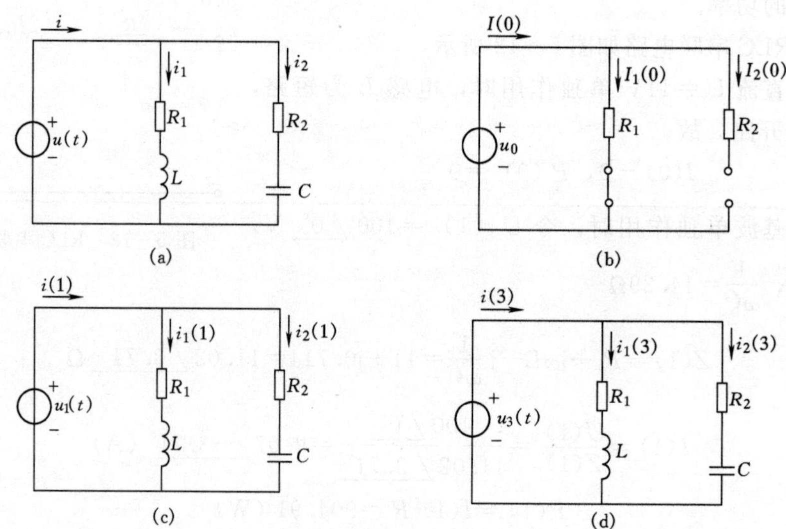

图 5-13　例 5-9 图

(a) 电路图；(b) 电流的直流分量 U_0 单独作用时等效电路图；(c) 电源的基波单独作用时的等效电路；(d) 电源的三次谐波单独作用时的等效电路

$$I_2(0)=0$$

$$I(0)=I_1(0)=2\ (\text{A})$$

(2) 电源的基波单独作用时，等效电路如图 5-13 (c) 所示，用相量法进行计算

$$\dot{U}_1=100\angle 0^\circ\ (\text{V})$$

$$\dot{I}_1(1)=\frac{\dot{U}_1}{R_1+\text{j}\omega L}=\frac{100\angle 0^\circ}{5+\text{j}2}=18.55\angle -21.8^\circ\ (\text{A})$$

$$\dot{I}_2(1)=\frac{\dot{U}_1}{R_2-\text{j}\,\dfrac{1}{\omega C}}=\frac{100\angle 0^\circ}{10-\text{j}15}=5.55\angle 56.3^\circ\ (\text{A})$$

$$\dot{I}(1)=\dot{I}_1(1)+\dot{I}_2(1)=18.55\angle -21.8^\circ+5.55\angle 56.3^\circ$$

$$=17.22-\text{j}6.89+3.08+\text{j}4.62=20.3-\text{j}2.27=20.43\angle -6.38^\circ\ (\text{A})$$

(3) 电源的三次谐波单独作用时，等效电路如图 5-13 (d) 所示，仍采用相量法进行计算，

$$\dot{I}_1(3)=\frac{\dot{U}_3}{R_1+\text{j}3\omega L}=\frac{50\angle 30^\circ}{5+\text{j}6}=6.4\angle -20.19^\circ\ (\text{A})$$

$$\dot{I}_2(3)=\frac{\dot{U}_2}{R_2-\mathrm{j}\dfrac{1}{3\omega C}}=\frac{50\angle 30^\circ}{10-\mathrm{j}5}=4.47\angle 56.57^\circ\ (\mathrm{A})$$

$$\dot{I}(3)=\dot{I}_1(3)+\dot{I}_2(3)=6.4\angle -20.19^\circ+4.47\angle 56.57^\circ$$
$$=6-\mathrm{j}2.21+2.46+\mathrm{j}3.73=8.46-\mathrm{j}1.52=8.59\angle 10.18^\circ\ (\mathrm{A})$$

各支路电流的解析式为

$$i_1(t)=2+18.55\sqrt{2}\cos(\omega t-21.8^\circ)+6.4\sqrt{2}\cos(3\omega t-20.19^\circ)\ (\mathrm{A})$$

$$i_2(t)=5.55\sqrt{2}\cos(\omega t+56.3^\circ)+4.47\sqrt{2}\cos(3\omega t+56.57^\circ)\ (\mathrm{A})$$

$$i(t)=2+20.43\sqrt{2}\cos(\omega t-6.38^\circ)+8.59\sqrt{2}\cos(3\omega t+10.18^\circ)\ (\mathrm{A})$$

各支路电流有效值为

$$I_1=\sqrt{I_1^2(0)+I_1^2(1)+I_1^2(3)}=\sqrt{2^2+18.55^2+6.4^2}=19.72\ (\mathrm{A})$$

$$I_2=\sqrt{I_2^2(0)+I_2^2(1)+I_2^2(3)}=\sqrt{5.55^2+4.47^2}=7.13\ (\mathrm{A})$$

$$I=\sqrt{I^2(0)+I^2(1)+I^2(3)}=\sqrt{2^2+20.43^2+8.59^2}=22.34\ (\mathrm{A})$$

电源的功率为

$$P=U_0I(0)+U_1I(1)\cos\varphi_1+U_3I(3)\cos\varphi_3$$
$$=10\times 2+100\times 20.43\times\cos 6.38^\circ+50\times 8.59\times\cos(30^\circ-10.18^\circ)$$
$$=2454\ (\mathrm{W})$$

5.3.5 滤波器的概念

通过上面的分析可以看出，电容元件和电感元件对不同次谐波的阻抗是不同的，电感元件对高次谐波有较强的抑制作用，而高次谐波则更容易通过电容元件。这种特性在工程上得到了广泛的应用。比如工程中采用 LC 元件组合成不同的电路，接入非正弦周期量作用的电路中，可以让某些需要的频率分量顺利地通过而抑制某些不需要的分量。这种电路称为滤波电路（或称滤波器），如图 5－14 所示。

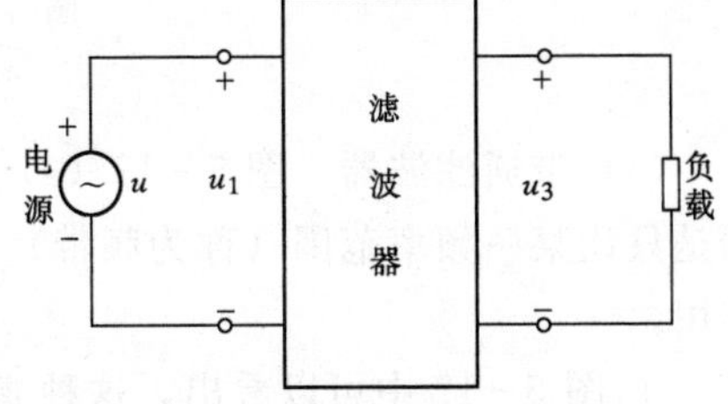

图 5－14　滤波器的概念

滤波器的种类很多，按其功能的不同一般分为下列四种：

(1) 低通滤波器。低通滤波器的作用是让直流分量和低于某一固定频率的谐波分量通过，而对高于这个固定频率的谐波分量，则阻止其通过；这个固定的频率叫做截止频率，其高低

与参数 L、C 有关。图5-15画出了两个低通滤波器。图5-15(a)为 π 型；图5-15(b)为T型。在这种电路中，串联电感使低频分量易于通过，而对高频分量则起抑制作用。对于直流分量，串联电感相当于短路。另一方面，并联的电容使高频分量易于通过而旁路掉，而对低频分量则呈现较大的容抗。对于直流分量并联电容相当于开路。这样，在输出的信号中，高频成分将大为减少。因此，这种电路有抑制交流高频分量而让低频分量通过的功能。

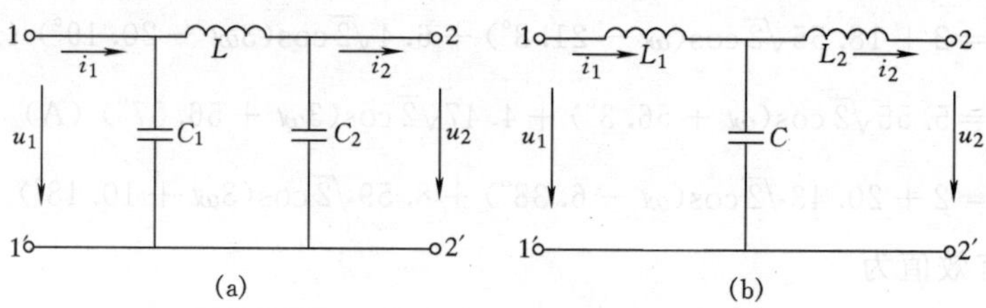

图5-15　低通滤波器

(a) π 型；(b) T型

(2) 高通滤波器。图5-16(a)、(b)所示电路是简单的高通滤波器，可以看出只要将低通滤波器中的电容和电感元件交换一下位置，即成为高通滤波器。它的功能与低通滤波器刚好相反。串联电容的作用是限制低频分量通过，而让高频分量顺利通过；并联电感抑制高频分量通过而对低频分量起旁路作用。这种有抑制低频分量而让高频分量通过的电路，称为高通滤波器。

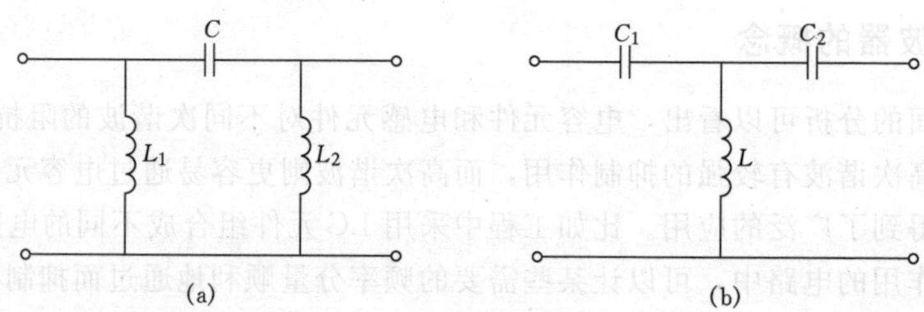

图5-16　高通滤波器

(a) π 型；(b) T型

(3) 带通滤波器。图5-17(a)、(b)所示的电路是简单的带通滤波器。它的作用是只让某一频率范围（称为频带）内的谐波分量通过，对其他的谐波分量则起阻止作用。

由图5-17中可以看出，这种滤波器是由LC串联电路和LC并联电路两部分组成的。在前面讲过，LC串联谐振时，电路的阻抗最小；LC并联谐振时，电路的阻

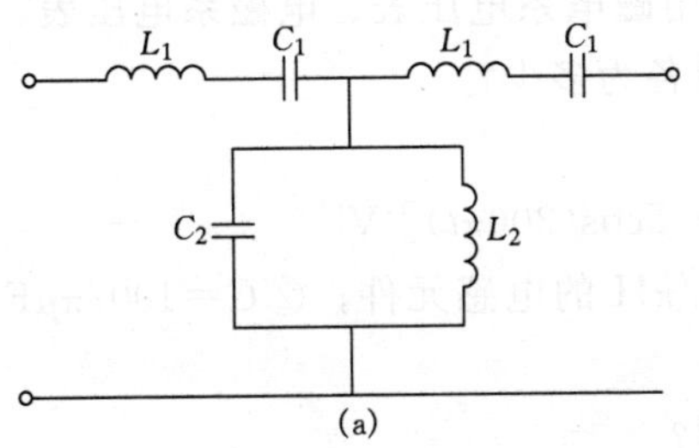

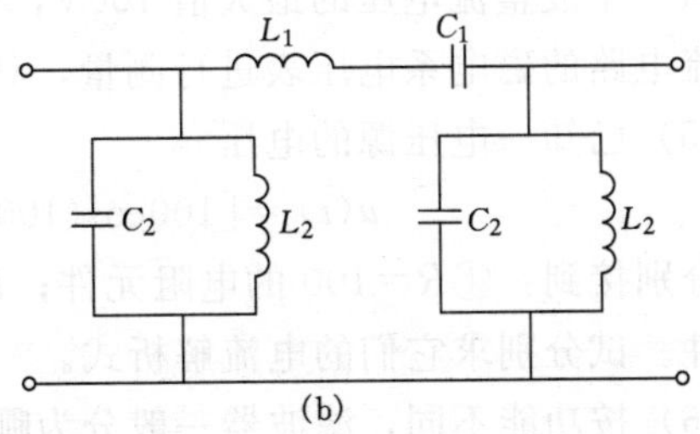

图 5-17 带通滤波器

抗最大。据此，我们来阐述带通滤波器的工作原理：适当地选择 L_1、C_1 和 L_2、C_2，可使串联电路和并联电路的谐振频率均为 f_0。这样，L_1 和 C_1 组成的电路发生串联谐振时，对谐振频率 f_0 附近的电流呈现的阻抗很小，易通过串联电路而到达输出端，而对其他频率的电流则呈现的阻抗很大。与此同时，L_2 和 C_2 组成的电路将发生并联谐振，对谐振频率 f_0 附近的电流阻抗很大，使其不易被旁路掉，而对其他频率范围的电流则阻抗很小，可以旁路掉。因此，这种电路的输出信号中，仅含有谐振频率 f_0 附近（频带）的成分，所以是一种带通滤波器。

（4）带阻滤波器。带阻滤波器的作用是阻止一定频带内的谐波分量通过，使其他谐波分量易通过。图 5-18（a）、（b）是带阻滤波器的电路图，与带通滤波器相比，只是串联谐振电路与并联谐振电路的位置进行了互换。带阻滤波器的工作原理，与分析带通滤波器时方法类似，在这里不再重复。

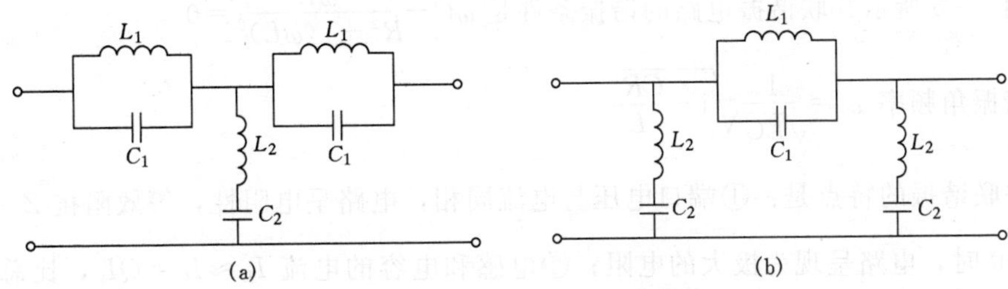

图 5-18 带阻滤波器

【思考与练习】

（1）什么是非正弦周期性电路？什么是非正弦交流电？

（2）产生非正弦交流电的原因是什么？

（3）求周期电流 $i=[0.2+0.8\cos(\omega t-15°)+0.3\cos(2\omega t+40°)]$A 的有效值。

(4) 半波整流电压的最大值 100V，分别用磁电系电压表、电磁系电压表、带全波整流电路的磁电系电压表进行测量，其读数各为多少？

(5) 已知一电压源的电压

$$u(t)=[100\cos(100\pi t)+5\cos(300\pi t)]\ \mathrm{V}$$

分别接到：①$R=100$ 的电阻元件；$L=1/\pi \mathrm{H}$ 的电感元件；②$C=100/\pi \mu \mathrm{F}$ 的电容元件。试分别求它们的电流解析式。

(6) 按功能不同，滤波器一般分为哪几类？

小　　结

(1) 串联谐振。RLC 串联电路谐振的条件是 $X=X_L-X_C$，谐振角频率为 $\omega_0=\frac{1}{\sqrt{LC}}$。

串联谐振的特点是：①端口电压电流同相，电路呈电阻性，$Z=R$，阻抗最小；②电感和电容的电压，可能会大大超过电源电压，所以也称电压谐振。

品质因数 $Q=\frac{\rho}{R}$，特性阻抗 $\rho=\omega_0 L=\frac{1}{\omega_0 C}=\sqrt{\frac{L}{C}}$

(2) 并联谐振。图 5-4 所示并联谐振电路谐振的条件是 $B=B_L-B_C=0$，谐振角频率为 $\omega_0=\frac{1}{\sqrt{LC}}$。

图 5-5 所示并联谐振电路的谐振条件是 $\omega C-\frac{\omega L}{R^2+(\omega L)^2}=0$

谐振角频率 $\omega_0=\frac{1}{\sqrt{LC}}\sqrt{1-\frac{CR^2}{L}}$

并联谐振的特点是：①端口电压与电流同相，电路呈电阻性，等效阻抗 $Z_0=\frac{L}{RC}$ 当 $R\to 0$ 时，电路呈现为极大的电阻；②电感和电容的电流 $I_L\approx I_C=QI_0$，比总电流大许多倍，所以也称电流谐振。

(3) 在电力工程中，谐振引起的高电压或大电流可能造成危害而应予以防止，但在无线电技术中谐振得到了广泛的应用。在串联谐振的电流谐振曲线中可以看出谐振电路对不同频率的信号具有选择能力，Q 值越大，选择性越好，但当信号源内阻较大时，会使串联谐振电路 Q 值降低而降低选择性，所以应采用并联谐振电路。由阻抗谐振曲线可以看出并联谐振电路对不同频率也具有选择性，Q 值越大，选择性越强。

(4) 在电工技术中所见的非正弦周期量都可分解为傅立叶级数

$$f(t)=\frac{a_0}{2}+\sum_{k=1}^{\infty}[a_k\cos(k\omega t)+b_k\sin(k\omega t)]$$

上式中，$\omega=\frac{2\pi}{T}$，T 为 $f(t)$ 的周期，a_0、a_k、b_k 为傅立叶系数，它们的计算公式如下

$$a_0=\frac{2}{T}\int_0^T f(t)\mathrm{d}t$$

$$a_k=\frac{2}{T}\int_0^T f(t)\cos(k\omega t)\mathrm{d}t$$

$$b_k=\frac{2}{T}\int_0^T f(t)\sin(k\omega t)\mathrm{d}t$$

（5）根据非正弦周期量波形的对称性，可直观判定：①波形在横轴上、下部分包围的面积相等，则无直流分量，$a_0=0$；②波形为镜像对称，则周期量为奇谐波函数，无直流分量，无偶次谐波，只含奇次谐波；③波形对称于原点，则周期量为奇函数，无直流分量，无余弦谐波分量，$a_0=0$，$a_k=0$；④波形对称于纵轴，则周期量为偶函数，无正弦谐波分量，$b_k=0$。

（6）非正弦周期量的有效值、平均值、平均功率。以非正弦周期电流为例，周期量的有效值

$$I=\sqrt{I_0^2+I_1^2+I_2^2+\cdots}$$

周期量的整流平均值

$$I_{\mathrm{rect}}=\frac{1}{T}\int_0^T |i|\,\mathrm{d}t$$

周期量的波形因数

$$K_{\mathrm{f}}=\frac{I}{I_{\mathrm{rect}}}$$

非正弦周期电流电路的平均功率

$$\begin{aligned}P&=U_0I_0+\sum_{k=1}^{\infty}U_kI_k\cos\varphi_k\\&=U_0I_0+U_1I_1\cos\varphi_1+U_2I_2\cos\varphi_2+\cdots\\&=P_0+P_1+P_3+\cdots\end{aligned}$$

（7）非正弦周期性电流电路的分析计算方法——谐波分析法。分析计算步骤：将激励分解为直流分量和不同频率的正弦量之和，分别计算直流分量和各不同频率正弦量单独作用下电路的响应，最后利用线性电路的叠加定理，把各次谐波响应的解析式相加，就可以得到电路的实际响应。

(8) 滤波器一般分为四种：低通滤波器，高通滤波器，带通滤波器，带阻滤波器。

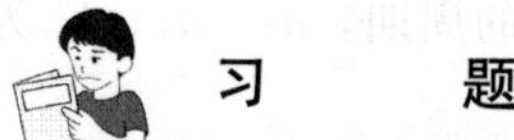

习　题

5-1　已知 RLC 串联电路中 $R=5\Omega$，$L=0.06\text{H}$，电源电压 $U=10\text{mV}$，$\omega=5000\text{rad/s}$。试计算谐振时的电容 C、电流 I_0、电容电压 U_C 及电路品质因数 Q。

5-2　收音机磁性天线的电感 $L=500\mu\text{H}$，与 20～270pF 的可变电容器组成串联谐振电路，求对 560kHz 和 990kHz 电台信号谐振时的电容值。

5-3　一个电感为 0.25mH、电阻为 13.7Ω 的线圈与 75pF 的电容器并联，求该并联电路的谐振频率、品质因数和谐振时阻抗。

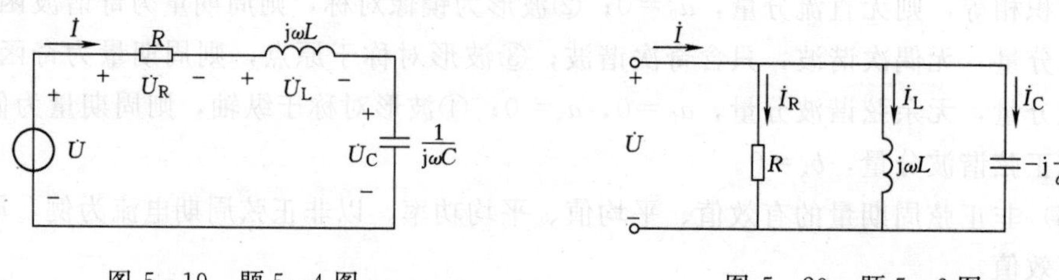

图 5-19　题 5-4 图　　　　图 5-20　题 5-6 图

5-4　电路如图 5-19 所示，当 $\omega=5000\text{rad/s}$ 时，RLC 串联电路发生谐振，已知 $R=5\Omega$，$L=400\text{mH}$，端电压 $U=1\text{V}$。求电容 C 的值及电路中的电流和各元件电压的瞬时表达式。

5-5　RLC 串联电路的端电压 $u=10\sqrt{2}\cos(2500t+10°)$ V，当 $C=8\mu\text{F}$ 时，电路中吸收的功率为最大，$P_{\max}=100\text{W}$。①求电感 L 和 Q 值；②作出电路的相量图。

5-6　电路如图 5-20 所示，RLC 串联谐振电路中，$R=10\Omega$，$L=1\text{H}$，端电压为 100V，电流为 10A。如把 R，L，C 改成并联接到同一电源上。求并联各支路的电流。电源的频率为 50Hz。

5-7　图 5-21 所示并联谐振电路的谐振角频率 $\omega=10^5\text{rad/s}$，谐振阻抗 $Z_0=120\text{k}\Omega$，品质因数 $Q=100$，试求 R、L、C 之值。若将此电路与 240kΩ 的电阻并联，问整个电路的品质因数将降为多少？

5-8　如图 5-22 电路中，$I_S=1\text{A}$，当 $\omega_0=1000\text{rad/s}$ 时电路发生谐振，$R_1=R_2=100\Omega$，$L=0.2\text{H}$。求 C 值和电流源端电压 U。

5-9　求如图 5-23 所示电路在哪些频率时为短路或开路。

5-10　电路如图 5-24 (a) 所示，电压 $u(t)$ 波形如图 5-24 (b) 所示。试写

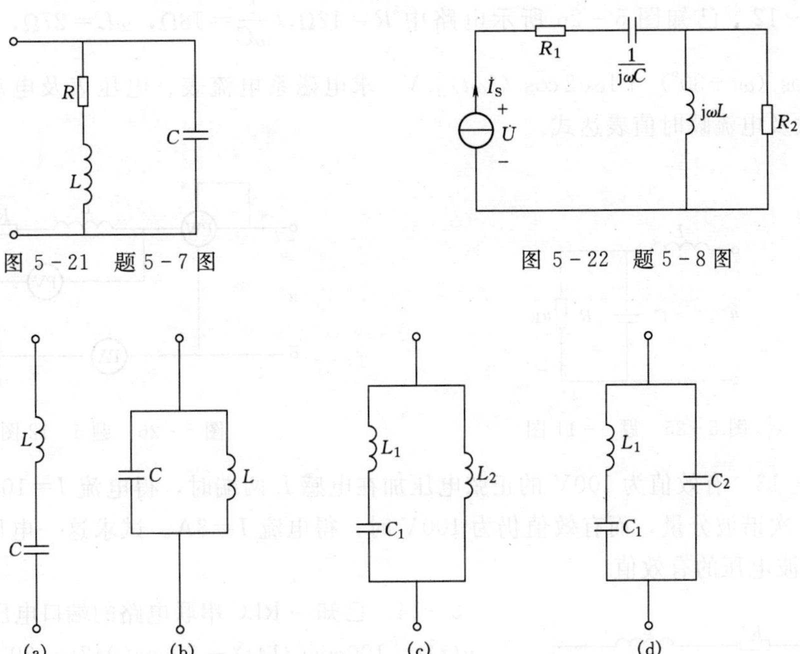

图 5-21　题 5-7 图

图 5-22　题 5-8 图

图 5-23　题 5-9 图

出电压瞬时表达式、有效值和平均值。当 $R=40\Omega$，$\omega L=40\Omega$，$\frac{1}{\omega C}=40\Omega$ 时，求 $u_L(t)$，$i_L(t)$ 表达式。

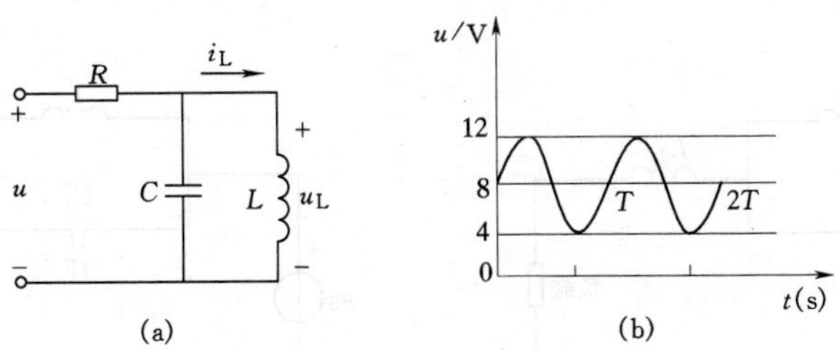

图 5-24　题 5-10 图

5-11　图 5-25 所示电路中，已知 $u_R=[50+10\sin(\omega t)]$ V，$R=100\Omega$，$L=2$mH，$C=50\mu$F，$\omega=10^3$ rad/s，试求电源电压 u 的瞬时表达式、有效值及电源消耗的功率。

5-12 已知图 5-26 所示电路中 $R=12\Omega$，$\frac{1}{\omega C}=18\Omega$，$\omega L=27\Omega$，$u=[10+80\sqrt{2}\cos(\omega t+30°)+18\sqrt{2}\cos(3\omega t)]$ V。求电磁系电流表、电压表及电动系功率表的读数及电流瞬时值表达式。

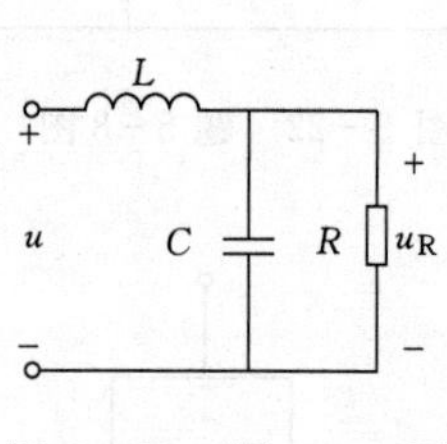

图 5-25 题 5-11 图

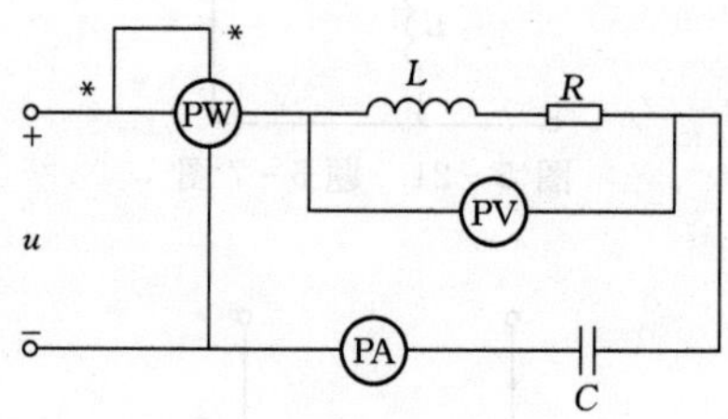

图 5-26 题 5-12 图

5-13 有效值为 100V 的正弦电压加在电感 L 两端时，得电流 $I=10$A，当电压中有 3 次谐波分量，而有效值仍为 100V 时，得电流 $I=8$A。试求这一电压的基波和 3 次谐波电压的有效值。

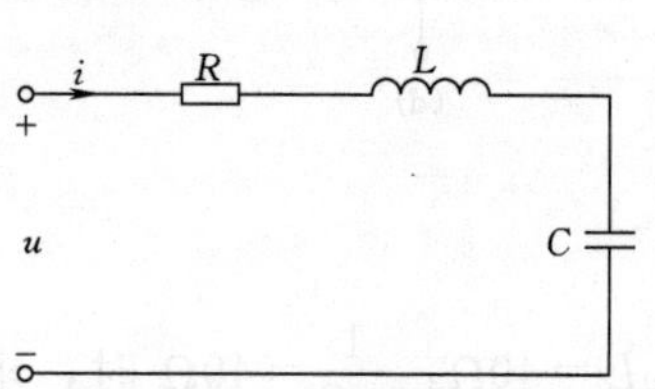

图 5-27 题 5-14 图

5-14 已知一 RLC 串联电路的端口电压和电流为

$$u(t)=[100\cos(314t)-50\cos(942t-30°)](\mathrm{V})$$

$$i(t)=[10\cos(314t)+1.755\cos(942t+\theta_3)](\mathrm{A})$$

试求：(1) R，L，C 的值；(2) θ_3 的值；(3) 电路消耗的功率。

5-15 图 5-28 所示为滤波电路，要求负载中不含基波分量，但 $4\omega_1$ 的谐波分量能全部传送至负载。如 $\omega_1=1000$rad/s，$C=1\mu$F，求 L_1 和 L_2。

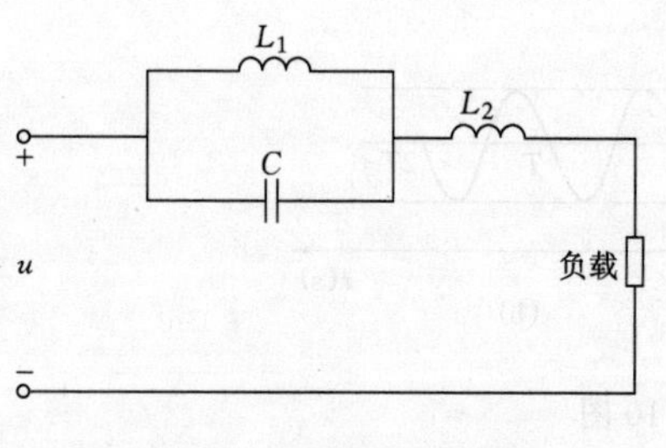

图 5-28 题 5-15 图

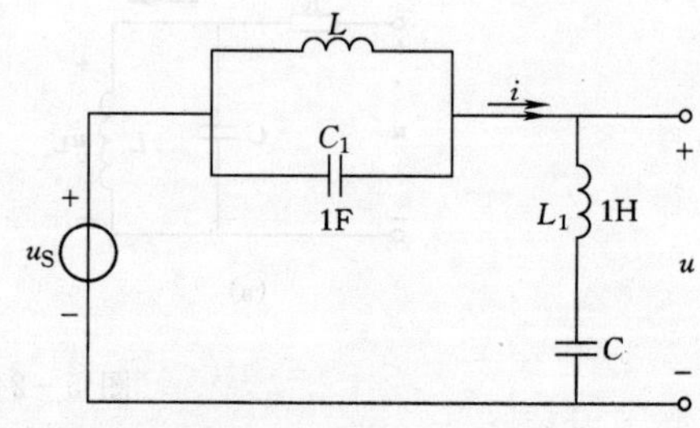

图 5-29 题 5-16 图

5-16 图 5-29 所示电路中 $u_S(t)$ 为非正弦周期电压，其中含有 $3\omega_1$ 及 $7\omega_1$ 的谐波分量。如果要求在输出电压 $u(t)$ 中不含这两个谐波分量，问 L，C 应为多少？

第6章

三相交流电路

自从世界上出现三相交流电以来，电力系统中的发电、输电、供用电等领域几乎全是三相制，而日常应用的单相交流电只是三相交流电中的一相。三相交流电得到广泛应用，是因为它与单相交流电相比具有以下主要优点：

(1) 发电方面。三相发电机和三相变压器比容量相同的单相发电机和单相变压器体积小些、轻些，制造上省材料且运转稳定。

(2) 输电方面。在距离、功率、电压、效率等相同的输电条件下，三相输电线比单相输电线节省金属材料25%。

(3) 供用电方面。三相异步电动机结构简单、性能良好、运行可靠。

本章主要介绍对称三相交流电路的一些基本规律和基本分析方法，简单介绍不对称三相交流电路的特点。

6.1 三相电源及其联接方式

三相电源的基本联接方式有星形（Y）和三角形（△）两种。本节以三相电压源为例，介绍三相电源。

6.1.1 对称三相电源

对称三相电源是指由三个频率相同、振幅相等、电压相位互差120°的正弦电压源按一定方式联接而成，大多数发电厂均用三相发电机来产生三相正弦交流电源。

图6-1为三相交流发电机结构示意图。它的主要构造有定子（由铁芯构成）、转子（由铁芯构成）、定子铁芯内圆表面有许多凹槽，放置三个相同的绕组U_1U_2、V_1V_2、W_1W_2。图6-1中只画出各相一匝绕组的剖面，它们的始端分别为U_1、V_1、W_1，末端分别为U_2、V_2、W_2，每个绕组称为一相。三相绕组在定子铁芯空间位置

上对称分布。U_1、V_1、W_1（或 U_2、V_2、W_2）三个始端（或三个末端）在空间位置互差 120°，转子铁芯上的磁极由绕在上面的线圈通以直流电流后形成，磁感应强度呈正弦分布状态。

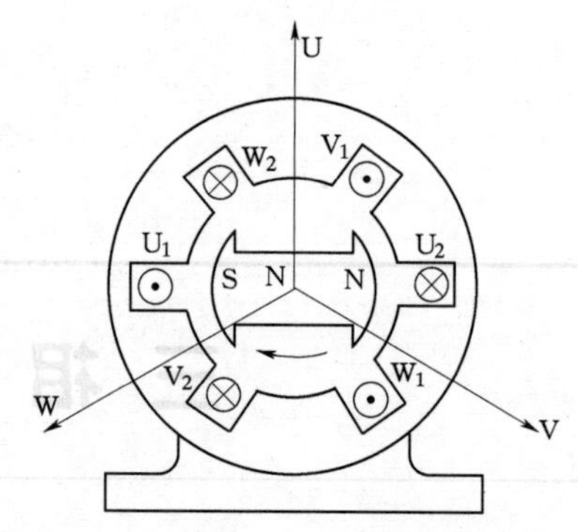

图 6-1 三相交流发电机结构示意图

当转子沿顺时针方向转动时，三个绕组以同一速度作切割磁力线运动，每相绕组感应出一个随时间按正弦规律变化的电压。这三个电压的幅值和频率是相同的，彼此间的相位互差 120°，即磁力线先被 U_1U_2 绕组切割，再被 V_1V_2 绕组切割，最后被 W_1W_2 绕组切割。因此，在感应出来的三个电压中，u_U 先达到正的最大值 U_{pm}，然后是 u_V、u_W 依次达到 U_{pm}，若以 U 相绕组感应出来的电压 u_U 为参考正弦量，则三相电压的瞬时值表达式为

$$u_U = U_{pm}\cos\omega t, \quad u_V = U_{pm}\cos(\omega t - 120°), \quad u_W = U_{pm}\cos(\omega t + 120°)$$

上式为一组对称三相电压源。它们的振幅相等、频率相同、电压相位依次相差 120°。其中电压振幅 U_{pm} 的下标 p 表示“相”，U_{pm} 表示电源相电压的最大值，U_p 表示电源相电压的有效值。

当对称三相电源电压为正弦交流量时，对应的相电压有效值相量为

$$\dot{U}_U = U_p\angle 0°, \quad \dot{U}_V = U_p\angle -120°, \quad \dot{U}_W = U_p\angle +120°$$

对称三相电源电压的波形图和相量图分别如图 6-2 和图 6-3 所示。

由上可见，对称三相电源电压具有以下特点：任一瞬间的三相电压瞬时值之和等于零，相量之和等于零，即

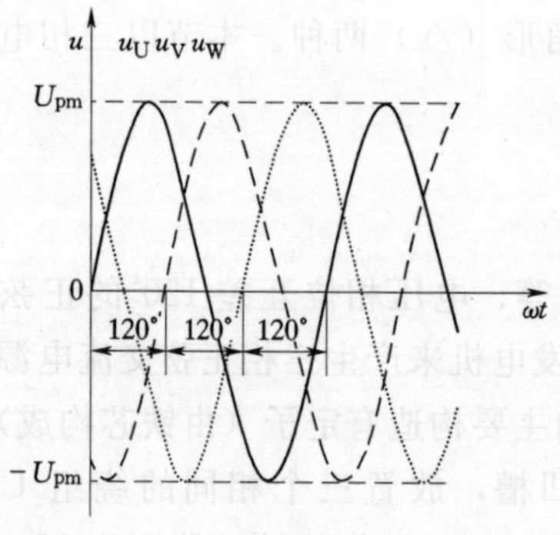

图 6-2 三相电源电压的波形图

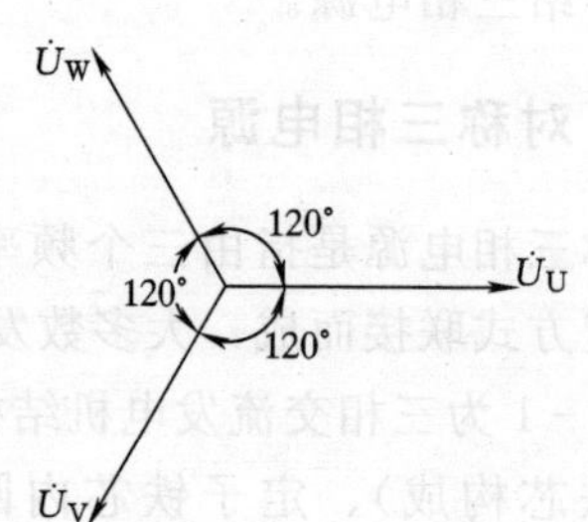

图 6-3 三相电源电压的相量图

$$u_U + u_V + u_W = 0$$

$$\dot{U}_U + \dot{U}_V + \dot{U}_W = 0$$

在三相交流电源中，对称三相正弦电压达到零值（或最大值）的先后顺序不同。各相电源电压到达零值（或最大值）的顺序，称为相序。图 6-2 中，V 相比 U 相滞后 120°，而 W 相比 V 相滞后 120°，U 相比 W 相滞后 120°。这样的相序为 U—V—W—U，称为正相序，简称正序；若三相电源电压到达零值的先后顺序为 U—W—V—U，则称为负相序，简称负序。如没有特别说明，通常所说的相序，均为正序。

6.1.2 三相电源的星形联接

三相电源的电压源模型如图 6-4 所示。三相电源的星形联接，就是把三相电压源的末端连在一起，构成一个公共点 N，称为中性点，简称中点。从中性点引出一根导线，称为中线（零线）；从三相电源的三个始端分别引出的三根导线，称为相线（端线或火线），如图 6-5 所示。

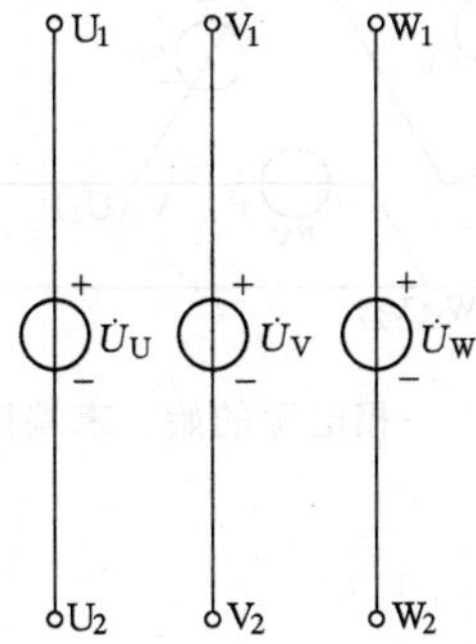

图 6-4 三相电源的电压源模型

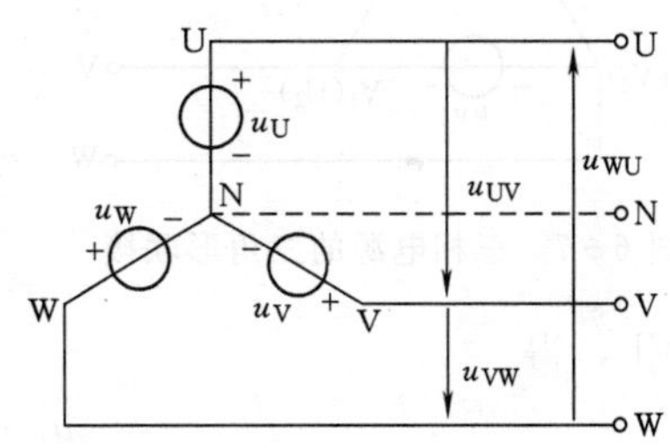

图 6-5 三相电源的星形联接

图 6-5 中每相电源的电压称为相电压，其参考方向规定始端为正、末端为负，即从相线到中点的方向；相线与相线之间的电压称为线电压，其参考方向规定为从 U—V、V—W、W—U 的方向。图中相电压与线电压的关系可根据 KVL 得

$$u_{UV} = u_U - u_V, \quad u_{VW} = u_V - u_W, \quad u_{WV} = u_W - u_V$$

若三相电源为正弦交流电源，则以上式子的相量表示式为

$$\dot{U}_{UV} = \dot{U}_U - \dot{U}_V, \quad \dot{U}_{VW} = \dot{U}_V - \dot{U}_W, \quad \dot{U}_{WU} = \dot{U}_W - \dot{U}_U$$

据以上相量关系式作出相量图，如图 6-6 所示。当三相电源相电压对称时，三个线电压也是一组对称三相电压，此时线电压与相电压的相量关系为

$$\dot{U}_{UV} = \sqrt{3}\dot{U}_U \angle 30° = \sqrt{3}U_P \angle 30°$$

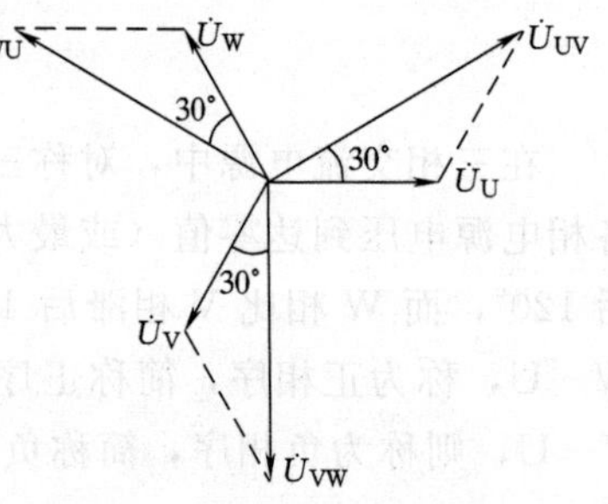

图 6-6 线电压与相电压关系的相量图

$$\dot{U}_{VW}=\sqrt{3}\dot{U}_V\angle 30^\circ=\dot{U}_{UV}\angle -120^\circ$$

$$\dot{U}_{WV}=\sqrt{3}\dot{U}_W\angle 30^\circ=\dot{U}_{UV}\angle 120^\circ \quad (6-1)$$

线电压有效值与相电压有效值的关系为

$$U_{线}=\sqrt{3}U_{相}，即 U_l=\sqrt{3}U_p \quad (6-2)$$

6.1.3 三相电源的三角形联接

三相电源的三角形联接就是把三相电源的始、末端依次相连接，如 U_1 与 W_2、V_1 与 U_2、W_1 与 V_2 分别相接构成一个闭合回路，再从三个联接点分别引出一根相线与电路相连，就构成了三相电源的三角形联接，如图 6-7 所示。

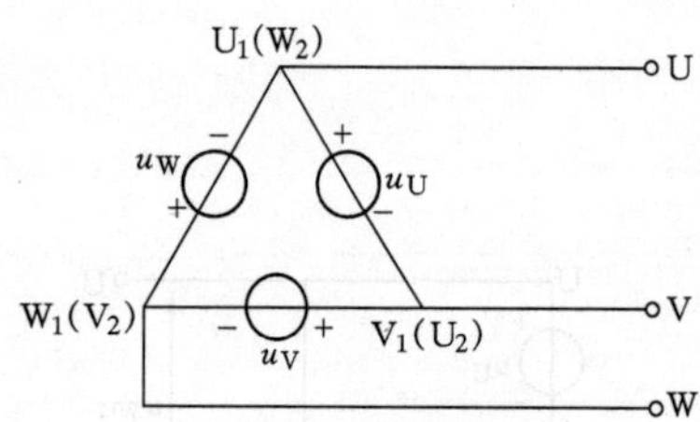

图 6-7 三相电源的三角形联接

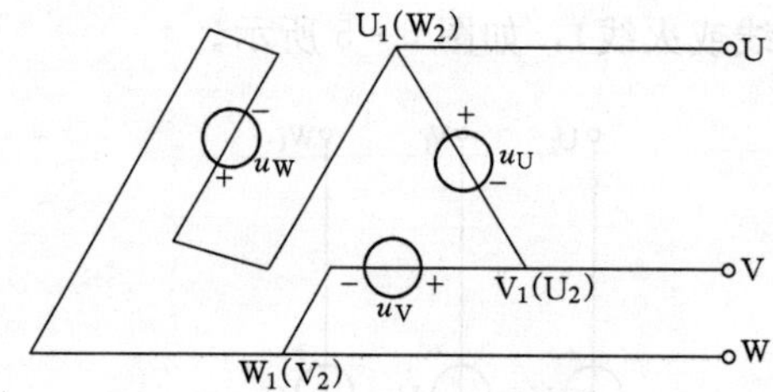

图 6-8 一相电源的始、末端接反

据 KVL，得

$$u_U+u_V+u_W=0$$

若三相电源为正弦交流电源，则上式可用相量形式表示为

$$\dot{U}_U+\dot{U}_V+\dot{U}_W=0$$

闭合回路中不会产生沿回路绕行的环流。

若将一相电源的始、末端接反，如图 6-8 所示，此时回路电压的相量关系式为

$$\dot{U}_U+\dot{U}_V-\dot{U}_W=\dot{U}_U+\dot{U}_V+\dot{U}_W-\dot{U}_W-\dot{U}_W$$

$$=(\dot{U}_U+\dot{U}_V+\dot{U}_W)-2\dot{U}_W=-2\dot{U}_W$$

即两倍相电压作用于三相电源闭合回路，而三相电源的内阻抗又很小，因此在回路中会产生很大的环流，以致烧毁三相发电机绕组。

为了避免接线错误而引起设备损坏，没有特别要求时，三相发电机的绕组（电源）一般不作三角形联接。若要作三角形联接，需先把三个绕组接成开口三角形，再

用一个量限大于每相电源电压两倍的交流电压表闭合起来，如图 6-9 所示。如果电压表读数为零，便可确定三相电源三角形接线正确。

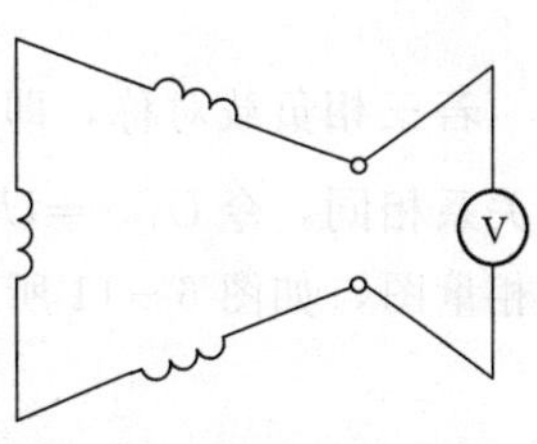

图 6-9 交流电压表闭合

【思考与练习】

(1) 对称三相电源星形联接时，如果其中一相电源的始、末端接错，会出现什么情形？

(2) 对称三相电源作三角形联接时，三相电源的始、末端能否是 U_1 与 V_2、V_1 与 W_2、W_1 与 U_2 相连？会对电路有影响吗？

(3) 对称三角形电源作星形联接，已知 U 相相电压相量 $\dot{U}_U = 220\angle -150°$ V，求：①线电压 $\dot{U}_{UV}$、$\dot{U}_{VW}$、$\dot{U}_{WU}$ 的相量表达式；② $u_{UV}(t)$、$u_{VW}(t)$、$u_{WU}(t)$ 瞬时值表达式；③ $\dot{U}_U$、$\dot{U}_V$、$\dot{U}_W$ 以及 $\dot{U}_{UV}$、$\dot{U}_{VW}$、$\dot{U}_{WU}$ 相量图。

6.2 三相负载的联接及其电压、电流关系

在使用任何电器时，往往需要考虑每相负载两端的额定电压等于电源电压。而不同的电源联接方式电压值不同。因此，三相负载的基本联接方式也有星形（Y 形）和三角形（△形）两种。以三相正弦交流电路为例。

6.2.1 三相负载的星形联接

星形联接的三相负载如图 6-10 所示。U、V、W 三相负载阻抗分别为 Z_U、Z_V、Z_W，把它们各自的一端联接成一个公共端，构成一个节点 N' 点，称为负载的中点，各负载的另一端引出一根线分别与电源的三根相线相连，负载的相电压分别为 $\dot{U}_{UN'}$、$\dot{U}_{VN'}$、$\dot{U}_{WN'}$，负载的相电流（也是线电流）分别为 $\dot{I}_U$、$\dot{I}_V$、$\dot{I}_W$，其参考方向从电源流往负载，负载中点 N′与电源中点 N 的连线，就是中线。中线电流 $\dot{I}_N$ 参考方向规定从 N′点流往 N 点。一般情况下，据 KVL，有

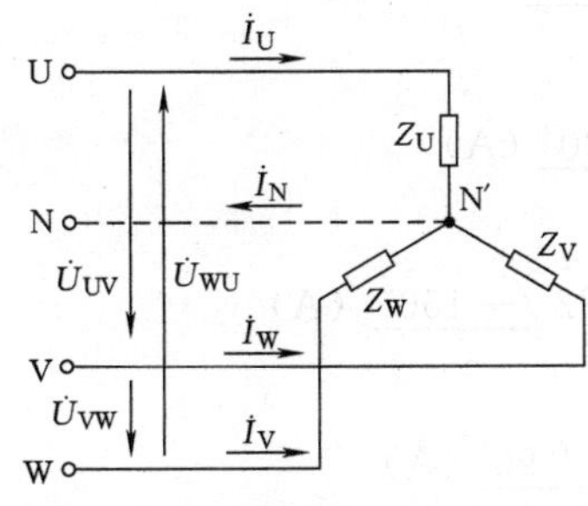

图 6-10 星形联接的三相负载

$$\dot{U}_{UV} = \dot{U}_{UN'} - \dot{U}_{VN'}$$

$$\dot{U}_{VW} = \dot{U}_{VN'} - \dot{U}_{WN'}$$

$$\dot{U}_{WU}=\dot{U}_{WN'}-\dot{U}_{UN'} \quad (6-3)$$

若三相负载对称，即 $Z_U=Z_V=Z_W=Z$，与分析星形联接电源的相电压、线电压的关系相同，令 $\dot{U}_{UN'}=U'_p\angle 0°$，则 $\dot{U}_{VN'}=\dot{U}_{UN'}\angle -120°$，$\dot{U}_{WN'}=\dot{U}_{UN'}\angle 120°$，作出相量图，如图 6－11 所示，其中

$$\dot{U}_{UV}=\sqrt{3}\dot{U}_{UN'}\angle 30°$$

$$\dot{U}_{VW}=\sqrt{3}\dot{U}_{VN'}\angle 30°=\dot{U}_{UV}\angle -120°$$

$$\dot{U}_{WU}=\sqrt{3}\dot{U}_{WN'}\angle 30°=\dot{U}_{UV}\angle 120°$$

相电压与线电压的有效值关系为

$$U_{UV}=U_{VW}=U_{WU}=U_l=\sqrt{3}U'_p \quad (6-4)$$

式中　U'_p——负载相电压的有效值。

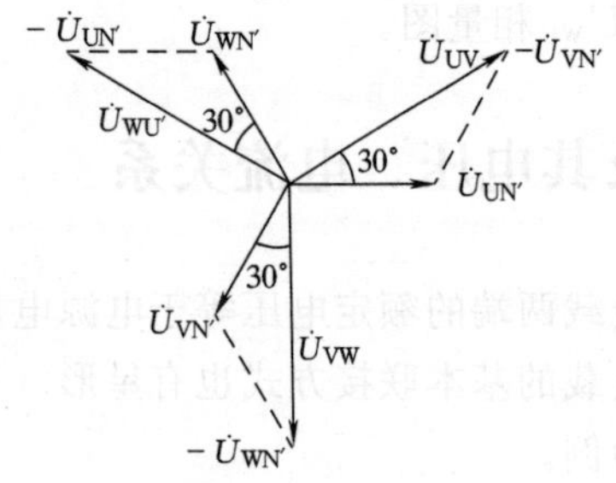

图 6－11　相量图

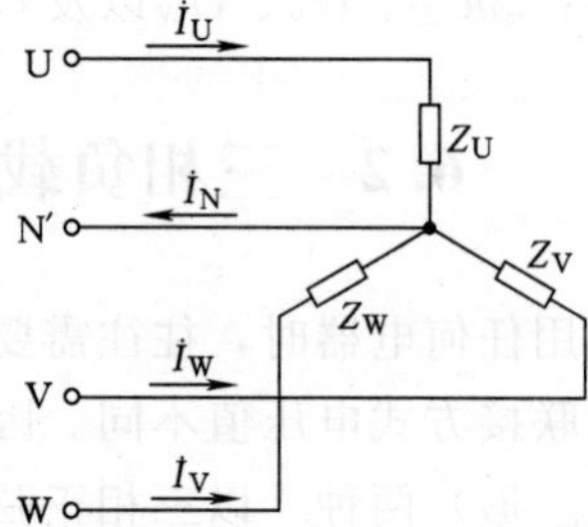

图 6－12　例 6－1 图

【例 6－1】　图6－12所示对称三相电路，三相电源的线电压有效值为 380V，相线和中线阻抗为零，负载阻抗 $Z_U=Z_V=Z_W=Z=8.66+j5\Omega$，求（1）负载的相电流及中线电流；（2）画出电压、电流相量图。

解： 设 $\dot{U}_U=U_p\angle 0°=\frac{U_l}{\sqrt{3}}\angle 0°=\frac{380}{\sqrt{3}}\angle 0°=220\angle 0°$（V），则

$$\dot{I}_U=\frac{\dot{U}_U}{Z_U}=\frac{220\angle 0°}{8.66+j5}=\frac{220\angle 0°}{10\angle 30°}=22\angle -30° \text{（A）}$$

$$\dot{I}_V=\frac{\dot{U}_V}{Z_V}=\frac{220\angle -120°}{8.66+j5}=\frac{220\angle -120°}{10\angle 30°}=22\angle -150° \text{（A）}$$

$$\dot{I}_W=\frac{\dot{U}_W}{Z_W}=\frac{220\angle 120°}{8.66+j5}=\frac{220\angle 120°}{10\angle 30°}=22\angle 90° \text{（A）}$$

$$\dot{I}_N=\dot{I}_U+\dot{I}_V+\dot{I}_W=22\angle{-30^\circ}+22\angle{-150^\circ}+22\angle{90^\circ}=0$$

作相量图如图 6-13 所示。

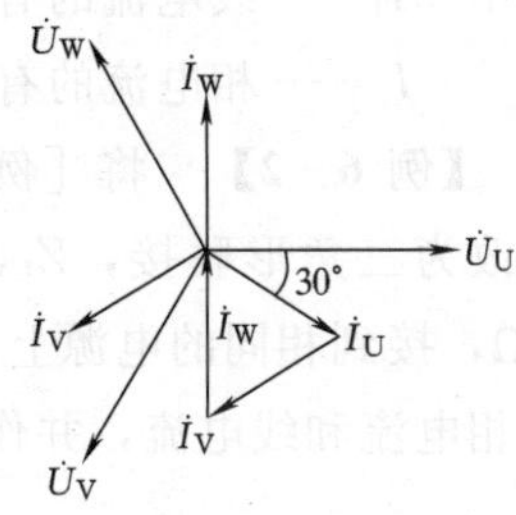

图 6-13 相量图

6.2.2 三相负载的三角形联接

三相负载的三角形联接就是将三相负载的首、末端依次接在相线与相线（端线）之间，如图 6-14 所示，此时负载相电压与电源线电压相等。$\dot{I}_U$、$\dot{I}_V$、$\dot{I}_W$为流经相线的电流，称为线电流，规定其参考方向从电源流向负载；$\dot{I}_{UV}$、$\dot{I}_{VW}$、$\dot{I}_{WU}$是每相负载的电流，称为相电流，规定其参考方向为 U—V、V—W、W—U，据 KCL，得

$$\begin{aligned}\dot{I}_U&=\dot{I}_{UV}-\dot{I}_{WU}\\ \dot{I}_V&=\dot{I}_{VW}-\dot{I}_{UV}\\ \dot{I}_W&=\dot{I}_{WU}-\dot{I}_{VW}\end{aligned}\qquad(6-5)$$

当三相负载对称时，令 $\dot{I}_{UV}=I_p\angle{0^\circ}$，则 $\dot{I}_{VW}=\dot{I}_{UV}\angle{-120^\circ}$，$\dot{I}_{WU}=\dot{I}_{UV}\angle{120^\circ}$ 作出相量图，见图 6-15，相电流与线电流的关系为

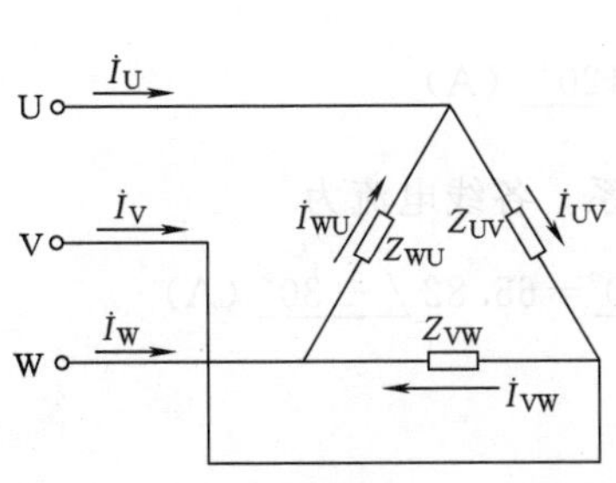

图 6-14 三角形联接的三相负载

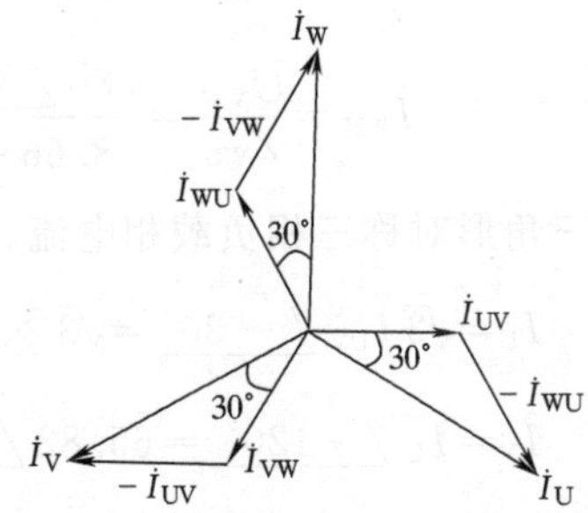

图 6-15 三角形联接的三相负载电流相量图

$$\dot{I}_U=\sqrt{3}\,\dot{I}_{UV}\angle{-30^\circ}$$

$$\dot{I}_V=\sqrt{3}\,\dot{I}_{VW}\angle{-30^\circ}=\dot{I}_U\angle{-120^\circ}$$

$$\dot{I}_W=\sqrt{3}\,\dot{I}_{WU}\angle{-30^\circ}=\dot{I}_U\angle{120^\circ}$$

相电流与线电流的有效值关系为

$$I_U = I_V = I_W = I_l = \sqrt{3} I_p \qquad (6-6)$$

式中 I_l——线电流的有效值；

I_p——相电流的有效值。

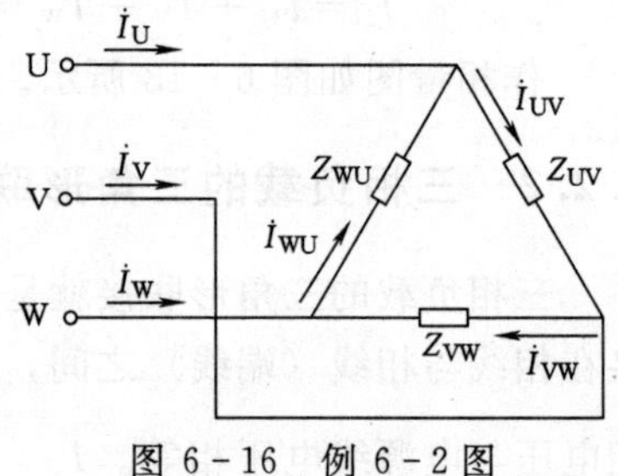

图 6-16 例 6-2 图

【例 6-2】 将［例 6-1］中对称星形联接负载改为三角形联接，$Z_{UV}=Z_{VW}=Z_{WU}=Z=8.66+j5\Omega$，接到相同的电源上，如图 6-16 所示。求负载各相电流和线电流，并作相量图。

解：假设 $\dot{U}_U=220\angle 0°$ V，$\dot{U}_V=220\angle -120°$ V，$\dot{U}_W=220\angle 120°$ V，则对称三相电源的各线电压分别为

$$\dot{U}_{UV}=\sqrt{3}\dot{U}_U\angle 30°=\sqrt{3}\times 220\angle 30°=380\angle 30° \text{(V)}$$

$$\dot{U}_{VW}=\dot{U}_{UV}\angle -120°=380\angle -90° \text{(V)}$$

$$\dot{U}_{WU}=\dot{U}_{UV}\angle 120°=380\angle 150° \text{(V)}$$

各负载的相电流为

$$\dot{I}_{UV}=\frac{\dot{U}_{UV}}{Z_{UV}}=\frac{380\angle 30°}{8.66+j5}=\frac{380\angle 30°}{10\angle 30°}=38\angle 0° \text{(A)}$$

$$\dot{I}_{VW}=\frac{\dot{U}_{VW}}{Z_{VW}}=\frac{380\angle -90°}{8.66+j5}=38\angle -120° \text{(A)}$$

$$\dot{I}_{WU}=\frac{\dot{U}_{WU}}{Z_{WU}}=\frac{380\angle 150°}{8.66+j5}=38\angle 120° \text{(A)}$$

根据三角形对称三相负载相电流、线电流的关系，各线电流为

$$\dot{I}_U=\sqrt{3}\dot{I}_{UV}\angle -30°=\sqrt{3}\times 38\angle -30°-0°=65.82\angle -30° \text{(A)}$$

$$\dot{I}_V=\dot{I}_U\angle -120°=65.82\angle -150° \text{(A)}$$

$$\dot{I}_W=\dot{I}_U\angle 120°=65.82\angle 90° \text{(A)}$$

作相量图如图 6-17 所示。

【思考与练习】

(1) 在图 6-18 所示电路中，当开关闭合时，电流表 PA1 的读数为 20A，如果开关 S 断开，电流表 PA1 的读数又将是多少？

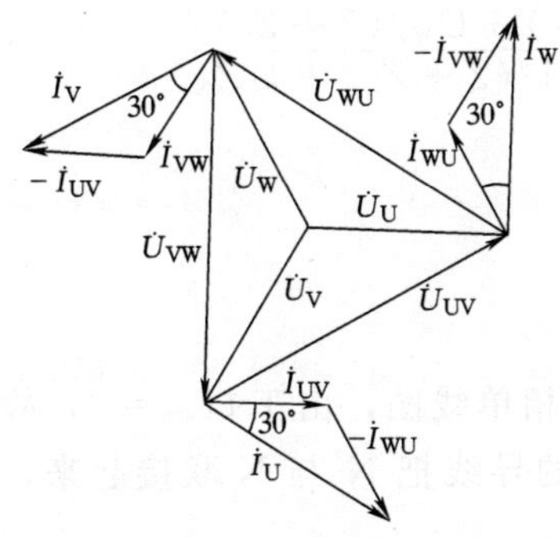

图 6-17 例 6-2 相量图

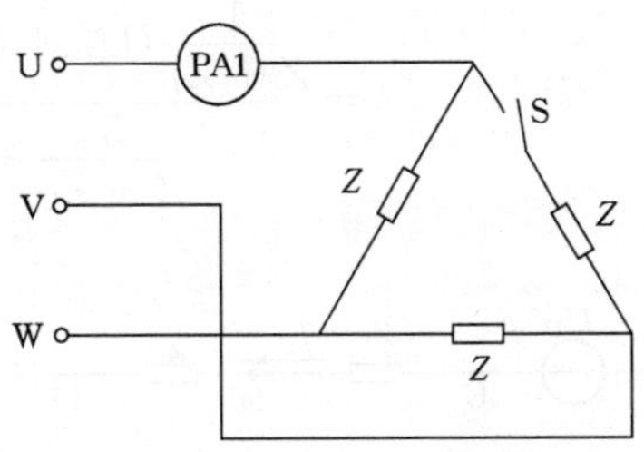

图 6-18 练习 (2) 图

(2) 把三根额定电压为 380V、功率为 1.5kW 的电热丝接成一只电热器，然后接到 380V 的电源上，应采用什么接法（△形还是 Y 形）?

6.3 对称三相电路的计算

三相电源和三相负载均有星形和三角形两种联接方式，如果把电源和负载联接在一起，负载和电源的联接方式不一定相同，为了得出三相负载与三相电源联接方式下的一般分析、计算方法，通常以对称三相星形联接负载和对称三相星形联接电源联接成的对称三相电路为例进行讨论，然后再推广到其他联接方式的对称三相电路。

6.3.1 Y—Y 联接的对称三相电路的计算

图 6-19 所示为 Y—Y 联接的对称三相正弦交流电路，三相电源与三相负载对称且电源中点 N 与负载中点 N′通过阻抗为 Z_N 的导线联接在一起，构成中线阻抗不为零的三相四线制供电系统。

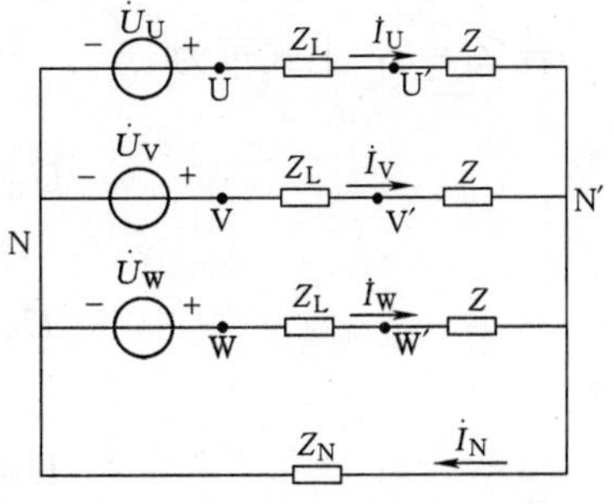

图 6-19 Y—Y 对称三相电路

其中 N 与 N′两点间的电压 $\dot{U}_{N'N}$ 称为中点电压，规定其参考方向从 N′点到 N 点，每根相线的复阻抗 Z_l、每相负载的复阻抗相等。在给定三相对称电源相电压 $\dot{U}_U$、$\dot{U}_V$、$\dot{U}_W$ 以及各负载阻抗值的情况下，求负载的相电压与相电流（即线电流）和中线电流。

令电源中点 N 为参考点，据弥尔曼定理，得中点电压为

$$\dot{U}_{N'N}=\frac{\dot{U}_U/(Z+Z_L)+\dot{U}_V/(Z+Z_L)+\dot{U}_W/(Z+Z_L)}{1/(Z+Z_L)+1/(Z+Z_L)+1/(Z+Z_L)+1/Z_N}$$

$$=\frac{\frac{1}{Z+Z_L}(\dot{U}_U+\dot{U}_V+\dot{U}_W)}{\frac{3}{Z+Z_L}+\frac{1}{Z_N}}=0$$

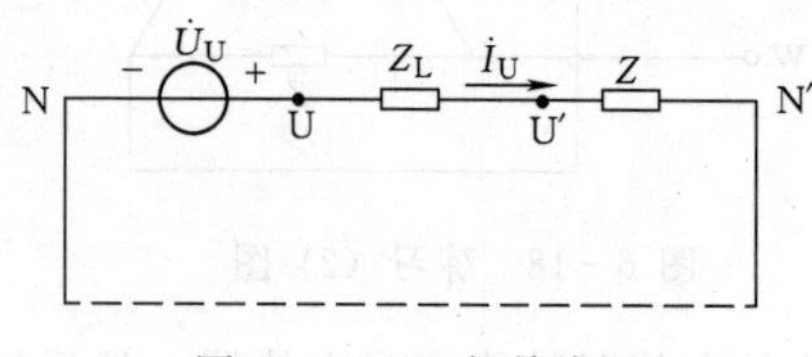

图 6-20 U 相单线图

作出 U 相单线图，由于 $\dot{U}_{N'N}=0$，故用一根阻抗为零的导线把 N′与 N 联接起来，如图 6-20所示。

则各相电流（即线电流）为

$$\dot{I}_U=\frac{\dot{U}_U-\dot{U}_{N'N}}{Z+Z_L}=\frac{\dot{U}_U}{Z+Z_L}$$

$$\dot{I}_V=\frac{\dot{U}_V-\dot{U}_{N'N}}{Z+Z_L}=\frac{\dot{U}_V}{Z+Z_L}=\dot{I}_U\angle-120^\circ$$

$$\dot{I}_W=\frac{\dot{U}_c-\dot{U}_{N'N}}{Z+Z_L}=\frac{\dot{U}_W}{Z+Z_L}=\dot{I}_U\angle 120^\circ$$

中线电流

$$\dot{I}_N=\dot{I}_U+\dot{I}_V+\dot{I}_W=\dot{I}_U+\dot{I}_U\angle-120^\circ+\dot{I}_U\angle 120^\circ=0$$

负载相电压

$$\dot{U}_{U'N'}=Z\dot{I}_U$$

$$\dot{U}_{V'N'}=Z\dot{I}_V=\dot{U}_{U'N'}\angle-120^\circ$$

$$\dot{U}_{W'N'}=Z\dot{I}_W=\dot{U}_{U'N'}\angle 120^\circ$$

若 $Z_l=0$，上式可为

$$\dot{U}_{U'N'}=Z\dot{I}_U=Z\frac{\dot{U}_U}{Z}=\dot{U}_U$$

$$\dot{U}_{VN'}=Z\dot{I}_V=Z\frac{\dot{U}_V}{Z}=\dot{U}_V$$

$$\dot{U}_{WN'}=Z\dot{I}_W=Z\frac{\dot{U}_W}{Z}=\dot{U}_W$$

即负载相电压等于电源相电压。

由上讨论可见，Y—Y 联接的对称三相正弦交流电路具有以下特点：

(1) 三相电源对称、三相负载对称时，$\dot{U}_{N'N}=0$，$\dot{I}_N=0$，中线不起作用，即不管中线是否存在、中线阻抗值大或小，中线均可用开路来等效。

(2) $\dot{U}_{N'N}=0$，此时可将 N、N'两点用短路来等效，三相电路化为三个单相的回路，各相计算是独立的。

(3) 由于 $\dot{I}_U=\dfrac{1}{Z+Z_L}\dot{U}_U$、$\dot{I}_V=\dfrac{1}{Z+Z_L}\dot{U}_V$、$\dot{I}_W=\dfrac{1}{Z+Z_L}\dot{U}_W$，可见各相负载的电流及电压与电源同相序。因此，只要算出 U 相负载（或其中一相）的电流或电压，按与电源同相序的对称条件，即可得到其他两相负载的相电流和相电压。

具体计算步骤如下：

(1) 将对称三相电源看成星形联接，根据电源相、线电压的关系，确定对称三相电源的三个相电压 $\dot{U}_U$、$\dot{U}_V$、$\dot{U}_W$。

(2) 将三角形联接负载等效为星形联接负载。

(3) 把所有的星形联接负载和等效星形联接负载的中点用一根虚设的阻抗为零的中线把它们联接起来，作出 U 相（或其中一相）的单线图。计算 U 相负载的相电流、线电流和相电压。

(4) 根据对称条件，直接写出其他两相负载的电流、电压。

(5) 回到原电路，计算三角形负载的相电流、相电压。

【例 6-3】 图 6-21 所示电路为 Y—Y 联接的对称三相电路，已知负载阻抗 $Z=8.8+j8.8\Omega$，线路阻抗 $Z_L=0.2+j0.2\Omega$，中线阻抗 $Z_N=1.1+j1.1\Omega$，三相电源对称且 $\dot{U}_U=220\underline{/0^\circ}$ V，试计算负载的相电流、相电压和线电流以及中线电流。

解：已知三相电源对称，$\dot{U}_U=220\underline{/0^\circ}$ V，$\dot{U}_V=220\underline{/-120^\circ}$ V，$\dot{U}_W=220\underline{/120^\circ}$ V，作出 U 相的单线图进行计算，如图 6-22 所示。

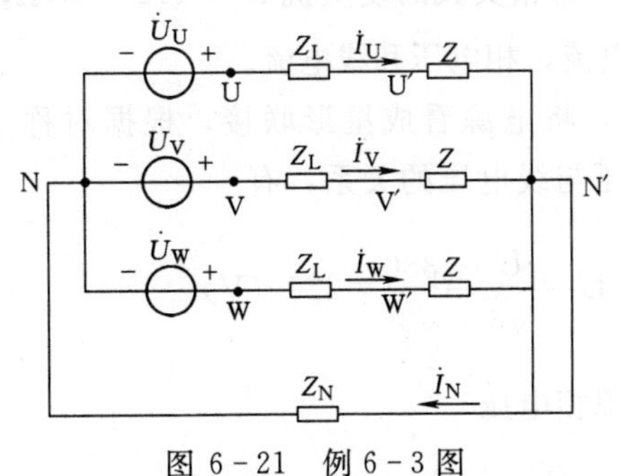

图 6-21 例 6-3 图

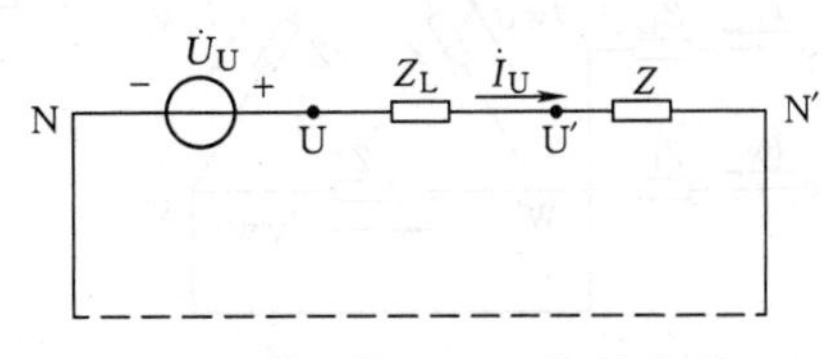

图 6-22 例 6-3U 相单线图

$$\dot{I}_U=\frac{\dot{U}_U}{Z+Z_L}=\frac{220\angle 0^\circ}{8.8+j8.8+0.2+j0.2}$$

$$=\frac{220\angle 0^\circ}{9+j9}=\frac{220\angle 0^\circ}{12.72\angle 45^\circ}$$

$$=17.32\angle -45^\circ \text{ (A)}$$

根据对称条件，得V、W两相负载相电流（即线电流）

$$\dot{I}_V=\dot{I}_U\angle -120^\circ=17.32\angle -165^\circ \text{ (A)}$$

$$\dot{I}_W=\dot{I}_U\angle 120^\circ=17.32\angle 75^\circ \text{ (A)}$$

负载相电压

$$\dot{U}_{U'N'}=\dot{I}_U Z=17.32\angle -45^\circ\times(8.8+j8.8)=215.3\angle 0^\circ \text{ (V)}$$

$$\dot{U}_{V'N'}=\dot{U}_{U'N'}\angle -120^\circ=215.3\angle -120^\circ \text{ (V)}$$

$$\dot{U}_{W'N'}=\dot{U}_{U'N'}\angle 120^\circ=215.3\angle 120^\circ \text{ (V)}$$

中线电流：

$$\dot{I}_N=\dot{I}_U+\dot{I}_V+\dot{I}_W=17.32\angle -45^\circ+17.32\angle -165^\circ+17.32\angle 75^\circ=0$$

6.3.2 其他联接方式的对称三相电路

由于三相电源和负载均有星形、三角形两种联接方式，因此除了Y—Y联接的对称三相电路外，还有Y—△，△—Y，△—△等三相三线制联接方式的对称三相电路，对这些联接方式的对称三相电路，仍然可以根据Y—Y联接的对称三相电路的计算步骤来进行分析、计算。

【例6-4】 图6-23所示电路。线电压为380V的对称三相电源上，接了一组对称三角形联接负载，每根相线的复阻抗 $Z_L=j1\Omega$，每相负载的复阻抗 $Z=(12+j6)\Omega$，求负载的相电流，相电压和线电流。

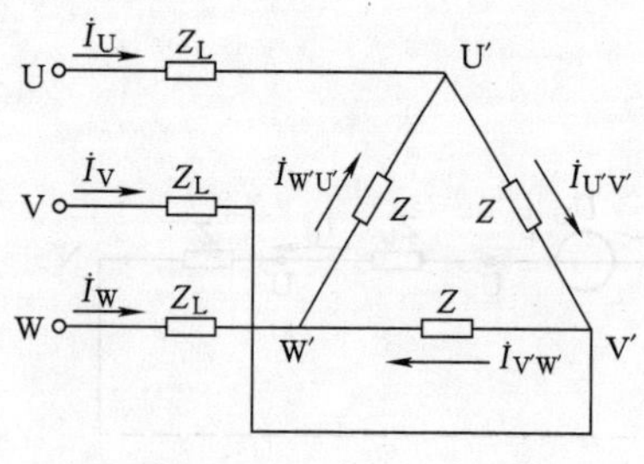

图6-23 例6-4图

解：（1）将电源看成星形联接，根据对称三相电源相电压与线电压的关系，有

$$U_p=\frac{U_l}{\sqrt{3}}=\frac{380}{\sqrt{3}}=220 \text{ (V)}$$

则设电源相电压

$$\dot{U}_U=\dot{U}_p\angle 0^\circ=220\angle 0^\circ \text{ (V)}$$

$$\dot{U}_V = \dot{U}_U \angle -120° = 220 \angle -120° \text{ (V)}$$

$$\dot{U}_W = \dot{U}_U \angle 120° = 220 \angle 120° \text{ (V)}$$

(2) 将三角形联接负载 Z 化为等效星形联接负载 Z'，见图 6-24 (a)，则

$$Z' = \frac{1}{3}Z = \frac{1}{3}(12 + j6) = 4 + j2\Omega$$

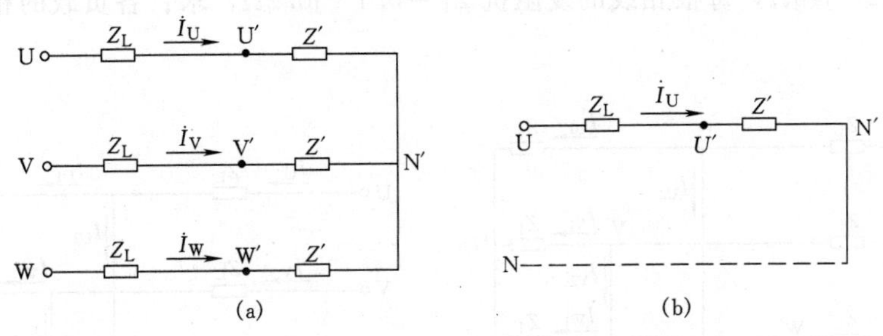

图 6-24 例 6-4 的等效图和单线图

(a) 等效星形联接；(b) U 相单线图

(3) 作出 U 相单线图，如图 6-24 (b) 所示

线电流

$$\dot{I}_U = \frac{\dot{U}_U}{Z_L + Z'} = \frac{220 \angle 0°}{j1 + 4 + j2} = \frac{220 \angle 0°}{4 + j3} = \frac{220 \angle 0°}{5 \angle 36.9°} = 44 \angle -36.9° \text{ (A)}$$

根据对称条件得

$$\dot{I}_V = \dot{I}_U \angle -120° = 44 \angle -156.9° \text{ (A)}$$

$$\dot{I}_W = \dot{I}_U \angle 120° = 44 \angle 83.1° \text{ (A)}$$

(4) 回到原电路，根据三角形联接对称负载的相电流、线电流关系，有

$$\dot{I}_{U'V'} = \frac{\dot{I}_U}{\sqrt{3}} \angle 30° = 25.4 \angle -6.9° \text{ (A)}$$

$$\dot{I}_{V'W'} = \dot{I}_{U'V'} \angle -120° = 25.4 \angle -126.9° \text{ (A)}$$

$$\dot{I}_{W'U'} = \dot{I}_{U'V'} \angle 120° = 25.4 \angle 113.1° \text{ (A)}$$

(5) 三角形联接负载的相电压

$$\dot{U}_{U'V'} = Z\dot{I}_{U'V'} = (12 + j6) \times 25.4 \angle -6.9°$$
$$= 13.42 \angle 26.6° \times 25.4 \angle -6.9°$$

$$=340.87\angle 19.7^\circ \text{ (V)}$$

$$\dot{U}_{V'W'}=\dot{U}_{U'V'}\angle -120^\circ=340.87\angle -100.3^\circ \text{ (V)}$$

$$\dot{U}_{W'U'}=\dot{U}_{U'V'}\angle 120^\circ=340.87\angle 139.7^\circ \text{ (V)}$$

【例 6-5】 两组对称负载接于线电压为380V的对称三相电源上，如图 6-25 (a)所示，一组为星形联接负载 Z_1，一组为三角形联接负载 Z_2，其中 $Z_1=6+j8\Omega$，$Z_2=12+j16\Omega$，每根相线的复阻抗 $Z_L=0.1+j0.2\Omega$，求：各负载的相电流、线电流。

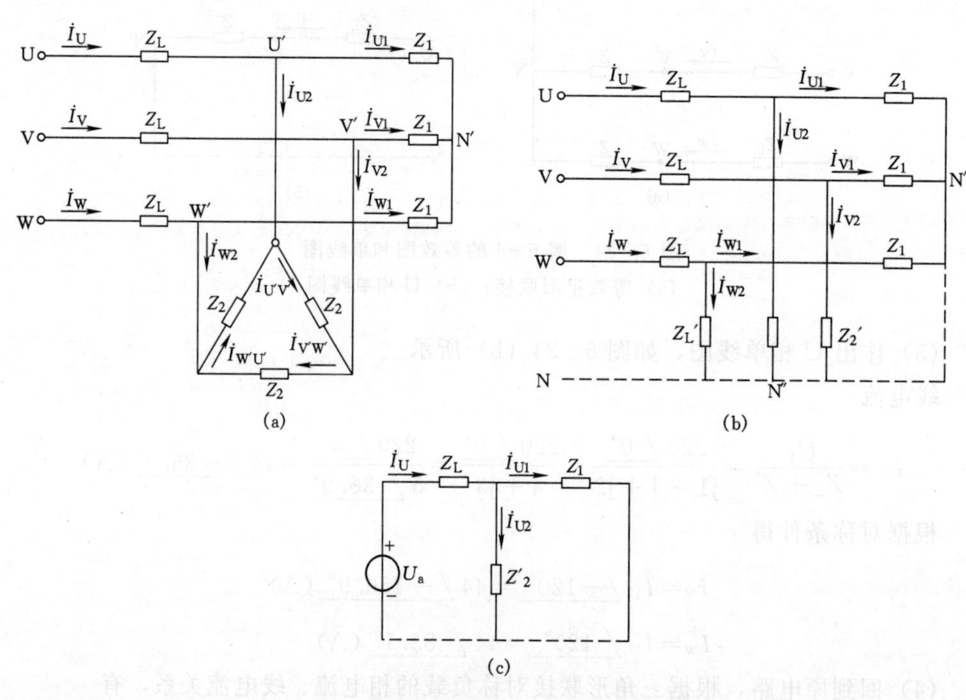

图 6-25　例 6-5 图

(a) 三角形联接负载；(b) 等效的星形联接负载；(c) 相电流和线电流

解：(1) 把三相电源看成对称三相星形联接，其相电压有效值

$$U_p=\frac{U_l}{\sqrt{3}}=\frac{380}{\sqrt{3}}=220 \text{ (V)}$$

设

$$\dot{U}_U=U_p\angle 0^\circ=220\angle 0^\circ \text{ (V)}$$

$$\dot{U}_V=220\angle -120^\circ \text{ (V)}$$

$$\dot{U}_W=220\angle 120^\circ \text{ (V)}$$

(2) 将三角形联接负载等效为星形联接负载 Z'_2，如图 6-25 (b) 所示，即

$$Z'_2=\frac{1}{3}Z_2=\frac{1}{3}(24+j18)$$

$$=8+j6=10\angle 36.9^\circ \text{ }(\Omega)$$

(3) 作出 U 相的单线图，计算 U 相负载的相电流、线电流，如图 6-25 (c) 所示

总阻抗：$Z=Z_L+\dfrac{Z_1Z'_2}{Z_1+Z'_2}=0.1+j0.2+\dfrac{(6+j8)(8+j6)}{6+j8+8+j6}$

$$=0.1+j0.2+\frac{10\angle 53.1^\circ\times 10\angle 36.9^\circ}{14+j14}$$

$$=0.1+j0.2+\frac{100\angle 90^\circ}{19.8\angle 45^\circ}$$

$$=0.1+j0.2+5.05\angle 45^\circ$$

$$=0.1+j0.2+3.57+j3.57$$

$$=3.67+j3.77=5.26\angle 45.8^\circ\ \Omega$$

各线电流为 $\dot{I}_U=\dfrac{\dot{U}_U}{Z}=\dfrac{220\angle 0^\circ}{5.26\angle 45.8^\circ}=41.83\angle -45.8^\circ \text{ (A)}$

$$\dot{I}_{U1}=\frac{Z'_2}{Z_1+Z'_2}\dot{I}_U=\frac{8+j6}{19.8\angle 45^\circ}\times 41.83\angle -45.8^\circ$$

$$=\frac{10\angle 36.9^\circ}{19.8\angle 45^\circ}\times 41.83\angle -45.8^\circ$$

$$=21.13\angle -53.9^\circ \text{ (A)}$$

$$\dot{I}_{U2}=\frac{Z_1}{Z_1+Z'_2}\dot{I}_U=\frac{6+j8}{19.8\angle 45^\circ}\times 41.83\angle -45.8^\circ$$

$$=\frac{10\angle 53.1^\circ}{19.8\angle 45^\circ}\times 41.83\angle -45.8^\circ$$

$$=21.13\angle -37.7^\circ \text{ (A)}$$

根据对称条件，可得其他两相的线电流为

$$\begin{cases}\dot{I}_V=\dot{I}_U\angle -120^\circ=41.83\angle -165.8^\circ \text{ (A)}\\ \dot{I}_W=\dot{I}_U\angle 120^\circ=41.83\angle 74.2^\circ \text{ (A)}\end{cases}$$

$$\begin{cases}\dot{I}_{V1}=\dot{I}_{U1}\angle -120^\circ=21.13\angle -173.9^\circ \text{ (A)}\\ \dot{I}_{W1}=\dot{I}_{U1}\angle 120^\circ=21.13\angle 66.1^\circ \text{ (A)}\end{cases}$$

$$\begin{cases}\dot{I}_{V2}=\dot{I}_{U2}\underline{/-120^\circ}=21.13\underline{/-157.7^\circ}\text{(A)}\\ \dot{I}_{W2}=\dot{I}_{U2}\underline{/120^\circ}=21.13\underline{/82.3^\circ}\text{(A)}\end{cases}$$

(4) 返回原电路，据三角形联接负载的相电流与线电流的关系，求出负载 Z_2 的相电流为

$$\dot{I}_{U'V'}=\frac{\dot{I}_{U_2}}{\sqrt{3}}\underline{/30^\circ}=\frac{21.13\underline{/-37.7^\circ}}{\sqrt{3}}\underline{/30^\circ}=12.2\underline{/-7.7^\circ}\text{(A)}$$

$$\dot{I}_{V'W'}=\dot{I}_{U'V'}\underline{/-120^\circ}=12.2\underline{/-127.7^\circ}\text{(A)}$$

$$\dot{I}_{W'U}=\dot{I}_{U'V'}\underline{/120^\circ}=12.2\underline{/112.3^\circ}\text{(A)}$$

【思考与练习】

(1) 图 6-26 所示对称三相电路中，当 S 闭合时，各安培表的读数均为 10A，若将 S 打开，问各电流表的读数是多少？

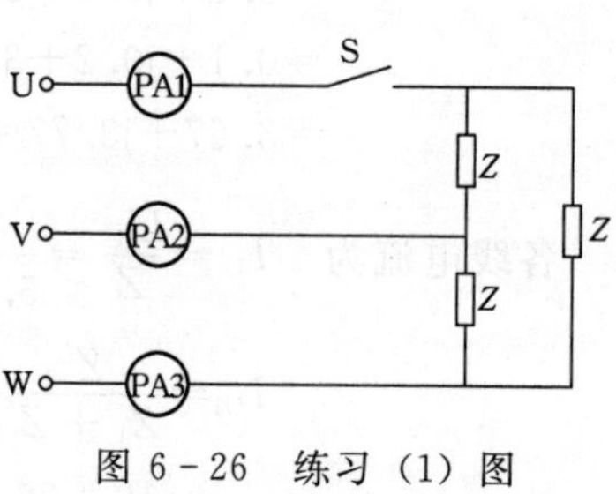

图 6-26 练习 (1) 图

(2) 一台三相电动机作三角形联接，每相阻抗 $Z=\text{j}100\Omega$，额定电压为 380V，经阻抗为 $Z_L=1+\text{j}2\Omega$ 的三相输电线与电源联接，要求电动机的端电压为额定电压，问电动机应作怎样联接？电源的线电压为多少？

6.4 简单不对称三相电路的分析

在三相电路中，三相电源通常是对称的，而三相负载则会经常出现不对称的情形。如照明电路在设计安装时尽量使各相电灯负荷是对称的，而实际使用上用户电灯开、关时间不统一，不能保证三相负载对称；电路发生故障时，也会造成三相负载一定程度上的不对称。

6.4.1 不对称三相电路的概念

不对称三相电路通常是指三相电源对称而三相负载不对称的三相电路。

(1) 对于不对称三角形联接的三相负载，如果电源与负载之间的输电线阻抗可以忽略不计，如图 6-27 所示。由于各相负载都是经输电线直接与对称三相电源相连，

所以三相负载不对称时，负载的相电压仍然是对称的。这时各相负载的电流，需要按相计算，即

$$\dot{I}_{UV}=\frac{\dot{U}_{UV}}{Z_{UV}},\ \dot{I}_{VW}=\frac{\dot{U}_{VW}}{Z_{VW}},\ \dot{I}_{WU}=\frac{\dot{U}_{WU}}{Z_{WU}}$$

线电流

$$\dot{I}_U=\dot{I}_{UV}-\dot{I}_{WU},\ \dot{I}_V=\dot{I}_{VW}-\dot{I}_{UV},\ \dot{I}_W=\dot{I}_{WU}-\dot{I}_{VW}$$

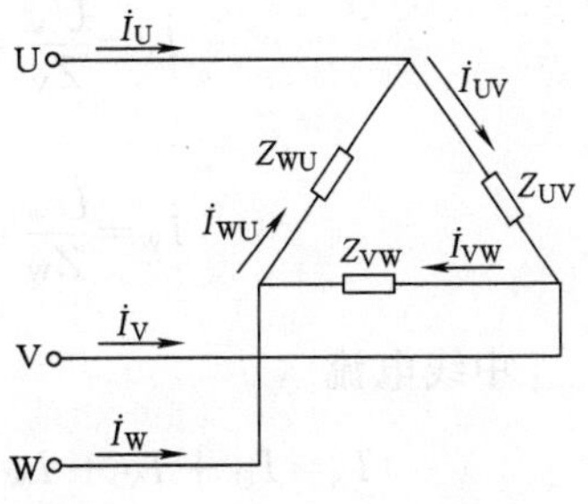

图 6-27　不对称三角形负载

(2) 对于不对称三角形联接的三相负载，如果三相对称电源与三相负载之间的输电线阻抗不能忽略，如图 6-28 所示。由于各相负载没有直接联接到电源端，各相负载相电压无法知道，此时，首先应把三角形联接负载等效为星形，然后按照不对称三相星形联接负载的分析方法进行计算。

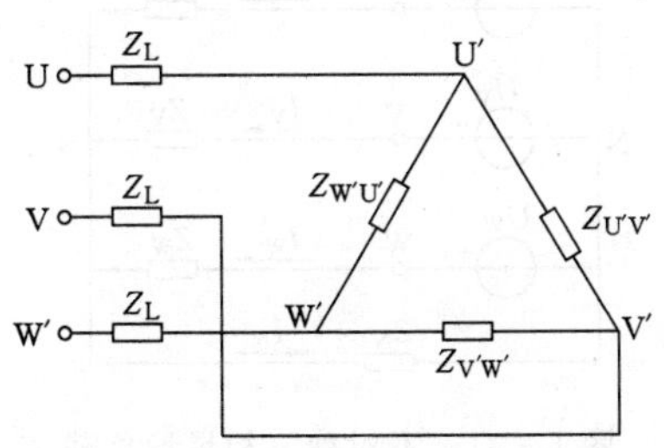

图 6-28　不对称三角形负载

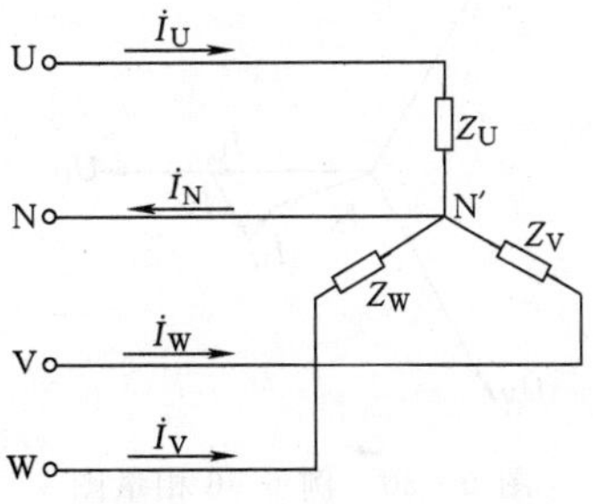

图 6-29　例 6-6 图

(3) 对于不对称三相星形联接负载，如果有中线，中线阻抗为零，中点电压为零时，无论电源与负载之间的输电线阻抗是否存在，负载的相电压仍然是对称的。

【例 6-6】　不对称星形联接的负载接到线电压为 380V 的对称三相电源上，如图 6-29 所示，中线阻抗为零，$Z_U=24.4\Omega$，$Z_V=48\Omega$，$Z_W=36\Omega$，求各负载的相电流和中线电流，并作相量图。

解：设

$$\dot{U}_U=\frac{U_l}{\sqrt{3}}=\frac{380}{\sqrt{3}}\angle 0^\circ=220\angle 0^\circ\ \text{(V)}$$

$$\dot{U}_V=220\angle -120^\circ\ \text{V},\ \dot{U}_W=220\angle 120^\circ\ \text{(V)}$$

各相电流

$$\dot{I}_U=\frac{\dot{U}_U}{Z_U}=\frac{220\angle 0^\circ}{24}=9.17\angle 0^\circ\ \text{(A)}$$

$$\dot{I}_V=\frac{\dot{U}_V}{Z_V}=\frac{220\angle-120^\circ}{48}=4.58\angle-120^\circ\ \text{(A)}$$

$$\dot{I}_W=\frac{\dot{U}_W}{Z_W}=\frac{220\angle120^\circ}{96}=2.29\angle120^\circ\ \text{(A)}$$

中线电流

$$\begin{aligned}\dot{I}_N&=\dot{I}_U+\dot{I}_V+\dot{I}_W=9.17\angle0^\circ+4.58\angle-120^\circ+2.29\angle120^\circ\\&=9.17-2.29-j3.97-1.15+1.98=5.73-j1.99\\&=6.07\angle-19.2^\circ\text{(A)}\end{aligned}$$

作相量图如图 6－30 所示。

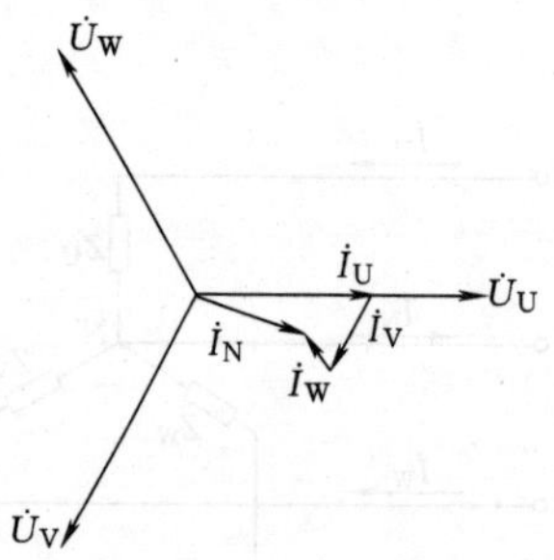

图 6－30 例 6－6 相量图

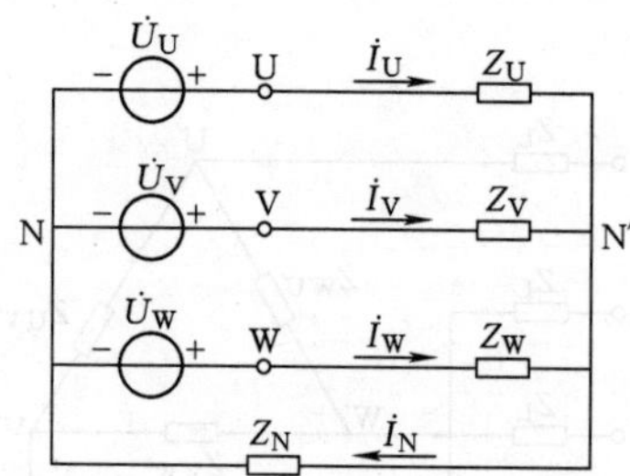

图 6－31 不对称三相星形负载

6.4.2 不对称三相星形负载的工作分析

图 6－31 所示电路为电源对称，负载不对称的星形联接三相电路。设对称三相电源的相电压为

$$\dot{U}_U=\dot{U}_p\angle0^\circ,\quad \dot{U}_V=\dot{U}_U\angle-120^\circ,\quad \dot{U}_W=\dot{U}_U\angle120^\circ$$

据弥尔曼定理，有

中点电压
$$\dot{U}_{N'N}=\frac{\dfrac{\dot{U}}{Z_U}+\dfrac{\dot{U}_V}{Z_V}+\dfrac{\dot{U}_W}{Z_W}}{\dfrac{1}{Z_U}+\dfrac{1}{Z_V}+\dfrac{1}{Z_W}+\dfrac{1}{Z_N}}$$

表明负载中点的电位与电源中点的电位不相等，这种现象称为中点位移，据 KVL，各相负载的相电压为

$$\dot{U}_{UN'}=\dot{U}_U-\dot{U}_{N'N},\quad \dot{U}_{VN'}=\dot{U}_V-\dot{U}_{N'N},\quad \dot{U}_{WN'}=\dot{U}_W-\dot{U}_{N'N}\tag{6-7}$$

各相电流

$$\dot{I}_{\mathrm{U}}=\frac{\dot{U}_{\mathrm{UN'}}}{Z_{\mathrm{U}}},\quad \dot{I}_{\mathrm{V}}=\frac{\dot{U}_{\mathrm{VN'}}}{Z_{\mathrm{V}}},\quad \dot{I}_{\mathrm{W}}=\frac{\dot{U}_{\mathrm{WN'}}}{Z_{\mathrm{W}}}$$

中线电流

$$\dot{I}_{\mathrm{N}}=\dot{I}_{\mathrm{U}}+\dot{I}_{\mathrm{V}}+\dot{I}_{\mathrm{W}}=\frac{\dot{U}_{\mathrm{N'N}}}{Z_{\mathrm{N}}}$$

据以上各电压、电流的相量关系，定性作出中点电压位移相量图，如图 6-32 所示。

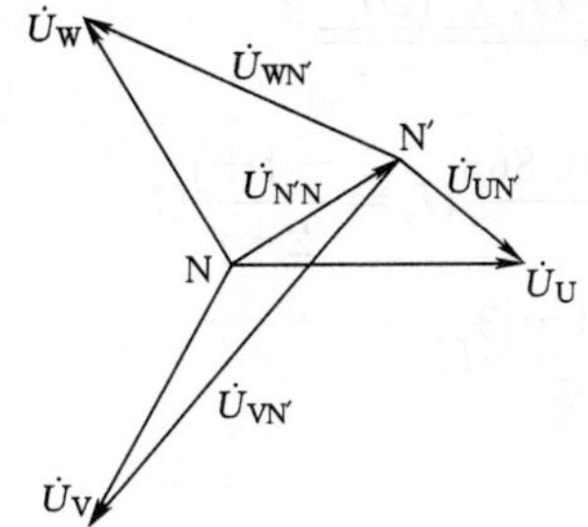

图 6-32 中点电压位移相量图

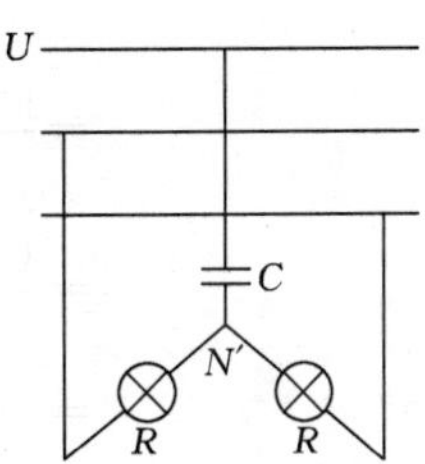

图 6-33 例 6-7 图

由图 6-32 可见，由于中点电压 $\dot{U}_{\mathrm{N'N}}\neq 0$ 而导致各相负载相电压 $\dot{U}_{\mathrm{UN'}}$、$\dot{U}_{\mathrm{VN'}}$、$\dot{U}_{\mathrm{WN'}}$不对称，有的相电压高于电源相电压，有的相电压低于电源相电压，致使负载不能正常工作。

为了保证负载的相电压对称，中线的存在非常重要，且中线阻抗 $Z_{\mathrm{N}}\approx 0$，否则会引起中点位移现象，导致负载相电压不对称。因此，中线不能断开，中线（零线）上不准安装熔断器或开关。

【例 6-7】 某些场合下，需要测定三相电源的相序时，往往用示相器来进行测定。示相器由一个电容器和两组相同阻值的灯泡组成，其联接方式如一组无中线的星形联接负载，如图 6-33。试分析在对称三相正弦电压作用下，示相器的工作原理。

解： 设对称三相电源的相电压为

$$\dot{U}_{\mathrm{U}}=U_{\mathrm{p}}\angle 0^{\circ}$$

$$\dot{U}_{\mathrm{V}}=\dot{U}_{\mathrm{U}}\angle -120^{\circ}=U_{\mathrm{p}}\angle -120^{\circ}$$

$$\dot{U}_{\mathrm{W}}=\dot{U}_{\mathrm{U}}\angle 120^{\circ}=U_{\mathrm{p}}\angle 120^{\circ}$$

把电容 C 所接的相线假定为 U 相，而需要确定 V、W 两相。为了计算方便，设 $\frac{1}{\omega c}=R$，则中点电压

$$\dot{U}_{N'N}=\frac{\dfrac{\dot{U}_U}{Z_U}+\dfrac{\dot{U}_V}{Z_V}+\dfrac{\dot{U}_W}{Z_W}}{\dfrac{1}{Z_U}+\dfrac{1}{Z_V}+\dfrac{1}{Z_W}}=\frac{j\omega C\,\dot{U}_U+\dfrac{\dot{U}_V}{R}+\dfrac{\dot{U}_W}{R}}{j\omega C+\dfrac{1}{R}+\dfrac{1}{R}}$$

$$=\frac{j\,\dfrac{1}{R}\dot{U}_U+\dfrac{1}{R}\dot{U}_V+\dfrac{1}{R}\dot{U}_W}{j\,\dfrac{1}{R}+\dfrac{1}{R}+\dfrac{1}{R}}=\frac{j\dot{U}_U+\dot{U}_V+\dot{U}_W}{j+1+1}$$

$$=\frac{jU_p\angle 0^\circ+U_p\angle -120^\circ+U_p\angle 120^\circ}{2+j}$$

$$=\frac{j-0.5-j0.866-0.5+j0.866}{2+j}U_p=\frac{-1+j}{2+j}U_p$$

$$=\frac{(-1+j)\ (2-j)}{5}U_p=\frac{-1+j3}{5}U_p$$

$$=(-0.2+j0.6)\ U_p$$

负载相电压：

$$\dot{U}_{VN'}=\dot{U}_V-\dot{U}_{N'N}=U_p\angle -120^\circ-(0.2+j0.6)\ U_p$$
$$=(-0.5-j0.866)\ U_p-(-0.2+j0.6)\ U_p$$
$$=(-0.3\ j1.466)\ U_p=1.5U_p\angle -101.6^\circ$$

$$\dot{U}_{WN'}=\dot{U}_W-\dot{U}_{N'N}=U_p\angle 120^\circ-(-0.2+j0.6)\ U_p$$
$$=(-0.5+j0.866)\ U_p-(-0.2+j0.6)\ U_p$$
$$=(-0.3+j0.266)\ U_p=0.4U_p\angle 138.4^\circ$$

可见，$U_{VN'}>U_{WN'}$，所以灯泡发光较亮的一相为V相，较暗的一相为W相。

【例6-8】 图6-34所示电路，有三个单相负载，接于三相四线制电路中，$R_U=5\Omega$、$R_V=10\Omega$、$R_W=20\Omega$，对称三相电源线电压为380V。试求：(1) 各相电流和中线电流；(2) U相断开后的各相电流和中线电流；(3) U相断开时中线也断，此时各相负载的电压和电流。

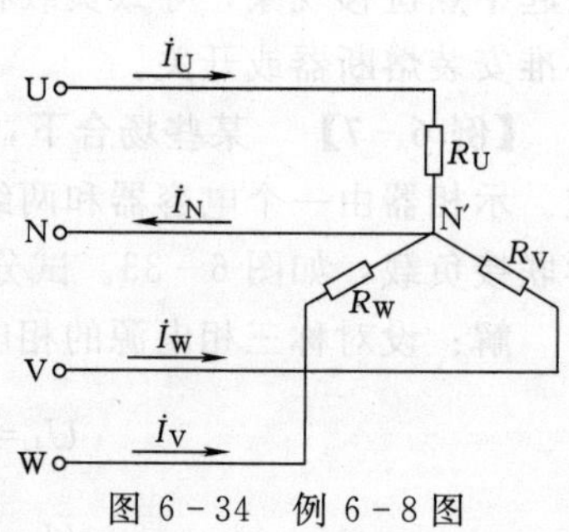

图6-34 例6-8图

解：设 $\dot{U}_U=\dfrac{U_L}{\sqrt{3}}\angle 0^\circ=\dfrac{380}{\sqrt{3}}\angle 0^\circ=220\angle 0^\circ$ (V)

$$\dot{U}_V=220\angle -120^\circ\ \text{(V)},\ \dot{U}_W=220\angle 120^\circ\ \text{(V)}$$

(1) 各相电流

$$\dot{I}_{U}=\frac{\dot{U}_{U}}{R_{U}}=\frac{220\angle 0^{\circ}}{5}=44\angle 0^{\circ}\ (A)$$

$$\dot{I}_{V}=\frac{\dot{U}_{V}}{R_{V}}=\frac{220\angle -120^{\circ}}{10}=22\angle -120^{\circ}\ (A)$$

$$\dot{I}_{W}=\frac{\dot{U}_{W}}{R_{W}}=\frac{220\angle 120^{\circ}}{20}=11\angle 120^{\circ}\ (A)$$

中线电流

$$\begin{aligned}\dot{I}_{N}&=\dot{I}_{U}+\dot{I}_{V}+\dot{I}_{W}=44\angle 0^{\circ}+22\angle -120^{\circ}+11\angle 120^{\circ}\\&=44-11-j19.05-5.5+j9.53=27.5-j9.52\\&=29.1\angle -19.1^{\circ}(A)\end{aligned}$$

(2) U 相断开后，$\dot{I}_{U}=0$，由于有中线且中线阻抗为零，故 V、W 两相负载相电压仍然等于 220V，所以 $\dot{I}_{V}$、$\dot{I}_{W}$不变，即

$$\dot{I}_{V}=22\angle -120^{\circ}\ (A),\ \dot{I}_{W}=11\angle 120^{\circ}\ (A)。$$

中线电流

$$\begin{aligned}\dot{I}_{N}&=\dot{I}_{U}+\dot{I}_{V}+\dot{I}_{W}=0+22\angle -120^{\circ}+11\angle 120^{\circ}\\&=-11-j19.05-5.5+j9.53=-16.5-j9.52=19.05\angle -150^{\circ}\ (A)\end{aligned}$$

(3) U 相断开，$R_{U}\rightarrow+\infty$，$\frac{1}{R_{U}}=0$，则

中点电压

$$\begin{aligned}\dot{U}_{N'N}&=\frac{\frac{\dot{U}_{U}}{R_{U}}+\frac{\dot{U}_{V}}{R_{V}}+\frac{\dot{U}_{W}}{R_{W}}}{\frac{1}{R_{U}}+\frac{1}{R_{V}}+\frac{1}{R_{W}}}=\frac{0+\frac{220\angle -120^{\circ}}{10}+\frac{220\angle 120^{\circ}}{20}}{0+\frac{1}{10}+\frac{1}{20}}\\&=\frac{440\angle -120^{\circ}+220\angle 120^{\circ}}{3}=\frac{-220-j381.04-110+j190.52}{3}\\&=\frac{-330-j190.52}{3}=-110-j63.51=127\angle -150^{\circ}\ (V)\end{aligned}$$

负载相电压

$$\begin{aligned}\dot{U}_{UN'}&=\dot{U}_{U}-\dot{U}_{N'N}=220\angle 0^{\circ}-127\angle -150^{\circ}\\&=220-(-110-j63.51)\\&=330+j63.51=336.06\angle 10.9^{\circ}\ (V)\end{aligned}$$

$$\dot{U}_{VN'}=\dot{U}_V-\dot{U}_{N'N}=220\angle-120^\circ-127\angle-150^\circ$$
$$=-110-j190.52-(-110-j63.51)$$
$$=-j127=127\angle-90^\circ\ (V)$$
$$\dot{U}_{WN'}=\dot{U}_W-\dot{U}_{N'N}=220\angle120^\circ-127\angle-150^\circ$$
$$=-110+j190.52-(+110-j63.51)$$
$$=j254=254\angle90^\circ\ (V)$$

负载相电流

$$\dot{I}_U=\frac{\dot{U}_{UN'}}{R_U}=0$$

$$\dot{I}_V=\frac{\dot{U}_{VN'}}{R_V}=\frac{127\angle-90^\circ}{10}=12.7\angle-90^\circ\ (A)$$

$$\dot{I}_W=\frac{\dot{U}_{WN'}}{R_W}=\frac{254\angle90^\circ}{20}=12.7\angle90^\circ\ (A)$$

可见，$U_{VN'}<U_p$，$U_{WN'}>U_p$ 表明 V 相电压低于正常情况下负载的端电压，W 相电压却高于正常情况下负载的端电压。如果有中线且中线阻抗为零，就不会发生这种现象。

【思考与练习】

(1) 星形联接的对称三相电路，无中线，试分析下列两种情况下，各相负载相电压的变化情况：(1) 一相负载开路；(2) 一相负载短路。

(2) 一台绕组为星形联接的三相发电机，每相电压额定值为 220V，在一次试验时若用伏特表测得相电压 $U_U=U_V=U_W=220V$，而线电压则为 $U_{VW}=U_{WU}=220V$，$U_{UV}=380V$，这种现象是什么原因造成的？

6.5 三相电路的功率及测量

三相电路的功率可以通过计算方法计算，也可以通过测量方法得到。

6.5.1 三相电路的功率

1. 三相功率

一般情况下，无论三相负载的接法如何，三相负载是否对称，三相总的有功功率

总是等于各相有功功率之和。即

$$P=P_U+P_V+P_W=U_UI_U\cos\varphi_U+U_VI_V\cos\varphi_V+U_WI_W\cos\varphi_W$$

式中 U_U、U_V、U_W——三相负载（或电源）相电压的有效值；

I_U、I_V、I_W——三相负载（或电源）相电流的有效值；

φ_U、φ_V、φ_W——各相电压与各相电流的相位差角。

同理，三相电路总的无功功率等于各相无功功率的代数和，即

$$Q=Q_U+Q_V+Q_W=U_UI_U\sin\varphi_U+U_VI_V\sin\varphi_V+U_WI_W\sin\varphi_W$$

三相电路的视在功率

$$S=\sqrt{P^2+Q^2}$$

当三相负载对称时，由于

$$U_U=U_V=U_W=U_p$$
$$I_U=I_V=I_W=I_p$$
$$\cos\varphi_U=\cos\varphi_V=\cos\varphi_W=\cos\varphi$$

以上有功功率、无功功率、视在功率的公式分别为

$$\begin{aligned}P&=3P_p=3U_pI_p\cos\varphi\\Q&=3Q_p=3U_pI_p\sin\varphi\\S&=3U_pI_p\\\cos\varphi&=\frac{P}{S}\end{aligned}\qquad(6-8)$$

当负载作星形联接时，$I_l=I_p$，$U_l=\sqrt{3}U_p$

当负载作三角形联接时，$I_l=\sqrt{3}I_p$，$U_l=U_p$

此时，无论对称三相负载是星形联接还是三角形联接，均有

$$\begin{aligned}P&=\sqrt{3}U_lI_l\cos\varphi\\Q&=\sqrt{3}U_lI_l\sin\varphi\\S&=\sqrt{P^2+Q^2}=\sqrt{3}U_lI_l\end{aligned}\qquad(6-9)$$

2. 三相电路总瞬时功率的特点

对称三相正弦交流电路各相瞬时功率随时间按正弦规律变化，总瞬时功率等于各相瞬时功率之和，即

$$p=p_U+p_V+p_W=u_Ui_U+u_Vi_V+u_Wi_W$$

设

$$u_U=U_{pm}\cos\omega t$$
$$u_V=U_{pm}\cos(\omega t-120°)$$

$$u_W = U_{pm}\cos(\omega t + 120°)$$
$$i_U = I_{pm}\cos(\omega t - \varphi_p)$$
$$i_V = I_{pm}\cos(\omega t - \varphi_p - 120°)$$
$$i_W = I_{pm}\cos(\omega t - \varphi_p + 120°)$$

因此，瞬时功率

$$\begin{aligned}
p_U &= U_{pm}\cos\omega t \times I_{pm}\cos(\omega t - \varphi_p) \\
&= U_p I_p[\cos\varphi_p + \cos(2\omega t - \varphi_p)] \\
p_V &= U_{pm}\cos(\omega t - 120°) \times I_{pm}\cos(\omega t - \varphi_p - 120°) \\
&= U_p I_p[\cos\varphi_p + \cos(2\omega t - \varphi_p - 240°)] \\
p_W &= U_{pm}\cos(\omega t + 120°) \times I_{pm}\cos(\omega t - \varphi_p + 120°) \\
&= U_p I_p[\cos\varphi_p + \cos(2\omega t - \varphi_p + 240°)] \\
p &= p_U + p_V + p_W \\
&= U_p I_p\cos\varphi_p + U_p I_p[\cos(2\omega t - \varphi_p) + \cos(2\omega t - \varphi_p - 240°) \\
&\quad + \cos(2\omega t - \varphi_p + 240°)] \\
&= U_p I_p\cos\varphi_p \\
&= P = \text{恒定值}
\end{aligned}$$

可见，对称三相电路中，三相电路总瞬时功率是一个恒定值，这是三相电路的一大优点。

【例 6-9】 有一对称三相负载，每相的阻抗为 12+j16Ω，对称三相电源线电压为 380V，试计算负载星形联接和三角形联接时的有功功率，并加以比较。

解：首先计算每相负载阻抗的模为

$$|Z_p| = \sqrt{12^2 + 16^2} = 20\ (\Omega)$$

当负载作星形联接时，每相负载的相电压

$$U_p = \frac{U_l}{\sqrt{3}} = \frac{380}{\sqrt{3}} = 220\ (\text{V})$$

负载的相电流（线电流）

$$I_l = I_p = \frac{U_p}{|Z_p|} = \frac{220}{20} = 11\ (\text{A})$$

$$\cos\varphi_p = \frac{R}{|Z_p|} = \frac{12}{20} = 0.6$$

因此，有功功率

$$P_Y = \sqrt{3}U_l I_l\cos\varphi_p = \sqrt{3} \times 380 \times 11 \times 0.6 = 4.34\ \text{kW}$$

当负载作三角形联接时，每相负载的相电压

$$U_p = U_l = 380\ (\text{V})$$

负载的相电流

$$I_p = \frac{U_p}{|Z_p|} = \frac{380}{20} = 19\ (\text{A})$$

线电流

$$I_l = \sqrt{3}\,I_p = \sqrt{3} \times 19 = 32.91\ (\text{A})$$

仍有

$$\cos\varphi_p = \frac{R}{|Z_p|} = \frac{12}{20} = 0.6$$

因此，有功功率

$$P_{\Delta} = \sqrt{3}U_l I_l \cos\varphi_p = \sqrt{3} \times 380 \times 32.91 \times 0.6 = 13\text{kW}$$

将 P_Y 与 P_{Δ} 加以比较后可见，在相同的电源线电压作用下，负载作三角形联接时的线电流是星形联接负载时的三倍，因此三角形联接负载的有功功率是星形联接负载的有功功率的三倍。

6.5.2 三相功率的测量

由于三相电路有三相三线制和三相四线制两种联接方式，所以测量三相功率有着不同的测量方法。本节主要介绍用单相功率表测量三相负载有功功率的方法。

1. 三相四线制电路有功功率的测量

(1)“一表法”。对称三相四线制电路，由于每相负载是对称的，则可用一只有功功率表先测出一相的功率，它的三倍就是三相总的功率，即

$$P = 3P_U$$

这种测量方法称为“一表法”，如图 6－35 所示。

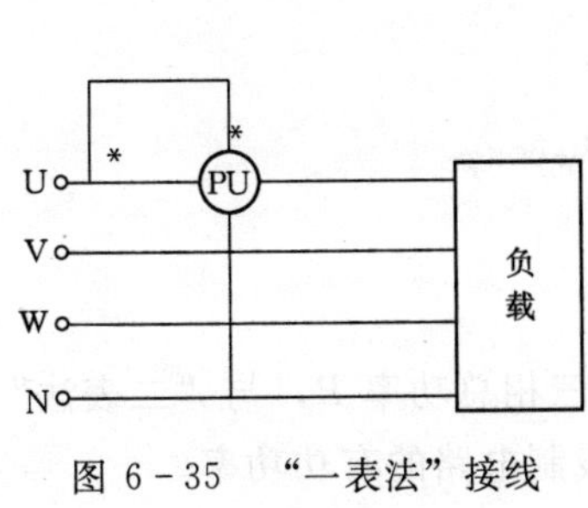

图 6－35 “一表法”接线

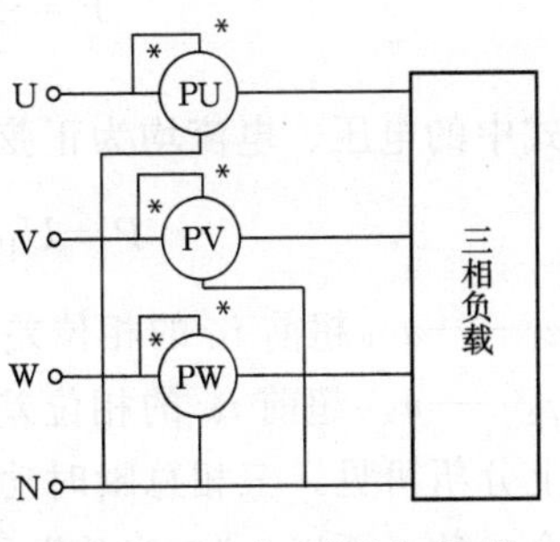

图 6－36 “三表法”接线

（2）“三表法”。三相四线制电路一般是不对称的，需用三只功率表分别测出各相的功率，如图 6-36 所示，图中功率 W_1 指示 U 相负载的功率，W_2、W_3 分别指示 V、W 两相负载的功率，三相总功率等于三只功率表读数之和，即

$$P=P_U+P_V+P_W$$

这种测量方法称为“三表法”。

2. 三相三线制电路有功功率的测量

在三相三线制电路中，不管电源或负载是否对称，都可以用图 6-37 所示的接线方法测量三相功率，这时两只功率表的读数之和就是总的三相功率，即 $P=P_{W1}+P_{W2}=U_{UV}I_U\cos\varphi_1+U_{WV}I_W\cos\varphi_2$，这种测量方法称为“二表法”。

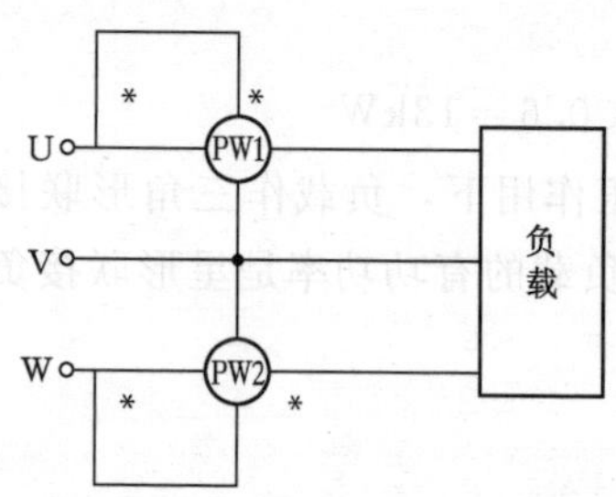

图 6-37 “二表法”接线

“二表法”中两个功率表的电流线圈分别串入其中两根相线中，电压线圈的非“*”端共同接到第三根相线上。此时两功率表的接线与电源或负载的联接方式无关。根据功率表的工作原理及功率的计算公式，以三相负载作星形联接为例进行分析。

三相总瞬时功率

$$p=p_U+p_V+p_W=u_Ui_U+u_Vi_V+u_Wi_W$$

对于三相三线制电路，据 KWL 有

$$i_U+i_V+i_W=0$$

则

$$i_V=-(i_U+i_W)$$

代入瞬时功率 p 的表达式中，有

$$\begin{aligned}p&=u_Ui_U-u_V(i_U+i_W)+u_Wi_W=(u_U-u_V)i_U+(u_W-u_V)i_W\\&=u_{UV}i_U+u_{WV}i_W\end{aligned}$$

平均功率

$$P=\frac{1}{T}\int_0^T(u_{UV}i_U+u_{WV}i_W)\mathrm{d}t$$

上式中的电压、电流均为正弦量时，有

$$P=U_{UV}I_U\cos\varphi_1+U_{WV}I_W\cos\varphi_2$$

式中 φ_1——u_{UV} 超前 i_U 的相位差；

φ_2——u_{WV} 超前 i_W 的相位差。

由上分析可见，三相总瞬时功率的平均值就是三相总功率 P，与“二表法”测量结果完全一致，所以，“二表法”可以测量三相三线制电路的有功功率。

【例 6-10】 用“二表法”测量［例 6-2］中对称三相电路的有功功率，并用

计算的方法加以验证。

解：假设“二表法”中的两个功率表接线如图 6－38 所示，由［例 6－2］的计算结果可知

$$\dot{I}_U = 65.82\angle -30^\circ \text{ (A)}$$

$$\dot{I}_V = 65.82\angle -150^\circ \text{ (A)}$$

$$\dot{U}_{UW} = 380\angle -30^\circ \text{ (V)}$$

$$\dot{U}_{VW} = 380\angle -90^\circ \text{ (V)}$$

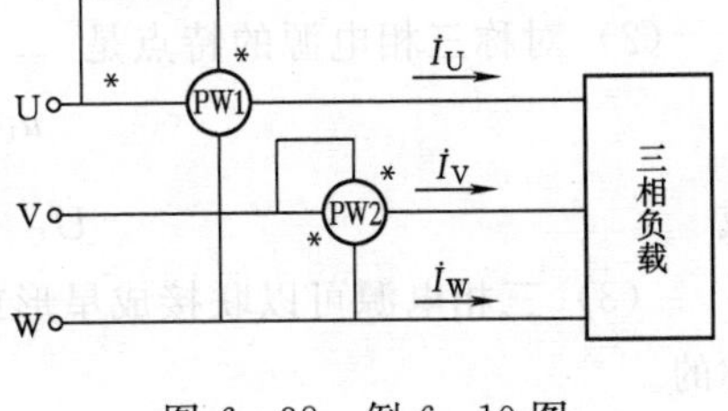

图 6－38　例 6－10 图

因此，“二表法”中两只表的读数分别为

$$\begin{aligned} P_{W1} &= U_{UW} I_U \cos\varphi_1 \\ &= 380 \times 65.82\cos[-30^\circ - (-30^\circ)] \\ &= 25011.6\text{W} \end{aligned}$$

$$\begin{aligned} P_{W2} &= U_{VW} I_V \cos\varphi_2 \\ &= 380 \times 65.82\cos[-90^\circ - (-150^\circ)] \\ &= 12505.8\text{W} \end{aligned}$$

三相总功率的读数

$$P = P_{W1} + P_{W2} = 25011.6 + 12505.8 = 37517.4\text{W}$$

根据对称三相电路的计算公式可得

$$\begin{aligned} P &= \sqrt{3}U_1 I_1 \cos\varphi = \sqrt{3} \times 380 \times 65.82\cos 30^\circ \\ &= 37515.2\text{W} \end{aligned}$$

可见，计算结果与“二表法”的测量结果一致。

【思考与练习】

（1）一台三相异步电动机额定功率为 2.2kW，额定电压为 220/380V，效率为 81.5%，功率因数为 0.88。试求异步电动机额定线电流，额定视在功率和无功功率。

（2）用“二表法”测量对称三相三线制电路有功功率时，两只功率表的读数是否相等？

（3）测量三相三线制有功功率的“二表法”接线能否用于三相四线制电路？为什么？

小　　结

（1）对称三相电源是指由三个频率相同、振幅相等，相邻电压相位互差 120°的正弦电压源按一定方式联接而成。

(2) 对称三相电源的特点是

$$u_U + u_V + u_W = 0$$

或

$$\dot{U}_U + \dot{U}_V + \dot{U}_W = 0。$$

(3) 三相电源可以联接成星形或三角形，在正常情况下，三相电源电压都是对称的。

(4) 三相负载也有星形联接和三角形联接两种。

(5) 三相正弦交流电路中的线电压与相电压、线电流与相电流的关系。

1) 在规定的参考方向下，星形（Y）联接电源或负载的相电流等于线电流；线电压与相电压的一般关系为：

$$\dot{U}_{UV} = \dot{U}_U - \dot{U}_V;\ \dot{U}_{VW} = \dot{U}_V - \dot{U}_W;\ \dot{U}_{WU} = \dot{U}_W - \dot{U}_U$$

相电压对称，线电压也对称，则有

$$\dot{U}_{UV} = \sqrt{3}\dot{U}_U \angle 30°;\ \dot{U}_{VW} = \sqrt{3}\dot{U}_V \angle 30° = \dot{U}_{UV} \angle -120°;\ \dot{U}_{WU} = \sqrt{3}\dot{U}_W \angle 30° = \dot{U}_{UV} \angle 120°$$

有效值

$$U_l = \sqrt{3}U_p$$

2) 在规定的参考方向下，三角形（△）联接电源或负载的相电压等于线电压；线电流与相电流的一般关系为：

$$\dot{I}_U = \dot{I}_{UV} - \dot{I}_{WU};\ \dot{I}_V = \dot{I}_{VW} - \dot{I}_{UV};\ \dot{I}_W = \dot{I}_{WU} - \dot{I}_{VW}$$

相电流对称、线电流也对称，则有

$$\dot{I}_U = \sqrt{3}\,\dot{I}_{UV} \angle -30°;\ \dot{I}_V = \sqrt{3}\,\dot{I}_{VW} \angle -30° = \dot{I}_U \angle -120°;$$

$$\dot{I}_W = \sqrt{3}\,\dot{I}_{WU} \angle -30° = \dot{I}_U \angle 120°$$

有效值 $I_l = \sqrt{3}\,I_p$

(6) 在三相四线制电路中，中线的作用在于使三相负载成为三个互不影响的独立电路；使不对称三相负载获得对称的相电压而正常工作。中线一旦断开，将引起负载中点位移，形成负载相电压不对称。因此中线不能安装保险丝。

负载对称的三相电路，可以化为单相计算；负载不对称的三相电路，不能化为单相计算。

(7) 不论负载是三角形还是星形联接，只要三相负载对称，计算三相功率的公式

$$P = \sqrt{3}U_l I_l \cos\varphi_p$$

$$Q = \sqrt{3}U_l I_l \sin\varphi_p$$

$$S=\sqrt{3}U_lI_l$$

(8) 三相电路的有功功率可以用单相功率表进行测量：①“一表法”：适用于对称三相四线制电路；②“二表法”：适用于对称或不对称三相三线制电路；③“三表法”：适用于不对称三相四线制电路。

习 题

6-1 已知对称三相电源的相电压是6kV，如果绕组接成星形联接，它的线电压是多大？若已知 $u_U=U_m\cos(\omega t-30°)$ kV，写出 u_{UV} 的瞬时值表达式。

6-2 有一个星形联接的对称三相负载，每相阻抗 $Z=30+j40\Omega$，把它接于线电压为380V的三相电源上，构成三相三线制电路，求负载的相电压、相电流和线电流，并作电压、电流相量图。

6-3 一组对称三角形联接负载，每相阻抗为 $8+j6\Omega$，接于线电压有效值为380V的对称三相正弦电源上，求相电流和线电流，并作电压、电流相量图。

6-4 已知对称三相星形联接负载 $Z=10+j5\Omega$，相线阻抗 $Z_l=1+j0.5\Omega$，中线阻抗 $Z_N=(3+j6)\Omega$，接到线电压为380V的对称三相电源上，求负载的相电压和相电流。

6-5 三相四线制电路，中线阻抗 $Z_N=0$。星形联接负载各相阻抗分别为：$Z_U=3+j4\Omega$，$Z_V=8+j6\Omega$，$Z_W=10\Omega$，接于线电压为380V的对称三相电源上。求：(1) 负载各相电流、中线电流；(2) 作电压、电流相量图；(3) 若U相负载断开，各相电流、中线电流。

6-6 三相三线制电路，对称星形联接负载每相阻抗 $Z_U=Z_V=Z_W=20\Omega$，接于线电压为380V的对称三相电流上，求：(1) U相负载短路时，各相负载的相电压、相电流；(2) U相负载开路时，各相负载的相电压、相电流。

6-7 三相电动机绕组接成三角形联接，每相绕组的阻抗为 $96+j48\Omega$，线路阻抗 $Z_L=1+j0.5\Omega$，接于线电压为380V的对称三相电源上，求负载的相电流与线电流。

6-8 每相阻抗 $Z=16+j12\Omega$ 的三角形联接负载，接在线电压为380V的对称三相电源上，求UV相负载断开时各相负载的相电流、线电流。

6-9 三相电动机的绕组接成三角形，与线电压为380V的对称三相电源相连，每相绕组的功率因数为0.6，电动机消耗的功率是15kW。求负载的相电流、线电流的有效值。

6-10 已知星形联接的负载 $Z_U=4+j3\Omega$，$Z_V=j10\Omega$，$Z_W=10\Omega$，接于线电压

为 380V 的对称三相四线制供电系统中（中线阻抗 $Z_N=0$），求三相负载的总功率 P、Q、S。

6－11 对称三相星形联接负载，与线电压为 380V 的对称三相电源相连，负载的功率因数是 0.8，消耗的总功率是 10kW，求负载的相电流和每相的阻抗。

6－12 已知一台三相异步电动机的额定参数为 $P=7.5$kW（电动机轴输出的机械功率），效率 $\eta=0.865$，功率因数 $\lambda=0.8$，如果用两只单相功率表测量该电动机在额定状态下工作时的功率，问两个功率表的读数各是多少？

第 7 章

耦合电感与二端口网络

电感元件的另一类形式就是耦合电感，简称为互感。它与自感虽然有所不同，但本质上是相同的，都是根据电磁耦合关系和遵守电磁感应定律。本章除了要讨论互感元件的基本特性以外，主要讨论含有互感元件的正弦电流电路分析计算，二端口网络的方程与参数以及理想变压器等。

7.1 耦 合 电 感

互感元件如同自感现象一样，实际上随处可见。互感特性亦与自感特性相仿，都是根据电磁耦合关系和依照电磁感应定律建立起来的。

7.1.1 耦合电感元件

当在两个或两个以上的线圈相距足够近时，其中某个线圈电流所产生的磁通可能会有部分（或全部）穿过另外的线圈，这种一个线圈的磁通交链另一个线圈的现象称为磁耦合。当一个线圈由于其中电流交变而引起磁通变化时，不仅在本线圈产生感应电动势，还会在与它交链的其他线圈中产生感应电动势，这种现象称为互感现象。

与前述的自感磁通和自感磁链相仿，如图 7-1 (a) 所示，以两个线圈之间的磁耦合为例，若线圈 1 所交链的磁通，并不是线圈自身流过的电流所产生，而是由别的线圈电流 i_2 所产生，则这时该线圈所交链的磁通，便称为互感磁通。如果两个线圈均有电流，分别为 i_1、i_2，那么，由于它们各自有自感 L_1、L_2，因而各自所交链的由自己线圈电流所产生的自感磁链分别为

$$\Psi_{11}=L_1 i_1; \quad \Psi_{22}=L_2 i_2$$

Ψ_{11}的下标“11”是用于表示它由第一个线圈电流所产生，且为第一个线圈自己所交链的自感磁链；Ψ_{22}的下标“22”是用于表示它由第二个线圈电流所产生，且为

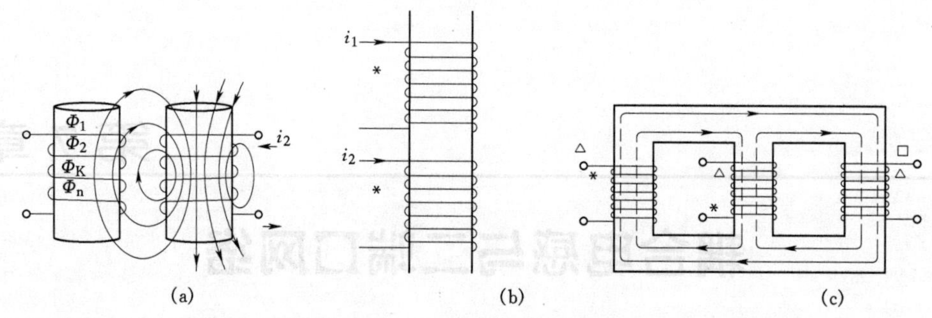

图 7-1 互感磁通与互感磁链

第二个线圈自己所交链的自感磁链。与此同时，两个线圈之间有磁耦合，故与自感磁链相仿而有下式

$$\Psi_{12}=M_{12}i_2;\ \Psi_{21}=M_{21}i_1 \tag{7-1}$$

式中 M_{12}——第二个线圈对第一个线圈的互感系数；

M_{21}——第一个线圈对第二个线圈的互感系数。

可以证明 $M_{12}=M_{21}=M$，所以当只有两个线圈相互耦合时，可以略去 M 的下标。互感的单位与自感相同，也是亨（H）。

互感元件是对于具有磁耦合的两个（或多个）实际线圈，在它们之间的相互位置固定、忽略了线圈电阻及分布电容的情况下抽象出的电路模型。当实际线圈周围没有铁磁物质时，可以认为 M 为常数，其值大小只与线圈的几何尺寸、匝数、相互位置及周围介质的磁导率有关，这样抽象出的互感元件称为线性互感元件。本章只讨论线性互感元件。

7.1.2 耦合线圈中电压与电流的关系

有磁耦合的两个线圈中都通有交变电流时，各线圈中既有自感电压，又有互感电压，故每个线圈上的电压应为自感电压与互感电压的叠加。电感电流与自感电压为关联参考方向时，$u_L=L\dfrac{di}{dt}$。电感电流与互感电压的参考方向都由同一端（同名端）指向另一端时，两者关系由 $u_{21}=M\dfrac{di_1}{dt}$ 确定，否则由 $u_{21}=-M\dfrac{di_1}{dt}$ 确定，u_{12} 的确定方法与 u_{21} 相同。最后根据自感电压与互感电压参考方向是否一致，确定总电压应为两者相加还是相减，如图 7-2（a）和图 7-2（b）所示。

对于图 7-2（a）所示电路，各线圈总电压应等于自感电压与互感电压之和，两线圈电压分别为

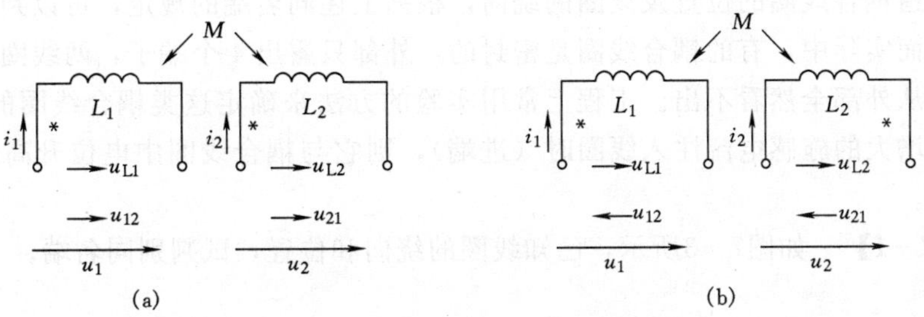

图 7－2　互感元件电压的叠加

$$\left.\begin{aligned} u_1 &= \frac{\mathrm{d}\Psi_{11}}{\mathrm{d}t} + \frac{\mathrm{d}\Psi_{12}}{\mathrm{d}t} = L_1 \frac{\mathrm{d}i_1}{\mathrm{d}t} + M \frac{\mathrm{d}i_2}{\mathrm{d}t} \\ u_2 &= \frac{\mathrm{d}\Psi_{22}}{\mathrm{d}t} + \frac{\mathrm{d}\Psi_{21}}{\mathrm{d}t} = L_2 \frac{\mathrm{d}i_2}{\mathrm{d}t} + M \frac{\mathrm{d}i_1}{\mathrm{d}t} \end{aligned}\right\} \tag{7-2}$$

这是在两线圈电流均同是从同名端流入或流出和条件下列写出来的。否则如图 7－2（b）所示，则各线圈总电压为上面等式右边第二项应为“－”号。

运用相量法可将上式改写

$$\dot{U}_1 = \mathrm{j}\omega L_1 \dot{I}_1 + \mathrm{j}\omega M \dot{I}_2 \quad \dot{U}_2 = \mathrm{j}\omega M \dot{I}_1 + \mathrm{j}\omega L_2 \dot{I}_2$$

如若将线圈电阻计入，并写成一般形式，便有

$$\left.\begin{aligned} \dot{U}_1 &= (R_1 + \mathrm{j}\omega L_1)\dot{I}_1 \pm \mathrm{j}\omega M \dot{I}_2 \\ \dot{U}_2 &= \pm \mathrm{j}\omega M \dot{I}_1 + (R_2 + \mathrm{j}\omega L_2) \dot{I}_2 \end{aligned}\right\} \tag{7-3}$$

7.1.3　同名端及其测定

如图 7－1（a）所示，当两个线圈的绕行方向一致。两个线圈电流同时又是顺着同一绕行方向流入时，则两个线圈电流所产生的互感磁通与自感磁通是相互加强的（或交链各线圈的自感磁通与互感磁通方向一致）。像这种情形，两个线圈相对应的电流流入端或流出端，便称为同名端。且通常标上相同的符号，比如，用符号“*”、“.”或“△”表示。由于同名端反映了两线圈间互感电压与电感电流间的对应关系，因此在电路图中就不需要画出线圈的绕向和磁芯结构。

当两个线圈均有电流流过时，每个线圈所交链的磁链便为

$$\Psi_1 = \Psi_{11} \pm \Psi_{12} = L_1 i_1 \pm M_{12} i_2 \quad \Psi_2 = \Psi_{22} \pm \Psi_{21} = L_2 i_2 \pm M_{21} i_1$$

上式中的“±”符号，究竟是取“＋”号还是取“－”号，这就要依随两个线圈电流的参考方向是否同时从同名端流入或流出而定。

若知道耦合线圈的位置及线圈的绕向，根据上述同名端的规定，可以判定它们的同名端。而实际中，有的耦合线圈是密封的，外部只露出 4 个端子，两线圈的相对位置及绕向从外部全然看不出。工程上常用实验的方法来确定这类耦合线圈的同名端。例如当有增大的施感电流注入线圈时（进端），则它与耦合线圈中电位升高的一端构成同名端。

【例 7-1】 如图7-3所示，已知线圈的绕向和位置，试判别同名端。

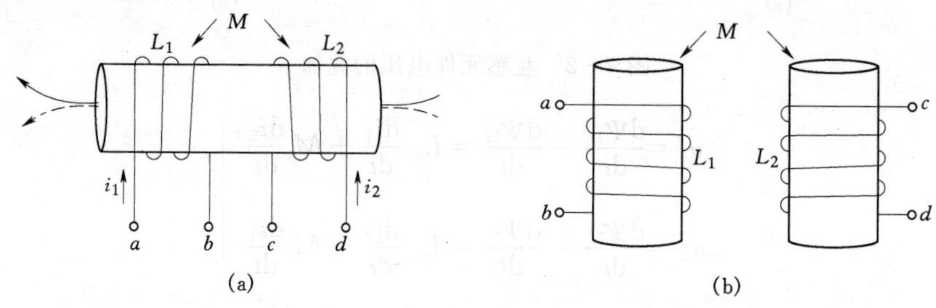

图 7-3　例 7-1 图

解法一： 在图 7-3（a）中，设电流 i_1 从 L_1 线圈的 a 端流入，按右手螺旋关系确定它所激励的磁通方向（用实线表示），该磁通的一部分穿入 L_2 线圈，在线圈 L_2 中产生感应电压及电流，其对应的磁通会阻碍穿入磁通的变化，因此，用右手螺旋关系可确定线圈 L_2 中所产生感应电压的正端为 d 端，所以 a、d 两端为同名端；b、c 两端也为同名端。

解法二： 设电流 i_1、i_2 分别从 a 端、d 端流入，按右手螺旋关系分别画出电流 i_1、i_2 所激励的磁通，分别用实线和虚线表示，磁通相助，可判定 a、d 两端为同名端。

同理可判定图 7-3（b）中 a、c 两端为同名端，b、d 两端也为同名端。

变压器在电力系统和电子线路中具有广泛的用途。当变压器铁芯中的磁通发生变化时，各线圈产生的感应电动势在各同名端极性相同。所以有时需特别强调变压器的同名端。变压器的同名端和线圈的绕向有关，当变压器制成后，其同名端就确定了。如果在使用与保管过程中，当变压器接头上的标记由于某种原因而失掉时，无法从线圈的绕向辨别其各同名端，可以用实验的方法来确定。一般所采用的实验方法有交流法和直流通断法。

7.1.3.1　交流法

利用 220V 交流电压作信号，测量变压器同名端。实验电路如图 7-4 所示。

将变压器初、次级一端用导线短接，做好标记，测量交流电压填入表 7-1 中：

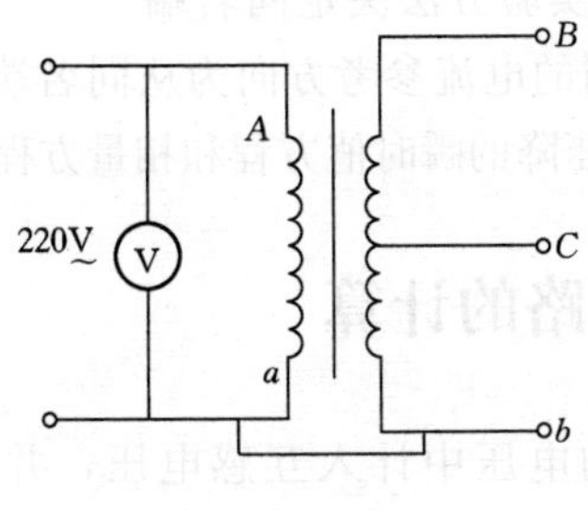

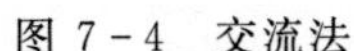

图 7-4 交流法

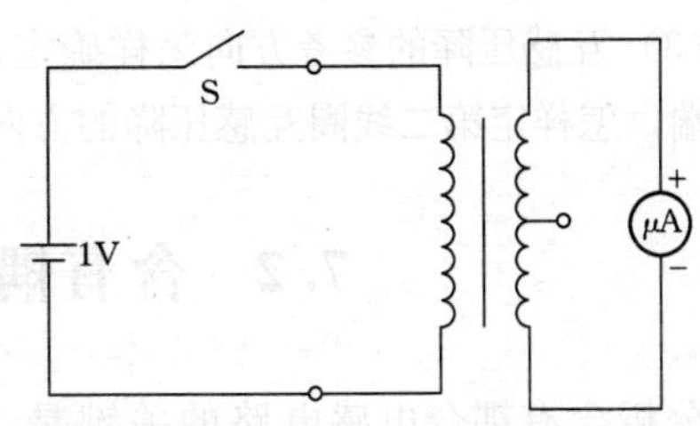

图 7-5 直流通断法

表 7-1 交流法测量变压器的电压测量值

U_{Aa}	U_{AB}	U_{Bb}	U_{bc}	U_{BC}	A、B、C同名端

(1) 如果 $U_{AB}=U_{Aa}-U_{Bb}$，则 A、B 为同名端。

(2) 如果 $U_{AB}=U_{Aa}+U_{Bb}$，则 A、B 为异名端。

(3) 如果 $U_{Bb}=U_{BC}+U_{cb}$，则 B、C 为同名端。

7.1.3.2 直流通断法

利用直流稳压电源，测变压器同名端，测量电路如图 7-5 所示。

用万用表电流挡代替电流表使用，当开关闭合瞬间，若电流表正偏，则电源正极所接的端与红表笔所接的端为同名端。否则为异名端。

【思考与练习】

(1) 如图 7-6 所示为一互感线圈测试电路，当图 7-6 (a) 和图 7-6 (b) 中的电流 $\dot{I}$ 相同时，电压表 PV1 的读数大于 PV2 的，试判断哪两个端钮是同名端？

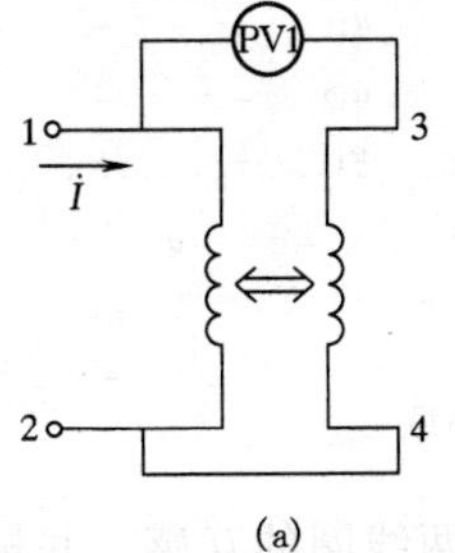

(a)

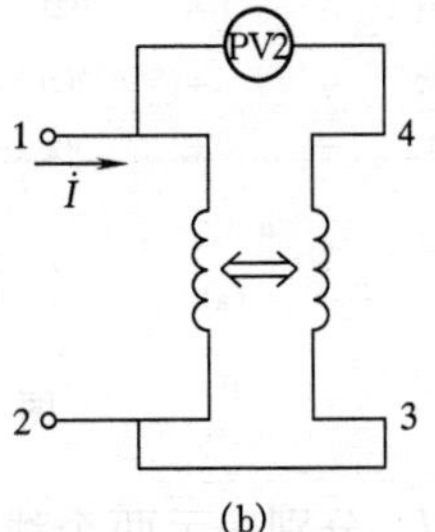

(b)

图 7-6 练习 (1) 图

（2）当两耦合线圈的绕向无法确定时，如何用实验方法决定同名端。

（3）互感压降的参考方向怎样确定，设第一线圈的电流参考方向为从同名端流向非同名端，怎样定第二线圈互感压降的方向？写出互感压降的瞬时值方程和相量方程。

7.2　含有耦合电感电路的计算

分析含有耦合电感电路的关键是，要在电感的电压中计入互感电压，并注意其极性。

7.2.1　互感电压的相量表示及互感阻抗

互感电压可用相量表示如下：

$$\dot{U}_{21}=\mathrm{j}\omega M\dot{I}_1 \quad \dot{U}_{12}=\mathrm{j}\omega M\dot{I}_2$$

$X_M=\omega M$ 称为互感电抗，$Z_M=\mathrm{j}\omega M=\mathrm{j}X_M$ 称为互感阻抗，单位均为欧姆（Ω），这样

$$\dot{U}_{21}=\mathrm{j}X_M\dot{I}_1 \quad \dot{U}_{12}=\mathrm{j}X_M\dot{I}_2$$

7.2.2　耦合线圈的串联

具有互感的两线圈串联的电路，有两种可能的接法：一种是正向串联（顺接），即两线圈异名端相联，这时电流是从两线圈的同名端流入的，如图 7－7（a）所示。另一种是反向串联（反接），即把两线圈的同名端相联，这时，电流从一个线圈的同名端流入，而从另一个线圈的同名端流出，如图 7－7（b）所示。

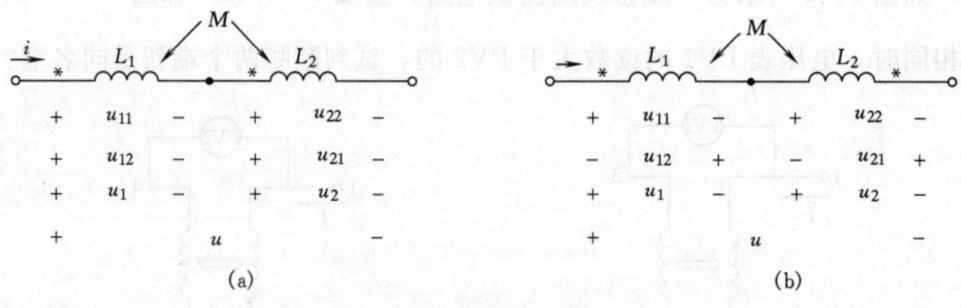

图 7－7　耦合电感的串联

图中 L_1 和 L_2 分别表示两个线圈的自感，M 为两线圈的互感，并标出了电流、自感电压和互感电压的参考方向。根据 KVL，两线圈的端电压分别由两部分组成：一部

分是线圈自感电压，另一部分是互感电压，互感电压参考方向按同名端来标注。互感电压项前的正负号，根据互感电压方向与 u_1、u_2 方向是否一致来决定。由此得出

$$\left.\begin{aligned} u_1 &= u_{11} \pm u_{12} = L_1 \frac{\mathrm{d}i}{\mathrm{d}t} \pm M \frac{\mathrm{d}i}{\mathrm{d}t} \\ u_2 &= u_{22} \pm u_{21} = L_2 \frac{\mathrm{d}i}{\mathrm{d}t} \pm M \frac{\mathrm{d}i}{\mathrm{d}t} \end{aligned}\right\} \tag{7-4}$$

上式中互感电压前的正号对应于正向串联，负号对应于反向串联。总电压 u 为

$$u = u_1 + u_2 = (L_1 + L_2 \pm 2M) \frac{\mathrm{d}i}{\mathrm{d}t} \tag{7-5}$$

当两线圈顺接时，则互感系数 M 的前边取“+”号。当两线圈反接时取“−”号。前者是互感磁链与自感磁链相互加强的必然结果，整个电路的等效电感为 $L_{eq} = L_1 + L_2 + 2M$；后者则是由于反接使互感磁链与自感磁链相互削弱，整个电路的等效电感变为 $L_{eq} = L_1 + L_2 - 2M$。因为电感元件的磁场能量 $W_L = \frac{1}{2} L i^2 \geqslant 0$。所以等效电感在任何情况下都必然是 $L_{eq} \geqslant 0$。

在正弦电流电路中，将上式用相量法表示为

$$\left.\begin{aligned} \dot{U}_1 &= \dot{U}_{11} + \dot{U}_{12} = \mathrm{j}\omega(L_1 \pm M)\dot{I} \\ \dot{U}_2 &= \dot{U}_{22} + \dot{U}_{21} = \mathrm{j}\omega(L_2 \pm M)\dot{I} \\ \dot{U} &= \dot{U}_1 + \dot{U}_2 = \mathrm{j}\omega(L_1 + L_2 \pm 2M)\dot{I} \end{aligned}\right\} \tag{7-6}$$

利用互感线圈正向串联时等效电感增加，反向串联时等效电感减少的结果。也可采用正弦电流电路实验方法去辨别两个线圈的同名端。在电流保持不变条件下，电路的总电压较高时，两个线圈就是正向串联，即顺接；否则就是反向串联，即反接。

7.2.3 耦合线圈的并联

具有互感的两线圈并联的电路，有两种接法：一种是同名端相联，称为同侧并联，如图 7-8（a）所示；另一种是异名端相联，称为异侧并联，如图 7-8（b）所示。

在图 7-8 中所标电压和电流的参考方向下，有

$$u = u_{11} \pm u_{12} = L_1 \frac{\mathrm{d}i_1}{\mathrm{d}t} \pm M \frac{\mathrm{d}i_2}{\mathrm{d}t}, \quad u = u_{22} \pm u_{21} = L_2 \frac{\mathrm{d}i_2}{\mathrm{d}t} \pm M \frac{\mathrm{d}i_1}{\mathrm{d}t}$$

上式中互感电压前的正号对应于同侧并联，负号对应于异侧并联。

总电流为

$$i = i_1 + i_2$$

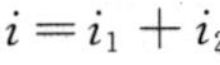

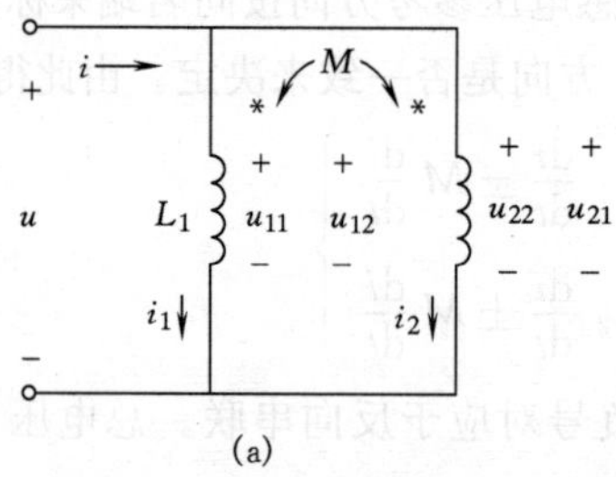

(a)

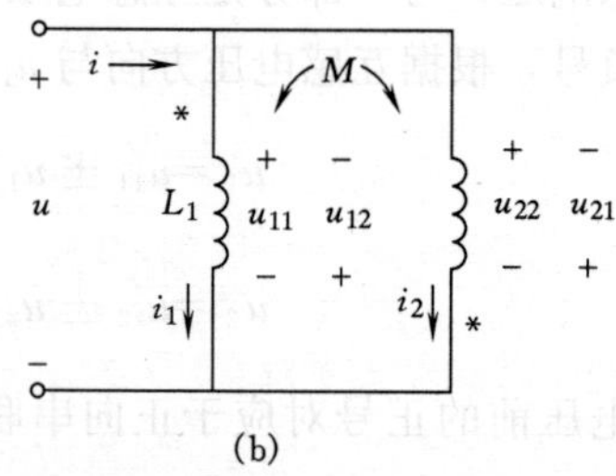

(b)

图 7-8　两个互感线圈并联

(a) 同侧并联；(b) 异侧并联

在正弦电流电路中，用相量法表示为

$$\left.\begin{aligned}\dot{U}&=\dot{U}_{11}\pm\dot{U}_{12}=\mathrm{j}\omega L_1\dot{I}_1\pm\mathrm{j}\omega M\dot{I}_2\\\dot{U}&=\dot{U}_{22}\pm\dot{U}_{21}=\mathrm{j}\omega L_2\dot{I}_2\pm\mathrm{j}\omega M\dot{I}_1\end{aligned}\right\}$$

$$\dot{I}=\dot{I}_1+\dot{I}_2$$

由上两式可得

$$\left.\begin{aligned}\dot{U}&=\mathrm{j}\omega L_1\dot{I}_1\pm\mathrm{j}\omega M(\dot{I}-\dot{I}_1)=\mathrm{j}\omega(L_1\mp M)\dot{I}_1\pm\mathrm{j}\omega M\dot{I}\\\dot{U}&=\mathrm{j}\omega L_2\dot{I}_2\pm\mathrm{j}\omega M(\dot{I}-\dot{I}_1)=\mathrm{j}\omega(L_2\mp M)\dot{I}_2\pm\mathrm{j}\omega M\dot{I}\end{aligned}\right\}\tag{7-7}$$

由上式可画出两互感线圈并联的、消去互感后的等效电路，也称去耦等效电路，如图 7-9 所示。

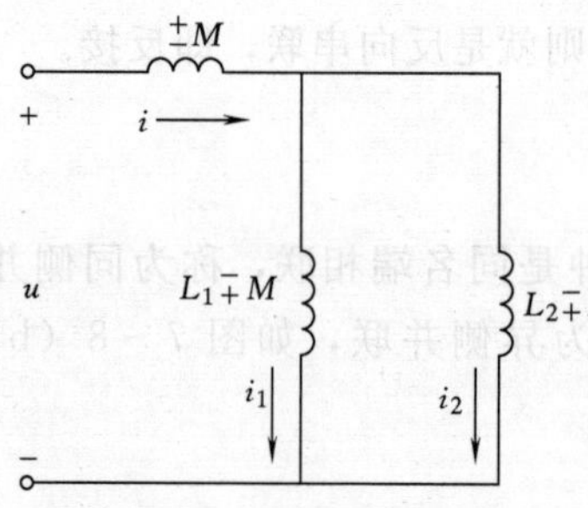

图 7-9　互感并联的等效电路

根据等效电路图，可以求出具有互感的两线圈并联后的等效阻抗为

$$Z=\frac{Z_1Z_2-Z_M^2}{Z_1+Z_2\mp 2Z_M}$$

将 $Z_1=\mathrm{j}\omega L_1$，$Z_2=\mathrm{j}\omega L_2$，$Z_M=\mathrm{j}\omega M$ 代入上式可得

$$Z=\mathrm{j}\omega\frac{L_1L_2-M^2}{L_1+L_2\mp 2M}$$

即并联电路的等效电感为

$$L=\frac{L_1L_2-M^2}{L_1+L_2\mp M}\tag{7-8}$$

式 (7-8) 中 L 为互感线圈在并联后的等效电感，式中分母中的负号对应于同侧并联，下面的正号对应于异侧并联。

当两个互感仅有一端相连，如图 7－10（a）所示的相量模型，仍可以用类似的方法把互感消去，化为无互感的等效电路。

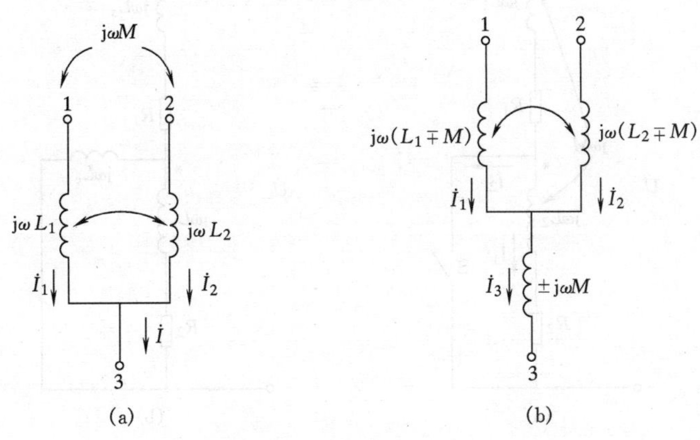

图 7－10 互感消去法

（a）相量模型；（b）等效电路

由图可得

$$\left.\begin{aligned}\dot{U}_{13}&=j\omega L_1\dot{I}_1\pm j\omega M\dot{I}_2\\ \dot{U}_{23}&=j\omega L_2\dot{I}_2\pm j\omega M\dot{I}_1\end{aligned}\right\}\tag{7-9}$$

式（7－9）中 M 前的正号对应于同侧联接，负号对应于异侧联接。将 $\dot{I}=\dot{I}_1+\dot{I}_2$ 代入上式中，有

$$\left.\begin{aligned}\dot{U}_{13}&=j\omega(L_1\mp M)\dot{I}_1\pm j\omega M\dot{I}\\ \dot{U}_{23}&=j\omega(L_2\mp M)\dot{I}_2\pm j\omega M\dot{I}\end{aligned}\right\}\tag{7-10}$$

式（7－10）中，上面的正负号对应于同侧相连（两个同名端联接于公共节点），下面的正负号对应于异侧相连（两个异名端联接于公共节点）。由此可得出消去互感后的等效电路如图 7－10（b）所示。以上结论与各支路电流的参考方向无关。换句话说，同名端并接时的等效电感较大，而异名端并接时的等效电感较小。前者是因为线圈所交链的磁链，由于互感的缘故而相互加强的结果；后者却是相互削弱，故等效电感较小。

【例 7－2】 电路如图7－11 所示，已知 $R_1=3\Omega$，$R_2=5\Omega$，$\omega L_1=7.5\Omega$，$\omega L_2=12.5\Omega$，$\omega M=6\Omega$，$U=50\text{V}$。求开关 S 打开和闭合两种情况时的电流 $\dot{I}$。

解： 开关 S 打开时，两互感线圈正向串联，则

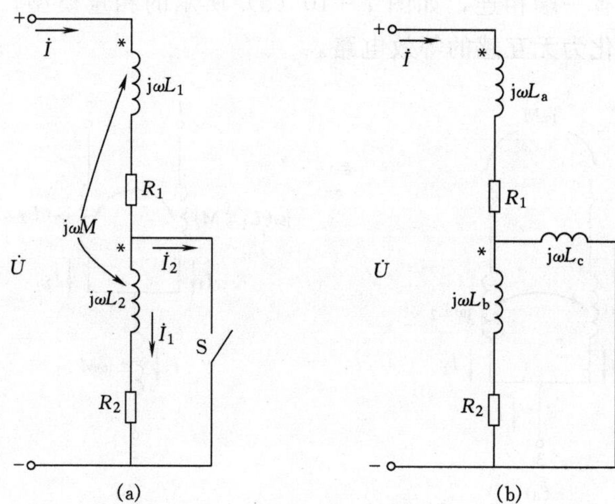

图 7-11　例 7-2 图

$$\dot{U}=(R_1+R_2)\dot{I}+j(\omega L_1+\omega L_2+2\omega M)\dot{I}$$

设 $\dot{U}=50\angle 0^\circ$ V，有

$$\dot{I}=\frac{\dot{U}}{R_1+R_2+j(\omega L_1+\omega L_2+2\omega M)}$$

$$=\frac{50\angle 0^\circ}{3+5+j(7.5+12.5+2\times 6)}=1.52\angle -75.96^\circ\ (\text{A})$$

S 闭合时，有 $\dot{I}=\dot{I}_1+\dot{I}_2$，列写 KVL 方程为

$$\left.\begin{aligned}\dot{U}=(R_1+j\omega L_1)\dot{I}+j\omega M\dot{I}_1\\ j\omega M\dot{I}+(R_2+j\omega L_2)\dot{I}_1=0\end{aligned}\right\}$$

由上两式可解得

$$\dot{I}=\frac{\dot{U}}{(R+j\omega L_1)-\dfrac{(j\omega M)^2}{R_2+j\omega L_2}}$$

代入数据后，可求得　　　　$\dot{I}=7.79\angle -51.5^\circ$ (A)

S 闭合时，也可以用互感消去法。由于是异侧联接，消去互感后的等效电路如图 7-11（b）所示，图中的等效电感 $L_a=L_1+M$，$L_b=L_2+M$，$L_c=-M$，利用阻抗串并联公式，即可求出电流。

7.2.4 含有耦合电感电路的计算

对于具有互感元件的正弦电流电路，与一般的正弦电流电路相同，仍可采用相量法进行计算。同时也应注意到其特殊性。

(1) 对于具有互感的线圈，列写 KVL 方程时既要有自感电压又要有互感电压。要根据线圈的同名端，正确标出互感电压的参考方向，确定互感电压的正负。

(2) 由于互感电压不是与本支路的电流有关，而是与其他支路的电流有关，因此，对于有互感的正弦电流电路不能直接用节点电压法列方程，也不能直接用复阻抗串、并联公式化简电路，只有消去互感后或用受控源表示互感后，才能用节点电压法。所以，计算有互感的正弦电流电路一般都采用支路电流法或网孔法。

(3) 在应用戴维南定理或诺顿定理时，有源二端口网络内部与外电路之间不应有互感耦合，即产生互感的电流与互感电压不能分别在内部和外部电路中。

【例 7-3】 分析计算图7-12所示电路。已知：输入电压 $U_1=10\text{V}$，$R_1=R_2=3\Omega$，$\omega L_1=\omega L_2=4\Omega$，$\omega M=2\Omega$。求：(1) 输出端开路电压 U_2 及此时输入端电流 I_1；(2) 输出端短路电流 I 及此时输入端电流 I_1。

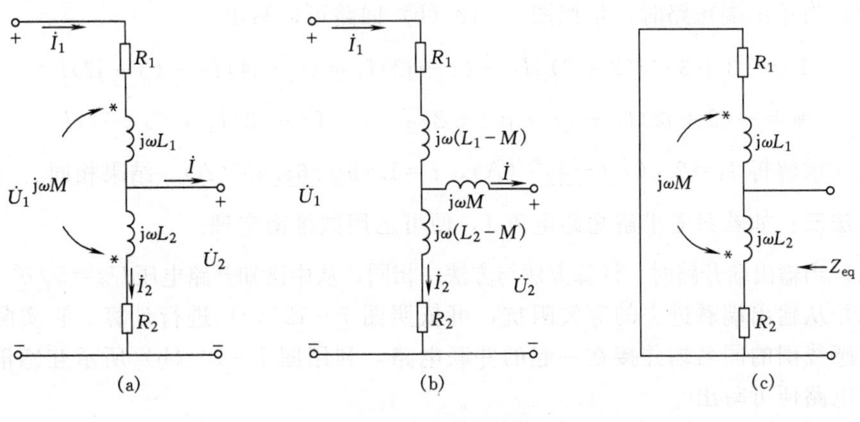

图 7-12 例 7-3 图

解： 令输入电压相量 $\dot{U}_1=10\angle 0^\circ$ V，画出去耦电路如图 7-12 (b) 所示。

方法一： 通过列写电路方程进行求解。

(1) 当输出端开路时 $10=[3+3+\text{j}(4+4-2\times 2)]\dot{I}_1=(6+\text{j}4)\dot{I}_1$

故

$$\dot{I}_1=\frac{10}{6+\text{j}4}=1.38675\angle -33.69^\circ\ (\text{A})$$

$$\dot{U}_2=[3+j(4-2)]\dot{I}_1=(3+j2)1.38675\angle-33.69^\circ=5\angle0^\circ\ (V)$$

(2) 当输出端短路时 $10=(3+j4)\dot{I}_1-j2\dot{I}_2$

$$0=-j2\dot{I}_1+(3+j4)\dot{I}_2$$

两式联立解出

$$\dot{I}_1=2.067\angle44^\circ(A)\qquad \dot{I}_2=0.8268\angle-7.13^\circ\ (A)$$

短路电流

$$\dot{I}=\dot{I}_1-\dot{I}_2=1.49\angle-63.43^\circ(A)$$

方法二：运用互感消去法进行求解。

如图7-12（b），$\omega L_1-\omega M=2\ (\Omega)$，$\omega L_2-\omega M=2\ (\Omega)$

(1) 当输出端开路时

$$10=[3+3+j(2+2)]\dot{I}_1=(6+j4)\dot{I}_1$$

$$\dot{U}_2=(3+j2)\dot{I}_1$$

由于方程式与方法一所列相同，故 $\dot{I}_1$ 和 $\dot{U}_2$ 的计算结果必然同前。

(2) 当输出端短路时，依照图7-12（b）回路可以写出

$$10=[3+3+j(2+2)]\dot{I}_1-(3+j2)\dot{I}_1=(6+j4)\dot{I}_1-(3+j2)\dot{I}$$

$$0=-(3+j2)\dot{I}_1+[3+j(2+2)]\dot{I}=-(3+j2)\dot{I}_1+(3+j4)\dot{I}$$

两式联立求解得 $\dot{I}_1=2.067\angle-44^\circ$ (A)，$\dot{I}=1.49\angle-63.43^\circ$(A)。结果相同。

方法三：如若只需求解短路电流 $\dot{I}$，便可运用戴维南定理。

(1) 当输出端开路时，计算方法与方法一相同，从中已知开路电压 $\dot{U}_{oc}=5\angle0^\circ$ (V)。

(2) 从输出端看进去的等效阻抗，可依照图7-12（c）进行计算。它实际上是两个互感线圈的同名端并接在一起的并联电路，利用图7-10（b）所示互感消去法的等效电路便可写出

$$Z_{eq}=j2+\frac{3+j2}{2}=1.5+j3\ (\Omega)$$

故短路电流

$$\dot{I}=\frac{\dot{U}_{oc}}{Z_{eq}}=5\angle0^\circ/(1.5+j3)=1.49\angle-63.43^\circ\ (A)$$

【思考与练习】

(1) 为什么将有互感的两线圈串联或并联时，必须注意同名端，否则有烧毁的危险？

(2) 如图 7-13 所示为两互感同侧并联电路，已知 $L_1=L_2$，耦合系数 $k=\frac{M}{\sqrt{L_1L_2}}=1$ 即 $k=1$，用互感消去法求等效电感是多少？

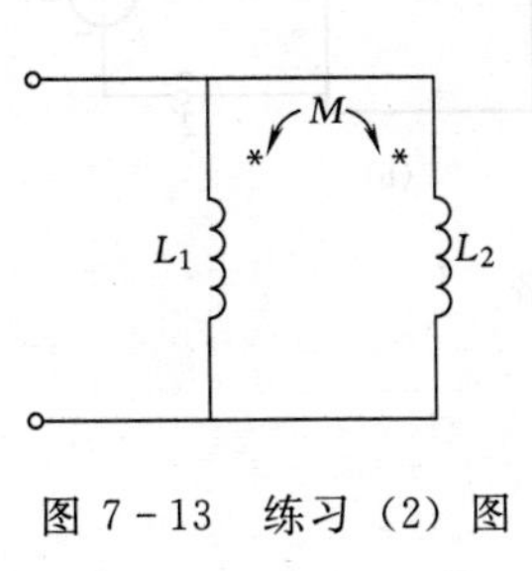

图 7-13 练习 (2) 图

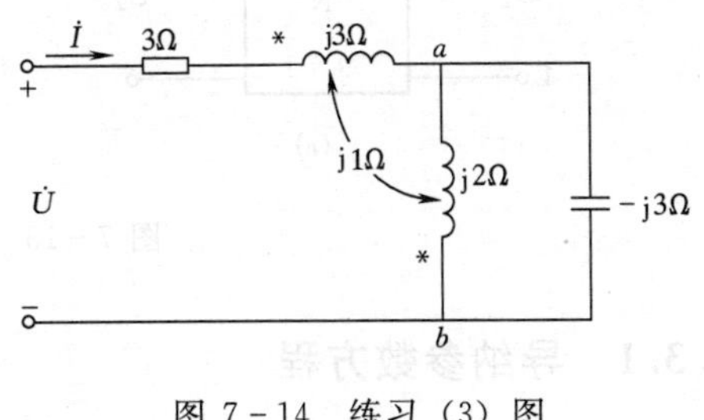

图 7-14 练习 (3) 图

(3) 图 7-14 中，$\dot{U}=10\angle 0°$ V，求电流 $\dot{I}$ 和 $\dot{U}_{ab}$。

7.3 二端口网络的方程与参数

对于有多个支路和节点的电路也常称它为网络。如果它有两个端钮与外部连接，故称为二端网络。这时电流必然从其中的一个端钮流入，从另一个端钮流出。在集总参数电路条件下，同一瞬间一端流入的电流等于另一端流出的电流，这时便称它为一端口网络。因此，满足上述条件的四端网络就称为二端口网络。如变压器、滤波器、放大器、反馈网络等。从工程和理论分析的角度来看，多端网络和多端口网络都是存在的，但相对来说，一端口网络和二端口网络的应用最为广泛。本节主要讨论线性二端口网络。即由线性电阻、线性电感、线性电容元件所组成的二端口网络，且规定二端口网络内部不含独立电源，储能元件不含初始能量，但可包含线性受控源。当内部全是线性无源元件时，该二端口网络就称为无源线性二端口网络。对图 7-15 (a) 所示无源线性二端口网络，可采用相量法分析其正弦稳态情况。类似的，如需分析过渡过程，则可采用经过拉普拉斯变换的运算法来讨论。用端口概念来分析电路时，对端口处的电流、电压之间的相互关系可以通过一些参数来表示，而这些参数只决定于构成端口本身的元件及它们的联接方式。一旦把表征这端口的参数确定后，那么当一个端口的电压、电流发生变化，要找出另外一个端口上的电压、电流就比较容易了。同时，还可以利用这些参数来比较不同的端口在传递电能和信号方面的性能，从而评价它们的质量。下面主要讨论正弦稳态情况下二端口网络的相量形式的基本方程及相应参数。对于线性二端口网络，当选择不同形式的激励和响应时，可得到不同性质的端口参数以及相应的端口方程。

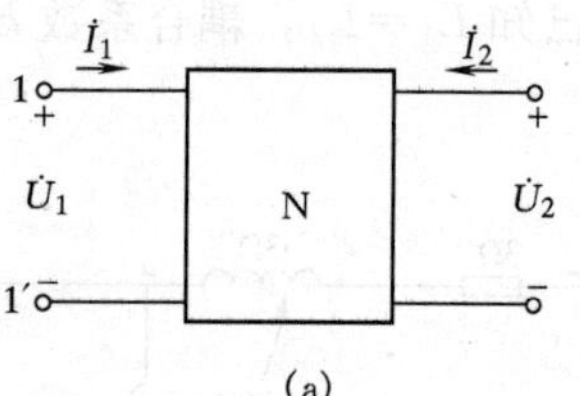

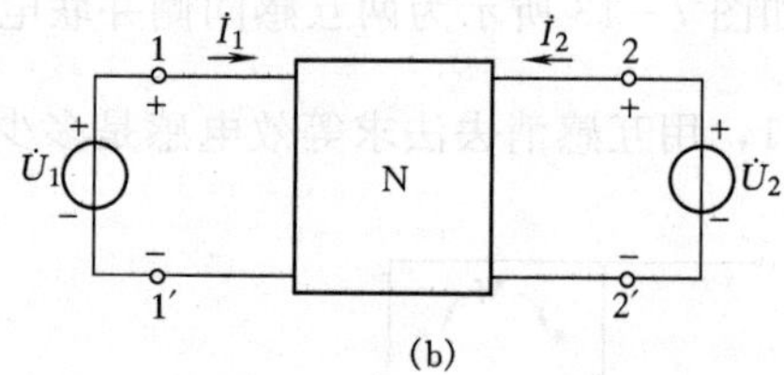

图 7-15　线性二端口网络

7.3.1　导纳参数方程

如在二端口网络两端施加电压源激励$\dot{U}_1$和$\dot{U}_2$，取$\dot{I}_1$和$\dot{I}_2$为响应，如图7-15(*b*) 所示则根据线性电路的特点，可知 $\dot{I}_1$ 和 $\dot{I}_2$ 分别与 $\dot{U}_1$ 和 $\dot{U}_2$ 构成线性关系，且线性系数具有导纳的量纲，于是有下述关系成立

$$\left.\begin{aligned}\dot{I}_1 &= Y_{11}\dot{U}_1 + Y_{12}\dot{U}_2 \\ \dot{I}_2 &= Y_{21}\dot{U}_1 + Y_{22}\dot{U}_2\end{aligned}\right\} \tag{7-11}$$

Y_{11}、Y_{12}、Y_{21}、Y_{22}称为二端口网络的 Y 参数。式 (7-11) 称为二端口网络用 Y 参数表示的端口方程。显然该端口方程描述了二端口网络的外特性。对任一给定的二端口网络，Y 参数是一组确定的常数，其值取决于二端口网络的内部结构和元件参数值。二端口网络的内部结构和元件参数值已知的情况下，其 Y 参数可通过计算获得，但比较方便实用的方法是通过测试来确定 Y 参数。

如令 $\dot{U}_2=0$，$\dot{U}_1\neq0$，即在图 7-15 (b) 中将端口 2 的电压源 $\dot{U}_2$ 置零短接，端口 1 施加非零电压源 $\dot{U}_1$，则由上式可得

$$\dot{I}_1 = Y_{11}\dot{U}_1 \quad \dot{I}_2 = Y_{21}\dot{U}_1$$

通过计算或试验测得 $\dot{I}_1$ 和 $\dot{I}_2$ 即可得

$$Y_{11} = \left.\frac{\dot{I}_1}{\dot{U}_1}\right|_{\dot{U}_2=0}; \quad Y_{21} = \left.\frac{\dot{I}_2}{\dot{U}_1}\right|_{\dot{U}_2=0} \tag{7-12}$$

上式表明，Y_{11}反映了端口 2 短路时端口 1 的电流与电压之间的关系，所以它表示了端口 1 的输入导纳或策动点导纳；而 Y_{21}反映了端口 2 短路时端口 2 的电流与端口 1 的电压之间的关系，因此它表示了端口 2 与端口 1 之间的转移导纳。

同样，如将端口 1 电压源 $\dot{U}_1$ 置零短接，端口 2 施加非零电压源 $\dot{U}_2$，可得

$$Y_{12} = \frac{\dot{I}_1}{\dot{U}_2}\bigg|_{\dot{U}_1=0};\quad Y_{22} = \frac{\dot{I}_2}{\dot{U}_2}\bigg|_{\dot{U}_1=0} \tag{7-13}$$

其中，Y_{12}和Y_{22}分别是端口1短路时端口1与端口2之间的转移导纳和端口2的输入导纳。由于4个Y参数都可在短路条件下获得，所以Y参数又称为短路参数。

也可由矩阵表示为

$$\begin{pmatrix}\dot{I}_1\\ \dot{I}_2\end{pmatrix} = \begin{pmatrix}Y_{11} Y_{12}\\ Y_{21} Y_{22}\end{pmatrix}\begin{pmatrix}\dot{U}_1\\ \dot{U}_2\end{pmatrix} \tag{7-14}$$

或写为

$$\dot{I} = Y\dot{U} \tag{7-15}$$

其中 $\dot{I}=\begin{pmatrix}\dot{I}_1\\ \dot{I}_2\end{pmatrix}$ 称为端口电流列向量；$\dot{U}=\begin{pmatrix}\dot{U}_1\\ \dot{U}_2\end{pmatrix}$ 称为端口电压列向量：$Y=\begin{pmatrix}Y_{11} Y_{12}\\ Y_{21} Y_{22}\end{pmatrix}$称为短路导纳矩阵或$Y$矩阵。

由式（7-11）可知，对一般的线性二端口网络，可采用上述4个Y参数描述其端口特性。实际上当二端口网络满足某些特定条件时，所需参数个数还可减少。例如，当二端口网络内部只包含线性电感、线性电容、线性电阻等互易元件时，该二端口网络即为互易端口。有$Y_{12}=Y_{21}$，此时只需3个Y参数即可确定该二端口网络的外特性。如果进一步还有$Y_{11}=Y_{22}$，则将该二端口网络的两个端口交换位置后与外电路连接时不会改变其外部特性，即这种二端口网络从任一端口看进去的电气性质都是一样的，所以这种二端口网络称为电气上对称的二端口网络，简称对称二端口网络。当二端口网络内部元件的联接方式和元件性质及参数值均具有对称性时，该二端口网络称为结构上对称的二端口网络。在结构上对称的二端口网络，其电气上一定是对称的。但电气上对称并不一定意味着结构上对称。对称的二端口网络只需两个Y参数就可描述其外特性。

【例7-4】 求图7-16所示二端口网络的Y参数。

解法一： 这是一个典型的具有Π形结构的二端口网络。计算其Y参数的常用办法是采用前述的测试方法。计算Y_{11}和Y_{12}时，如图7-16（b）所示，将端口2—2′短路，在端口1—1′施加电压$\dot{U}_1$，此时可得

$$\dot{I}_1 = \dot{U}_1(Y_a + Y_b);\quad \dot{I}_2 = -\dot{U}_1 Y_b$$

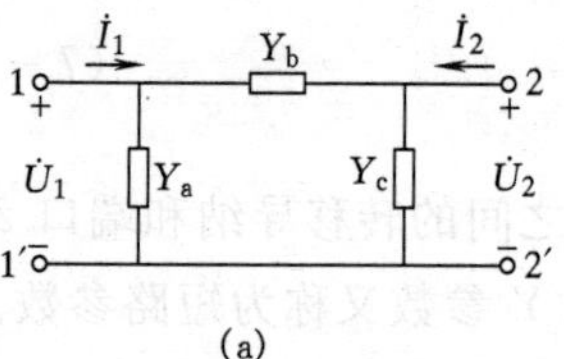
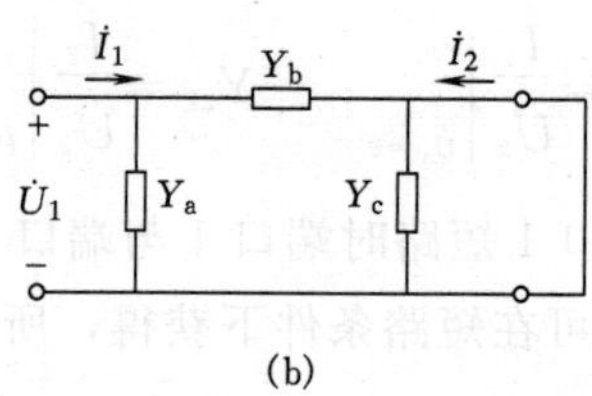
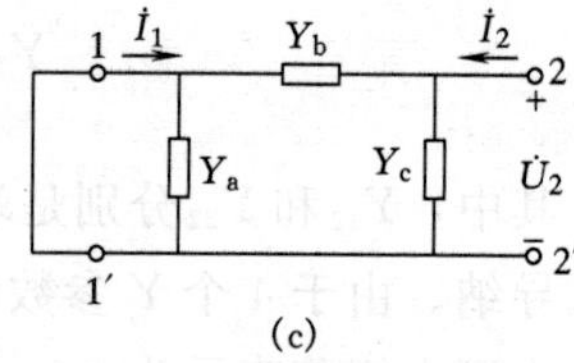

图 7－16 例 7－4 图

$$Y_{11}=\left.\frac{\dot{I}_1}{\dot{U}_1}\right|_{\dot{U}_2=0}=Y_a+Y_b;\quad Y_{21}=\left.\frac{\dot{I}_2}{\dot{U}_1}\right|_{\dot{U}_2=0}=-Y_b$$

类似地，由图 7－16（c）可得

$$Y_{22}=Y_b+Y_c;\quad Y_{12}=-Y_b$$

解法二：考虑到 Y 参数和由其表示的端口方程之间存在一一对应关系，如能直接写出端口方程，则可直接求出 Y 参数。由图 7－16（a）可写出

$$\dot{I}_1=Y_a\dot{U}_1+Y_b(\dot{U}_1-\dot{U}_2)=(Y_a+Y_b)\dot{U}_1-Y_b\dot{U}_2$$

$$\dot{I}_2=Y_c\dot{U}_2+Y_b(\dot{U}_2-\dot{U}_1)=-Y_b\dot{U}_1+(Y_b+Y_c)\dot{U}_2$$

由上述端口方程，即可求得

$$Y_{11}=Y_a+Y_b;\ Y_{12}=Y_{21}=-Y_b;\ Y_{22}=Y_b+Y_c$$

7.3.2 阻抗参数方程

如图 7－17 如在二端口网络两端施加电流源激励 $\dot{I}_1$ 和 $\dot{I}_2$，取 $\dot{U}_1$ 和 $\dot{U}_2$ 作为响应，则由线性电路的特点和各电量之间的量纲关系，有下述表达式成立

$$\left.\begin{aligned}\dot{U}_1&=Z_{11}\dot{I}_1+Z_{12}\dot{I}_2\\ \dot{U}_2&=Z_{21}\dot{I}_1+Z_{22}\dot{I}_2\end{aligned}\right\}\tag{7-16}$$

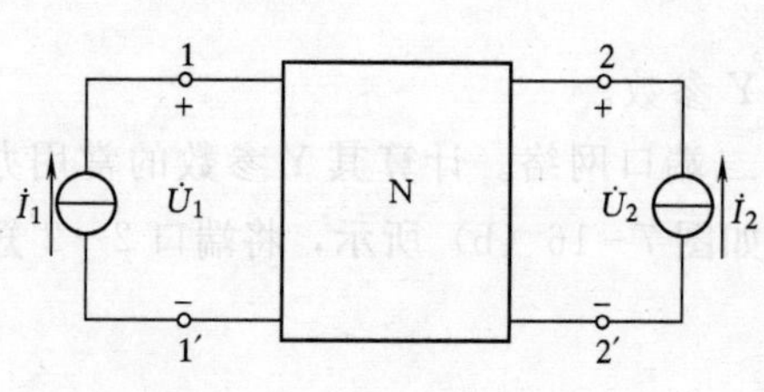

图 7－17 线性二端口网络

上式为由 Z 参数表示的端口方程。如同 Y 参数一样，Z 参数也可用测试的方法来确定。

如令 $\dot{I}_2=0$，$\dot{I}_1\neq0$，即在图中将端口 2 的电流源 $\dot{I}_2$ 置零开路，端口 1 施加非零电流源 $\dot{I}_1$，则由上式可得 $\dot{U}_1=Z_{11}\dot{I}_1$；$\dot{U}_2=Z_{21}\dot{I}_1$

测得 $\dot{U}_1$ 和 $\dot{U}_2$ 后，即可得

$$Z_{11}=\left.\frac{\dot{U}_1}{\dot{I}_1}\right|_{\dot{I}_2=0};\quad Z_{21}=\left.\frac{\dot{U}_2}{\dot{I}_1}\right|_{\dot{I}_2=0} \tag{7-17}$$

同样，如令 $\dot{I}_2\neq0$，$\dot{I}_1=0$，也可得

$$Z_{12}=\left.\frac{\dot{U}_1}{\dot{I}_2}\right|_{\dot{I}_1=0};\quad Z_{22}=\left.\frac{\dot{U}_2}{\dot{I}_2}\right|_{\dot{I}_1=0} \tag{7-18}$$

由式可知，Z 参数可在一个端口开路的条件下获得，所以 Z 参数又称为开路参数。其中 Z_{11}、Z_{21} 是端口 2 开路时端口 1 的输入阻抗和端口 2 与端口 1 之间的转移阻抗；而 Z_{22}、Z_{12} 是端口 1 开路时端口 2 的输入阻抗和端口 1 与端口 2 之间的转移阻抗。

也可由矩阵表示为

$$\begin{pmatrix}\dot{U}_1\\ \dot{U}_2\end{pmatrix}=\begin{pmatrix}Z_{11} & Z_{12}\\ Z_{21} & Z_{22}\end{pmatrix}\begin{pmatrix}\dot{I}_1\\ \dot{I}_2\end{pmatrix} \tag{7-19}$$

或写为

$$\dot{U}=Z\dot{I} \tag{7-20}$$

其中 $Z=\begin{pmatrix}Z_{11} & Z_{12}\\ Z_{21} & Z_{22}\end{pmatrix}$ 称为开路阻抗矩阵或 Z 矩阵。

对于互易二端口，有 $Z_{12}=Z_{21}$，即此时 Z 参数只有三个是独立的。若为对称二端口网络，则有 $Z_{11}=Z_{22}$，这时 Z 参数只有二个是独立的。

【例 7-5】 试求图7-18所示二端口网络的 Z 参数。

解：由电路图知，当端口 2 开路时，有

$$Z_{11}=\left.\frac{\dot{U}_1}{\dot{I}_1}\right|_{\dot{I}_2=0}=\frac{\left(\mathrm{j}\omega L-\mathrm{j}\,\frac{1}{\omega C}\right)\dot{I}_1}{\dot{I}_1}=\mathrm{j}\omega L-\mathrm{j}\,\frac{1}{\omega C}$$

$$Z_{21}=\left.\frac{\dot{U}_2}{\dot{I}_1}\right|_{\dot{I}_2=0}=\frac{-\mathrm{j}\,\frac{1}{\omega C}\dot{I}_1}{\dot{I}_1}=-\mathrm{j}\,\frac{1}{\omega C}$$

当端口 1 开路时，有

$$Z_{12}=\left.\frac{\dot{U}_1}{\dot{I}_2}\right|_{\dot{I}_1=0}=\frac{-\mathrm{j}\,\frac{1}{\omega C}\dot{I}_2}{\dot{I}_2}=-\mathrm{j}\,\frac{1}{\omega C}$$

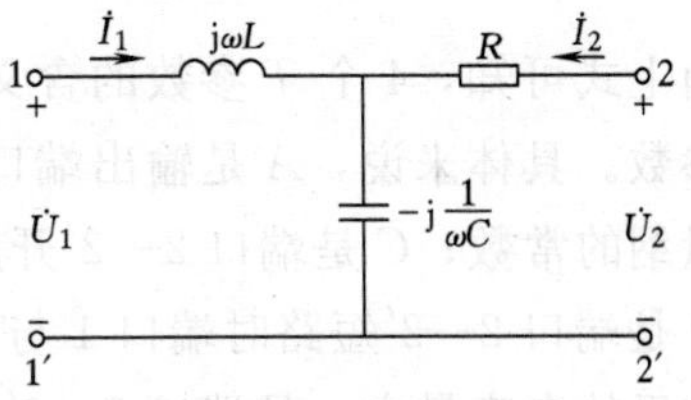

图 7-18 例 7-5 图

$$Z_{22}=\frac{\dot{U}_2}{\dot{I}_2}\bigg|_{\dot{I}_1=0}=\frac{\left(R-\mathrm{j}\,\dfrac{1}{\omega C}\right)\dot{I}_2}{\dot{I}_2}=R-\mathrm{j}\,\frac{1}{\omega C}$$

7.3.3 传输参数方程

从 Y 参数、Z 参数及相应的端口方程可见，当二端口网络施加不同的外激励时，相应的端口响应与激励的相互关系可以用不同端口方程来描述。但在许多实际工程问题中，二端口网络的一个端口往往作为输入端口，而另一个端口则作为输出端口，这就有必要找一个端口的电压、电流与另一个端口的电压、电流之间的直接关系。对图 7-19 所示线性二端口网络，取端口 1—1′为输入端口，端口 2—2′为输出端口，则两个端口的电压，电流之间的关系可由 T 参数端口方程描述。

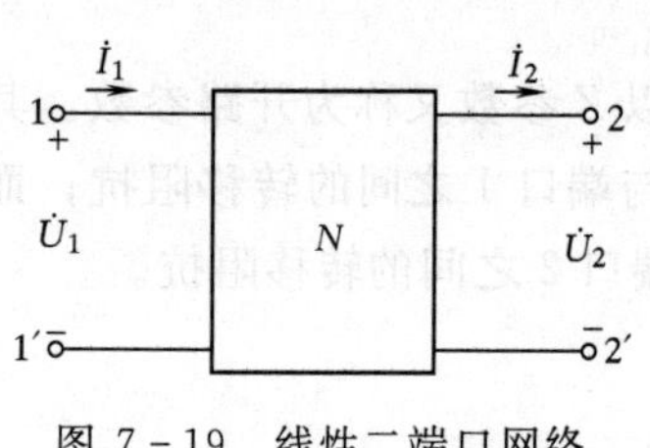

图 7-19　线性二端口网络

$$\left.\begin{aligned}\dot{U}_1&=A\dot{U}_2+B(-\dot{I}_2)\\\dot{I}_1&=C\dot{U}_2+D(-\dot{I}_2)\end{aligned}\right\}\qquad(7-21)$$

A、B、C、D 称为二端口网络的传输参数。如分别令输出端口开路与短路，可得 T 参数的如下计算表达式：

$$\left.\begin{aligned}A&=\frac{\dot{U}_1}{\dot{U}_2}\bigg|_{\dot{I}_2=0},\quad B=\frac{\dot{U}_1}{-\dot{I}_2}\bigg|_{\dot{U}_2=0}\\C&=\frac{\dot{I}_1}{\dot{U}_2}\bigg|_{\dot{I}_2=0},\quad D=\frac{\dot{I}_1}{-\dot{I}_2}\bigg|_{\dot{U}_2=0}\end{aligned}\right\}\qquad(7-22)$$

由上式可知，4 个 T 参数的含义是不一样的，其中 A、C 是开路参数，B、D 为短路参数。具体来说，A 是输出端口 2—2′开路时两个端口之间的转移电压比，是一个无量纲的常数；C 是端口 2—2′开路时的转移导纳；B 是端口 2—2′短路时的转移阻抗；D 是端口 2—2′短路时端口 1 与 2 之间的转移电流比，也是一个无量纲的常数。注意：这里的自变量之一是端口 2—2′电流的负值，即电流参考方向是向外的，这样选取是为了与后一级二端口网络联接时求取参数方便。

上式也可由矩阵表示为

$$\begin{bmatrix}\dot{U}_1\\ \dot{I}_1\end{bmatrix}=\begin{bmatrix}AB\\ CD\end{bmatrix}\begin{bmatrix}\dot{U}_2\\ -\dot{I}_2\end{bmatrix}=T\begin{bmatrix}\dot{U}_2\\ -\dot{I}_2\end{bmatrix} \tag{7-23}$$

其中 $T=\begin{bmatrix}A\ B\\ C\ D\end{bmatrix}$ 称为参数矩阵或 T 参数矩阵。

4 个 T 参数可由上式算得，当二端口网络的其他参数已知的时候，也可由其他参数获得。例如将 Y 方程的第二式改写为

$$\dot{U}_1=-\frac{Y_{22}}{Y_{21}}\dot{U}_2-\frac{1}{Y_{21}}(-\dot{I}_2)$$

并将该式代入 Y 方程中的第一式，可得

$$\dot{I}_1=\left(Y_{12}-\frac{Y_{11}Y_{22}}{Y_{21}}\right)\dot{U}_2-\frac{Y_{11}}{Y_{21}}(-\dot{I}_2)$$

将此二式与传输参数方程进行比较，即可得

$$\left.\begin{aligned}&A=-\frac{Y_{22}}{Y_{21}},\ B=-\frac{1}{Y_{21}}\\ &C=Y_{12}-\frac{Y_{11}Y_{22}}{Y_{21}},\ D=-\frac{Y_{11}}{Y_{21}}\end{aligned}\right\} \tag{7-24}$$

对无源线性二端口网络，因 $Y_{12}=Y_{21}$，所以有

$$AD-BC=\frac{Y_{11}Y_{22}}{Y_{21}^2}+\frac{1}{Y_{21}}\ \frac{Y_{12}Y_{21}-Y_{11}Y_{22}}{Y_{21}}=\frac{Y_{12}}{Y_{21}}=1$$

此时 T 参数也只有 3 个是独立的，对于对称二端口网络，由于 $Y_{11}=Y_{22}$，有 $A=D$，即只有 2 个 T 参数是独立的。

【例 7-6】 求例7-5 所示二端口网络的 T 参数。

解： 当端口 2—2′开路时

$$\dot{I}_2=0,\ \dot{U}_1=\left(\mathrm{j}\omega L+\frac{1}{\mathrm{j}\omega C}\right)\dot{I}_1,\quad \dot{U}_2=\frac{1}{\mathrm{j}\omega C}\dot{I}_1，所以$$

$$A=\left.\frac{\dot{U}_1}{\dot{U}_2}\right|_{\dot{I}_2=0}=1-\omega^2LC$$

$$C=\left.\frac{\dot{I}_1}{\dot{U}_2}\right|_{\dot{I}_2=0}=\mathrm{j}\omega C$$

当端口 2—2′短路时

$$\dot{U}_2=0,\ \dot{U}_1=\left(\mathrm{j}\omega L+\frac{R}{1+\mathrm{j}\omega CR}\right)\dot{I}_1,\quad -\dot{I}_2=\frac{1}{1+\mathrm{j}\omega CR}\dot{I}_1，所以$$

$$B=\frac{\dot{U}_1}{-\dot{I}_2}\bigg|_{\dot{U}_2=0}=\frac{\mathrm{j}\omega L+\dfrac{R}{1+\mathrm{j}\omega CR}}{\dfrac{1}{1+\mathrm{j}\omega CR}}=R(1-\omega^2 LC)+\mathrm{j}\omega L$$

$$C=\frac{\dot{I}_1}{-\dot{I}_2}\bigg|_{\dot{U}_2=0}=1+\mathrm{j}\omega CR$$

7.3.4 混合参数方程

如图 7-20 所示线性二端口网络的端口 1 施加电流源 $\dot{I}_1$，端口 2 施加电压源 $\dot{U}_2$，取 $\dot{U}_1$ 和 $\dot{I}_2$ 为响应，则由线性电路中的响应与激励的线性关系可得如下方程

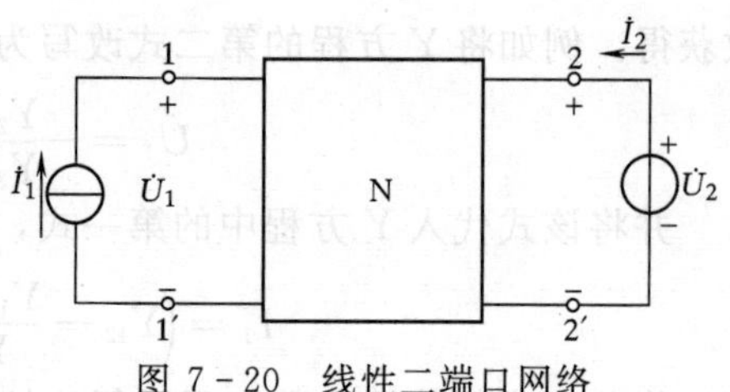

图 7-20 线性二端口网络

$$\left.\begin{aligned}\dot{U}_1&=H_{11}\dot{I}_1+H_{12}\dot{U}_2\\ \dot{I}_2&=H_{21}\dot{I}_1+H_{22}\dot{U}_2\end{aligned}\right\}\tag{7-25}$$

上式为用 H 参数表示的端口方程，在上述端口方程中分别令 $\dot{I}_1$ 和 $\dot{U}_2$ 等于零，即可得到 H 参数的算式。

$$\left.\begin{aligned}H_{11}&=\frac{\dot{U}_1}{\dot{I}_1}\bigg|_{\dot{U}_2=0},\quad H_{12}=\frac{\dot{U}_1}{\dot{U}_2}\bigg|_{\dot{I}_1=0}\\ H_{21}&=\frac{\dot{I}_2}{\dot{I}_1}\bigg|_{\dot{U}_2=0},\quad H_{22}=\frac{\dot{I}_2}{\dot{U}_2}\bigg|_{\dot{I}_1=0}\end{aligned}\right\}\tag{7-26}$$

由上式容易确定各 H 参数的具体含意，H_{11} 是端口 2 短路时，端口 1 的策动点阻抗；H_{21} 是端口 2 短路时，端口 2 对端口 1 的转移电流比；H_{12} 是端口 1 开路时，端口 1 对端口 2 的转移电压比；H_{22} 是端口 1 开路时，端口 2 的策动点导纳。故 H 参数又称为混合参数。

也可由矩阵表示为

$$\begin{pmatrix}\dot{U}_1\\ \dot{I}_2\end{pmatrix}=\begin{pmatrix}H_{11}\,H_{12}\\ H_{21}\,H_{22}\end{pmatrix}\begin{pmatrix}\dot{U}_2\\ \dot{I}_1\end{pmatrix}=H\begin{pmatrix}\dot{U}_2\\ \dot{I}_1\end{pmatrix}\tag{7-27}$$

其中 $H=\begin{pmatrix}H_{11}\,H_{12}\\ H_{21}\,H_{22}\end{pmatrix}$ 称为混合参数矩阵或 H 矩阵。

对于无源线性二端口网络，独立的H参数的个数与独立的Z参数、Y参数个数一样也是三个。这种一致性实质上是因为二端口的各种参数之间存在着必然关系的缘故。例如将Y参数的端口方程改写为H参数的端口方程的形式，就可得到H参数与Y参数之间的关系。

将式 $\dot{I}_1=Y_{11}\dot{U}_1+Y_{12}\dot{U}_2$ 改写为

$$\dot{U}_1=\frac{1}{Y_{11}}\dot{I}_1+\left(-\frac{Y_{12}}{Y_{11}}\right)\dot{U}_2$$

代入式 $\dot{I}_2=Y_{21}\dot{U}_1+Y_{22}\dot{U}_2$，可得

$$\dot{I}_2=\frac{Y_{21}}{Y_{11}}\dot{I}_1+\left(Y_{22}-\frac{Y_{12}Y_{21}}{Y_{11}}\right)\dot{U}_2$$

于是有

$$\left.\begin{aligned}\dot{U}_1&=\frac{1}{Y_{11}}\dot{I}_1+\left(-\frac{Y_{12}}{Y_{11}}\right)\dot{U}_2\\ \dot{I}_2&=\frac{Y_{21}}{Y_{11}}\dot{I}_1+\left(Y_{22}-\frac{Y_{12}Y_{21}}{Y_{11}}\right)\dot{U}_2\end{aligned}\right\}\tag{7-28}$$

比较可得

$$H_{11}=\frac{1}{Y_{11}},\quad H_{12}=-\frac{Y_{12}}{Y_{11}},\quad H_{21}=\frac{Y_{21}}{Y_{11}},\quad H_{22}=Y_{22}-\frac{Y_{12}Y_{21}}{Y_{11}}$$

注意到对无源线性二端口网络有$Y_{12}=Y_{21}$，所以有$H_{12}=-H_{21}$。对于对称的二端口网络，有$Y_{11}=Y_{22}$，于是有

$$H_{11}H_{22}-H_{12}H_{21}=1$$

即对称的二端口网络，只有两个H参数是独立的。

【例 7-7】 求图7-21所示三极管微变等效电路的H参数。

解： 令$\dot{U}_2=0$，得

$$\dot{U}_1=R_1\dot{I}_1,\ \dot{I}_2=\beta\dot{I}_1$$

于是有

$$H_{11}=\left.\frac{\dot{U}_1}{\dot{I}_1}\right|_{\dot{U}_2=0}=R_1$$

$$H_{21}=\left.\frac{\dot{I}_2}{\dot{I}_1}\right|_{\dot{U}_2=0}=\beta$$

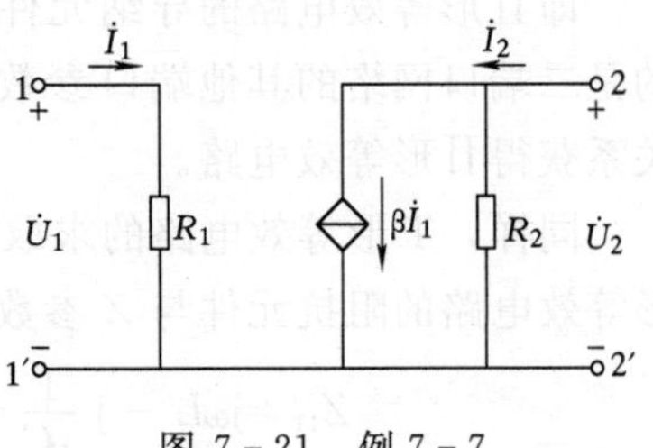

图 7-21 例 7-7

令 $\dot{I}_1=0$，得 $\dot{U}_1=0$，$\dot{I}_2=\dfrac{\dot{U}_2}{R_2}$，于是有

$$H_{12}=\left.\frac{\dot{U}_1}{\dot{U}_2}\right|_{\dot{I}_1=0}=0$$

$$H_{22}=\left.\frac{\dot{I}_2}{\dot{U}_2}\right|_{\dot{I}_1=0}=\frac{1}{R_2}$$

7.3.5 二端口网络的等效电路

任意无源线性一端口网络可以用一个等效阻抗来描述其外特性。在分析复杂网络时，往往也需要将线性二端口网络用一个简单二端口网络来等效。由于无源线性二端口网络只有 3 个端口参数是独立的，所以 3 个参数即可描述二端口网络的端口特性，因此一个由 3 个阻抗（或导纳）元件构成的二端口网络，如果其端口参数与给定二端口网络的端口参数相同，则两者是等效的。由 3 个阻抗（或导纳）元件所组成的二端口网络有 T 形和Ⅱ形两种形式，见图 7－22。

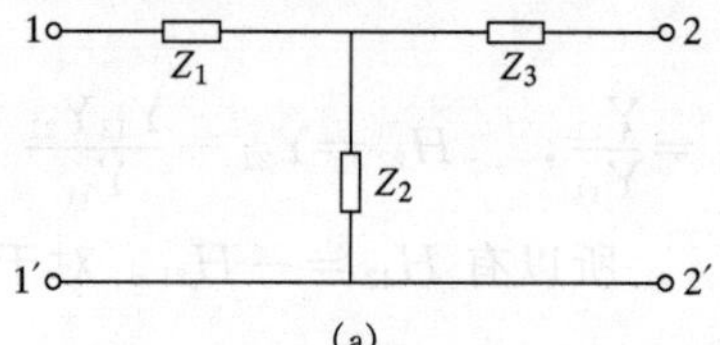

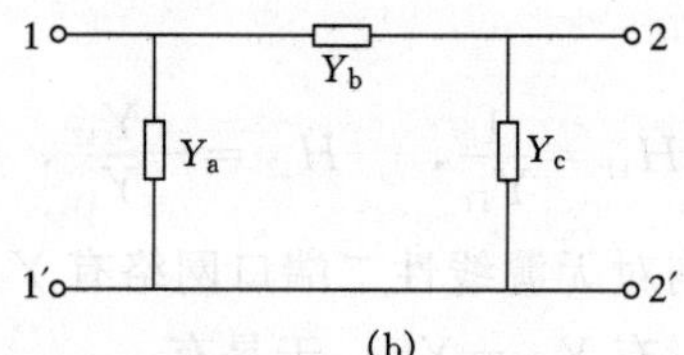

图 7－22 二端口网络的 T 形等效电路和 Π 形等效电路

当一个二端口网络的端口参数已知时，确定与该二端口网络等效电路的阻抗或导纳元件参数可采用两种方法来进行。

对于Ⅱ形等效电路，其端口 Y 参数与导纳元件参数之间的关系已知，于是可解得

$$Y_a=Y_{11}+Y_{12}，\quad Y_b=-Y_{12}，\quad Y_c=Y_{12}+Y_{22}$$

即Ⅱ形等效电路的导纳元件参数可由二端口网络的 Y 参数简单地确定。当已知的是二端口网络的其他端口参数时，只须先由它们求得相应的 Y 参数，即可由上述关系获得Ⅱ形等效电路。

同样，T 形等效电路的求取也可采用类似的方法，只不过此时最容易确定的是 T 形等效电路的阻抗元件与 Z 参数之间的关系，由［例 7－5］可知

$$Z_{11}=\mathrm{j}\omega L-\mathrm{j}\frac{1}{\omega C}=Z_1+Z_2，\qquad Z_{12}=Z_{21}=-\mathrm{j}\frac{1}{\omega C}=Z_2$$

$$Z_{22}=R-\mathrm{j}\frac{1}{\omega C}=Z_2+Z_3$$

由此解得

$$Z_1=Z_{11}-Z_{12},\ Z_2=Z_{12},\ Z_3=Z_{22}-Z_{12}$$

当已知参数是其他形式的端口参数时，先由它们求得相应的Z参数，就可由上述关系求取相应的T形等效电路的阻抗元件参数。

除了可以借助于Y参数和Z参数来分别确定相应的Ⅱ形或T形等效电路外，也可采用端口方程直接建立给定端口参数与所求等效电路的元件参数之间的关系来求取等效电路。

以上所讨论的是无源线性二端口网络的情形。对内含受控源的线性二端口网络，由于其外特性需用4个独立参数来描述，所以此时用具有3个元件的T形或Ⅱ形等效电路已不足以表达其外特性，但可通过适当追加受控源来处理此种情形。

【思考与练习】

(1) 求图7－23所示二端口网络的开路参数。

(2) 求图7－24所示耦合电感的传输参数。

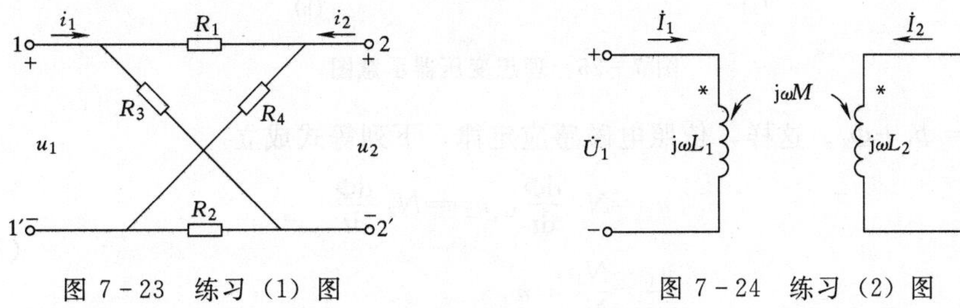

图7－23 练习(1)图　　图7－24 练习(2)图

7.4 理想变压器

变压器是利用电磁感应原理传输电能或电信号的器件，它具有变压、变流和变阻抗的作用。比如在电力系统中用电力变压器把发电机发出的电压升高后进行远距离输电，到达目的地后再用变压器把电压降低以便用户使用，以此减少传输过程中电能的损耗；在电子设备和仪器中常用小功率电源变压器改变交流电压，再通过整流和滤波，得到电路所需要的直流电压；在放大电路中用耦合变压器传递信号或进行阻抗的匹配等等。理想变压器是互感元件的另一种形式，它是将实际变压器加以理想化而抽象出来的。

实际变压器满足以下 3 个条件时可抽象为理想变压器：

（1）线圈和磁芯均是无损耗的。

（2）各线圈无漏磁，即线圈间是全耦合的。

（3）磁芯的磁导率为无限大。

如图 7-25（a）和图 7-25（b）所示。与电源相连的线圈称为原线圈，与负载相连的线圈称为副线圈。理想变压器是一种特殊的无损耗全耦合变压器。设若原、副边线圈电流的参考方向均指向从同名端流入，并且两个线圈之间的耦合系数 $k=1$，因而所交链的磁通 Φ 完全相同，如图 7-25（b）所示。就是说，原边线圈电流所产生的磁通，不但全部穿过自己的各匝线圈，而且也同时穿过副边各匝线圈。同样地，副边线圈电流所产生的磁通，不但全部穿过自己的各匝线圈，也同时穿过原边各匝线圈。即 $\Phi=\Phi_1+\Phi_2$。这样，依照电磁感应定律，下列等式成立

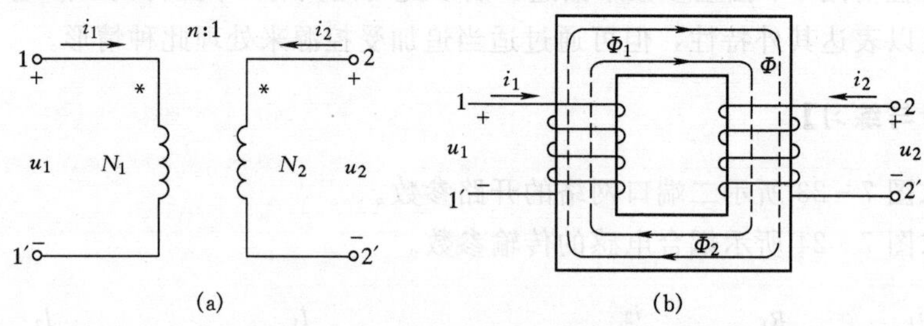

图 7-25 理想变压器示意图

$$u_1=N_1\frac{\mathrm{d}\Phi}{\mathrm{d}t},\ u_2=N_2\frac{\mathrm{d}\Phi}{\mathrm{d}t}$$

$$\frac{u_1}{u_2}=\frac{N_1}{N_2}=n \qquad (7-29)$$

即原、副边两个线圈电压与其线圈匝数成正比。式（7-29）中 n 为匝数比。

假若变压器又不消耗能量，那么，在任何时候均有

$$u_1i_1+u_2i_2=0$$

由此便可推知

$$\frac{i_1}{i_2}=-\frac{N_2}{N_1}=-\frac{1}{n} \qquad (7-30)$$

即原、副边两个线圈电流与其线圈匝数成反比。且其电流比是匝数比倒数的负值。这是结合图 7-25 中所示电流、电压的参考方向所确定的。这又成为电力工业普遍采用交流电的一个重要原因。因为通过变压器，不仅能够方便地改变电压，尤其可以实现高电压大功率并且是高效地传输电能。在传输功率一定的条件下，电压的升高和电流

的减小，不但有利于传输电能过程中电能损耗的减小，而且减少了电压降落，使线路终端电压依然保持在一定的水平上，对供电和用电均有利。理想化了的变压器必然与实际变压器有所不同。但在许多情况下，像一些小的电源变压器或电子线路中使用的变压器，仍可运用上述理想变压器的简单运算关系去进行分析计算。必要时也只需适当计算一些次要因素，诸如功率损耗、电压损耗等就可以了。

注意：理想变压器只有1个参数 n，不再有自感、互感等参数。

理想变压器有3个重要性质：

(1) 任一时刻的功率为零。

(2) 给理想变压器的副边接一阻抗 Z_L，由原边看入的阻抗 $Z_{in}=n^2Z_L$。

(3) 理想变压器是互易二端口网络。

【例 7-8】 连接在原边与副边之间的变比 $n=4$ 的理想变压器副边负载阻抗 $Z_L=4+j3\Omega$，如图 7-26 所示，求原边输入端的等效阻抗 Z_{eq}。

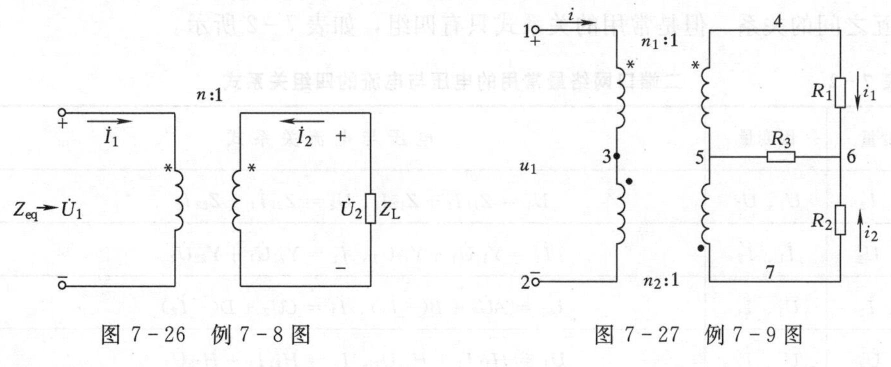

图 7-26 例 7-8 图 图 7-27 例 7-9 图

解：参照图7-26中所示电流、电压的参考方向，因为 $\dot{U}_2=-Z_L\dot{I}_2$，且 $\dot{U}_1=n\dot{U}_2$ 及 $\dot{I}_2=-n\dot{I}_1$

故
$$\dot{U}_1=n\dot{U}_2=-nZ_L\dot{I}_2=n^2Z_L\dot{I}_1$$

即
$$Z_{eq}=n^2Z_L=4^2\times(4+j3)=64+j48(\Omega)$$

从这个例子说明，运用理想变压器，在原阻抗值不变的条件下，还可以改变等效阻抗的大小。这在实际工程技术中已被广泛应用。

【例 7-9】 图 7-27电路含有两个理想变压器，试求输入电阻。

解：由理想变压器的伏安关系，i_1 和 i_2 为

$$i_1=n_1i,\ i_2=n_2i$$

u_{45} 和 u_{75} 分别为

$$u_{45}=R_1i_1+R_3(i_1+i_2)=[(R_1+R_3)n_1+R_3n_2]i$$

$$u_{75}=R_2i_2+R_3(i_1+i_2)=[R_3n_1+(R_2+R_3)n_2]i$$

端口电压 u 为

$$u_1=u_{13}+u_{32}=n_1u_{45}+n_2u_{75}=[n_1^2R_1+n_2^2R_2+(n_1+n_2)^2R_3]i$$

所以输入电阻

$$R_{in}=n_1^2R_1+n_2^2R_2+(n_1+n_2)^2R_3$$

7.4.1 二端口网络电压与电流的关系

在实际应用二端口网络传输能量和信息时，需要注意的不是网络本身的内部结构，而是输入端口和输出端口的电压与电流的关系。二端口网络的输入端口和输出端口的电压、电流共有四个，$\dot{I}_1$、$\dot{I}_2$、$\dot{U}_1$ 和 $\dot{U}_2$，而在实际应用中，往往是已知其中两个，需要求出另外两个。因此由这四个物理量的组合，可得出六组关系式，以表达它们相互之间的关系。但是常用的关系式只有四组，如表 7-2 所示。

表 7-2 二端口网络最常用的电压与电流的四组关系式

自变量	因变量	电压与电流关系式
$\dot{I}_1$、$\dot{I}_2$	$\dot{U}_1$、$\dot{U}_2$	$\dot{U}_1=Z_{11}\dot{I}_1+Z_{12}\dot{I}_2$、$\dot{U}_2=Z_{21}\dot{I}_1+Z_{22}\dot{I}_2$
$\dot{U}_1$、$\dot{U}_2$	$\dot{I}_1$、$\dot{I}_2$	$\dot{I}_1=Y_{11}\dot{U}_1+Y_{12}\dot{U}_2$、$\dot{I}_2=Y_{21}\dot{U}_1+Y_{22}\dot{U}_2$
$\dot{U}_2$、$\dot{I}_2$	$\dot{U}_1$、$\dot{I}_1$	$\dot{U}_1=A\dot{U}_2+B(-\dot{I}_2)$、$\dot{I}_1=C\dot{U}_2+D(-\dot{I}_2)$
$\dot{I}_1$、$\dot{U}_2$	$\dot{U}_1$、$\dot{I}_2$	$\dot{U}_1=H_{11}\dot{I}_1+H_{12}\dot{U}_2$、$\dot{I}_2=H_{21}\dot{I}_1+H_{22}\dot{U}_2$

7.4.2 阻抗变换的作用

7.4.2.1 二端口网络的特性阻抗

如在一个二端口网络的端口 2—2′处接上负载阻抗 Z_{L2}，如图 7-28（a）所示，则由 T 参数表示的端口方程，可得端口 1—1′处的输入阻抗。

$$Z_{i1}=\frac{\dot{U}_1}{\dot{I}_1}=\frac{A\dot{U}_2-B\dot{I}_2}{C\dot{U}_2-D\dot{I}_2} \tag{7-31}$$

再将 Z_{L2} 的约束方程 $\dot{U}_2=-Z_{L2}\dot{I}_2$ 代入上式，有

$$Z_{i1}=\frac{AZ_{L2}+B}{CZ_{L2}+D} \tag{7-32}$$

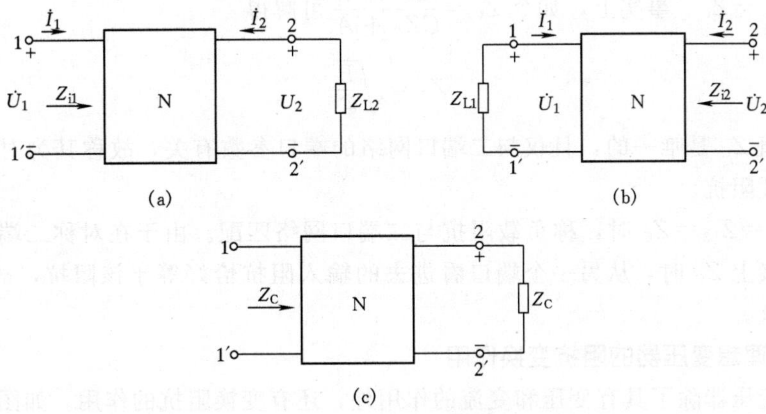

图 7-28　二端口网络的特性阻抗

由上式可见，二端口网络的输入阻抗既与端口参数有关，也与负载阻抗有关。也就是说，对端口参数不同的二端口网络，Z_{i1}与Z_{L2}的关系就不相同；另一方面，对同一二端口网络，不同的Z_{L2}也将给出不同的Z_{i1}。因此，二端口网络具有变换阻抗的能力。

同样，如在端口 1—1′处接上负载阻抗Z_{L1}，如图 7-28（b）所示，则 2—2′处的输入阻抗Z_{i2}为

$$Z_{i2}=\frac{\dot{U}_2}{\dot{I}_2}$$

由端口方程解得$\dot{U}_2$和$\dot{I}_2$为

$$\dot{U}_2=-\frac{D}{\Delta T}\dot{U}_1-\frac{B}{\Delta T}\dot{I}_1$$

$$\dot{I}_2=-\frac{C}{\Delta T}\dot{U}_1-\frac{A}{\Delta T}\dot{I}_1$$

结合Z_{L1}的约束方程

$$\dot{U}_1=-Z_{L1}\dot{I}_1$$

可得

$$Z_{i2}=\frac{DZ_{L1}+B}{CZ_{L1}+A} \tag{7-33}$$

当二端口网络对称时，有$A=D$，于是

$$Z_{i1}=\frac{AZ_{L2}+B}{CZ_{L2}+A},\quad Z_{i2}=\frac{AZ_{L1}+B}{CZ_{L1}+A}$$

如果令$Z_{L1}=Z_{L2}$，则有$Z_{i1}=Z_{i2}$。可以证明，如让$Z_{L1}=Z_{L2}$取某一特定值Z_C，可恰好

使 $Z_{i1}=Z_{i2}=Z_C$。事实上，如令 $Z_C=\dfrac{AZ_C+B}{CZ_C+A}$ 可解得

$$Z_C=\sqrt{\frac{B}{C}} \tag{7-34}$$

即此特定值 Z_C 是唯一的，且仅与二端口网络的端口参数有关，故称其为对称二端口网络的特性阻抗。

当 $Z_{L1}=Z_{L2}=Z_C$ 时，称负载阻抗与二端口网络匹配。由于在对称二端口网络的一个端口接上 Z_C 时，从另一个端口看进去的输入阻抗恰好等于该阻抗，故 Z_C 又称为重复阻抗。

7.4.2.2 理想变压器的阻抗变换作用

理想变压器除了具有变压和变流的作用外，还有变换阻抗的作用。如图 7-29 所示，变压器原边接电源 U_1，副边接负载阻抗 Z_L 对于电源来说，图 7-29（a）中虚线框内的电路可用另一个阻抗 $Z_L{}'$来等效。所谓等效，就是它们从电源吸取的电流和功率相等。等效阻抗由下式求得

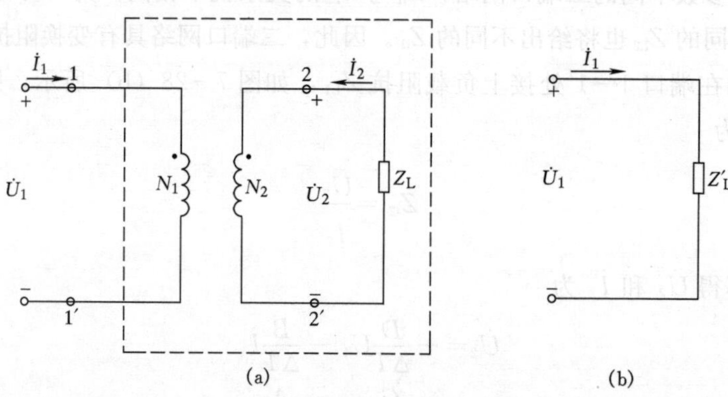

图 7-29 理想变压器的阻抗变换

$$Z_L{}'=\frac{\dot{U}_1}{\dot{I}_1}=\frac{\left(\dfrac{N_1}{N_2}\right)\dot{U}_2}{\left(\dfrac{N_2}{N_1}\right)\dot{I}_2}=\left(\frac{N_1}{N_2}\right)^2 Z_L=n^2 Z_L$$

式中 Z_L——变压器副边的负载阻抗，$Z_L=\dfrac{\dot{U}_2}{\dot{I}_2}$。

可见，对于变比为 n 且变压器副边阻抗为 Z_L 的负载，相当于在电源上直接接一个阻抗 $Z_L{}'=n^2Z_L$ 的负载。也可以说变压器把负载阻抗 Z_L 变换为 Z'_L。因此，通过

选择合适的变比 n，可以把实际负载阻抗变换为所需的数值，这就是变压器的阻抗变换作用。

在电子电路中，为了提高信号的传输功率，常用变压器将负载阻抗变换为适当的数值，使其与放大电路的输出阻抗相匹配，这种做法称为阻抗匹配。

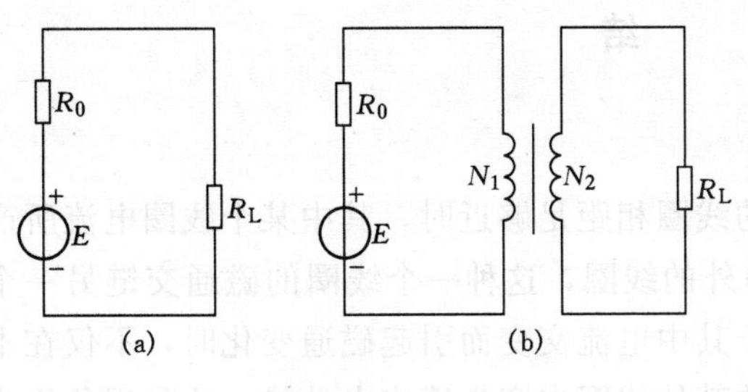

图 7-30 例 7-10 图

【例 7-10】 某交流信号源的电动势 $E=120\text{V}$，内阻 $R_0=800\Omega$，负载电阻 $R_L=8\Omega$。试求：(1) 若将负载与信号源直接相连，如图 7-30 (a) 所示，信号源输出的功率有多大？(2) 若要信号源输给负载的功率达到最大，负载电阻应等于信号源内阻。今用变压器进行阻抗变换，如图 7-30 (b) 则变压器的匝数比应选多少？阻抗变换后信号源的输出功率有多大？

解： (1) 由图 7-30 (a) 可知，若将负载直接与信号源联接，信号源的输出功率为

$$P=I^2R_L=\left(\frac{E}{R_0+R_1}\right)^2R_L=\left(\frac{120}{800+8}\right)^2\times 8=0.176\ (\text{W})$$

(2) 如图 7-30 (b) 所示，用变压器把负载 R_L 变换为等效电阻，使其阻值与电源阻值相等

$$R'_L=n^2R_L=R_0=800\ (\Omega)$$

则变压器的匝数比应为

$$\frac{N_1}{N_2}=\sqrt{\frac{R'_L}{R_L}}=\sqrt{\frac{800}{8}}=10$$

信号源的输出功率为

$$P=I^2R'_L=\left(\frac{E}{R_0+R'_L}\right)^2R'_L=\left(\frac{120}{800+800}\right)^2\times 800=4.5\ (\text{W})$$

可见，阻抗匹配后输出功率为最大。

【思考与练习】

(1) 理想变压器的定义？如何将副边的电压源和电流源折合至原方？

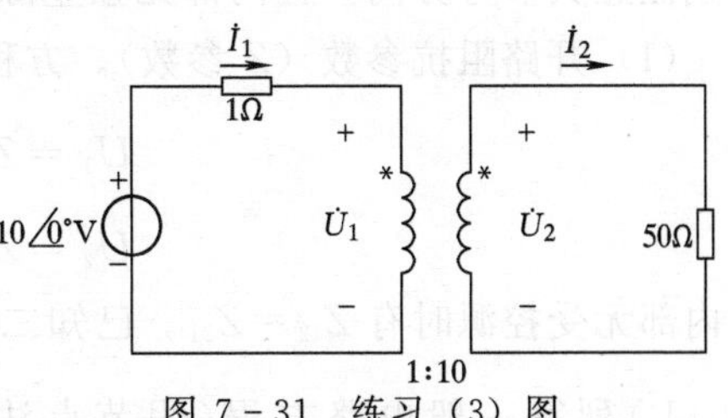

图 7-31 练习 (3) 图

(2) 某正弦电源的内阻 $R_S=800\Omega$，负

载电阻 $R_L=8\Omega$，为实现功率匹配，负载电阻必须与电源内阻相等，故必须在电源与负载间接入一理想变压器。试求变压器的变比 n。

(3) 电路如图 7-31 所示，求电压 $\dot{U}_2$（用原边等效电路求解）。

小　结

1. 互感的定义和同名端的确定

互感的定义：当在两个或两个以上的线圈相距足够近时，其中某个线圈电流所产生的磁通可能会有部分（或全部）穿过另外的线圈，这种一个线圈的磁通交链另一个线圈的现象称为磁耦合。当一个线圈由于其中电流交变而引起磁通变化时，不仅在本线圈产生感应电动势，还会在与它交链的其他线圈中产生感应电动势，这种现象称为互感现象。

同名端的定义：两线圈的电流都从同名端（星号端）流入时，它们产生的磁通是相加的。同名端和两线圈的相对位置和绕向有关。

2. 耦合线圈的串联与并联

耦合线圈的串联：有两种可能的接法：一种是正向串联，即两线圈异名端相联。另一种是反向串联，即把两线圈的同名端相联。

耦合线圈的并联：也有两种可能的接法。一种是同名端相联，称为同侧并联；另一种是异名端相联，称为异侧并联。

3. 含有互感电路的计算

(1) 通常用支路电流法列方程，只需多考虑互感压降项，将各互感压降的参考方向与产生它们的电流的参考方向对同名端一致。

(2) 去耦法：可将有互感的电路化为无互感的电路。

4. 二端口网络参数方程

二端口网络端口的电压、电流 $\dot{I}_1$、$\dot{I}_2$、$\dot{U}_1$ 和 $\dot{U}_2$ 的关系称二端口网络参数方程。特别注意其参考方向，且内部无独立源。

(1) 开路阻抗参数（Z 参数）。方程为

$$\left.\begin{aligned}\dot{U}_1&=Z_{11}\dot{I}_1+Z_{12}\dot{I}_2\\ \dot{U}_2&=Z_{21}\dot{I}_1+Z_{22}\dot{I}_2\end{aligned}\right\}$$

当内部无受控源时有 $Z_{12}=Z_{21}$。已知二端口网络内部的元件求 Z 参数的方法：

1）列写一般电路方程（用节点法、回路法等），消去其他变量，将 $\dot{U}_1$、$\dot{U}_2$ 表示

为 $\dot{I}_1$、$\dot{I}_2$ 的函数，各系数就是 Z 参数。

2）将端口 2 开路，求 $Z_{11}=\left.\frac{\dot{U}_1}{\dot{I}_1}\right|_{\dot{I}_2=0}$，$Z_{21}=\left.\frac{\dot{U}_2}{\dot{I}_1}\right|_{\dot{I}_2=0}$。再将端口 1 开路，求 $Z_{12}=\left.\frac{\dot{U}_1}{\dot{I}_2}\right|_{\dot{I}_1=0}$，$Z_{22}=\left.\frac{\dot{U}_2}{\dot{I}_2}\right|_{\dot{I}_1=0}$。

（2）短路导纳参数（Y 参数）。方程为

$$\left.\begin{aligned}\dot{I}_1&=Y_{11}\dot{U}_1+Y_{12}\dot{U}_2\\ \dot{I}_2&=Y_{21}\dot{U}_1+Y_{22}\dot{U}_2\end{aligned}\right\}$$

当内部无受控源时有 $Y_{12}=Y_{21}$。求 Y 参数方程与求 Z 参数方法相似，只是将求 Z 参数时的开路换成求 Y 参数时的短路。

（3）混合参数（H 参数）。方程为

$$\left.\begin{aligned}\dot{U}_1&=H_{11}\dot{I}_1+H_{12}\dot{U}_2\\ \dot{I}_2&=H_{21}\dot{I}_1+H_{22}\dot{U}_2\end{aligned}\right\}$$

常用于晶体管电路中。

（4）传输参数（T 参数）。方程为

$$\left.\begin{aligned}\dot{U}_1&=A\dot{U}_2+B(-\dot{I}_2)\\ \dot{I}_1&=C\dot{U}_2+D(-\dot{I}_2)\end{aligned}\right\}$$

当网络中无受控源时，满足 $AD-BC=1$，该方程相当于 $Z_{12}=Z_{21}$，$Y_{12}=Y_{21}$（互易条件）。

当网络中无受控源且对称时，又满足 $A=D$。T 参数常用于网络传输中，特别是若干网络级联时。

已知网络元件求传输参数，可用端口 2 开路、短路的方法。

5. 二端口网络的等值电路

对于一般的无独立源的二端口网络，各种类型的二端口方程中四个参数相互独立，于是需用四个元件表征二端口网络。当二端口网络无独立源且互易时，只有三个参数独立，只需用三个元件表征。

6. 理想变压器

(1) 定义：电压比等于匝数比，即 $\frac{\dot{U}_1}{\dot{U}_2}=\frac{N_1}{N_2}=n$，电流比等于匝数反比，即 $\frac{\dot{I}_1}{\dot{I}_2}=$

$-\frac{N_2}{N_1}=-\frac{1}{n}$。

（2）阻抗：从原边看的入端阻抗，即将副边阻抗 Z_2 折合至原边为 $n^2 Z_2$，注意副边电感 L_2 折合至原边为 $n^2 L_2$，副边电容 C_2 折合至原边为$\frac{C_2}{n^2}$。

（3）功率：理想变压器是无损元件，将原边功率无损地送至副边。

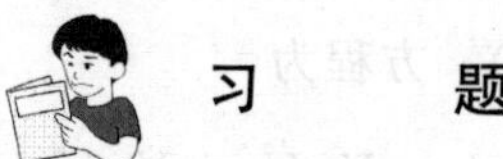

习　题

7-1　求图 7-32 所示两个网络的等效电感。

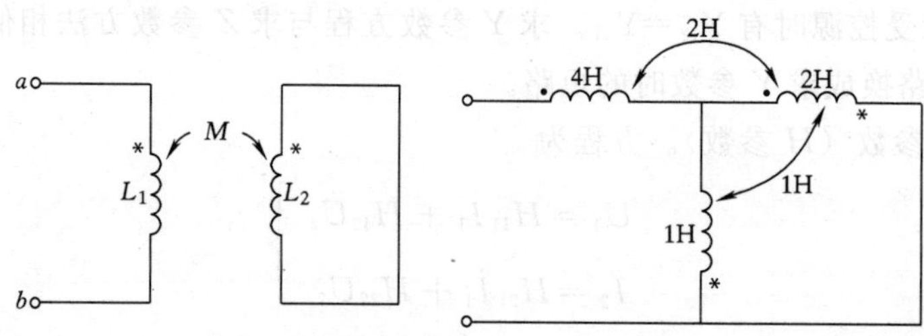

图 7-32　题 7-1 图

7-2　正弦稳态电路如图 7-33，设电源的角频率为 ω，试用互感消去法列写网孔电流方程。

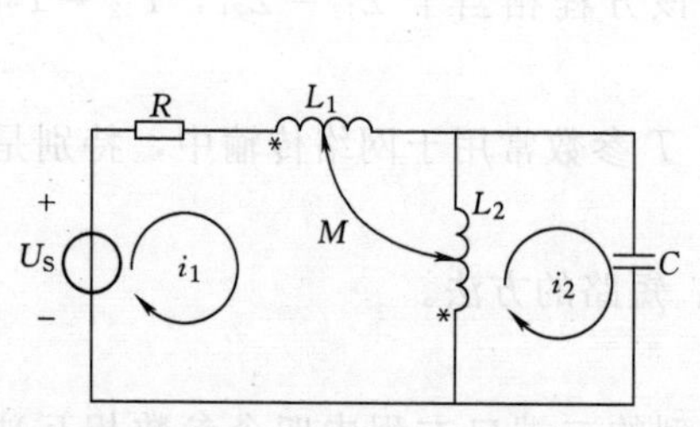

图 7-33　题 7-2 图

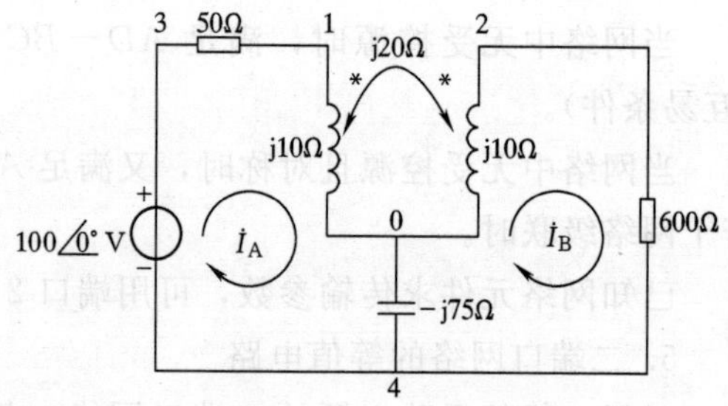

图 7-34　题 7-3 图

7-3　电路如图 7-34，试求 $\dot{I}_A$，$\dot{I}_B$，$\dot{U}_1$，$\dot{U}_2$ 以及电路的输入阻抗 Z_{in}。

7-4　求图 7-35 所示电路的 Y 参数。

7-5　求图 7-36 所示电路的 Y 参数。

7-6　求图 7-37 所示电路的 Z 参数，并与题 7-4 的结果比较。（Z_1、Z_2、Z_3

分别为 Y_1、Y_2、Y_3 的倒数）。

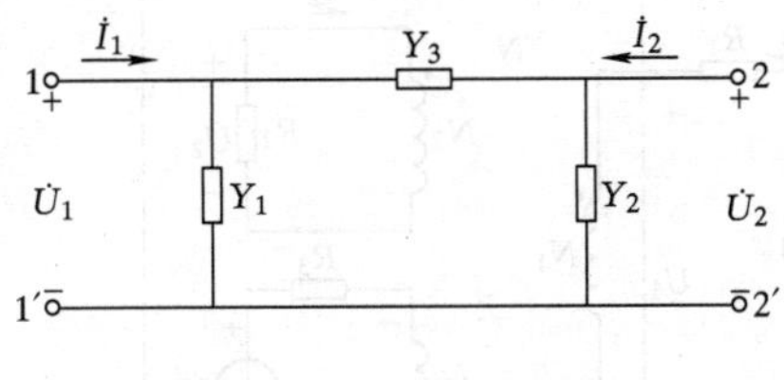

图 7－35　题 7－4 图

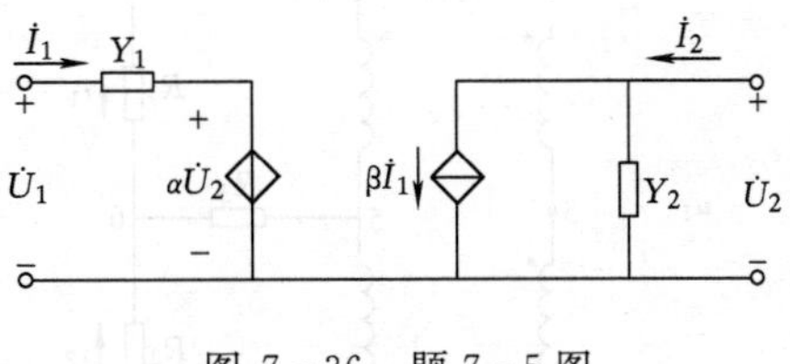

图 7－36　题 7－5 图

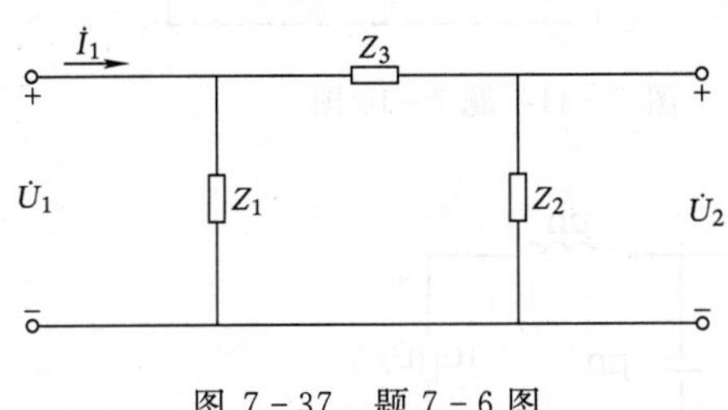

图 7－37　题 7－6 图

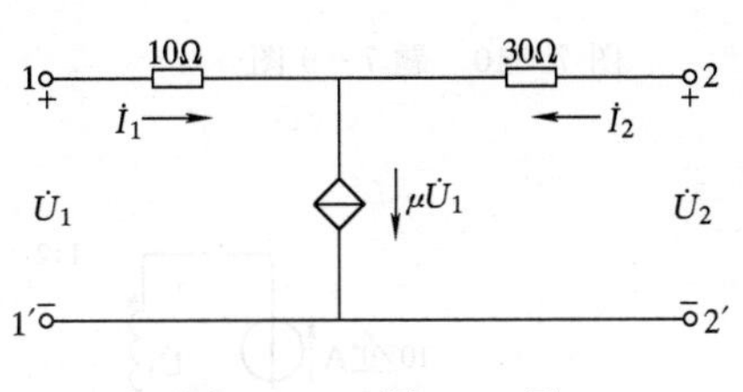

图 7－38　题 7－7 图

7－7　求图 7－38 所示电路的 T 参数。

7－8　如图 7－39（a）所示为半导体晶体三极管的符号，图 7－39（b）为在小信号下的简化微变等效电路，求出它的 H 参数，并写出参数方程。

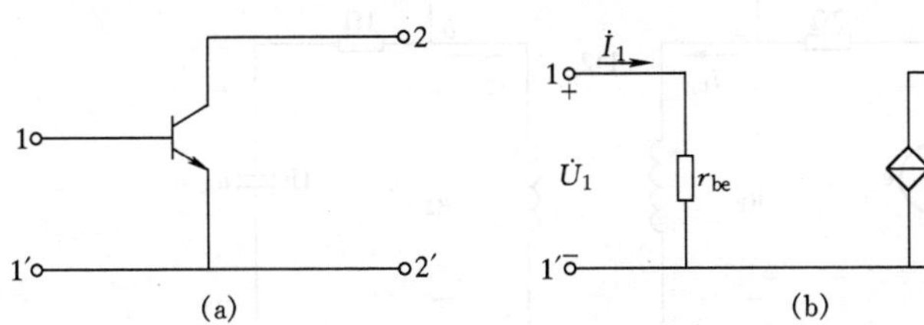

图 7－39　题 7－8 图

7－9　图 7－40 电路含有两个理想变压器，试求输入电阻。

7－10　图 7－41 电路含有一个三端口理想变压器，已知：$N_1:N_2:N_3=1:2:3$，$R_1=1\Omega$，$R_2=24\Omega$，$R_3=27\Omega$，$\dot{U}_{s1}=1\angle 0^\circ$ V，$\dot{U}_{S3}=9\angle 0^\circ$ V。试求：（1）网络 N 的戴维宁等效电路；（2）电流 $\dot{I}_1$ 和电压 $\dot{U}_1$。

7－11　如图 7－42 所示电路含有理想变压器，试求 $\dot{U}_1$ 和 $\dot{U}_2$。

7－12　图 7－43 为理想变压器电路，匝数比 1：2，$e=2.2\sin t$V，求电压 u_o?

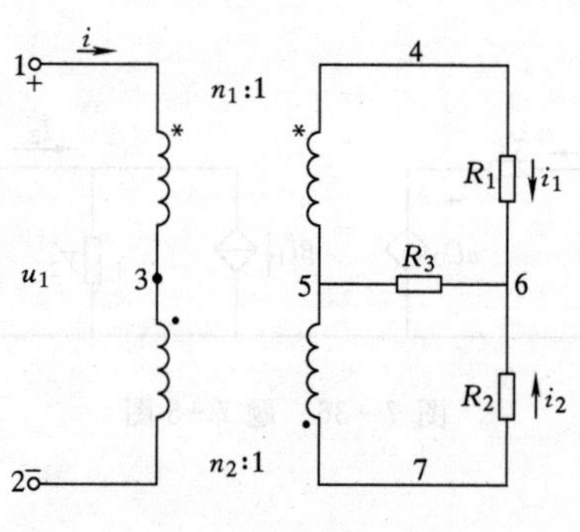

图 7-40 题 7-9 图

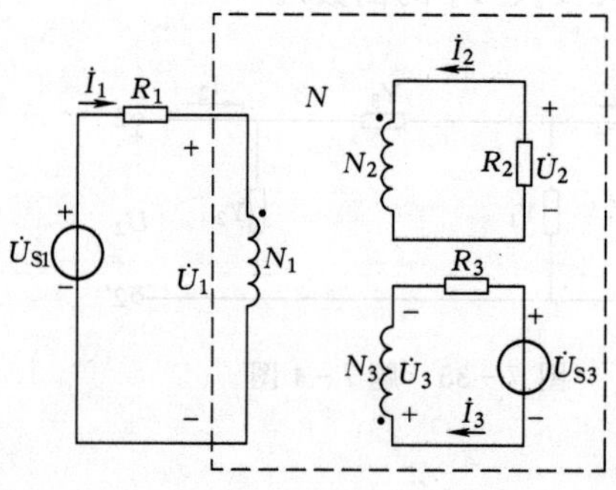

图 7-41 题 7-10 图

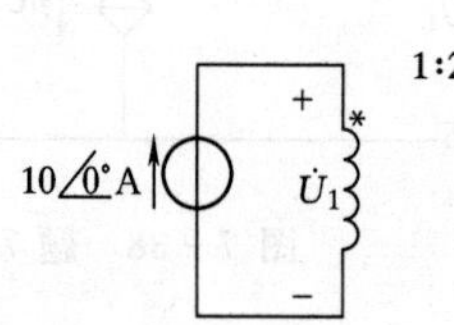

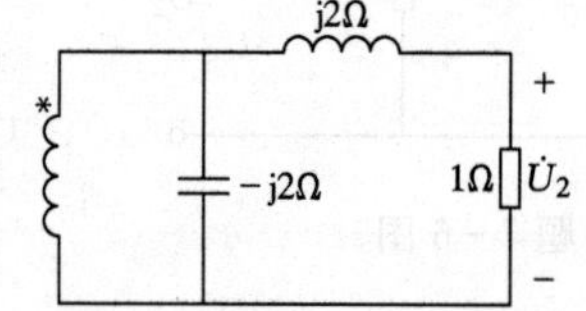

图 7-42 题 7-11 图

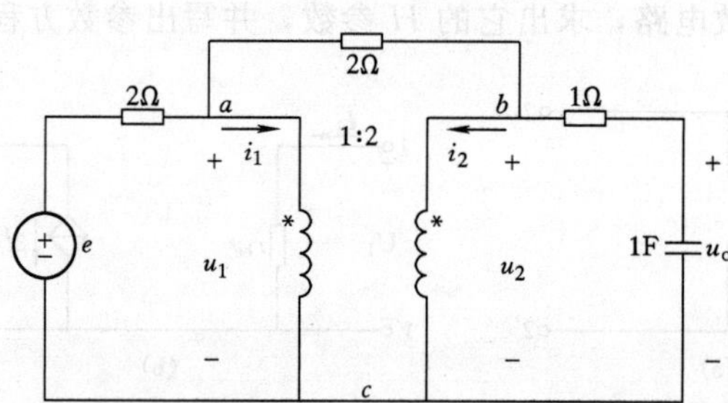

图 7-43 题 7-12 图

第 8 章

动态电路的时域分析

前面已讨论了线性电路处于（最终达到的）稳定状态下的电流、电压分析计算方法。如在直流电路中，各电流、电压都是恒定不变的；在正弦交流电路中，各电流、电压都以一定的幅值按正弦规律变化。本章将讨论电路的过渡过程，在此过程中，电路的各电流、电压处于稳定前的过渡状态。

例如，电动机接通电源后，转速由零增至额定转速，要经历一段时间，经历一个过渡过程。为什么会出现过渡过程呢？这是因为物质所具有的能量是不能突然变化的缘故。若电动机从电源获得电能而不需要时间，则电源提供的功率必须是无限大，显然这是不可能的。

处于过渡过程中的电路属于动态电路，分析计算线性动态电路全响应（即电路的各电流、电压）的依据，仍然是第一章中提出的：基尔霍夫定律 KCL、KVL 和 R、C、L 三种元件的伏安关系式。

线性动态电路的方程是常系数线性常微分方程。微分方程的阶数为一的动态电路称为一阶电路。微分方程的阶数为二或二以上的动态电路，分别称为二阶电路或高阶电路。动态电路全响应的分析计算，归结为求解微分方程。直接求解微分方程的方法称为经典法，用积分变换求解微分方程的方法称为运算法。本章主要介绍用经典法分析一阶电路，并介绍用经典法分析简单的二阶电路。

8.1 电路的暂态过程与换路定则

含有动态元件（即储能元件 C、L）的电路称为动态电路。动态电路的重要特征是当电路的结构、元件参数突然发生变化时，电路将从一种稳定状态变成另一种稳定状态，这种变化通常是要经历一定的时间过程，此过程就是电路的暂态过程。

8.1.1 电路的暂态过程

图 8-1 所示电路中，当开关 S 闭合时，电阻支路的灯泡立即发亮，而且亮度始终不变，说明电阻支路在开关闭合后没有经历过渡过程，立即进入稳定状态。电感支路的灯泡在开关闭合瞬间不亮，然后逐渐变亮，最后亮度稳定不再变化。电容支路的灯泡在开关闭合瞬间很亮，然后逐渐变暗直至熄灭。这两个支路的现象说明电感支路的灯泡和电容支路的灯泡达到最后稳定，都要经历一段时间过程。一般说来，电路从一种稳定状态变化到另一种稳定状态的中间过程叫做电路的过渡过程。实际电路中的过渡过程占用时间大多是短暂的，故称为电路的暂态过程，简称暂态。

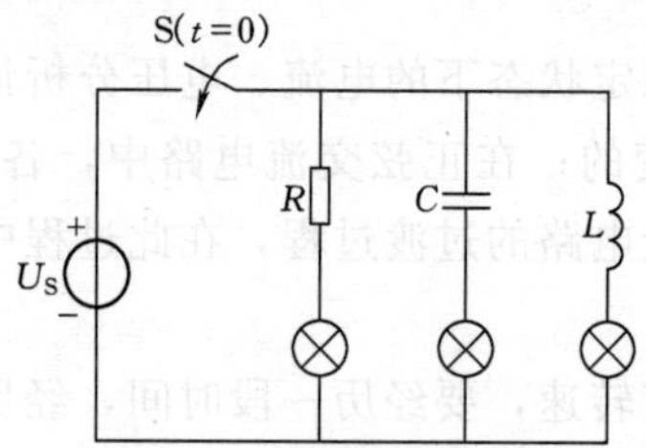

图 8-1　电路的暂态过程

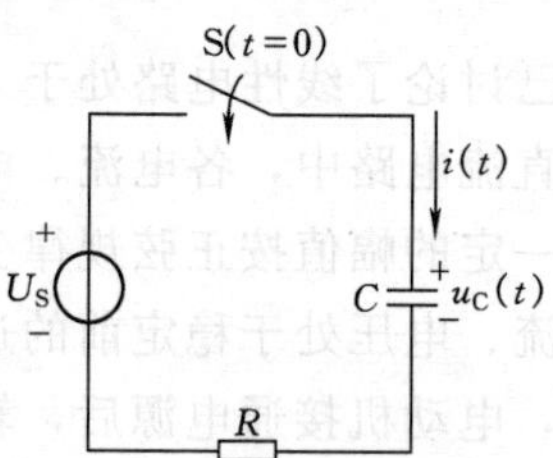

图 8-2　*RC* 动态电路

计算图 8-1 所示电路中 $t>0$ 时的各元件电压、电流，就属于动态电路的时域分析问题。*L*、*C* 元件是造成电路动态的根源，由此进行研究。

由于动态元件的电压与电流的关系是导数关系或积分关系，因此根据基尔霍夫定律列出的动态电路的方程是微分方程。例如在图 8-2 电路中，设开关 S 闭合后的电流 i 与电容电压 u_C 的参考方向如图 8-2 所示，则由 KVL 得 $u_C+Ri=u_S$

因为
$$i=C\frac{du_C}{dt}$$
将它代入上式即得
$$RC\frac{du_C}{dt}+u_C=u_S$$
这是一个微分方程式。若电路的激励源及元件参数 *R*、*C* 皆为已知，则可解此方程求出电容电压 u_C。由此可见，求动态电路全响应的问题可归结为求解电路的微分方程。求解微分方程需要根据电路的初始条件确定积分常数，而初始条件可根据换路定则确定。

8.1.2 换路定则

在第 1 章中已经指出：对于电容元件 $i_C=C\frac{du_C}{dt}$，对于电感元件 $u_L=L\frac{di_L}{dt}$，由

此可知：电容电压（电荷）不能跃变，而只能连续地变化，否则，电流 i_C 将为无限大，这在实际电路中是不可能的。电感电流（磁链）也不能跃变，而只能连续地变化，否则，电压 u_L 将为无限大，这在实际电路中也是不可能的。上述结论称为换路定则。

换路定则的实质是能量不能跃变，因为能量的跃变意味着功率为无限大，所以当功率为有限值时，能量的变化必须是连续的。对电容这一储能元件，其电场储能 $W_C=\frac{1}{2}cu_C^2$，如果 u_C 跃变，则 W_C 跃变，将使功率 p 无限大，在实际电路中是不可能的，因此，u_C 的变化必然是连续的。同理，i_L 的变化也必然是连续的。除了 u_C 与 i_L，其余的元件电流电压如 i_C、u_L、i_R、u_R 等都是可能跃变的。

电路中电源的接入与切除、支路的接通和切断、元件参数的改变等统称为换路。电路分析时，可认为换路是立即完成的。计算动态电路的全响应，一般都把换路的瞬间作为计时起点，记为 $t=0$，若将换路前的最后一瞬间记为 $t=0_-$，换路后的最初一瞬间记为 $t=0_+$，则换路定则的数学表达式为

$$\left.\begin{aligned}u_C(0_+)&=u_C(0_-)\\i_L(0_+)&=i_L(0_-)\end{aligned}\right\}\tag{8-1}$$

需要指出：理想电压源的电压不受外部条件的影响，理想电流源的电流不受外部条件的影响，它们都不能因换路而跃变。但是，理想电压源的电流、理想电流源的电压，却是可能跃变的。

8.1.3 初始值的确定

电路中各元件的电压与电流在换路后的最初一瞬间（$t=0_+$时）的值，称为电路的初始值。电路的初始值给出了电路微分方程的初始条件，即给出了电路的待求响应及其所需的各阶导数在换路后的最初一瞬间（$t=0_+$时）的值。

电容元件的初始电压 u_C（0_+）及电感元件的初始电流 i_L（0_+），可按换路定则确定。其他电压电流的初始值都是在换路时可能跃变的量，不能用换路定则直接确定，而需根据电容电压 u_C（0_+）及电感电流 i_L（0_+）应用 KCL、KVL 和 VCR 来确定。因此，u_C（0_+）、i_L（0_+）称为独立初始值，其余各初始值称为相关初始值。

在较复杂的情况下，为了方便初始值的计算，可以用替代定理，将电容元件用电压为 u_C（0_+）的理想电压源等效替代［若 u_C（0_+）$=0$，则代之以短路］，将电感元件用电流为 i_L（0_+）的理想电流源等效替代［若 i_L（0_+）$=0$，则代之以开路］。这样替代后的电路，叫做原电路在 $t=0_+$时的初时等效电路。初时等效电路是一个电阻电路，可按电阻电路进行计算。

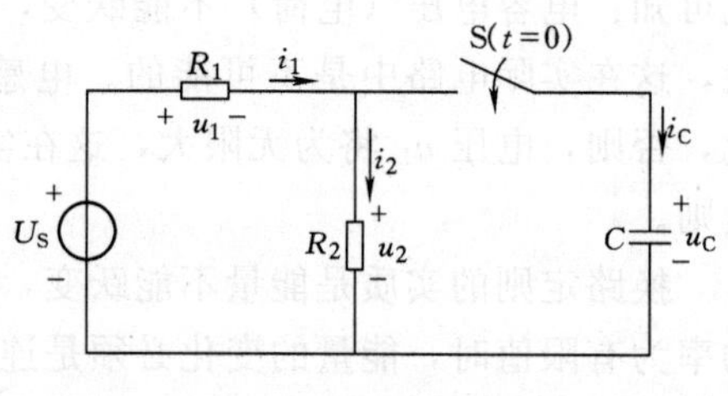

图 8-3 例 8-1图

【例 8-1】 在图8-3所示的电路中，电压源的电压 $U_S=12V$，电阻 $R_1=4\Omega$，$R_2=8\Omega$，开关 S 接通前电路已达稳定状态，且电容 C 未充电。在 $t=0$ 时 S 接通，试求各电流、电压的初始值。

解：先求独立初始值。因为 S 接通前 C 未充电，所以 $u_C(0_-)=0$，从而得到

$$u_C(0_+)=u_C(0_-)=0$$

再求相关初始值

$$u_2(0_+)=u_C(0_+)=0$$

$$i_2(0_+)=\frac{u_2(0_+)}{R_2}=\frac{0}{8}=0$$

$$u_1(0_+)=U_S=12\ (V)$$

$$i_1(0_+)=\frac{u_1(0_+)}{R_1}=\frac{12}{4}=3\ (A)$$

$$i_C(0_+)=i_1(0_+)=3\ (A)$$

【例 8-2】 图8-4（a）所示电路原已稳定，$U_S=24V$，$R_1=4\Omega$，$R_2=6\Omega$，$L=0.4H$，$t=0$ 时开关 S 闭合。试求：电感电压和电源电流的初始值 u_L（0_+）、i（0_+）

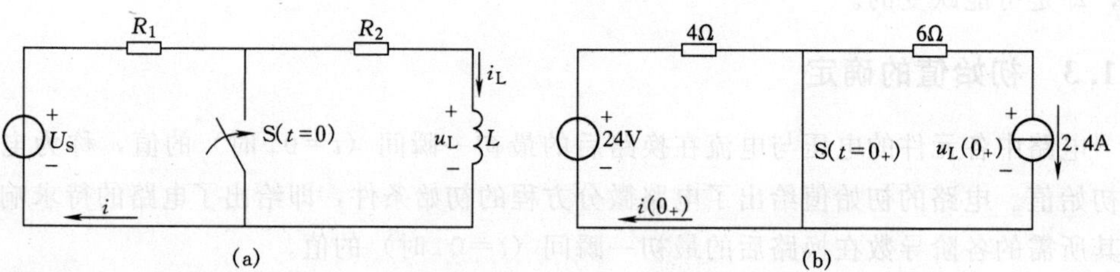

图 8-4 例 8-2图

解：先计算接通 S 前稳定状态下的 $i_L(0_-)=\frac{U_S}{R_1+R_2}=\frac{24}{4+6}=2.4\ (A)$

再求独立初始值 $i_L(0_+)=i_L(0_-)=2.4\ (A)$

画出初始等效电路如图 8-4（b）所示，在此电路中求得 $i(0_+)=6\ (A)$

$$u_L(0_+)=-2.4\times 6=-14.4\ (V)$$

【例 8-3】 图8-5（a）所示电路中，已知 $U_S=18V$，$R_1=1\Omega$，$R_2=2\Omega$，$R_3=3\Omega$，$L=0.5H$，$C=4.7\mu F$，开关 S 在 $t=0$ 时合上，设 S 合上前电路已进入稳态。

试求 $i_1(0_+)$、$i_L(0_+)$、$i_3(0_+)$、$u_L(0_+)$、$u_C(0_+)$。

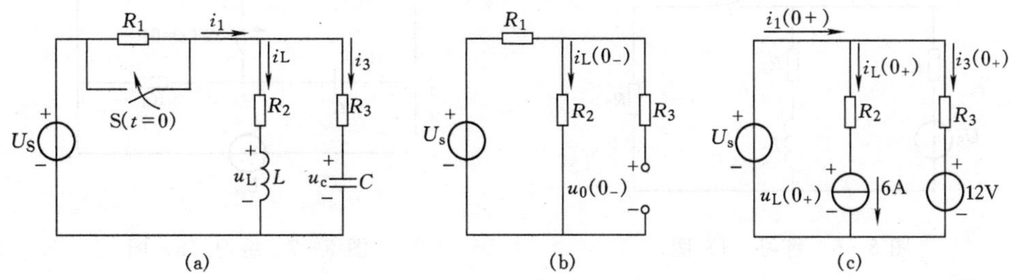

图 8-5 例 8-3 图

解：第一步，作 $t=0_-$ 等效电路如图 8-5（b）所示，这时电感相当于短路，电容相当于开路。第二步，根据 $t=0_-$ 等效电路，计算换路前的电感电流和电容电压：

$$i_L(0_-)=\frac{U_S}{R_1+R_2}=\frac{18}{1+2}=6\ (\text{A})$$

$$u_C(0_-)=R_2 i_L(0_-)=2\times 6=12\ (\text{V})$$

$$i_L(0_+)=i_L(0_-)=6\ (\text{A})$$

$$u_C(0_+)=u_C(0_-)=12\ (\text{V})$$

第三步，作 $t=0_+$ 等效电路如图 8-5（c）所示，这时电感 L 相当于一个 12A 的电流源，电容 C 相当于一个 12V 的电压源。

第四步，根据 $t=0_+$ 等效电路，计算其他的相关初始值：

$$i_3(0_+)=\frac{U_S-u_C(0_+)}{R_3}=\frac{18-12}{3}=2\ (\text{A})$$

$$i_1(0_+)=i_L(0_+)+i_3(0_+)=6+2=8\ (\text{A})$$

$$u_L(0_+)=U_S-R_2 i_L(0_+)=18-2\times 6=6\ (\text{V})。$$

【思考与练习】

（1）电路发生过渡过程的原因是什么？纯电阻电路是否有过渡过程？

（2）什么是电路的稳定状态？什么是电路的过渡过程？

（3）什么是换路定则？怎样确定独立初始值和相关初始值？

（4）在图 8-6 所示的电路中，电压源 $U_S=24\text{V}$，$R_1=6\Omega$，$R_2=3\Omega$，$R_3=6\Omega$，电路原已稳定。开关 S 在 $t=0$ 时断开。试求各支路电流、各元件电压的初始值。

（5）在图 8-7 所示的电路中，电压源 $U_S=12\text{V}$，$R_1=6\Omega$，$R_2=12\Omega$，电路原已

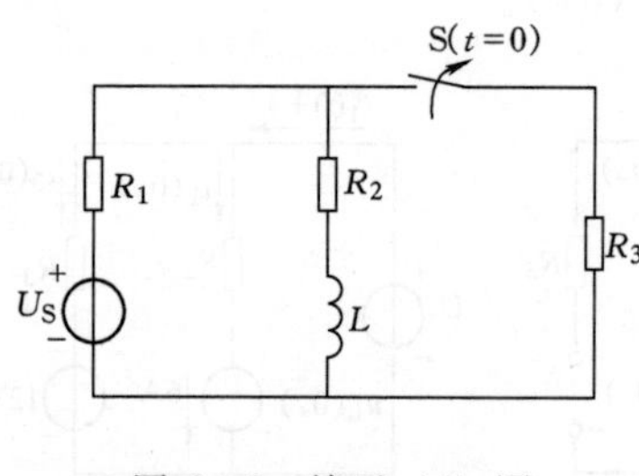

图 8-6 练习（4）图

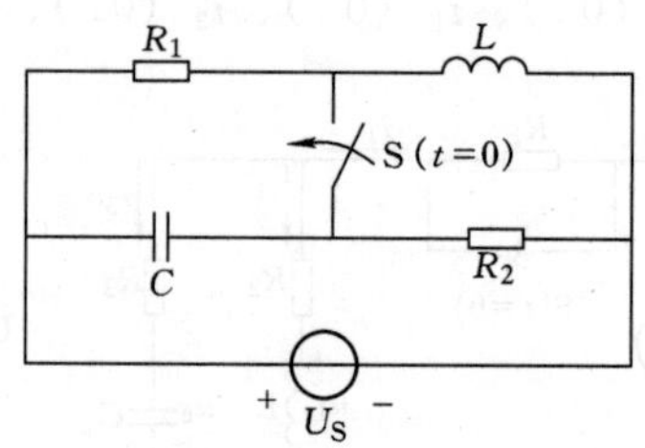

图 8-7 练习（5）图

稳定。开关 S 在 $t=0$ 时接通。试求各支路电流及电压的初始值。

8.2 一阶电路的零输入响应

动态电路在能量源的作用下产生响应。动态电路的能量源可分为两类：一是电源提供的能量；二是动态元件的初始储能（电容的电场能、电感的磁场能）。在一般情况下，电路可能既有电源输入同时又有初始储能。这两方面的能量同时作用激发起来的电路响应，称为电路的全响应。动态电路与电阻电路不同的一点是：在电阻电路中，如果没有激励源就没有响应；而在动态电路中，即使没有激励源，只要储能元件具有初始能量［即 u_C (0_+) 或 i_L (0_+) 不为零］，也将引起响应。动态电路在激励源为零的情况下，仅由初始值引起的响应称为零输入响应。下面分析电路的零输入响应。

8.2.1 RC 电路的零输入响应

在图 8-8 所示电路中，设电容在开关 S 接通前已被充电，其电压为 U_0，即 u_C $(0_-)=U_0$。设在 $t=0$ 时开关 S 接通，选择电容上的电流 i 与电压 u_C 为关联参考方向，电路换路后由 KVL 得

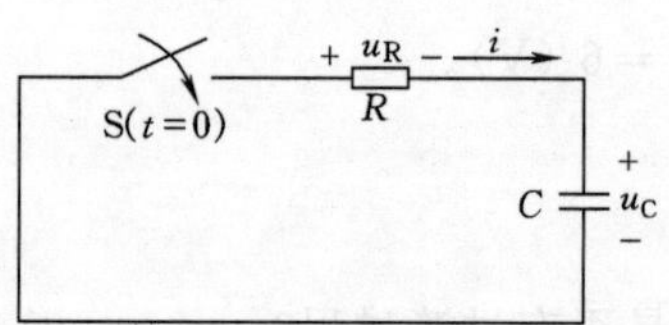

图 8-8 RC 电路的零输入响应

$$u_R+u_C=0$$

将元件的伏安关系式 $u_R=Ri$ 和 $i=C\dfrac{du_C}{dt}$ 代入上式，得

$$RC\frac{du_C}{dt}+u_C=0 \quad (t\geqslant 0) \tag{8-2}$$

这是确定电路零输入响应的方程，解此方程即可得到 u_C (t)。

式（8-2）是函数 u_C（t）的一阶常系数线性齐次常微分方程，它的通解为指数型函数 u_C（t）$=Ae^{\gamma t}$。其中 A 为待定常数；γ 为特征根，由特征方程

$$RC\gamma+1=0$$

求得

$$\gamma=-\frac{1}{RC}$$

所以

$$u_C(t)=Ae^{-\frac{1}{RC}t}$$

常数 A 由电路的初始条件确定。令上式中 $t=0$，应用

$$u_C(0_+)=u_C(0_-)=U_0$$

可得

$$A=U_{S0}$$

最后得到 RC 电路的零输入响应为

$$u_C(t)=U_0e^{-\frac{1}{RC}t}\quad(t\geqslant 0)\tag{8-3}$$

并得

$$u_R(t)=-u_C(t)=-U_0e^{-\frac{1}{RC}t}(t\geqslant 0)$$

$$i(t)=\frac{u_R(t)}{R}=-\frac{U_0}{R}e^{-\frac{1}{RC}t}(t\geqslant 0)$$

由此可知，已充电的电容对电阻放电时，$u_C(t)$、$u_R(t)$和 $i(t)$均按指数函数变化，随着时间 t 增长而逐渐衰减到零。$u_C(t)$与 $i(t)$的变化曲线如图 8-9（a）、（b）所示。i 为负值，表明其方向与所选参考方向相反，即电容对电阻放电过程中，放电电流与电容电压的方向相反。

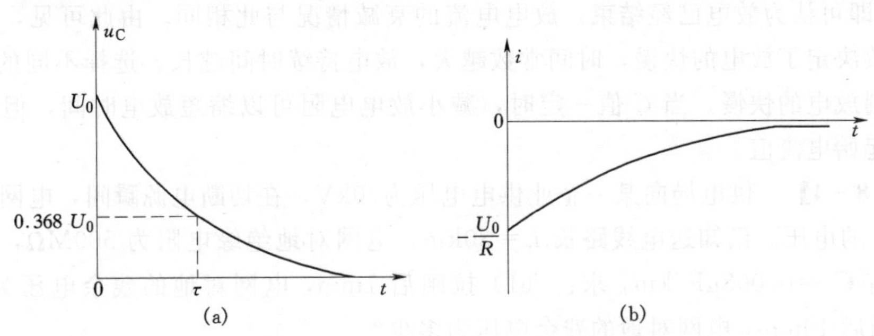

图 8-9 u_C（t）与 i（t）的变化曲线

放电开始时的电流最大，其值为$\frac{U_0}{R}$。

在放电过程中，电容的电场储能经电阻转变为热能耗散到周围介质之中。

式（8-3）中的 R、C 乘积的单位为

$$欧 \cdot 法=欧 \cdot \frac{库}{伏}=欧 \cdot \frac{安 \cdot 秒}{伏}=秒$$

与时间的单位相同，故称为 RC 电路的时间常数，用 τ 表示。

$$\tau=RC \tag{8-4}$$

引用时间常数后、电容电压与电流可表示为：

$$u_C(t)=U_0 e^{-\frac{t}{\tau}} \tag{8-5}$$

$$i(t)=-\frac{U_0}{R}e^{-\frac{t}{\tau}}$$

时间常数 τ 仅决定于电路参数 RC。为说明时间常数 τ 的意义，可按式（8-5），将时间 t 等于 0、τ、2τ、3τ、…时刻的 u_C 值列于表 8-1 中。

表 8-1　　数 值 表

t	0	τ	2τ	3τ	4τ	5τ	…	∞
$e^{-t/\tau}$	1	0.368	0.135	0.0498	0.0183	0.0067	…	0
u_C	U_0	$0.368U_0$	$0.135U_0$	$0.0498U_0$	$0.0183U_0$	$0.0067U_0$	…	0

由表 8-1 列出的各值可看出，放电经历的时间为 τ 时，电容电压降低为其初始值的 36.8%；经历的时间为 3τ 时，已降低为初始值的 5%；虽然从理论上讲放电需经无限长时间才能结束，但从实际上看，放电经历 5τ 时间时，已降至约为初始值的 0.7%，即可认为放电已经结束。放电电流的衰减情况与此相同。由此可见，电路的时间常数决定了放电的快慢，时间常数越大，放电持续时间越长。选择不同的 RC 值可以控制放电的快慢。当 C 值一定时，减小放电电阻可以缩短放电时间，但会增大放电的起始电流值。

【例 8-4】 供电局向某一企业供电电压为10kV，在切断电源瞬间，电网上遗留有 10kV 的电压。已知送电线路长 $L=30$km，电网对地绝缘电阻为 500MΩ，电网的分布电容 $C_0=0.008\mu$F/km，求：（1）拉闸后 1min，电网对地的残余电压为多少？（2）拉闸后 10min，电网对地的残余电压为多少？

解： 电网拉闸后，储存在电网电容上的电能逐渐通过对地绝缘电阻放电，这是一个 RC 串联电路的零输入响应问题。

由题意知，长 30km 的电网总电容量为

$$C=C_0L=0.008\mu\text{F/km}\times 30\text{km}=0.24\ \mu\text{F}$$

放电电阻为　　$R=5\times 10^8\ \Omega$

时间常数为　　$\tau=RC=120$ S

电容上初始电压为 $U_0=10\text{kV}$

在电容放电过程中，电容电压（即电网电压）的变化规律为

$$u_C(t)=U_0\text{e}^{-\frac{t}{\tau}}$$

所以

$$u_C(60s)=10\text{e}^{-\frac{60}{120}}\approx 6.06\ (\text{kV})$$

$$u_C(600s)=10\text{e}^{-\frac{600}{120}}\approx 67.4\ (\text{V})$$

8.2.2 RL 电路的零输入响应

在图 8-10 所示电路中，设电感 L 在开关 S 动作前（$t<0$ 时）的电流为 I_0，即 $i_L(0_-)=I_0$。设 $t=0$ 时开关 S 接通。开关 S 接通后经电阻 R 短路，通有电流的线圈被短接。若选择电流、电压为关联参考方向如图 8-10 所示，对电路的右边网孔列写 KVL 方程得

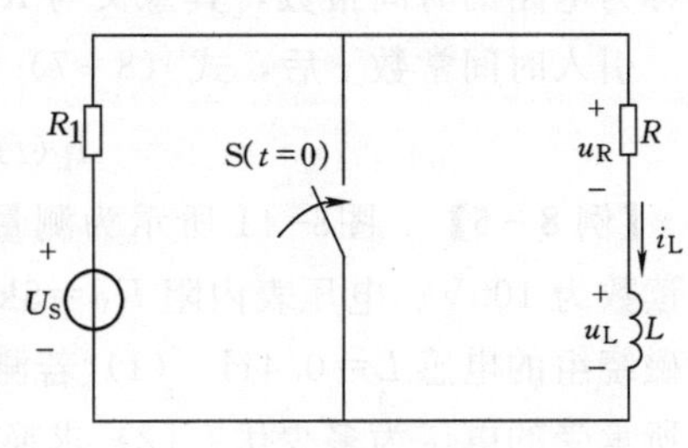

图 8-10　RL 电路的零输入响应

$$u_L+u_R=0$$

将 $u_L=L\dfrac{\text{d}i_L}{\text{d}t}$，$u_R=Ri_L$ 代入上式得

$$L\frac{\text{d}i_L}{\text{d}t}+Ri_L=0\quad(t\geqslant 0)\tag{8-6}$$

式（8-6）是函数 $i_L(t)$ 的一阶常系数线性齐次微分方程，它的通解是

$$i_L(t)=A\text{e}^{\gamma t}$$

特征方程为 $L\gamma+R=0$，特征根为 $\gamma=-\dfrac{R}{L}$，因此

$$i_L(t)=A\text{e}^{-\frac{R}{L}t}$$

取 $t=0_+$ 得　$i_L(0_+)=A$

根据初始条件 $i_L(0_+)=i_L(0_-)=I_0$ 可得

$$i_L(t)=I_0\text{e}^{-\frac{R}{L}t}\quad(t\geqslant 0)\tag{8-7}$$

$$u_L(t)=L\frac{\text{d}i_L}{\text{d}t}=-RI_0\text{e}^{-\frac{R}{L}t}\quad(t\geqslant 0)$$

由此可知，载流线圈被短接后，$i_L(t)$ 与 $u_L(t)$ 都随时间按指数规律衰减而趋近于零。u_L 为负值，说明在电感电流减少时，电感电压与电流的方向相反。开始短接的瞬间，电感电压最大，其值为 $u_L(0_+)=RI_0$。

在电流衰减过程中，电感的磁场储能经电阻转变为热能耗散于周围介质之中。

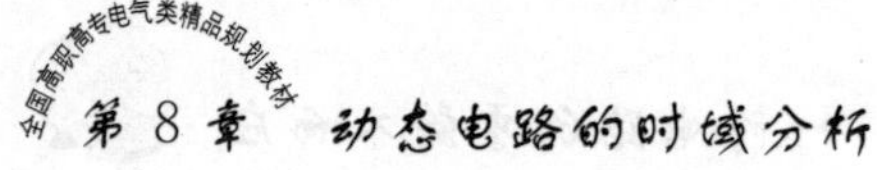

式（8-7）中的$\frac{L}{R}$的单位为

$$\frac{\text{亨}}{\text{欧}}=\frac{\text{欧}\cdot\text{秒}}{\text{欧}}=\text{秒}$$

因此

$$\tau=\frac{L}{R} \tag{8-8}$$

亦称为电路的时间常数，其意义与 RC 电路中所述相同。

引入时间常数 τ 后，式（8-7）可写成

$$i_L(t)=I_0 e^{-\frac{t}{\tau}}(t\geqslant 0) \tag{8-9}$$

【例 8-5】 图8-11 所示为测量发电机励磁绕组直流电阻的电路。已知电压表的读数为 100V、电压表内阻 $R_V=5\text{k}\Omega$，电流表的读数为 200A、电流表内阻 $R_A\approx 0$，励磁绕组的电感 $L=0.4\text{H}$。(1) 若测量完毕后直接断开开关 S，问在 S 断开瞬间电压表所承受的电压为多少伏？(2) 求换路后回路的时间常数 τ。

解：(1) 由电压表、电流表的读数得

励磁绕组电阻　　$$R=\frac{100}{200}=0.5\ (\Omega)$$

电感电流的初始值　　$i_L(0_+)=i_L(0_-)=200\ (\text{A})$

开关 S 断开瞬间，电压表承受的电压为

$$U_V(0_+)=-R_V i_L(0_+)=-1000\ (\text{kV})$$

(2) 时间常数

$$\tau=\frac{L}{R+R_V}=\frac{0.4}{0.5+5000}\approx 0.08\ (\text{ms})$$

由此可知，在开关断开瞬间，电压表承受很高的电压，可能损坏电压表。因此，应先断开电压表，并联一个阻值较低的电阻，再切断电源。

【例 8-6】 图8-12 所示电路中，开关 S 换接前电路已稳定，$U_S=40\text{V}$，$L=1\text{H}$，

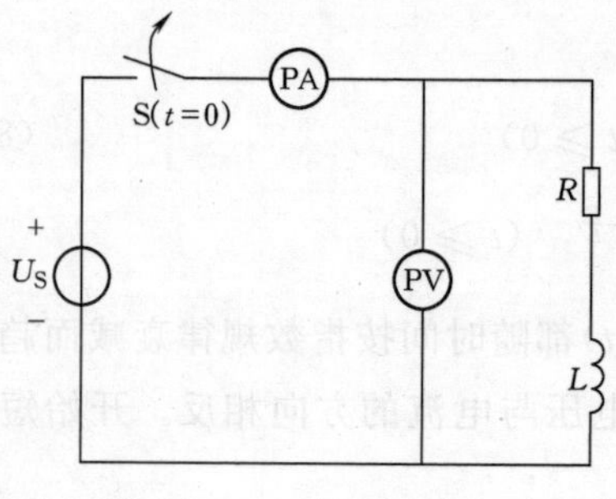

图 8-11　例 8-5 图

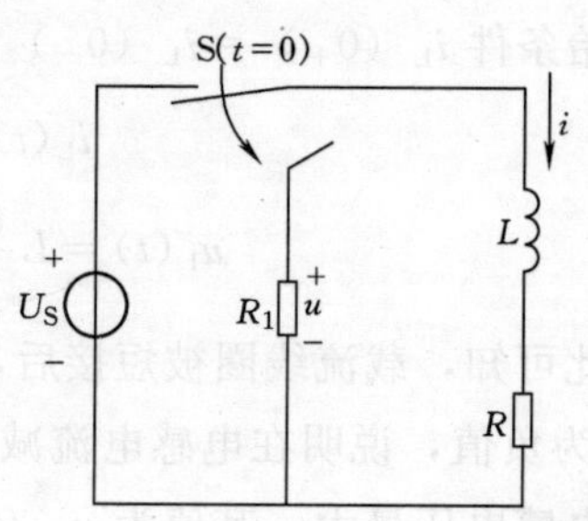

图 8-12　例 8-6 图

$R=1\Omega$，$R_1=10\Omega$。(1) 求S换接后的 i 和 u，并求 i 衰减至初始值的10%所需的时间 t_1；(2) 若 $R_1=0$，问 i 衰减至初始值的10%所需的时间 t_2 是多少？

解：(1)
$$i_L(0_+)=i_L(0_-)=I_0=\frac{U_S}{R}=40\ (\text{A})$$

应用式(8-8)和式(8-9)得

$$\tau=\frac{L}{R+R_1}=\frac{1}{1+10}=\frac{1}{11}\ (\text{s})$$

$$i=I_0e^{-\frac{t}{\tau}}=40e^{-11t}(\text{A})$$

$$u=-R_1i=-10\times 40e^{-11t}=-400e^{-11t}(\text{V})$$

电流衰减到初始值的10%时，有

$$0.1\times 40=40e^{-11t}$$

即
$$e^{-11t}=0.1$$

由此得
$$t_1=\frac{\ln 0.1}{-11}=0.2093\ (\text{s})$$

(2) $R_1=0$ 时的时间常数

$$\tau'=\frac{L}{R}=\frac{1}{1}=1\ (\text{s})$$

$$e^{-t_2}=0.1$$

得
$$t_2=\frac{\ln 0.1}{-1}=2.303\ (\text{s})$$

计算结果 t_2 比 t_1 大得多，可见短接线圈时，增大回路的电阻可使时间常数减小，从而使电流衰减加快，但会使电感电压初始值增大。

【思考与练习】

(1) 什么是RC电路的时间常数？时间常数的大小对电路的响应有什么影响？

(2) 有一个2000μF的电容器，储有2C电量，通过一个电阻放电。若最大放电电流为2A，问此放电电阻的阻值为多少欧？在开始放电后3s时间内，电阻耗散的热能为多少？

(3) 什么是RL电路的时间常数？与RC电路的时间常数有何不同？

8.3 一阶电路的零状态响应

动态电路在所有动态元件的初始储能为零的情况下，仅由激励引起的响应称为零状态响应。

8.3.1 RC电路在直流激励下的零状态响应

现在分析RC电路在直流激励下的零状态响应。图8-13所示RC串联电路中，直流电压源的电压为U_S，开关S接通前电容C未充电，即$u_C(0_-)=0$。设在$t=0$时开关S接通。换路后由KVL知

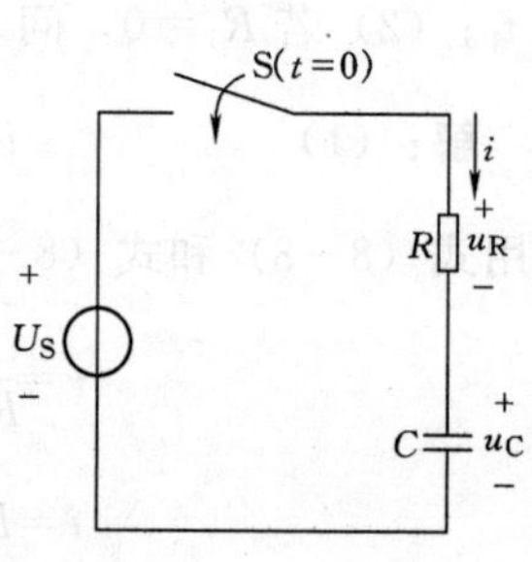

图8-13 RC电路零状态响应

$$u_R+u_C=U_S$$

将$u_R=Ri$和$i=C\dfrac{du_C}{dt}$代入上式得

$$RC\frac{du_C}{dt}+u_C=U_S \quad t\geqslant 0 \qquad (8-10)$$

这是函数u_C的一阶常系数线性非齐次常微分方程。常系数线性非齐次常微分方程的解，可由其对应的齐次常微分方程的通解$u_{ch}(t)$和非齐次常微分方程的特解$u_{cp}(t)$组成，即全解

$$u_C(t)=u_{ch}(t)+u_{cp}(t)$$

对应式（8-10）的齐次微分方程与式（8-2）相同，其通解为

$$u_{ch}(t)=Ae^{-\frac{t}{RC}}$$

由于电路中的激励是恒定直流电源U_S，所以非齐次常微分方程式（8-10）的特解与输入的激励函数形式相同，为一定值。设特解$u_{cp}(t)=K$，代入式（8-10）可得

$$RC\frac{dK}{dt}+K=U_S \quad K=U_S$$

故特解为$u_{cp}(t)=U_S$

所以得到式（8-10）全解为

$$u_C(t)=u_{ch}(t)+u_{cp}(t)=Ae^{-\frac{t}{RC}}+U_S \qquad (8-11)$$

为确定常数A值，可令上式中$t=0_+$，运用初始条件$u_C(0_+)=u_C(0_-)=0$得

$$u_C(0_+)=A+U_S=0 \quad 即 \quad A=-U_S$$

最后得

$$u_C(t)=-U_Se^{-\frac{t}{RC}}+U_S=U_S(1-e^{-\frac{t}{\tau}}) \quad (t\geqslant 0) \qquad (8-12)$$

$$i(t)=C\frac{du_C}{dt}=\frac{U_S}{R}e^{-\frac{t}{\tau}} \quad (t\geqslant 0)$$

$$u_R(t)=Ri=U_Se^{-\frac{t}{\tau}} \quad (t\geqslant 0)$$

$u_C(t)$、$u_R(t)$ 和 $i_C(t)$ 的变化曲线见图 8-14，其波形反映了电容的充电情况。显然，在充电过程中，电容电压由初始的零值开始，按指数规律随时间逐渐增长，最后趋近于恒定电压源的电压 U_S；充电电流在开始时最大，为$\frac{U_S}{R}$，以后随时间按指数规律逐渐衰减到零。充电电流为正，表明充电时的电流与电容电压方向一致。充电结束后，电容的电场储能为$\frac{1}{2}CU_S^2$。

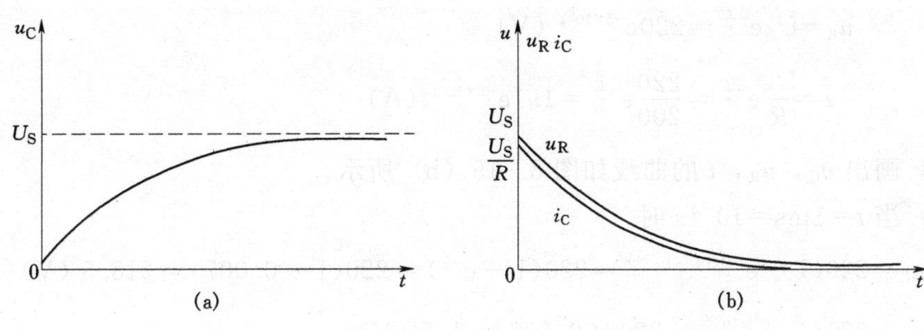

图 8-14　$u_C(t)$、$u_R(t)$ 和 $i_C(t)$ 的充电变化曲线

充电的时间常数 $\tau=RC$（与放电时间常数相同）标志充电过程持续时间的长短。$t=\tau$ 时，u_C 增长到 $(1-e^{-1})U_S=0.632U_S$；$t=5\tau$ 时，u_C 增长到 $(1-e^{-5})U_S=0.993U_S$，可认为充电实际上已结束，电路进入新的稳态。

【例 8-7】　如图8-15(a)所示电路，已知 $U_S=220V$，$R=200\Omega$，$C=1\mu F$，电容事先未充电，在 $t=0$ 时合上开关 S。求 (1) 时间常数；(2) 最大充电电流；(3) u_C，u_R 和 i 的表达式；(4) 作 u_C，u_R 和 i 随时间的变化曲线；(5) 开关合上后 1ms 时的 u_C、u_R 和 i 的值。

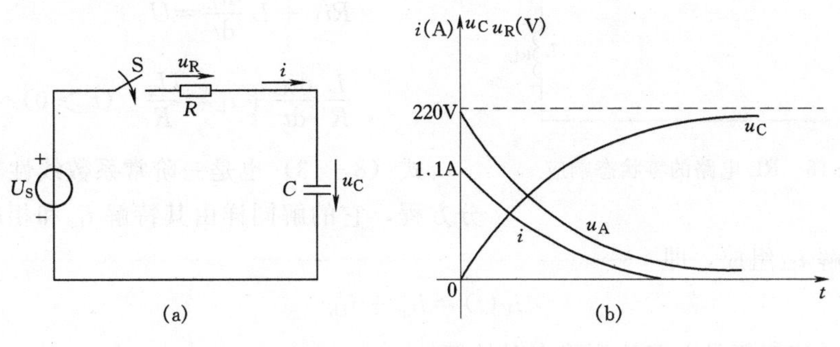

图 8-15　例 8-7 图

解：(1) 时间常数

$$\tau = RC = 200 \times 1 \times 10^{-6} = 2 \times 10^{-4}\,\text{s} = 200\ \mu\text{s}$$

(2) 最大充电电流

$$i_{\max} = \frac{U_S}{R} = \frac{220}{200} = 1.1\ (\text{A})$$

(3) u_C，u_R，i 的表达式为

$$u_C = U_S(1 - e^{-\frac{t}{\tau}}) = 200(1 - e^{-\frac{t}{2\times10^{-4}}}) = 200(1 - e^{-5\times10^3 t})\ (\text{V})$$

$$u_R = U_S e^{-\frac{t}{\tau}} = 220 e^{-5\times10^3 t}\ (\text{V})$$

$$i = \frac{U_S}{R} e^{-\frac{t}{\tau}} = \frac{220}{200} e^{-\frac{t}{\tau}} = 1.1 e^{-5\times10^3 t}\ (\text{A})$$

(4) 画出 u_C，u_R，i 的曲线如图 8－15 (b) 所示。

(5) 当 $t=1\text{ms}=10^{-3}\text{s}$ 时

$$u_C = 220(1 - e^{-5\times10^3\times10^{-3}}) = 220(1 - e^{-5}) = 220(1 - 0.007) = 218.5\ (\text{V})$$

$$u_R = 220 e^{-5\times10^3\times10^{-3}} = 220 \times 0.007 \approx 1.5\ (\text{V})$$

$$i = 1.1 e^{-5\times10^3\times10^{-3}} = 1.1 \times 0.007 = 0.0077\ (\text{A})$$

8.3.2　RL 电路在直流激励下的零状态响应

图 8－16 所示电路中，电压源的电压为恒定值 U_S，$i_L(0_-)=0$。选取 $t=0$ 时刻接通开关 S，求此电路的零状态响应。

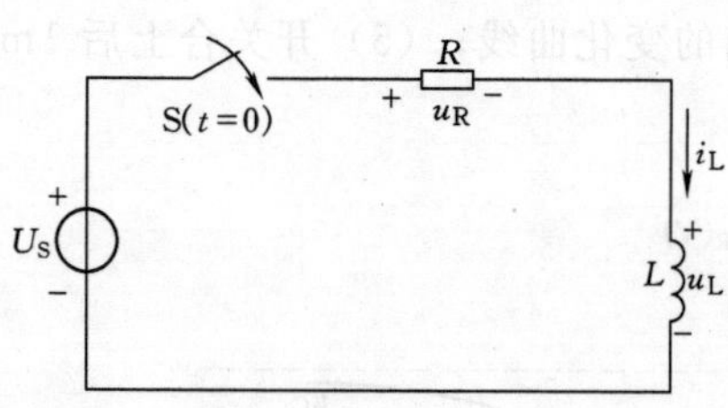

图 8－16　RL 电路的零状态响应

开关 S 接通后，电路的方程为

$$u_R + u_L = U_S$$

$$R i_L + L\frac{di_L}{dt} = U_S$$

$$\frac{L}{R}\frac{di_L}{dt} + i_L = \frac{U_S}{R} \quad (t \geqslant 0) \qquad (8-13)$$

式 (8－13) 也是一阶常系数线性非齐次微分方程，它的解同样由其特解 i_{Lp} 和相应的齐次方程的通解 i_{Lh} 组成，即

$$i_L(t) = i_{Lp} + i_{Lh}$$

其中，特解仍是电路达到稳态时的解

$$i_{\mathrm{Lp}}=\frac{U_{\mathrm{S}}}{R}$$

齐次微分方程的通解与 RL 串联电路的零输入响应形式相同，即

$$i_{\mathrm{Lh}}=\mathrm{A}\mathrm{e}^{-\frac{R}{L}t}$$

令 $\tau=\dfrac{L}{R}$ 可得

$$i_{\mathrm{L}}(t)=\frac{U_{\mathrm{S}}}{R}+\mathrm{A}\mathrm{e}^{-\frac{t}{\tau}}\quad(t\geqslant0)$$

将 $i_{\mathrm{L}}(0_+)=i_{\mathrm{L}}(0_-)=0$ 代入上式，得

$$A=-\frac{U_{\mathrm{S}}}{R}$$

则图 8-16 所示 RL 电路的零状态响应 $i_{\mathrm{L}}(t)$ 为

$$i_{\mathrm{L}}(t)=\frac{U_{\mathrm{S}}}{R}-\frac{U_{\mathrm{S}}}{R}\mathrm{e}^{-\frac{t}{\tau}}=\frac{U_{\mathrm{S}}}{R}(1-\mathrm{e}^{-\frac{t}{\tau}})\quad(t\geqslant0)\tag{8-14}$$

电感电压 $u_{\mathrm{L}}(t)$ 和电阻电压 $u_{\mathrm{R}}(t)$ 分别为

$$u_{\mathrm{L}}(t)=L\frac{\mathrm{d}i_{\mathrm{L}}}{\mathrm{d}t}=U_{\mathrm{S}}\mathrm{e}^{-\frac{t}{\tau}}\quad(t\geqslant0)$$

$$u_{\mathrm{R}}(t)=U_{\mathrm{S}}(1-\mathrm{e}^{-\frac{t}{\tau}})\quad(t\geqslant0)$$

$i_{\mathrm{L}}(t)$、$u_{\mathrm{L}}(t)$ 和 $u_{\mathrm{R}}(t)$ 随时间变化的波形曲线如图 8-17 (a)、(b) 所示。

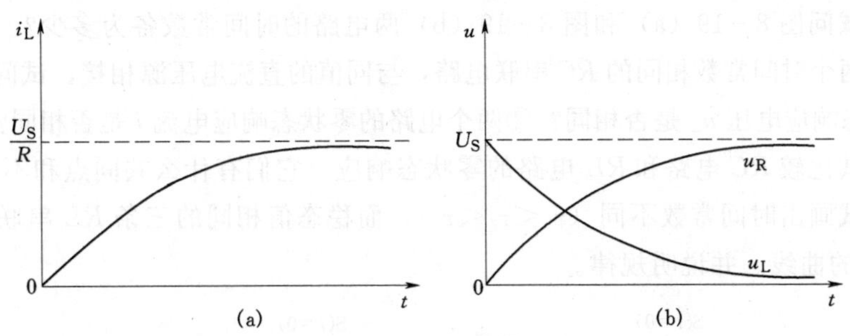

图 8-17 RL 电路零状态响应曲线

【例 8-8】 图8-18所示电路为一直流发电机电路简图，已知励磁电阻 $R=20\Omega$，励磁电感 $L=20\mathrm{H}$，外加电压为 $U_{\mathrm{S}}=200\mathrm{V}$，试求

(1) 当S闭合后，励磁电流的变化规律和达到稳态值所需的时间；

(2) 如果将电源电压提高到 250V，求励磁电流达到额定值的时间。

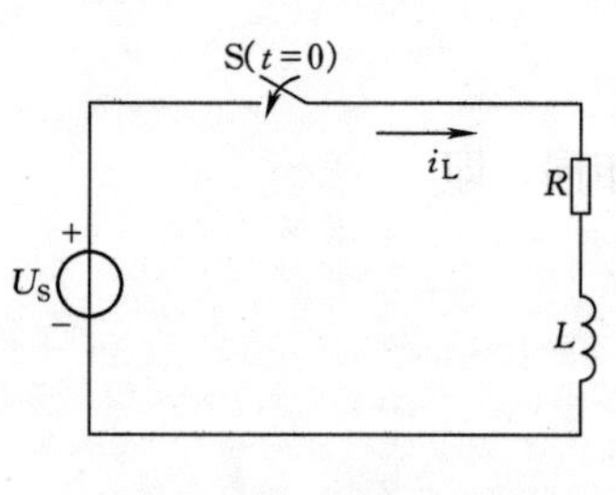

图 8-18 例 8-8 图

解：(1) 这是一个 RL 零状态响应的问题，由 RL 串联电路的分析知

$$i_L=\frac{U_S}{R}(1-e^{-\frac{t}{\tau}})$$

式中 $U_S=200V$，$R=20\Omega$，$\tau=L/R=20/20=1$（s），所以

$$i_L=\frac{200}{20}(1-e^{-\frac{t}{\tau}})=10(1-e^{-t})\text{ (A)}$$

一般认为当 $t=$（3～5）τ 时过渡过程基本结束，取 $t=5\tau$，则合上开关 S 后，电流达到稳态所需的时间为 5s。此时稳态的额定电流值 $i_L=10A$。

(2) 若施行强迫励磁法，将励磁电压加大至 250V，此时励磁电流为

$$i(t)=\frac{250}{20}(1-e^{-\frac{t}{\tau}})=12.5(1-e^{-t})$$

励磁电流达到额定值的时间为

$$10=12.5(1-e^{-t})$$
$$t=1.6\text{ (s)}$$

比原先提前了 3.4s。

【思考与练习】

(1) 试问图 8-19 (a) 和图 8-19 (b) 两电路的时间常数各为多少？

(2) 两个时间常数相同的 RC 串联电路，与同值的直流电压源相接，试问①两个电路的零状态响应电压 u_C 是否相同？②两个电路的零状态响应电流 i 是否相同？

(3) 试比较 RC 电路和 RL 电路的零状态响应，它们有什么共同点和不同点？

(4) 试画出时间常数不同（$\tau_1<\tau_2<\tau_3$），而稳态值相同的三条 RL 串联电路零状态响应 i_L 的曲线。并说明规律。

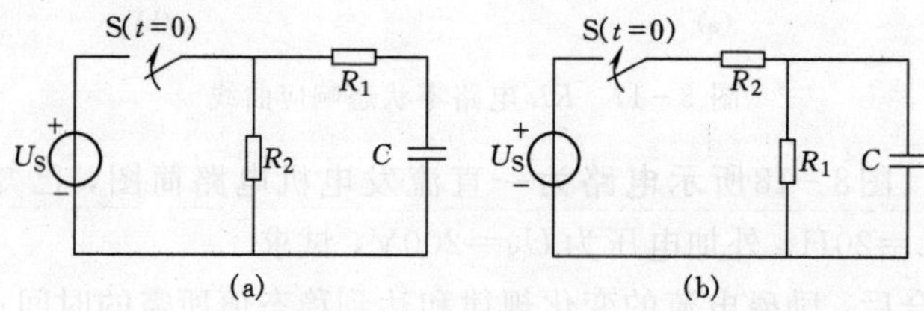

图 8-19 题 8.3-1 图

8.4 一阶电路的全响应

以上分析了一阶电路的零输入响应和零状态响应。当动态电路的初始条件不为零(称为非零初始条件)、同时又有激励作用时，电路的响应就是全响应。现在来分析一阶电路的全响应。

8.4.1 全响应及其分解

8.4.1.1 全响应

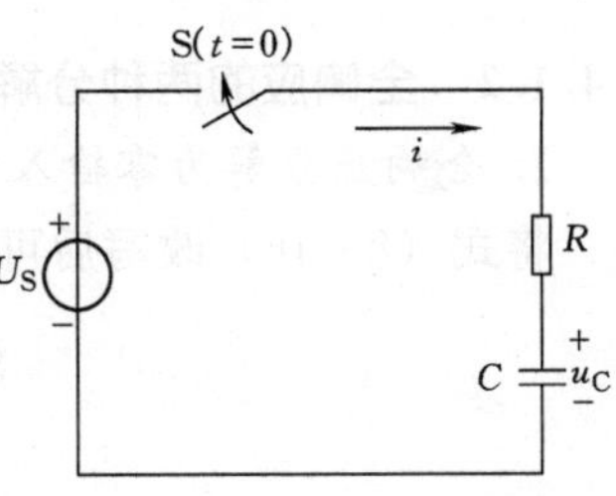

图 8-20 RC电路全响应

在图 8-20 所示电路中，恒定电压源的电压为 U_S，设开关 S 接通前电容 C 已充电，其电压为 U_0，即 $u_C(0_-)=U_0$，极性如图 8-20 所示。

设 $t=0$ 时开关 S 接通，选择电流、电压为关联参考方向（如图 8-20 所示），换路后的电路方程为

$$RC\frac{du_C}{dt}+u_C=U_S \quad (t\geqslant 0) \tag{8-15}$$

其解可写成 $u_C(t)=U_S+Ae^{-\frac{t}{\tau}} \quad (t\geqslant 0)$

其中 A 为待定常数。将初始条件 $u_C(0_+)=u_C(0_-)=U_0$ 代入上式得

$$U_0=U_S+A \quad A=U_0-U_S$$

从而解得

$$u_C(t)=U_S+(U_0-U_S)e^{-\frac{t}{\tau}} \quad (t\geqslant 0) \tag{8-16}$$

$$u_R(t)=U_S-u_C(t)=(U_S-U_0)e^{-\frac{t}{\tau}} \quad (t\geqslant 0)$$

$$i(t)=\frac{u_R}{R}=\frac{U_S-U_0}{R}e^{-\frac{t}{\tau}} \quad (t\geqslant 0)$$

由此可知：当 $U_0=U_S$ 时，$i=0$，换路后的响应与换路前相同，如图 8-21（a）所示；当 $U_0<U_S$ 时，$i>0$，电容 C 在换路后继续充电，u_C 由其初始值 U_0 开始按指数规律逐渐增长到 U_S，如图 8-21（b）所示；当 $U_0>U_S$ 时，$i<0$，电容 C 在换路后放电，u_C 由其初始值 U_0 开始按指数规律逐渐衰减到 U_S，如图 8-21（c）所示。在上述各种情况下，电容电压的稳态值均为 U_S。

进一步分析方程（8-15）可知，当 $U_S=0$ 时，即为描述 RC 零输入电路的微分方程。而当 $U_0=0$ 时，即为描述 RC 零状态电路的微分方程。这一结果表明，零输入响应和零状态响应都是全响应的一种特殊情况。

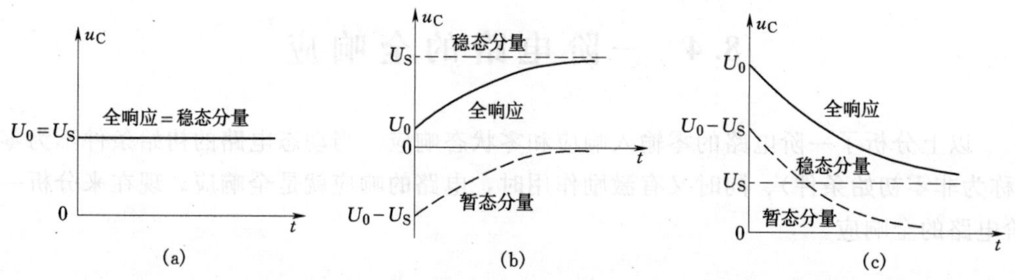

图 8－21 三种情况下 u_C 随时间变化的曲线

(a) $U_0=U_S$；(b) $U_0<U_S$；(c) $U_0>U_S$

8.4.1.2 全响应的两种分解方式

1. 全响应分解为零输入响应和零状态响应的叠加

将式（8－16）改写后可得

$$u_C(t)=U_0 e^{-\frac{t}{\tau}}+U_S(1-e^{-\frac{t}{\tau}})$$
$$=u'_C+u''_C$$

不难看出，式中第一项 $u'_C=U_0 e^{-\frac{t}{\tau}}$ 仅与初始状态有关，为零输入响应。式中第二项 $u''_C=U_S(1-e^{-\frac{t}{\tau}})$ 仅与激励有关，属于零状态响应。因此，全响应等于零输入响应和零状态响应的叠加。上述结论虽然是从一个具体例子中得到的，但全响应的这种分解方式实际上是线性电路叠加性的必然结果。因为按照定义，全响应由初始状态和输入共同引起，电容的初始电压和电感的初始电流均可用等效的电压源或电流源代替，所以根据叠加定理

全响应＝零输入响应＋零状态响应

对于图 8－20 所示的电路，根据全响应的这种分解方式，可以用图 8－22 所示的电路图解予以表示。读者不难验证，对电路中的任一响应，其全响应等于零输入响应加零状态响应的结论都是正确的。

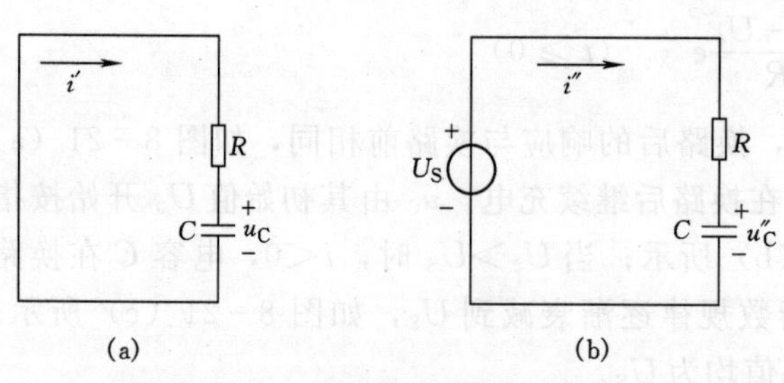

图 8－22 全响应分解为零输入响应和零状态响应的电路图解

(a) $u_C(0_+)=U_0$；(b) $u_C(0_+)=0$

2. 全响应分解为自由分量和强制分量的叠加

首先，仍以式（8－16）为例直观说明全响应的这种分解方式。

由式（8－16）知

$$u_C(t)=(U_0-U_S)e^{-\frac{t}{\tau}}+U_S$$
$$=u_{C1}+u_{C2}$$

式中第一项 $u_{C1}=(U_0-U_S)e^{-\frac{t}{\tau}}$ 按指数规律变化，与输入波形无关，称为自由分量或暂态分量。式中第二项 $u_{C2}=U_S=u_C(\infty)$ 受激励的制约（$t=\infty$ 表示新的稳态值），和非齐次微分方程的特解对应，称强制分量或稳态分量。显然，电容电压的全响应可分解为自由分量和强制分量的叠加。

事实上，对于一阶全响应电路中的任一变量 $f(t)$，总可以用一阶常系数非齐次微分方程来描述。因此，其解答总是由对应齐次方程的通解 f_h 和非齐次方程的特解 f_p 两部分组成，即

$$f(t)=f_h+f_p$$

而，$f_h=Ae^{-\frac{t}{\tau}}$ 为自由分量；f_p 与输入激励密切相关，为强制分量，故

$$f(t)=Ae^{-\frac{t}{\tau}}+f_p \qquad (8-17)$$

即对电路中任一全响应，总有

全响应＝自由分量＋强制分量

值得注意的是，在全响应中，尽管自由分量随时间变化的规律与激励无关，但自由分量的大小与激励和初始状态都有关，如上面的自由分量 u_{C1} 就与 U_S 和 U_0 有关。当 $U_0=U_S$ 时，自由分量为零，S 闭合后电路立即进入稳态而无过渡过程。

【例 8－9】 图8－23（a）所示电路原已达稳态。$t=0$ 时刻，开关 S 闭合，求全响应 $u_C(t)$。已知：$R_1=30\Omega$，$R_2=20\Omega$，$R_3=60\Omega$，$C=500\mu F$，$U_S=18V$。

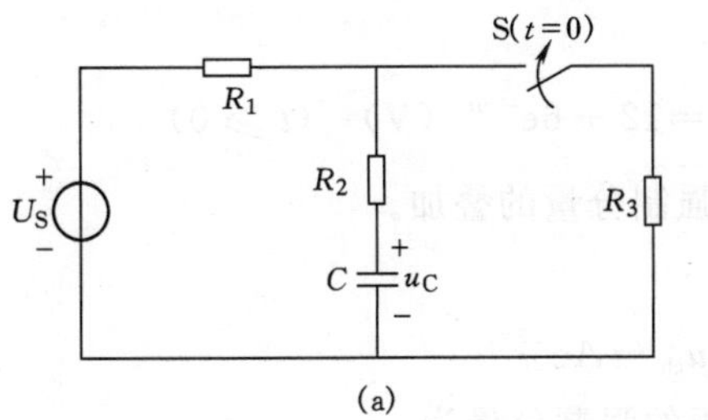

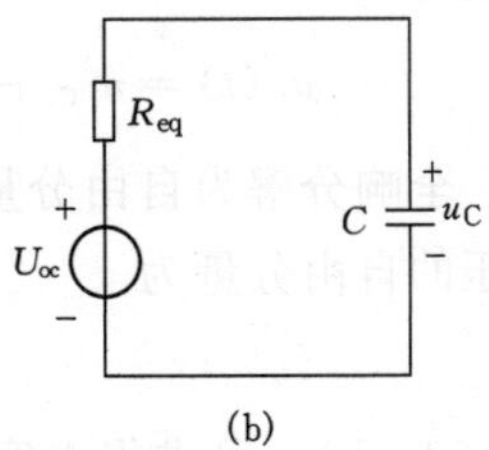

图 8－23 例 8－9 图

解：首先确定电路的初始状态 $u_C(0_+)$。对于恒定激励，电路达稳态后电容相当于开路，故 $u_C(0_+)=u_C(0_-)=U_S=18V$

再将开关 S 闭合后的电路等效化简得图 8－23(b)。其中 U_{oc} 为电容两端的开路电压

$$U_{oc}=\frac{R_3}{R_1+R_3}U_S=12\ (\text{V})$$

R_{eq}为将电源置零后接于电容两端的等效电阻

$$R_{eq}=R_2+\frac{R_1R_3}{R_1+R_3}=40\ (\Omega)$$

时间常数 $\tau=R_{eq}C=0.02\ (\text{s})$

以下用两种方法求电路的全响应。

方法一：全响应分解为零输入响应与零状态响应的叠加。分解后的电路如图 8-24 所示，按图 8-24（a），可求得零输入响应

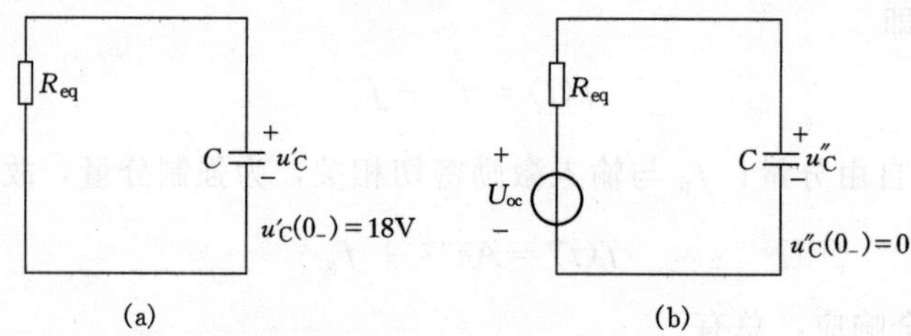

图 8-24 例 8-9 图的分解图

（a）零输入电路；（b）零状态电路

$$u'_C=18e^{-\frac{t}{\tau}}=18e^{-50t}(\text{V})\quad (t\geqslant 0)$$

按图 8-24（b），可求得零状态响应

$$u''_C=U_{oc}(1-e^{-\frac{t}{\tau}})=12(1-e^{-50t})\ (\text{V})\quad (t\geqslant 0)$$

于是，全响应

$$u_C(t)=u'_C+u''_C=12+6e^{-50t}\quad (\text{V})\quad (t\geqslant 0)$$

方法二：全响分解为自由分量与强制分量的叠加。

电容电压的自由分量为

$$u_{ch}=Ae^{-\frac{t}{\tau}}$$

按图 8-23（b），可求得电容电压的强制分量为

$$u_{cp}=u_C(\infty)=U_{oc}=12\ (\text{V})$$

于是

$$u_C(t)=u_{ch}+u_{cp}=Ae^{-\frac{t}{\tau}}+12$$

代入初始条件 $u_C(0_+)=u_C(0_-)=18$V，解得 $A=6$

因此，全响应

$$u_C(t)=6e^{-50t}+12\ \text{V}\quad(t\geqslant 0)$$

【例 8-10】 图8-25所示电路中，$I_S=10\text{A}$，$R_1=8\Omega$，$R_2=2\Omega$，$R_3=6\Omega$，$L=0.5\text{H}$，且S闭合前电路处于稳定状态。$t=0$ 时S闭合，求S闭合后的全响应 i_L、u_{R2}。

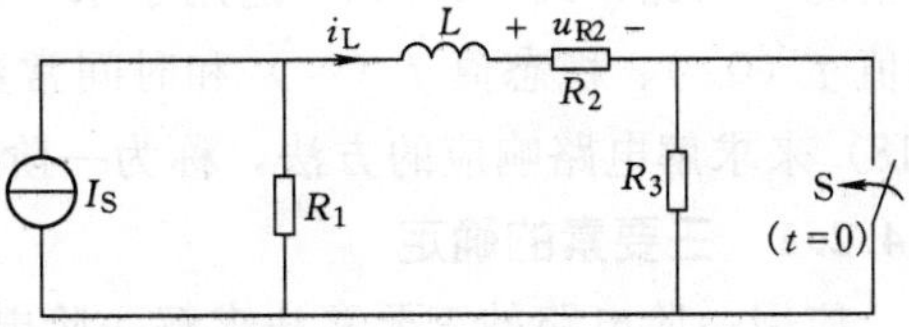

图 8-25 例 8-10 图

解：对闭合前的稳态电路，电感相当于短路，可知

$$i_L(0_+)=i_L(0_-)=\frac{R_1}{R_1+R_2+R_3}I_S=5\ (\text{A})$$

$t=0$ 时S闭合，R_3 被短路，响应由初始状态 $i_L(0_+)$ 和激励 I_S 共同引起。按全响应分解为自由分量和强制分量的叠加有

$$i_L=i_{Lh}+i_{Lp}=Ae^{-\frac{t}{\tau}}+i_L(\infty)$$

其中
$$\tau=\frac{L}{R_1+R_2}=\frac{1}{20}\ (\text{s})$$

$$i_L(\infty)=\frac{R_1}{R_1+R_2}I_S=8\ (\text{A})$$

于是
$$i_L=Ae^{-20t}+8$$

将 $t=0_+$ 时的初始状态代入，解得 $A=-3$

因此
$$i_L=8-3e^{-20t}\ (\text{A})\quad(t\geqslant 0)$$

$$u_{R2}=16-6e^{-20t}\ (\text{V})\quad(t\geqslant 0)。$$

8.4.2 一阶电路的三要素法

按全响应分解为自由分量与强制分量叠加时，全响应的表示如式（8-17），若电路的激励为常量，并且在激励的作用下电路能进入稳定状态，则 $f_p=f(\infty)$，于是可将式（8-17）改写成

$$f(t)=f(\infty)+Ae^{-\frac{t}{\tau}}$$

其中，τ 为时间常数，$f(\infty)$ 为电路达到稳态时的解，A 为待定的积分常数，若 $f(t)$在 $t=0_+$ 时的值 $f(0_+)$ 已确定，则将其代入上式后可得

$$f(t)=f(\infty)+[f(0_+)-f(\infty)]e^{-\frac{t}{\tau}}\quad(t\geqslant 0)\tag{8-18}$$

可见，只要采用适当的方法确定初始值 $f(0_+)$、稳态值 $f(\infty)$ 和时间常数 τ 就能按式（8-18）定出响应的表达式。由于零输入响应和零状态响应是全响应的特殊情况，因此，式（8-18）适用于求一阶电路的任一种响应，具有普遍适用性。初始值 $f(0_+)$、稳态值 $f(\infty)$ 和时间常数 τ，称为一阶电路的三要素，并把按式（8-18）来求解电路响应的方法，称为一阶电路的三要素法。

8.4.2.1 三要素的确定

应用一阶电路的三要素法求解一阶电路全响应的关键是确定三要素。

（1）初始值 $f(0_+)$ 的确定。第一步作 $t=0_-$ 时等效电路，确定独立初始值；第二步作 $t=0_+$ 时等效电路，计算相关初始值。

（2）稳态值 $f(\infty)$ 的确定。可通过作换路后 $t=\infty$ 稳态等效电路来求取。作 $t=\infty$ 稳态等效电路时，电容相当于开路；电感相当于短路。

（3）时间常数 τ 的确定。对 RC 电路，时间常数 τ 为：

$$\tau=R_{eq}C$$

对 RL 电路，时间常数 τ 为：

$$\tau=\frac{L}{R_{eq}}$$

上述两种情况下，R_{eq} 均为将电路中所有独立电源置零后，接在储能元件（L 或 C）两端的等效电阻。

将已求三要素代入式（8-18），便得待求响应。需要指出的是，三要素法仅适用于一阶线性电路，对于二阶或高阶电路是不适用的。

8.4.2.2 三要素法求响应举例

【例8-11】 图8-26（a）所示电路，在 $t=0$ 时开关S打开，设S打开前电路已处于稳态，已知 $U_S=24V$，$R_1=8\Omega$，$R_2=4\Omega$，$L=0.6H$。求 $t\geqslant 0$ 时的 $i_L(t)$ 和 $u_L(t)$ 并画出其波形。

解：（1）求初始值 $i_L(0_+)$、$u_L(0_+)$

作 $t=0_-$ 等效电路如图8-26（b）所示。

则有

$$i_L(0_+)=i_L(0_-)=\frac{U_S}{R_2}=\frac{24}{4}=6\ (A)$$

作 $t=0_+$ 等效电路如图8-26（c）所示。依KVL，可得

$$u_L(0_+)=U_S-i_L(0_+)(R_1+R_2)=24-6\times(8+4)=-48\ (V)$$

（2）求稳态值 $i_L(\infty)$、$u_L(\infty)$

作 $t=\infty$ 稳态等效电路如图8-26（d）所示，则有

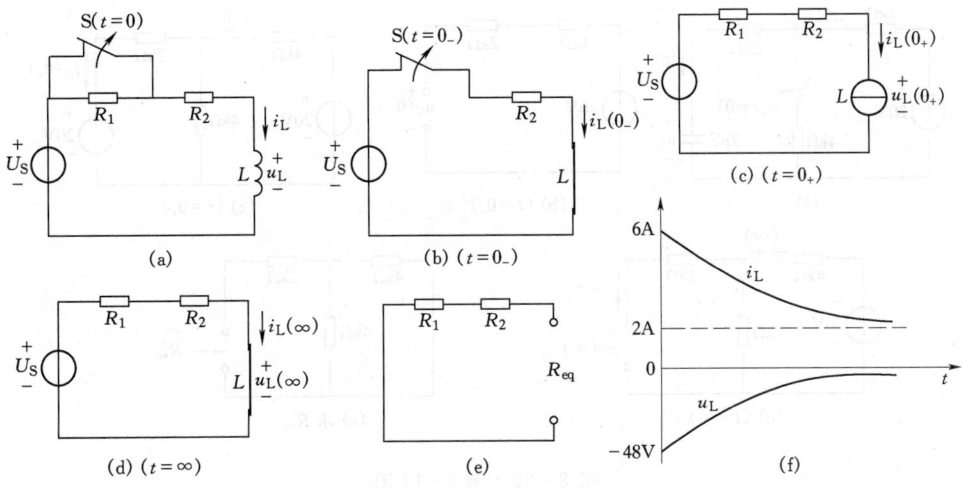

图 8-26　例 8-11 图

$$u_L(\infty)=0$$

$$i_L(\infty)=\frac{U_S}{R_1+R_2}=\frac{24}{8+4}=2\ (\text{A})$$

(3) 求时间常数 τ

先计算电感元件断开后端口电路的输入电阻，电路如图 8-26 (e) 所示，于是有

$$R_{eq}=R_1+R_2=8+4=12\ (\Omega)$$

则时间常数为

$$\tau=\frac{L}{R_{eq}}=\frac{0.6}{12}=0.05\ (\text{s})$$

根据式 (8-18) 计算出各响应量为

$$i_L(t)=2+(6-2)e^{-\frac{t}{0.05}}=2+4e^{-20t}\ (\text{A})\quad (t\geqslant 0)$$

$$u_L(t)=0+(-48-0)e^{-20t}=-48e^{-20t}\ (\text{V})\quad (t\geqslant 0)$$

i_L (t)、u_L (t) 的波形如图 8-26 (f) 所示。

【例 8-12】 已知电路如图8-27 (a) 所示，在 $t=0$ 时开关 S 闭合，开关 S 闭合前电路已达稳态。求 $t\geqslant 0$ 时 u_C (t)、i_C (t) 和 i (t)。

解：(1) 求初始值 u_C (0_+)、i_C (0_+)、i (0_+)。

作 $t=0_-$ 等效电路如图 8-27 (b) 所示。则有

$$u_C(0_+)=u_C(0_-)=20\ (\text{V})$$

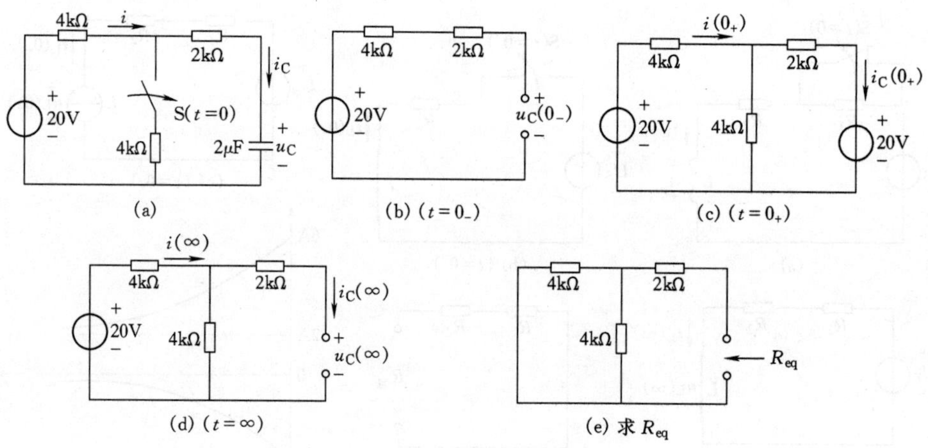

图 8-27 例 8-12 图

作 $t=0_+$ 等效电路如图 8-27（c）所示。列出网孔电流方程

$$8i(0_+)-4i_C(0_+)=20$$

$$-4i(0_+)+6i_C(0_+)=-20$$

联立求解可得

$$i_C(0_+)=-2.5\ (\mathrm{mA})$$

$$i(0_+)=1.25\ (\mathrm{mA})$$

（2）求稳态值 u_C（∞）、i_C（∞）、i（∞）。作 $t=\infty$ 时稳态等效电路如图 8-27（d）所示，则有

$$u_C(\infty)=\frac{4}{4+4}\times 20=10\ (\mathrm{V})$$

$$i_C(\infty)=0$$

$$i(\infty)=\frac{20}{4+4}=2.5\ (\mathrm{mA})$$

（3）求时间常数 τ。

将电容元件断开，电压源短路，如图 8-27（e）所示，求得等效电阻

$$R_{eq}=2+\frac{4\times 4}{4+4}=4\ (\mathrm{k\Omega})$$

$$\tau=R_{eq}C=4\times 10^3\times 2\times 10^{-6}=8\times 10^{-3}\ \ (\mathrm{s})$$

(4) 根据式 (8-18) 得出电路的响应电压、电流分别为

$$u_C(t)=10+(20-10)e^{-125t}=10(1+e^{-125t})\ (\text{V})\quad (t\geqslant 0)$$

$$u_C(t)=-2.5e^{-125t}\ (\text{mA})\quad (t\geqslant 0)$$

$$i(t)=2.5+(1.25-2.5)e^{-125t}=2.5-1.25e^{-125t}\ (\text{mA})\quad (t\geqslant 0)$$

【例 8-13】 如图8-28 (a) 所示含受控源电路，开关 S 动作前电路已处于稳态，在 $t=0$ 时开关 S 由 1 合至 2。求 $t\geqslant 0$ 时的 i_L (t)、u_L (t) 和 i (t)。

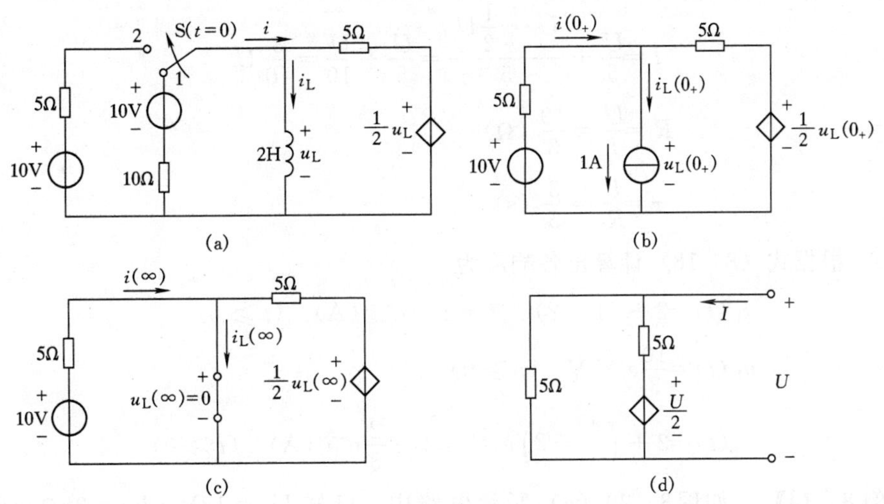

图 8-28 例 8-13 图

解： (1) 求 i_L (0_-)。因此时电路已处于稳态，2 H 电感相当于短路线，故

$$i_L(0_-)=1\ (\text{A})$$

(2) 求独立初始值

$$i_L(0_+)=i_L(0_-)=1\ (\text{A})$$

(3) 作 $t=0_+$ 时初始等效电路如图 8-28 (b) 所示，这时电感相当于 1A 的电流源。求相关初始值 u_L (0_+)、i (0_+)，列出结点电压方程

$$\left(\frac{1}{5}+\frac{1}{5}\right)u_L(0_+)=\frac{10}{5}-1+\frac{\frac{1}{2}u_L(0_+)}{5}$$

$$u_L(0_+)=\frac{10}{3}\ (\text{V})$$

$$i(0_+)=\frac{10-u_L(0_+)}{5}=\frac{4}{3}\ (\text{A})$$

(4) 求稳态值 i_L (∞)、u_L (∞)、i (∞)。作 $t=\infty$ 时稳态等效电路如图 8-28 (c) 所示，则有

$$u_L(\infty)=0$$

$$i(\infty)=i_L(\infty)=\frac{10}{5}=2\ (\mathrm{A})$$

(5) 求时间常数 τ。先计算电感断开后，由端口看入的等效电阻，其等效电路如图 8-28 (d) 所示。图 8-27 (d) 中在端口外加电压 U，产生输入电流 I，

$$I=\frac{U}{5}+\frac{U-\frac{1}{2}U}{5}=\frac{U}{5}+\frac{U}{10}=\frac{3}{10}U$$

$$R=\frac{U}{I}=\frac{10}{3}\ (\Omega)$$

$$\tau=\frac{L}{R}=\frac{3}{5}\ (\mathrm{s})$$

(6) 根据式 (8-18) 计算出各响应为

$$i_L(t)=2+(1-2)\mathrm{e}^{-\frac{5}{3}t}=2-\mathrm{e}^{-\frac{5}{3}t}(\mathrm{A})\quad (t\geqslant 0)$$

$$u_L(t)=\frac{10}{3}\mathrm{e}^{-\frac{5}{3}t}\ \mathrm{V}\quad (t\geqslant 0)$$

$$i(t)=2+\left(\frac{4}{3}-2\right)\mathrm{e}^{-\frac{5}{3}t}=2-\frac{2}{3}\mathrm{e}^{-\frac{5}{3}t}(\mathrm{A})\quad (t\geqslant 0)$$

【例 8-14】 如图8-29 (a) 所示电路中，已知 $U_S=12\mathrm{V}$，$R_1=3\mathrm{k}\Omega$，$R_2=6\mathrm{k}\Omega$，$C=5\mu\mathrm{F}$，开关 S 原先断开已久，电容中无储能。$t=0$ 时将开关 S 闭合，经 0.02s 后又重新打开，试求 $t\geqslant 0$ 时的 u_C (t) 及其波形。

解： 由于开关 S 闭合后又打开，故电路的过渡过程分为两个阶段。

(1) $t=0$ 作为换路时刻，开关 S 闭合后，为电容的充电过程，利用三要素法求得电容电压 u_C 的变化规律。

$$u_C(0_+)=u_C(0_-)=0$$

$$u_C(\infty)=\frac{R_2}{R_1+R_2}U_S=\frac{6}{3+6}\times 12=8\ (\mathrm{V})$$

$$\tau=RC=\frac{3\times 6}{3+6}\times 10^3\times 5\times 10^{-6}=0.01\ (\mathrm{s})$$

$$u_C(t)=8(1-\mathrm{e}^{-100t})\ (\mathrm{V})\quad (0\leqslant t\leqslant 0.02\mathrm{s})$$

(2) 以 $t=0.02$s 作为新的换路时刻，开关 S 打开后，电容的放电过程开始，利用三要素法求出电容放电时电压的变化规律。

$$u_C(0.02)=8\times(1-e^{-100\times0.02})=6.92\ (\mathrm{V})$$

$$u_C'(\infty)=0\ (\mathrm{V})$$

$$\tau'=R_2C=6\times10^3\times5\times10^{-6}=0.03\ (\mathrm{s})$$

$$u_C(t)=6.92e^{-333(t-0.02)}\ (\mathrm{V})\quad(t\geqslant0.02\mathrm{s})$$

u_C （t）的变化曲线如图 8－29（b）所示。

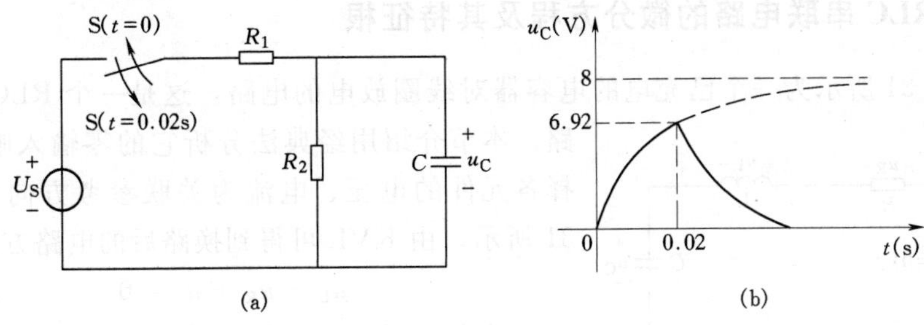

图 8－29　例 8－14 图

【思考与练习】

（1）按全响应分为零输入响应和零状态响应的叠加，重解例 8－10。

（2）当电路的结构发生变化时，是否一定发生过渡过程？试说明理由。

（3）什么是强制分量和自由分量？什么是稳态分量和暂态分量？什么是零输入响应和零状态响应？

（4）什么是一阶电路响应的三要素？怎样计算一阶电路响应的三要素？已知三要素怎样定出一阶电路响应的表达式？

（5）有人认为："用三要素法求任一响应，其初始值用 f（0_+）或 f（0_-）都可以"，此话对吗？为什么？

（6）下列图 8－30 所示电路有无时间常数？若有，请求解之。

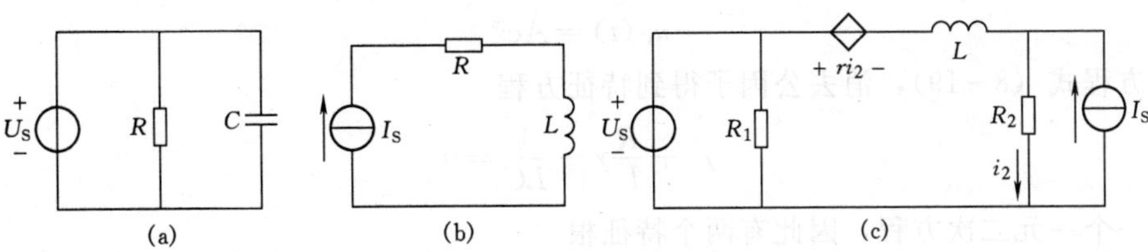

图 8－30　题（6）图

8.5　二阶电路的零输入响应

前面研究的动态电路都是一阶的，即只含有一个储能元件，对于含有两个独立储能元件的电路叫二阶电路。这里只讨论二阶电路中，RLC 串联电路的零输入响应。

8.5.1　RLC 串联电路的微分方程及其特征根

图 8-31 所示为一个已充电的电容器对线圈放电的电路，这是一个 RLC 串联电路。本节介绍用经典法分析它的零输入响应。选择各元件的电压、电流为关联参考方向如图 8-31 所示。由 KVL 可得到换路后的电路方程

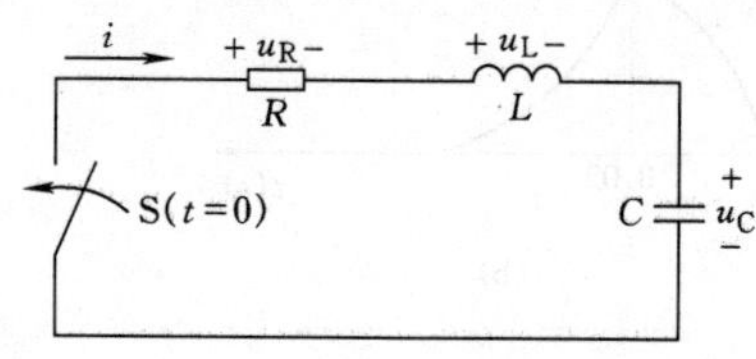

图 8-31　RLC 串联零输入动态电路

$$u_L + u_R + u_C = 0$$

其中 u_R 与 u_L 可表示为

$$u_R = Ri = RC\frac{du_C}{dt}$$

$$u_L = L\frac{di}{dt} = L\frac{d}{dt}\left(C\frac{du_C}{dt}\right) = LC\frac{d^2u_C}{dt^2}$$

代入 KVL 方程并化简可得到

$$\frac{d^2u_C}{dt^2} + \frac{R}{L}\frac{du_C}{dt} + \frac{1}{LC}u_C = 0 \qquad (8-19)$$

这是函数 u_C 的二阶常系数线性齐次微分方程，因此 RLC 串联电路是二阶电路。二阶电路的暂态过程与一阶电路有所不同，出现一些新的现象。这里主要讨论较简单的情形，即设初始条件如下述的情形：

$$u_C(0_+) = u_C(0_-) = U_0 \quad i(0_+) = i(0_-) = 0$$

式（8-19）是一个齐次方程，没有外加激励，因此 u_C 不会有强制分量，仅含指数型函数的自由分量。可设方程的解为

$$u_C(t) = Ae^{\gamma t}$$

代入方程式（8-19），消去公因子得到特征方程

$$\gamma^2 + \frac{R}{L}\gamma + \frac{1}{LC} = 0$$

这是一个一元二次方程，因此有两个特征根

$$\gamma_{1,2} = -\frac{R}{2L} \pm \sqrt{\left(\frac{R}{2L}\right)^2 - \frac{1}{LC}} \qquad (8-20)$$

由于有两个特征根，所以电路的零输入响应 u_C（t）应写成

$$u_C(t)=A_1e^{\gamma_1 t}+A_2e^{\gamma_2 t} \tag{8-21}$$

式中 γ_1、γ_2 由式（8－20）确定，A_1、A_2 为积分常数，由初始条件确定。

γ_1 与 γ_2 的值有三种不同的情况，即根号中的值$\left(\frac{R}{2L}\right)^2-\frac{1}{LC}$大于零、小于零及等于零三种情况，即

(1) $\left(\frac{R}{2L}\right)^2-\frac{1}{LC}>0$，即 $R>2\sqrt{\frac{L}{C}}$，γ_1 与 γ_2 为两个不相等的负实根。

(2) $\left(\frac{R}{2L}\right)^2-\frac{1}{LC}=0$，即 $R=2\sqrt{\frac{L}{C}}$，γ_1 与 γ_2 为二重负实根。

(3) $\left(\frac{R}{2L}\right)^2-\frac{1}{LC}<0$，即 $R<2\sqrt{\frac{L}{C}}$，γ_1 与 γ_2 为一对共轭复根。

下面分别讨论这三种不同的情况。

8.5.2 非振荡放电过程

8.5.2.1 过阻尼非振荡放电过程

在 $R>2\sqrt{\frac{L}{C}}$ 情况下 γ_1 与 γ_2 为两个不相等的负实根，且 $|\gamma_2|>|\gamma_1|$，电容电压为

$$u_C(t)=A_1e^{\gamma_1 t}+A_2e^{\gamma_2 t}$$

电流为

$$i(t)=C\frac{du_C}{dt}=CA_1\gamma_1e^{\gamma_1 t}+CA_2\gamma_2e^{\gamma_2 t}$$

令上二式中 $t=0$，运用初始条件 $u_C(0_+)=u_C(0_-)=U_0$ 及 $i(0_+)=i(0_-)=0$，可得

$$\begin{cases}A_1+A_2=U_0\\A_1\gamma_1+A_2\gamma_2=0\end{cases}$$

由此即可求出常数 A_1 与 A_2 为

$$\begin{cases}A_1=\dfrac{\gamma_1}{\gamma_2-\gamma_1}U_0\\[2ex]A_2=\dfrac{-\gamma_1}{\gamma_2-\gamma_1}U_0\end{cases}$$

所以，电路响应为

$$u_C(t)=\frac{U_0}{\gamma_2-\gamma_1}(\gamma_2e^{\gamma_1 t}+\gamma_1e^{\gamma_2 t}) \tag{8-22}$$

$$i(t)=C\frac{\mathrm{d}u_C}{\mathrm{d}t}=C\frac{\gamma_2\gamma_1}{\gamma_2-\gamma_1}U_0(e^{\gamma_1 t}-e^{\gamma_2 t})$$

$$=\frac{U_0}{L(\gamma_2-\gamma_1)}(e^{\gamma_1 t}-e^{\gamma_2 t}) \tag{8-23}$$

上述推导中应用了等式

$$\gamma_1\gamma_2=\frac{1}{LC}$$

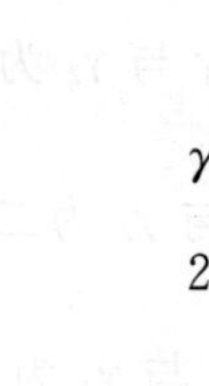

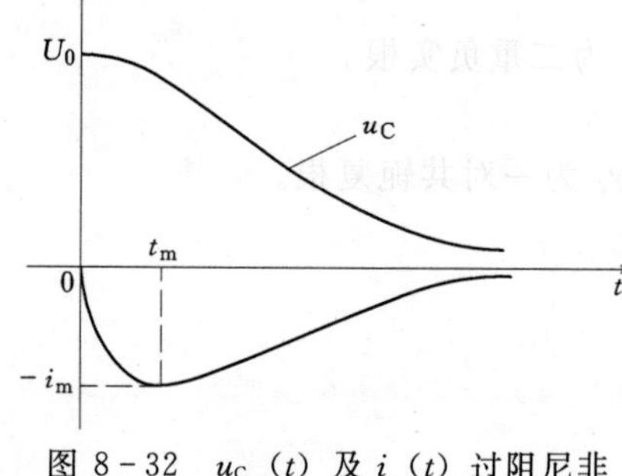

图 8-32 u_C（t）及 i（t）过阻尼非振荡放电曲线

u_C（t）及 i（t）的曲线如图 8-32。因为 γ_1、γ_2 皆为负值，且 $|\gamma_2|>|\gamma_1|$，式（8-22）中的两个指数函数的初始值 $\frac{\gamma_2}{\gamma_2-\gamma_1}U_0$ 和 $\frac{\gamma_1}{\gamma_2-\gamma_1}U_0$ 皆为正值，且 $\frac{\gamma_2}{\gamma_2-\gamma_1}U_0>\frac{\gamma_1}{\gamma_2-\gamma_1}U_0$；$t>0$ 时，$e^{\gamma_1 t}>e^{\gamma_2 t}$，即前者衰减得比后者慢，所以 u_C 总为正值，并从 $u_C(0_+)=U_0$ 开始，单调地衰减到零。式(8-23)中的 $\frac{U_0}{\gamma_2-\gamma_1}$ 总为负，也因 $e^{\gamma_1 t}$ 比 $e^{\gamma_2 t}$ 衰减的慢，所以 i 总为负值，从 $i(0_+)=0$ 开始逐渐变化，直至最后为零。在上述过程中，电容一直处于放电状态，所以称为非振荡放电。

在非振荡放电过程中的某时刻 t_m 电流的绝对值为极大，t_m 值可由

$$\left.\frac{\mathrm{d}i}{\mathrm{d}t}\right|_{t=t_m}=\frac{U_0}{L(\gamma_2-\gamma_1)}(\gamma_1 e^{\gamma_1 t_m}-\gamma_2 e^{\gamma_2 t_m})=0$$

求得 t_m 值为

$$t_m=\frac{1}{\gamma_1-\gamma_2}\ln\frac{\gamma_2}{\gamma_1}$$

在非振荡放电过程中，电容一直在释放其电场能量。t_m 时刻以前，电流绝对值增大，磁场能亦增大，说明电容释放的电场能量除电阻耗散外，还转换为电感的磁场能；t_m 时刻以后，电流的绝对值减小，磁场能也减小，说明电感的磁场能量也在释放出来，直到电场储能与磁场储能都耗尽，放电才告结束。

8.5.2.2 临界非振荡放电过程

当 $R=2\sqrt{\frac{L}{C}}$ 时，特征根 γ_1 与 γ_2 是两个相等的负实数：

$$\gamma_1=\gamma_2=-\frac{R}{2L}=-\alpha$$

由微分方程理论可知，在这种情况下，二阶齐次方程的通解应为

$$u_C(t)=(A_1+A_2t)e^{-\alpha t}$$

将初始条件 u_C（0_+）$=U_0$，i（0_+）$=0$ 代入上式及下述 i（t）表达式

$$i(t)=C\frac{du_C}{dt}=C(-A_1\alpha+A_2-A_2\alpha t)e^{-\alpha t}$$

可得 $A_1=U_0,\ A_2=\alpha U_0$

于是得到

$$u_C(t)=U_0(1+\alpha t)e^{-\alpha t}$$

$$i(t)=-C\alpha^2U_0te^{-\alpha t}=-\frac{U_0}{L}te^{-\alpha t}$$

可以看出，u_C（t）的变化情况是从 U_0 开始保持正值逐渐衰减到零，i（t）则为从零开始保持负值最后趋近于零。所以放电是非振荡的。u_C（t）及 i（t）的曲线与图 8-32 相似，故不再重画。由$\frac{di}{dt}=0$ 可求出 i 达到极大值的时刻

$$t_m=\frac{1}{\alpha}=\frac{2L}{R}$$

以上分析表明：C 对 RL 放电电路的零输入响应仅含有自由分量，在 $R\geqslant2\sqrt{\frac{L}{C}}$ 的情况下，响应是非振荡性衰减的；而在 $R<2\sqrt{\frac{L}{C}}$ 的情况下，响应是振荡性衰减的（将在下面分析）。因此，把 $R=2\sqrt{\frac{L}{C}}$ 时称为临界情况，而 $2\sqrt{\frac{L}{C}}$ 称为 RLC 串联电路的临界电阻。

8.5.3 振荡放电过程

在 $R<2\sqrt{\frac{L}{C}}$ 的情况下，特征根 γ_1 与 γ_2 为一对共轭复数

$$\gamma_{1,2}=-\frac{R}{2L}\pm j\sqrt{\frac{1}{LC}-\left(\frac{R}{2L}\right)^2}$$

令 $\alpha=\frac{R}{2L}\quad \omega=\sqrt{\frac{1}{LC}-\left(\frac{R}{2L}\right)^2}$

则有

$$\gamma_{1,2}=-\alpha\pm j\omega \tag{8-24}$$

并有

$$|\gamma_1|=|\gamma_2|=\sqrt{\alpha^2+\omega^2}=\frac{1}{\sqrt{LC}}=\omega_0$$

ω_0 称为阻尼振荡角频率。

将式（8－24）代入 u_C（t）表达式（8－21）中得微分方程的通解为

$$u_C(t)=Ae^{-\alpha t}\sin(\omega t+\phi) \qquad (8-25)$$

式（8－25）中常数 A 和 ϕ 由初始条件确定。为确定 A 和 ϕ，可先求

$$i=C\frac{du_C}{dt}=CAe^{-\alpha t}[\omega\cos(\omega t+\phi)-\alpha\sin(\omega t+\phi)] \qquad (8-26)$$

将两个初始条件 u_C（0_+）＝u_C（0_-）＝U_0，i（0_+）＝0 分别代入上式及式（8－25），得

$$\begin{cases}A\sin\phi=U_0\\ \omega A\cos\phi-\alpha A\sin\phi=0\end{cases}$$

$$\begin{cases}A\sin\phi=U_0\\ A\cos\phi=\dfrac{\alpha}{\omega}U_0\end{cases}$$

解得

$$\begin{cases}A=\dfrac{\omega_0}{\omega}U_0\\ \phi=\mathrm{arctg}\,\dfrac{\omega}{\alpha}\end{cases} \qquad (8-27)$$

由 $\sqrt{\alpha^2+\omega^2}=\frac{1}{\sqrt{LC}}=\omega_0$、$\phi=\mathrm{arctg}\,\frac{\omega}{\alpha}$ 可知 ω、ω_0、α 三者构成一个直角三角形，从而得 $\frac{\omega}{\omega_0}=\sin\phi$，$\frac{\alpha}{\omega_0}=\cos\phi$ 将此二式和式(8－27) 一并代入式(8－25) 和式(8－26)，得

$$u_C(t)=\frac{\omega_0}{\omega}U_0e^{-\alpha t}\sin\left(\omega t+\mathrm{arctg}\,\frac{\omega}{\alpha}\right) \qquad (8-28)$$

$$i(t)=-\frac{U_0}{\omega L}e^{-\alpha t}\sin\omega t \qquad (8-29)$$

必须注意：式（8－28）、式（8－29）所表达的 u_C（t）与 i（t）以及 $\phi=\mathrm{arctg}\,\frac{\omega}{\alpha}$，都是在初始条件为 $u_C(0_+)=U_0$，$i(0_+)=0$ 时所得结果。若初始条件改变，则 $u_C(t)$ 与 $i(t)$ 也将改变，$\phi=\mathrm{arctg}\,\frac{\omega}{\alpha}$ 也将不成立。

根据式（8－25）可知，响应随时间变化的规律具有衰减的振荡性，它的振幅随时间按指数规律衰减，衰减的快慢取决于衰减系数 α 的大小，α 越大则衰减就越快。衰减振荡的角频率为 ω_0，ω_0 越大，则振荡周期 $T=2\pi/\omega_0$ 就越小。u_C（t）的波形如图 8－33 所示。

当 $R=0$ 时，γ_1、γ_2 为一对共轭虚根，称为无阻尼情况。特征根为

$$\gamma_{1,2}=\pm j\omega_0$$

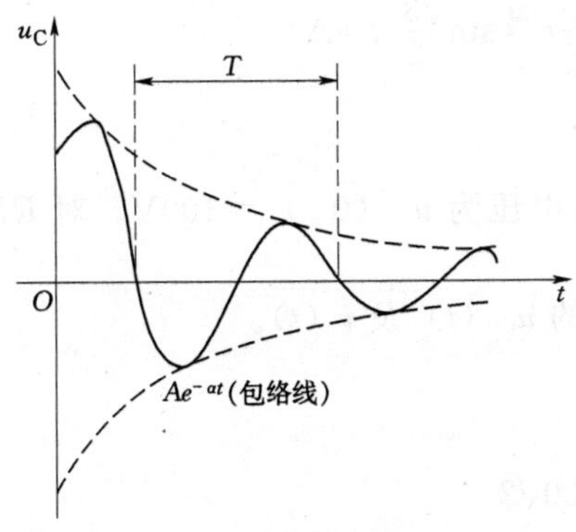

图 8-33 欠阻尼情况电路零输入响应 u_C（t）波形曲线

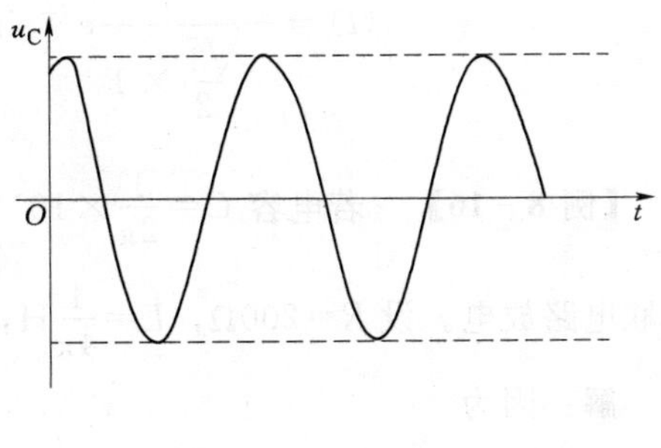

图 8-34 无阻尼等幅振荡情况电容电压响应波形图

响应的表达式为

$$u_C(t) = A\sin(\omega_0 t + \phi) \tag{8-30}$$

式 8-30 中常数 A 和 ϕ 可以直接由初始条件确定。u_C（t）的波形如图 8-34 所示。

从式（8-30）和 u_C（t）的波形图 8-33 中可见，电路的零输入响应是不衰减的正弦振荡，其角频率为 ω_0。由于电路电阻为零，故称为无阻尼等幅振荡情况。

【例 8-15】 试求 $R=1\Omega$、$L=1\text{H}$、$C=1\text{F}$ 的串联电路的零输入响应 u_C（t）与 i（t）。初始条件为 u_C（0_+）$=u_C$（0_-）$=1\text{V}$，i（0_-）$=0$。

解：先求电路的特征方程的根

$$\gamma_{1,2} = -\frac{R}{2L} \pm \sqrt{\left(\frac{R}{2L}\right)^2 - \frac{1}{LC}} = -\frac{1}{2\times1} \pm \sqrt{\left(\frac{1}{2\times1}\right)^2 - \frac{1}{1\times1}}$$

$$= -\frac{1}{2} \pm \sqrt{-\frac{3}{4}} = -\frac{1}{2} \pm \mathrm{j}\frac{\sqrt{3}}{2}\frac{1}{\mathrm{s}}$$

即 $\alpha = -\frac{1}{2}\frac{1}{\mathrm{s}}$，$\omega = \frac{\sqrt{3}}{2}\frac{1}{\mathrm{s}}$，且 $\omega_0 = \frac{1}{\sqrt{LC}} = 1\frac{1}{\mathrm{s}}$。可见是振荡放电。由初始条件 u_C（0_+）$=1\text{V}$，i（0_-）$=0$ 可知，响应 u_C（t）与 i（t）可按式（8-28）、式（8-29）两式确定，即

$$u_C(t) = \frac{1}{\frac{\sqrt{3}}{2}} \times 1\mathrm{e}^{-\frac{t}{2}}\sin\left(\frac{\sqrt{3}}{2}t + \mathrm{arctg}\,\frac{\frac{\sqrt{3}}{2}}{\frac{1}{2}}\right) = \frac{2}{\sqrt{3}}\mathrm{e}^{-\frac{t}{2}}\sin\left(\frac{\sqrt{3}}{2}t + 60^\circ\right)\ (\text{V})$$

$$i(t)=-\frac{1}{\frac{\sqrt{3}}{2}\times 1}e^{-\frac{t}{2}}\sin\frac{\sqrt{3}}{2}t=-\frac{2}{\sqrt{3}}e^{-\frac{t}{2}}\sin\frac{\sqrt{3}}{2}\ t\ (\mathrm{A})$$

【例 8-16】　若电容 $C=\frac{1}{2\pi}\times 10^{-4}\mathrm{F}$，充电后电压为 u_C（0_-）$=100\mathrm{V}$。对 RL 串联电路放电。设 $R=200\Omega$，$L=\frac{1}{4\pi}\mathrm{H}$，求放电时的 u_C（t）及 i（t）。

解： 因为

$$R=200>2\sqrt{\frac{L}{C}}=100\sqrt{2}$$

故放电为非振荡的，应按式（8-22）、式（8-23）来计算。为此，先计算特征根

$$\gamma_1=-\frac{R}{2L}+\sqrt{\left(\frac{R}{2L}\right)^2-\frac{1}{LC}}=-400\pi+282\pi=-118\pi\quad\left(\frac{1}{\mathrm{s}}\right)$$

$$\gamma_2=-\frac{R}{2L}-\sqrt{\left(\frac{R}{2L}\right)^2-\frac{1}{LC}}=-400\pi-282\pi=-682\pi\quad\left(\frac{1}{\mathrm{s}}\right)$$

代入式（8-22）、式（8-23）得

$$\begin{aligned}u_C(t)&=\frac{U_0}{\gamma_1-\gamma_2}(-\gamma_2e^{\gamma_1t}+\gamma_1e^{\gamma_2t})\\&=\frac{100}{-118\pi-(-682\pi)}\times(682\pi e^{-118\pi t}-118\pi e^{-682\pi t})\\&=121\pi e^{-118\pi t}-21\pi e^{-682\pi t}\quad(\mathrm{V})\end{aligned}$$

$$\begin{aligned}i(t)&=\frac{U_0}{L(\gamma_1-\gamma_2)}(e^{\gamma_1t}-e^{\gamma_2t})\\&=\frac{100}{\frac{1}{4\pi}(-118\pi+682\pi)}\times(e^{-118\pi t}-e^{-682\pi t})\\&=0.707(e^{-118\pi t}-e^{-682\pi t})\ (\mathrm{A})\end{aligned}$$

若初始条件改为 u_C（0_+）$\neq 0$，i（0_+）$\neq 0$，则确定积分常数时的条件也改变，所以表达式的值将会因积分常数的改变而与前不同。以下举例说明在这种情况下零输入响应的计算。

【例 8-17】　若［例 8-15］中初始条件改为 u_C（0_-）$=1\mathrm{V}$，i（0_-）$=1\mathrm{A}$。重求零输入响应 u_C（t）与 i（t）。

解： $\gamma_{1,2}$ 与［例 8-14］相同。

$$u_C(t)=Ae^{-\alpha t}\sin(\omega t+\phi)$$

$$i(t)=CA\mathrm{e}^{-\alpha t}[\omega\cos(\omega t+\phi)-\alpha\sin(\omega t+\phi)]$$

两式中的常数 A 与 ϕ 应按本题所给初始条件确定。在上两式中取 $t=0$，得到

$$u_C(0_+)=u_C(0_-)=1=A\sin\phi$$

$$i(0_+)=i(0_-)=1=CA[\omega\cos\phi-\alpha\sin\phi]$$

将 C、α、ω 值代入后得

$$\begin{cases}A\sin\phi=1\\ \dfrac{\sqrt{3}}{2}A\cos\phi-\dfrac{1}{2}A\sin\phi=1\end{cases}$$

解得 $A=2\quad \phi=30°$

于是得到

$$u_C(t)=2\mathrm{e}^{-\frac{1}{2}t}\sin\left(\frac{\sqrt{3}}{2}t+30°\right)\ (\mathrm{V})$$

$$i(t)=2\mathrm{e}^{-\frac{1}{2}t}\left[\frac{\sqrt{3}}{2}\cos\left(\frac{\sqrt{3}}{2}t+30°\right)-\frac{1}{2}\sin\left(\frac{\sqrt{3}}{2}t+30°\right)\right]$$

$$=2\mathrm{e}^{-\frac{1}{2}t}\sin\left(\frac{\sqrt{3}}{2}t+150°\right)\ (\mathrm{A})$$

【思考与练习】

（1）试列出 RLC 串联电路接通电压源 U_S 后电容电压 u_C（t）的方程式，并写出其特征方程，解出其特征根。

（2）二阶电路的零输入响应有哪几种情况？什么条件下它是非振荡的？什么条件下它是振荡的？

（3）试求，$R=3\Omega$，$L=0.5\mathrm{H}$，$C=0.25\mathrm{F}$ 时的 RLC 串联电路，在 u_C（0_-）$=2\mathrm{V}$，i_L（0_-）$=1\mathrm{A}$ 情况下的零输入响应 u_C（t）与 i（t）。

（4）试求，$L=2\mathrm{H}$，$C=\dfrac{1}{18}\mathrm{F}$ 的 RLC 串联电路的临界电阻，并求该电路在 u_C（0_-）$=8\mathrm{V}$，i_L（0_-）$=0$ 情况下的零输入响应 u_C（t）与 i（t）。

小　结

（1）电路产生过渡过程（暂态过程）的条件，是电路中必须含有储能元件（动态元件），并发生换路。产生过渡过程的原因是储能元件的能量不能跃变。

（2）换路（开关的闭合、切断，参数的突然改变）的瞬间，电感电流和电容电压

均不能跃变，这就是换路定则，其数学表达式是

$$\begin{cases} u_C(0_+) = u_C(0_-) \\ i_L(0_+) = i_L(0_-) \end{cases}$$

（3）一阶电路的零输入响应。其中：

1）RC 电路的零输入响应为

$$u_C(t) = U_0 e^{-\frac{t}{\tau}}, \quad \tau = RC$$

2）RL 电路的零输入响应为

$$i_L(t) = I_0 e^{-\frac{t}{\tau}}, \quad \tau = \frac{L}{R}$$

（4）一阶电路的零状态响应：

1）RC 电路在直流激励下的零状态响应为

$$u_C(t) = U_S(1 - e^{-\frac{t}{\tau}}), \quad \tau = RC$$

2）RL 电路在直流激励下的零状态响应为

$$i_L(t) = \frac{U_S}{R}(1 - e^{-\frac{t}{\tau}}), \quad \tau = \frac{L}{R}$$

（5）一阶电路的全响应：

1）一阶电路的全响应及其分解，全响应为

$$u_C(t) = U_S + (U_0 - U_S) e^{-\frac{t}{\tau}} \quad (t \geqslant 0)$$

两种分解为：

全响应＝零输入响应＋零状态响应

全响应＝自由分量＋强制分量＝暂态分量＋稳态分量

2）一阶电路的三要素法

$$f(t) = f(\infty) + [f(0_+) - f(\infty)] e^{-\frac{t}{\tau}} \quad (t \geqslant 0)$$

初始值 $f(0_+)$，稳态值 $f(\infty)$，时间常数 τ；

对 RC 电路，时间常数 τ 为 $\tau = R_{eq}C$；对 RL 电路，时间常数 τ 为 $\tau = \frac{L}{R_{eq}}$。

R_{eq} 均为将电路中所有独立电源置零后，接在储能元件（L 或 C）两端的等效电阻。

（6）RLC 串联电路的临界电阻为 $R = 2\sqrt{\frac{L}{C}}$，当 $R > 2\sqrt{\frac{L}{C}}$ 时，电路的零输入响应为衰减的非振荡放电，当 $R < 2\sqrt{\frac{L}{C}}$ 时，电路的零输入响应为衰减的振荡放电。

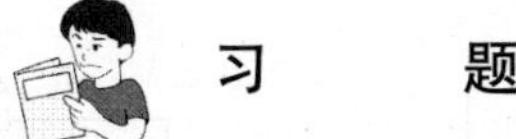

习　题

8-1　电路如图 8-35 所示。已知 $t<0$ 时，电路已处稳态。在 $t=0$ 时，开关 S 开启，求初始值 $i_1(0_+)$、$i_C(0_+)$ 和 $u_2(0_+)$。

8-2　如图 8-36 所示电路原已稳定，$U_S=24V$，$R_1=2\Omega$，$R_2=8\Omega$，$L=0.8H$，$t=0$ 时开关闭合。试求：电感电压和电流的初始值 $u_L(0_+)$、$i(0_+)$。

8-3　如图 8-37 所示电路原处稳态，$t=0$ 时开关 S 打开，求换路后电路初始值 $u_C(0_+)$、$i_L(0_+)$、$i(0_+)$、$u_L(0_+)$ 和 $i_C(0_+)$。

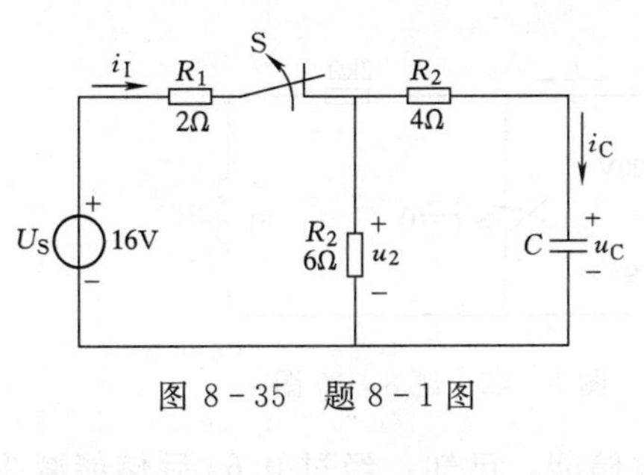

图 8-35　题 8-1 图

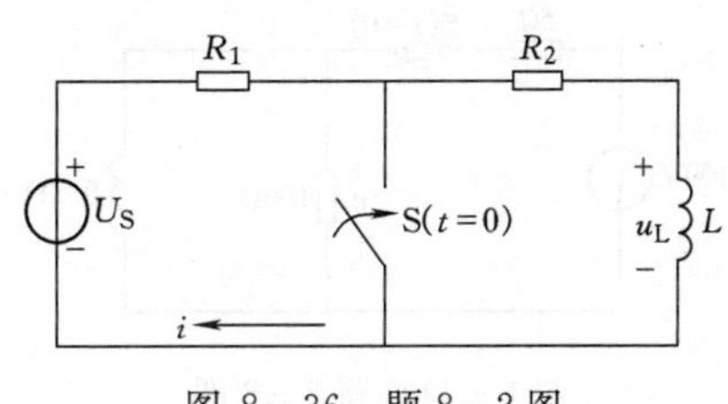

图 8-36　题 8-2 图

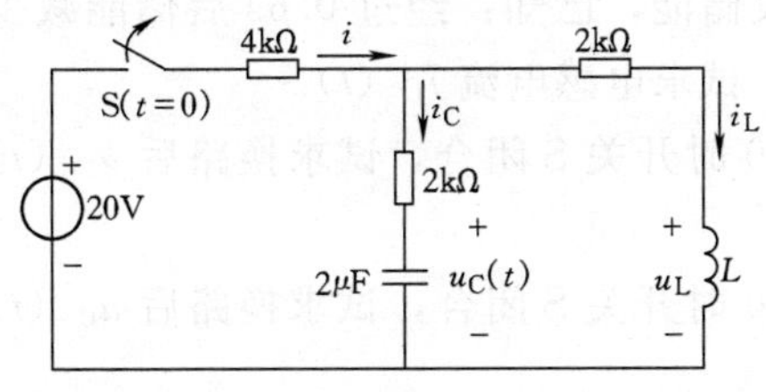

图 8-37　题 8-3 图

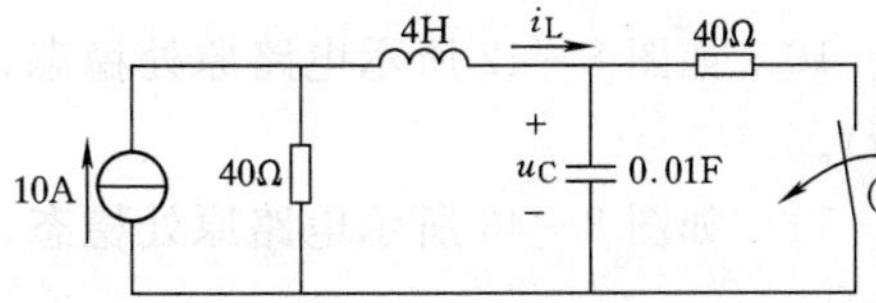

图 8-38　题 8-4 图

8-4　图 8-38 所示电路在开关 S 拉开以前已处于稳态，在 $t=0$ 时把开关 S 拉开，试求 $t=0_+$ 时，电路各支路电流及各元件电压初始值。

8-5　如图 8-39 所示，已知 $U_S=60V$，$R_1=10\Omega$，$R_2=20\Omega$，$C_1=C_2=1\mu F$，$L=0.1H$，$t=0$ 时 S 闭合，换路前电路已处稳态。试求 $t=0_+$ 时，各支路电流及电容电压和电感电流的初始值。

8-6　如图 8-40 所示 RC 电路，$t=0$ 时开关 S 闭合，开关 S 闭合前电路处于稳态。求 $t\geq 0$ 时 $u_C(t)$、$i_C(t)$ 和 $i(t)$。

8-7　电压为 100V 的电容 C 对电阻 R 放电，经过 5s，它的电压为 40V，试问再经 5s，它的电压为多少？如果 $C=100\mu F$，R 为多少？

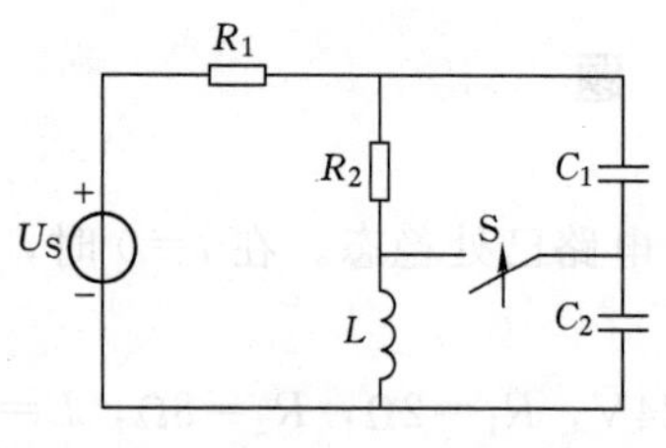

图 8-39 题 8-5 图

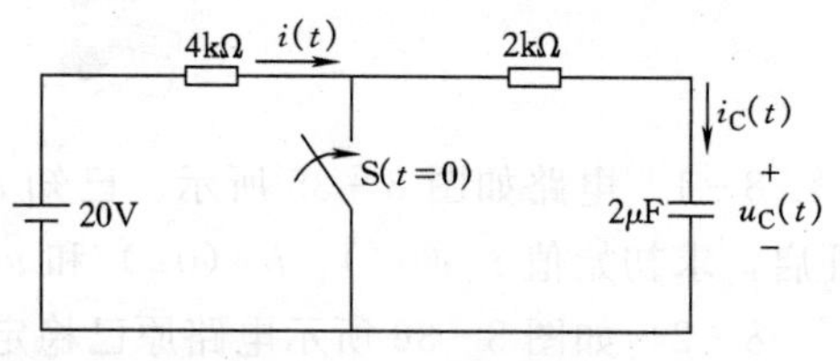

图 8-40 题 8-6 图

8-8 如图 8-41 所示电路在开关 S 断开之前处于稳定状态。试求开关断开后的电压 u (t)，并画出其波形。

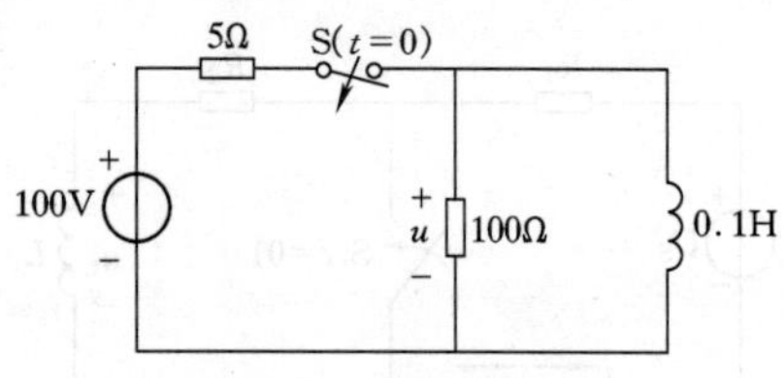

图 8-41 题 8-8 图

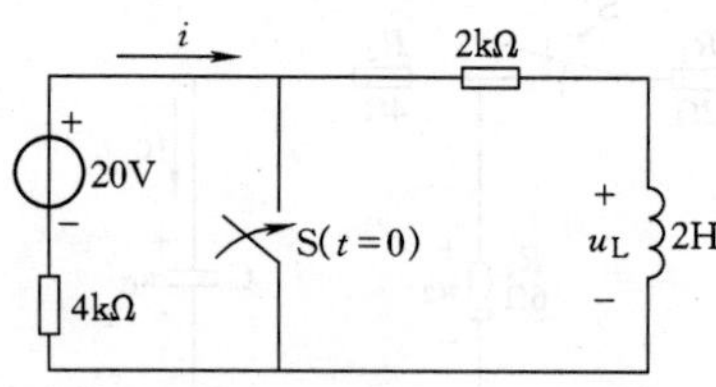

图 8-42 题 8-10 图

8-9 一个具有磁场储能的电感经电阻释放储能，已知：经过 0.6s 后储能减少为原先的一半；又经过 1.2s 后，电流为 25mA。试求电感电流 i_L (t)。

8-10 如图 8-42 所示电路原处稳态，$t=0$ 时开关 S 闭合，试求换路后 u_L (t) 和 i (t)。

8-11 如图 8-43 所示电路原处稳态，$t=0$ 时开关 S 闭合，试求换路后 u_C (t) 和 i (t)。

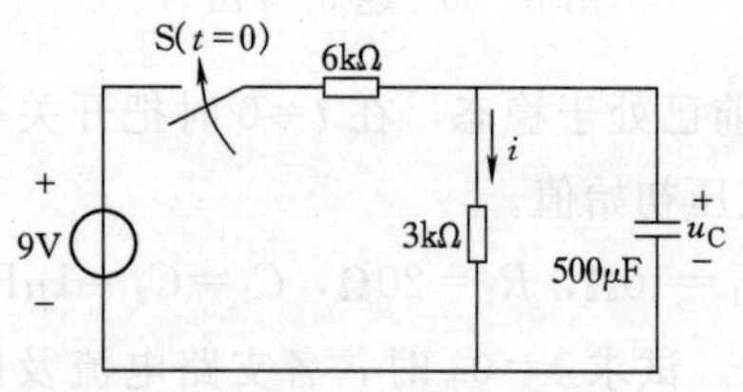

图 8-43 题 8-11 图

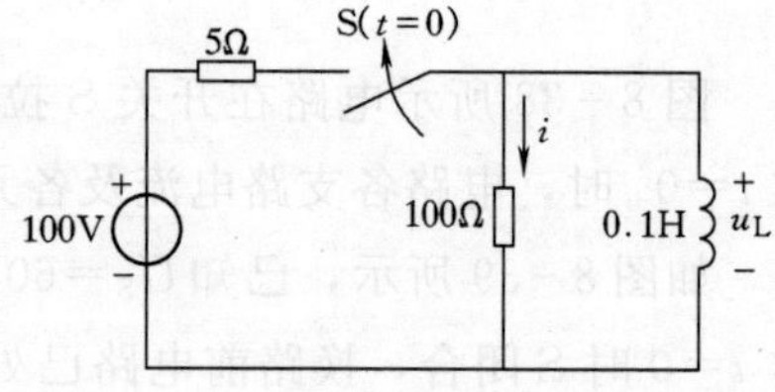

图 8-44 题 8-14 图

8-12 试证明 RC 串联电路在直流电压源激励下的零状态响应中，电容接受的能量及电压源供应的能量都与 R 值无关。

8-13 零状态的 RC 并联电路在 $t=0$ 时接通到直流电流源，已知 R、C 及电流

源电流 I_S，试求 $u_C(t)$、$i_R(t)$ 和 $i_C(t)$。

8-14　如图 8-44 所示电路原处稳态，$t=0$ 时开关 S 闭合，试求换路后 $u_L(t)$ 和 $i(t)$。

8-15　如图 8-45 所示电路原处稳态，$t=0$ 时开关 S 闭合，试求换路后 $i_2(t)$ 和 $i_1(t)$。

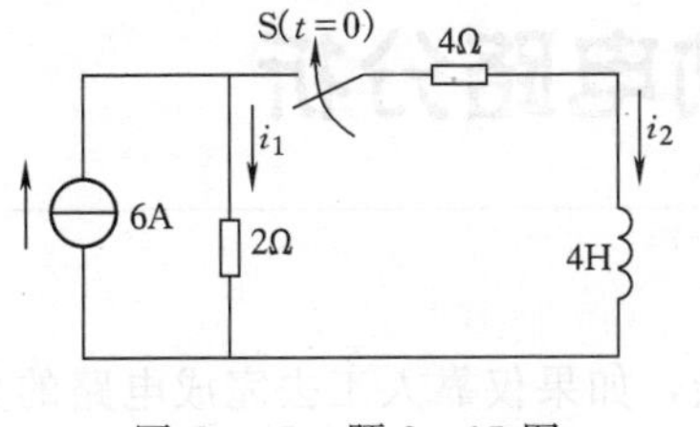

图 8-45　题 8-15 图

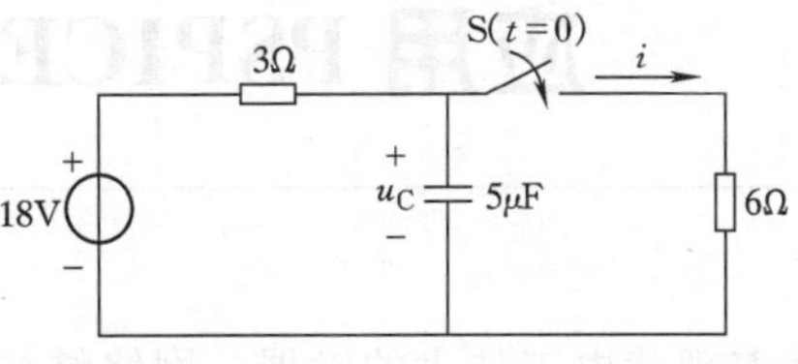

图 8-46　题 8-16 图

8-16　如图 8-46 所示电路原处稳态，$t=0$ 时开关 S 闭合，试求换路后 $u_C(t)$ 和 $i(t)$。

8-17　如图 8-47 所示 RC 电路，$t=0$ 时开关闭合，开关闭合前电路处于稳态。求 $t\geqslant0$ 时 $u_C(t)$、$i_C(t)$ 和 $i(t)$。

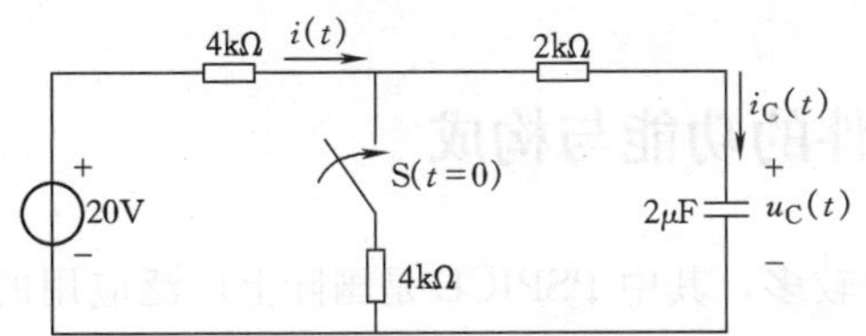

图 8-47　题 8-17 图

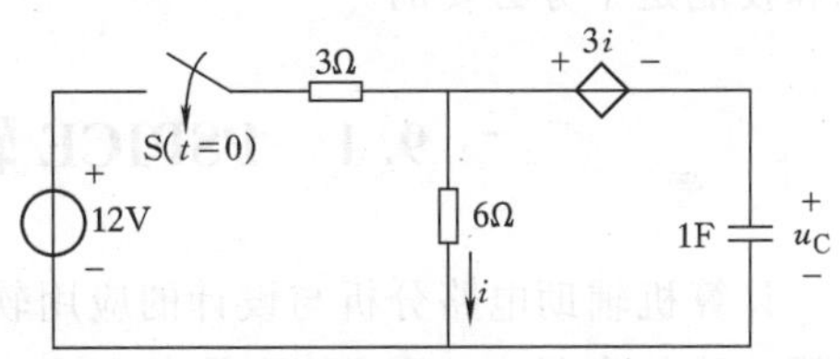

图 8-48　题 8-18 图

8-18　如图 8-48 所示电路中，$t=0$ 时开关 S 闭合，换路前电容电压为 1.5V。试求换路后 $t\geqslant0$ 时的 $u_C(t)$ 和 $i(t)$。

8-19　如图 8-49 所示电路换路前已稳定，$t=0$ 时开关 S 由 1 合向 2，试求开关闭合后 $t\geqslant0$ 时的 $u_C(t)$。

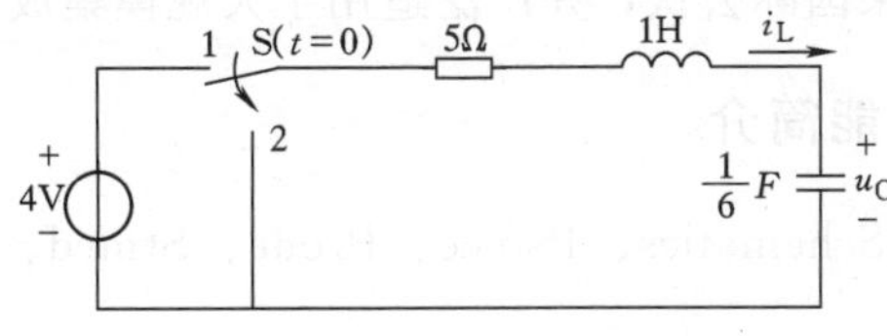

图 8-49　题 8-19 图

第 9 章

应用 PSPICE 辅助电路分析

随着现代电工技术的发展，网络结构日趋复杂，如果仅靠人工去完成电路的分析和计算是十分困难的，必须运用系统化的分析方法，由计算机完成建立电路方程和求解的工作。采用计算机代替人工对电路进行分析和计算具有许多优点，它不仅能处理大规模电路，如具有成千上万结点的集成电路，大型电力系统电路等，而且计算迅速，结果精确可靠。另外，应用计算机辅助分析还可验证电路设计的正确性，从而达到优化电路设计的目的。因此，学习和掌握电路计算机辅助分析与设计方面的基本知识和技能是十分必要的。

9.1 PSPICE 软件的功能与构成

计算机辅助电路分析与设计的应用软件较多，其中 PSPICE 是国际上广泛应用的通用电路仿真程序，PSPICE 是由 SPICE（Simulation Program With Integrated Circuit Emphasis）发展而来。SPICE 是美国加州大学伯克莉分校于 1972 年开发的电路仿真程序，经过不断完善和修改，版本不断更新，功能不断增强和完善，于 1988 年 SPICE 被评定为美国国家工业标准。目前微机上广泛使用的 PSPICE 是由美国 Microsim 公司开发的通用电路仿真软件，其中 PSPICE8.0 是当今世界上著名的电路仿真标准软件之一。该软件版本具有强大的电路图绘制和电路仿真功能等，且其模拟仿真快速、准确，仿真结果国际公认，并广泛适用于大规模集成电路设计与分析。

9.1.1 PSPICE 的功能简介

PSPICE 主要包括 Schematics、Pspice、Prode、Stmed、Parts 等 5 个软件包。其中：

(1) Schematics 是一电路模拟器。它可直接绘制电路图，自动生成电路描述文

件；并可对电路进行交直流分析、瞬间分析、傅立叶分析、环境温度分析、蒙特卡罗分析、灵敏度分析等；并且还可以对元件进行修改和编辑。

（2）Pspice 是个数据处理器。它可对在 Schematics 中绘制的电路图进行模拟分析，是电路分析主程序，通过该程序运算出结果并自动生成输出文件和数据文件。

（3）Probe 是后处理器，相当于一个示波器，对数据图形进行显示。

（4）Stmed 是激励源编辑程序。它在设定各种激励信号时非常方便直观，且容易查对。

（5）Parts 是元件模型编辑程序。可半自动地将厂家的元件数据信息或用户自定义的数据转换为 Pspice 中所用的模拟数据，并提供它们之间的关系曲线及相互作用，确定元件的精确度。

因此，将 PSPICE8.0 应用到电工、电子技术等课程的教学，不仅可以提高课堂教学质量，帮助学生深刻理解和掌握所学的理论知识，而且可以利用计算机进行模拟仿真实践，培养学生应用计算机进行电路分析与设计的能力。

【练习与思考】

（1）为什么要应用计算机进行电路分析与设计？

（2）PSPICE 软件主要有哪几个软件包？其主要功能有哪些？

9.2 PSPICE 电路分析功能的使用方法

应用 PSPICE 对电路进行分析主要分以下几个步骤：设置电路分析类型，编辑电路图，输入各元件参数和设置输出方式，最后运行计算程序，获取电路分析结果。本节内容结合以上几方面，介绍该软件分析电路的使用方法。

9.2.1 设置电路分析类型

设置电路分析类型，可选用菜单命令中 Anaysis 项，在下拉子菜单中单击 Setup 项，显示分析类型对话框，如图 9-1 所示。

基本分析有 AC（AC Sweep），DC（DC Sweep），参数（Parametric），灵敏度（Sensitivity）和瞬态分析（Transient）。与 AC 同菜单的有噪声分析，与瞬态分析同时进行的有傅立叶分析。另外还有最坏情况分析（Monte Carlo/Worst Case），数字电路分析（Digital Setup）设置，分析计算（Options）选项，单位、精度等，当前环境温度设置（Temperature），不选时为 27℃。

分析直流电路不需设置电路类型，系统可根据直流激励的特性，自行判断其电路

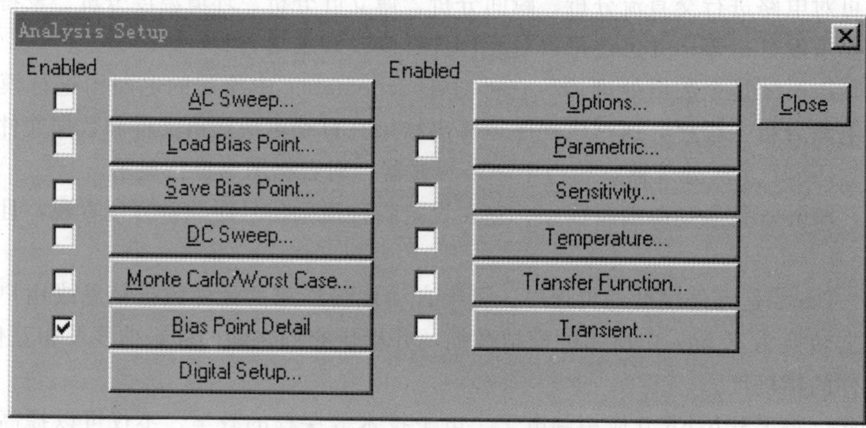

图 9-1 设置电路分析类型

类型。

AC Sweep 为正弦稳态分析，鼠标单击此项，弹出图 9-2 所示对话框。分析方式有线性（Linear）、八进制（Octave）、十进制（Decade）。

在分析单频率正弦稳态电路时，扫描参数设置栏内的扫描点数（Total Pts）设

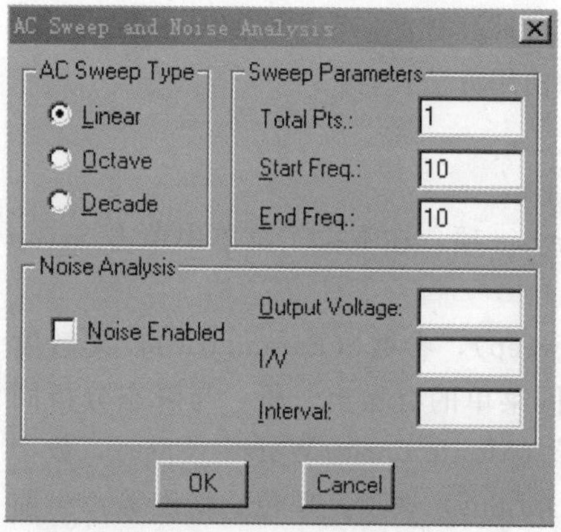

图 9-2 设置 AC 分析参数

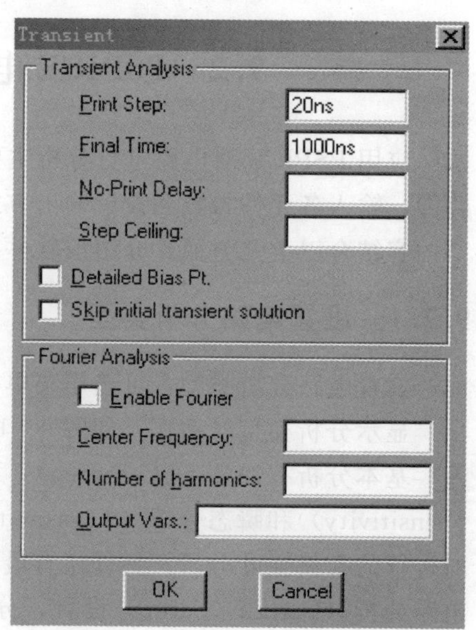

图 9-3 设置动态分析参数

置为 1，频率扫描初值（Start Freq）为 10Hz，频率扫描终值（End Fred）为 10Hz。在分析输出变量的幅频响应和相频响应，以及电路的频率特性时，交流信号源的频率在一定范围内变化，此时在参数设置栏内相应位置上添加扫描点数，频率扫描初值和终值即可。

动态电路分析单击 Transient 项，弹出图 9-3 所示对话框。一般情况下，只需在参数设置栏内设置打印步长（Print Step）和分析终止时间（Final Time），PSPICE 的计算步长取值越小，计算时间越长。分析终止时间可设置为激励源周期的千分之一左右，否则观察不到有意义的结果，其他参数可缺省。

此外，数据间隔（Step Ceiling）和打印步长的设置可能影响 Probe 显示的精度，但不影响 PSPICE 的计算精度，PSPICE 在计算中会自动根据需要决定计算间隔。

9.2.2 编辑电路图和设置元件参数

PSPICE 有相当庞大的元件库，在电路分析中常用的元件分别放在不同子元件库中。其中，无源元件 *R*、*L*、*C* 及各种受控源 VCVS（E）、CCCS（F）、VCCS（G）、CCVS（H）等放在 ANALOG. slb 元件库；VDC、IDC、VAC、IAC 等放在 SOURCE. slb 元件库；接地标志存放在 PORT. slb 库中，见图 9-6 所示。

9.2.2.1 建立临时元件库

用鼠标右键单击图 9-4 菜单中绘图命令（Draw）或单击工具栏右侧图标，即出现如图 9-5 所示对话框。单击 Libraries 按钮，弹出图 9-6 对话框，根据欲选元件的类型在 Library 窗口内选择不同的子元件库后，在 Part 窗口内出现该库内存放的所有元件，选中所需元件，单击 OK 之后点击图 9-5 中 Place 按钮，表示选中的元

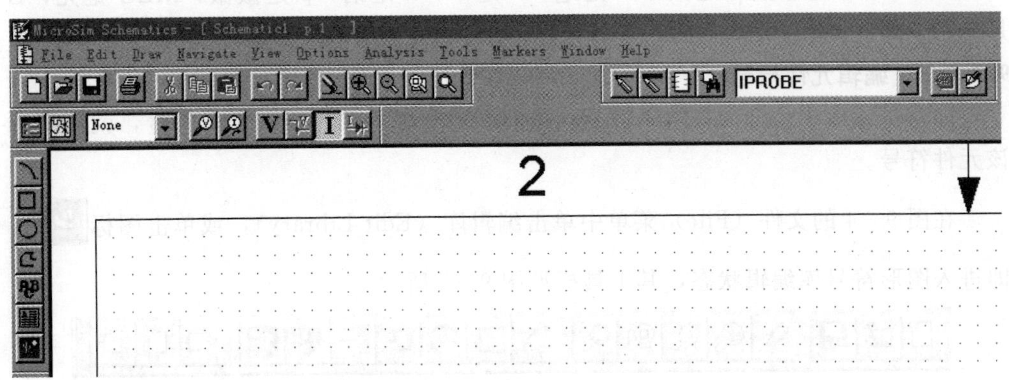

图 9-4 电路图编辑窗口

件已放在临时元件库中。依此法一一取所需元件，最后单击图 9-5 中 Place & Close 按钮关闭该对话框。

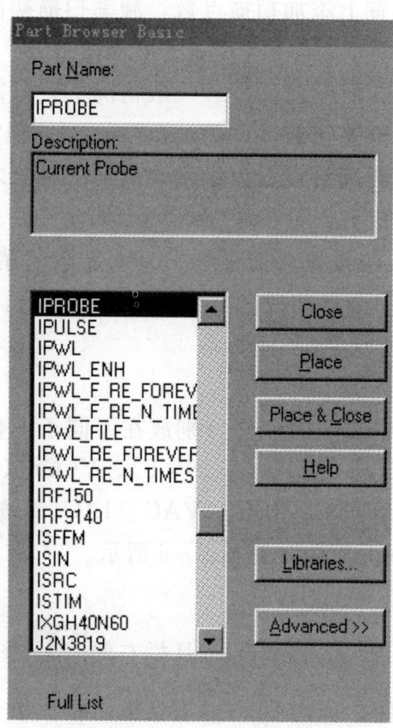

图 9-5　元件库窗口

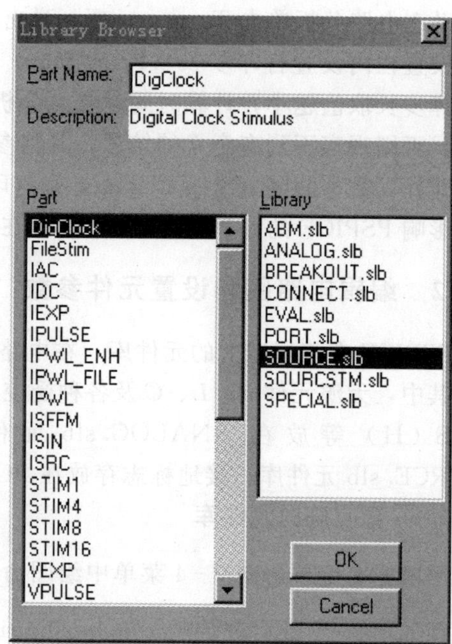

图 9-6　子元件库窗口

PSPICE 中的参数 μ 是微，m 是毫，k 是千，n 是纳，p 是微微，MEG 是兆，G 是千兆，如 10MEG 是 10 兆欧。

9.2.2.2　编辑元件符号

如对符号库中元件的符号不满意，或有新的元件，需用新的图形符号，就可编辑该元件符号。

在图 9-4 的文件（File）菜单中单击编辑库（Edit Library），或单击图标，即进入图形符号库编辑状态，其工具栏见图 9-7 所示。

图 9-7　图形符号库编辑工具栏

电路图编辑程序中图形的形状并不影响 PSPICE 仿真的结果，关键是元件之间的联接关系，以及此元件的电属性。在图 9－7 所示绘图工具中，引线 是关键。

9.2.2.3 编辑电路图

鼠标右键单击临时元件库的有关元件，编辑区内即出现该元件，拖其到位后单击右键即摆放一次，移动后再单击可连续摆放多次，完毕后单击左键此元件消失。摆放前箭头所指一端表示该元件端电压参考方向的正极。同时按 Ctrl 和 R 键可使元件逆时针旋转 90°。如有多余线段或元件，单击右键变红后按 Delete，即被删除。

PSPICE 编辑的电路必须设置参考节点，可通过放置接地标志于某节点，规定其为参考节点。

鼠标右键单击工具栏中笔型图标 ，移动鼠标后即出现一支笔，拖此笔到线段起始点单击，再拖至线段终点后单击即画出联接实线。如需退出导线的联接状态，只要单击左键或按 Esc 键即可。

PSPICE 要求模拟电路分析中一定要定义接地点（即 AGND），这样电路图画完后才能开始仿真分析，程序能自动为电路网络分配节点，如没有确定节点 0 的位置，则此工作将无法进行。

此外，PSPICE 还要求模拟电路中不能存在浮空的节点，即每个节点都要与 0 节点有直流通路。例如两个电容串联，它们之间就被认为是浮空，程序将报告出错，这时可在它们之间联接一阻值很大电阻（如 30MΩ）到地即可。

9.2.2.4 设置元件参数

(1) 二端元件 R、L、C，直流电源 VDC、IDC 的参数设置方法为双击该元件旁默认的数值，在出现图 9－8 所示小窗口内填写所指定数据即可。

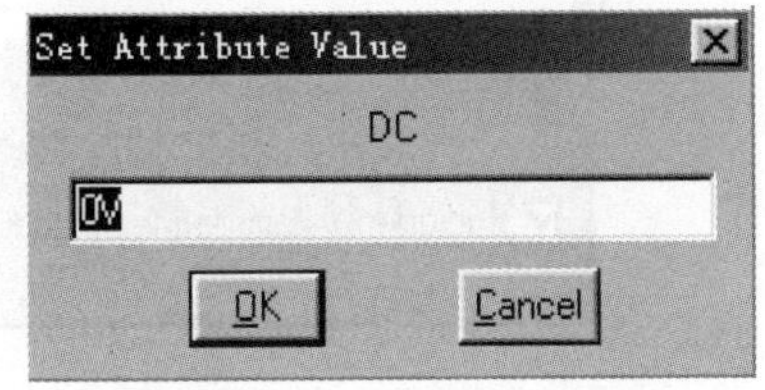

图 9－8 设置元件参数

(2) 受控源控制系数的设置方法为双击受控源，在如图 9－9 所示对话框中的“GAIN＝”后填写指定参数，再单击“Save Attr”、“OK”，数值即被保存。

(3) 交流电源的参数设置为双击交流电源符号，弹出图 9－10 所示对话框。在工作频率和幅值、相位添加指定参数即可。如图 9－10 所设正弦电压源 VAC 为 $u_s = 24\cos(2\pi f + 60°)$ V。

(4) 储能元件初值在动态分析时的设置方法为：取出元件 L 或 C 后，箭头所指方向为电感电流或电容电压的参考正方向；确定正方向后，双击 L 或C，在弹出对话框内“IC＝”的位置输入电感初始电流或电容初始电压。如图 9－11 所示。

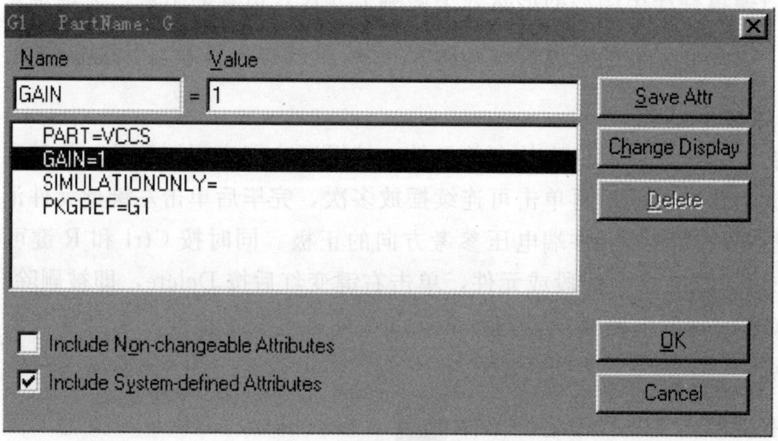

图 9-9 设置受控源参数

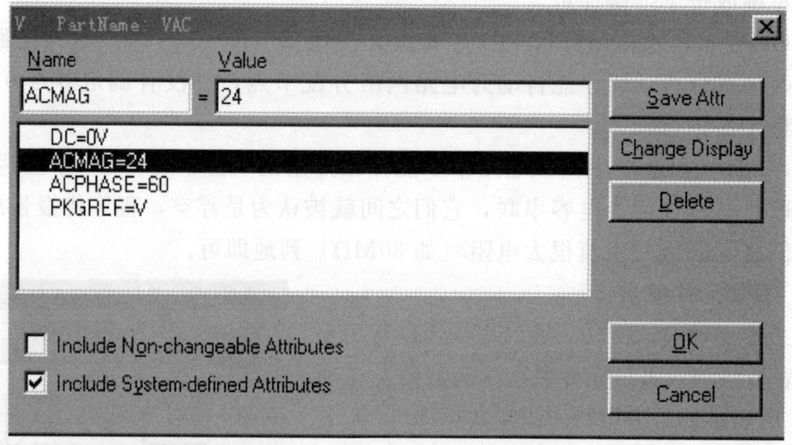

图 9-10 设置交流电源参数

9.2.3 设置输出方式

由于对不同类型电路的分析结果的表示形式不同，因此对应的输出方式也不同。

9.2.3.1 直流电路的输出方式

（1）在库文件 Specil.slb 中取 IPROBE 电流表将其串接到待测电路的支路中，当电路运行后，电流旁即出现该支路电流。在 Specil.slb 中取 VIEWPOINT 节点电压标识符，移到待测节点处，电路运行后，符号上即出现该节点电压。

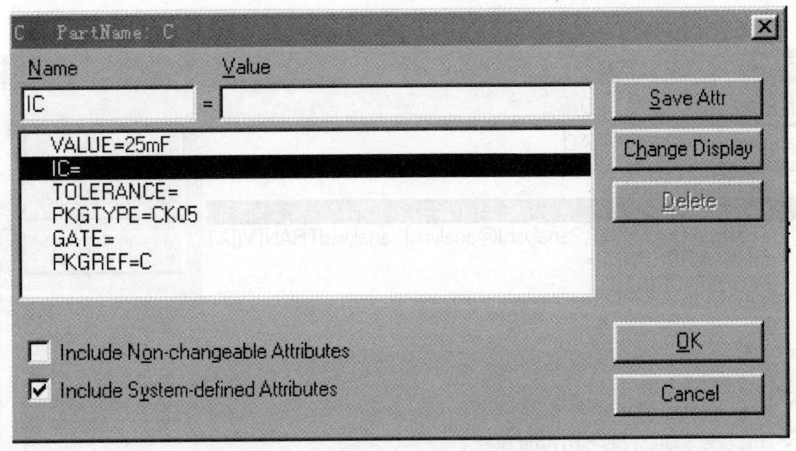

图 9－11　设置动态元件初始值

(2) 如果观察所有节点电压和支路电流，可单击图 9－4 中工具栏中图标 V 和 I ，所有数据都显示在电路图中，可显示对应节点电压和支路电流实际方向。再单击图标 V 和 I ，显示数据消失。

9.2.3.2　正弦稳态电路的输出方式

1. 设置数值输出方式

正弦稳态响应在频率已设定时，输出量可用幅值及相位表示。在图 9－6 子元件库 SPECIAL.slb 中取 PRINT1 ，将其移至待测节点上，双击 图标后弹出图 9－12 对话框，将分析类型设为交流 AC，如图 9－12 所示。单击 Save Attr 运行后，将输出其节点电压的幅值。

同样在 SPECIAL.slb 中取 VPRINT1 移至待测节点上，双击该图标后弹出对话框图 9－13。把所有节点电压名称分别输入给定的模、相位、实部、虚部，如图 9－13 所示 V (C1)。

运行后，将输出有关数值。类似操作，如取 VPRINT2 打字机并联到待测支路，取出 IPRINT 打字机串联到待测支路，电路运行后，可分别输出支

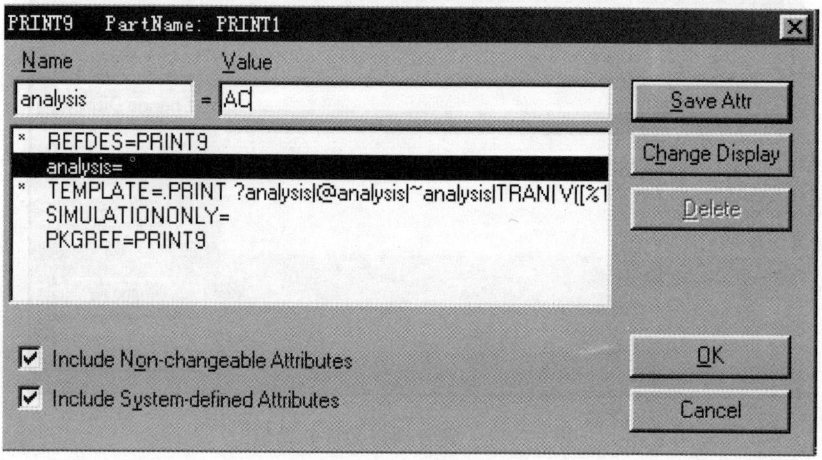

PRINT9　PartName: PRINT1
Name
Value
analysis
=
AC
Save Attr
* REFDES=PRINT9
analysis=
* TEMPLATE=.PRINT ?analysis|@analysis|~analysis|TRAN| V([%1
SIMULATIONONLY=
PKGREF=PRINT9
Change Display
Delete
Include Non-changeable Attributes
Include System-defined Attributes
OK
Cancel

图 9-12　设置数值输出方式

PRINT1　PartName: VPRINT1
Name
Value
AC
=
V(C1)
Save Attr
DC=
AC=V(C1)
TRAN=
MAG=V(C1)
PHASE=V(C1)
REAL=V(C1)
IMAG=V(C1)
Change Display
Delete
Include Non-changeable Attributes
Include System-defined Attributes
OK
Cancel

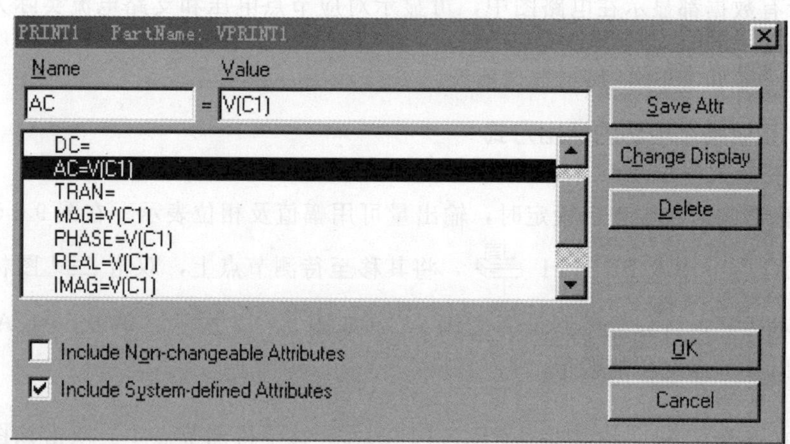

图 9-13　设置支路电压（电流）相量输出方式

路电压和电流的幅值、相位、实部和虚部。

2. 设置曲线输出方式

通过图 9-4 命令菜单中的 Makers 可设置曲线输出方式。方法为：鼠标左键单击 Makers，弹出下拉菜单，前三项分别表示节点电压标识、支路电压标识和支路电流标识，一一取出并按需要放在测试点。电流标识符所在节点显示的电流，表示从此端

流入的电流。节点电压差和支路电流也可以从图 9-4 工具栏中直接点取。电路加上输出标识后，工作在固定频率时，在坐标点上显示的是该变量的幅值；如工作频率在一定范围内变化时，将显示电路变量幅频特性曲线。

9.2.3.3 动态电路的输出方式

其输出方式与正弦电路的输出方式一样也有两种形式，即数值和曲线输出。方法与之相同，只要在输出（节点、元件、支路）电压和电流的位置加对应的标识符即可。

通过以上各项准备工作后，单击存盘图标，按对话框要求输入文件名，存盘后即可进行电路的分析计算。

9.2.4 运行 PSPICE 仿真程序得出分析结果

在电路图程序中按键 F11，或在分析菜单（Analysis）中选 Simulate 项，或点击图标，软件自动开始运行 PSPICE 仿真程序。首先电路图编辑程序将生成电路网络表等文件，PSPICE 程序以批处理的方式对其进行分析，结果以文件形式保存在磁盘上，给后处理程序 Probe 提供数据。通过 Probe 可看到分析结果的图形表示。如果有错，程序将给出错误信息，可在电路图程序中的分析菜单（Analysis）中点击 Examine output 项，打开“文件名.out”文件，查看出错的文本信息。PSPICE 软件的出错信息有两种，一是警告（warning），二是错误（error）。警告一般不影响分析，而有错误就不能进行分析了。报告这些出错信息有两个地方：一是电路图编辑程序的（msgview）程序，二是 PSPICE 软件报告在.out 文件中。

【练习与思考】

（1）简述应用 PSPICE 软件对电路分析主要分哪几个步骤？

（2）为什么模拟电路分析中一定要定义接地点（即 AGND)？

（3）应用 PSPICE，如何设置交流分析的参数输入和输出？

9.3 应用 PSPICE 分析电路实例

由上分析可知，应用该软件的电路分析功能，可进行电阻电路（直流电路）分析、正弦电路（交流电路）稳态分析和动态电路时域分析等，下面就通过几种典型例题来说明该软件的应用。

9.3.1　电阻电路（直流电路）分析

根据前节内容先绘制并编辑电路图，再单击分析菜单（Analysis）中的 Electrical rule check 项检查有无错误，如有错误将有红字显示，必须重新编辑电路，检查无误后单击分析菜单（Analysis）中 Simulate 后进行分析计算。直流分析时，在设置电压或电流输出标识符的地方，直接显示输出有关数据。

【例 9-1】　电路如图 9-14（a）所示，试计算电路中各节点电压。

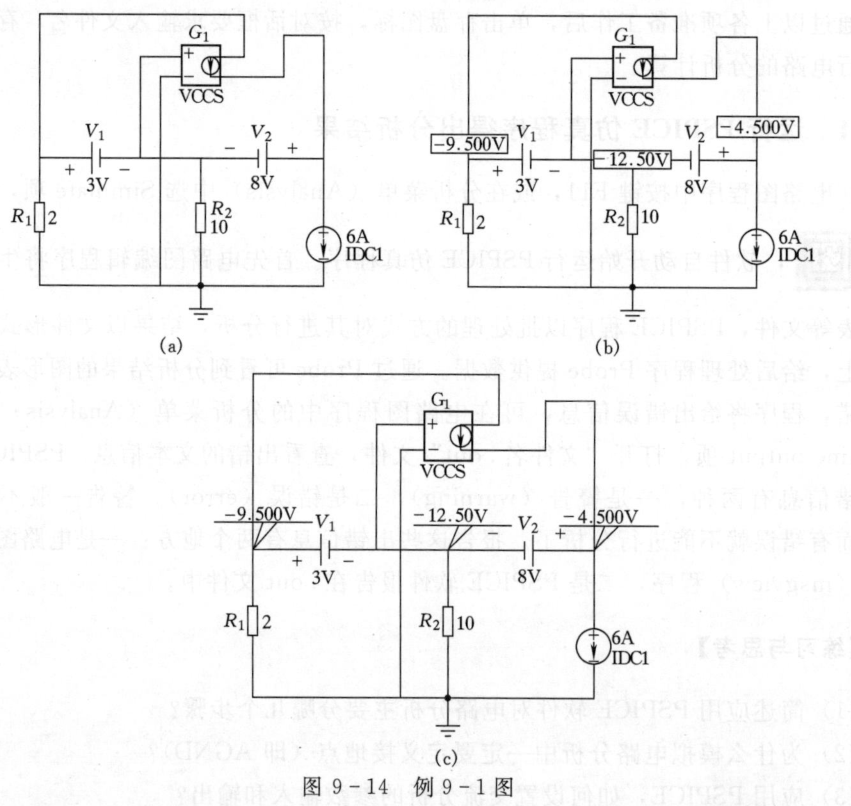

图 9-14　例 9-1 图

解：首先绘制并编辑电路，输入各元件参数，同时单击工具栏右侧 图标，取出节点电压标识 VIEWPOINT，单击分析菜单（Simulate）或单击图标 ，即显示电路分析结果，如电路图 9-14(b)所示。而单击图标 ，则可显示如图 9-14(c)所示有

关节点电压。

【例9-2】 电路如图9-15（a）所示，其中$R_1=2\Omega$，$R_2=5\Omega$，$R_3=1\Omega$，$R_4=4\Omega$，$R_5=3\Omega$，$R_6=3\Omega$，试计算：(1) 支路电流I_5；(2) 各支路电流。

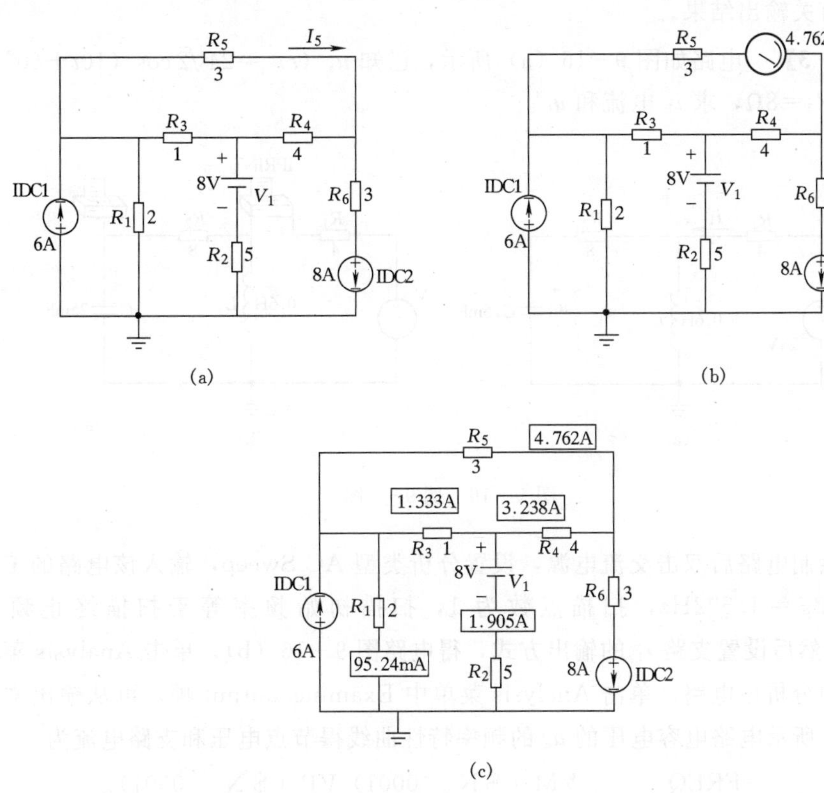

图9-15 例9-2图

解：编辑方法与上例相同，欲求支路电流I_5，可单击图标，并依次点击Libraries及SPECIAL.slb按钮，取出电流表IPROBE符号，置于该支路中，然后单击图标，计算结果如图9-15（b）所示。也可直接单击图标，即可显示所有支路电流，如图9-15（c）所示。

9.3.2 正弦稳态（交流电路）分析

正弦稳态电路分析，先设置分析类型，即依次单击Analysis菜单中Setup项，再单击 AC Sweep 项，然后设置电路的工作频率（$f=\omega/2\pi$）、扫描点数、扫描初始频率、扫描终止频率。编辑电路后，输入元件参数，同时在各结点设置结点电压的数值输出方式。最后单击 Analysis 菜单中 Examine. output 项，将显示输出文件的屏幕，可观察到有关输出结果。

【例 9-3】　电路如图 9-16（a）所示，已知 $u_s(t)=24\sqrt{2}\cos(10t+60°)$ V，$R_1=4\Omega$，$R_2=8\Omega$，求 i_1 电流和 u_C。

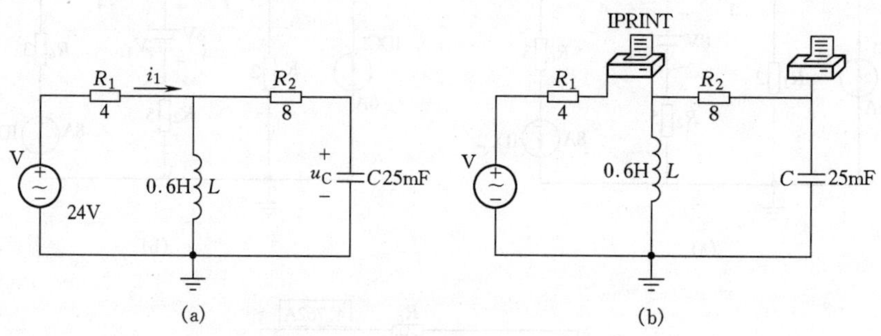

图 9-16　例 9-3 图

解： 绘制电路后双击交流电源，设置分析类型 AC Sweep，输入该电路的工作频率 $f=10/2\pi=1.592$Hz，扫描点数为 1，扫描初始频率等于扫描终止频率为 1.592Hz，然后设置支路 i_1 的输出方式，得电路图 9-16（b），单击 Analysis 菜单中 Simulate 项分析该电路，单击 Analysis 菜单中 Examine. output 项，可从输出文件画出图 9-16 所示电路电容电压的 u_c 的频率特性曲线得节点电压和支路电流为

FREQ	VM（$N_0001）	VP（$N_0001）
1.592E+00	7.271E+00	1.499E+01
FREQ	IM（V_PRINT2）	IP（V_PRINT2）
1.592E+00	2.499E+00	2.904E+01

即

$$u_C=7.271\cos(10t+14.99°)\ \text{V}$$

$$i_1=2.499\cos(10t+29.04°)\ \text{A}$$

【例 9-4】　画出图 9-17（a）电路中电容电压 u_c 的频率特性曲线，已知 $U_s(t)=4\sqrt{2}\cos\omega t$V，$R=1\Omega$，$L=1$H，$C=1$uF。

解： 按上述所介绍的方法编辑电路如图 9-17（a），设置电容支路输出方式，单击 Analysis 菜单中 Simulate 项分析该电路，得到对应于曲线输出方式的输出波形图 9-17（b）。

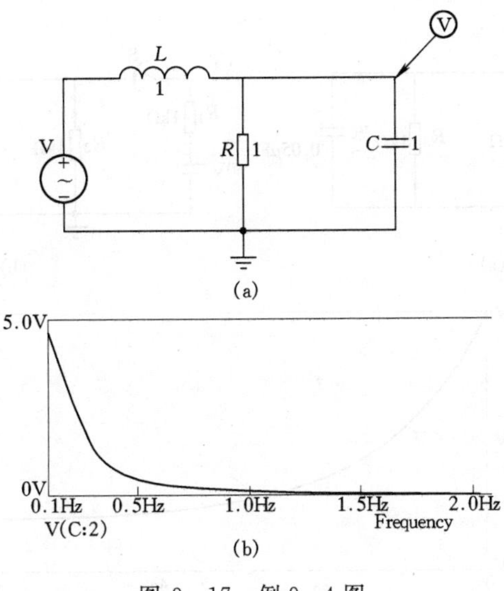

图 9-17 例 9-4 图

9.3.3 动态电路的时域分析

动态电路的计算，先设置分析类型，依次单击 Analysis，Setup，Transient 项，然后分别设置 Print Step、Final Time，再编辑电路，设置输出方式，单击 Simulate 显示分析波形。

【例 9-5】 电路如图 9-18(a)所示，已知 $u_s=50\text{V}$，$u_c(0_-)=100\text{V}$，其中 $R_1=1\text{k}\Omega$，$R_2=1\text{k}\Omega$，$R_3=1\text{k}\Omega$，$C=0.05\mu\text{F}$，当 $t=0$ 开关 S 闭合，试分析 $t>0$ 时 $u_C(t)$。

解： 设置分析类型，依次单击 Analysis，Setup，Transient 各项，其中 Print Step 设为 1.2s；Final Time 设为 6s，此电路时间常数为 1.2s。双击储能元件 C，在选项"IC="填写元件 C 电压初始值，设置输出方式如图 9-18（b）所示。单击 Simulate 显示分析波形如图 9-18（c）所示。单击 Analysis 菜单中 Examine. out 项后显示 u_c（t）的离散解为

TIME	V($N__0001)
0.000E+00	9.999E+01
1.200E+00	4.944E+01
2.400E+00	3.082E+01
3.600E+00	2.398E+01
4.800E+00	2.146E+01
6.000E+00	2.054E+01

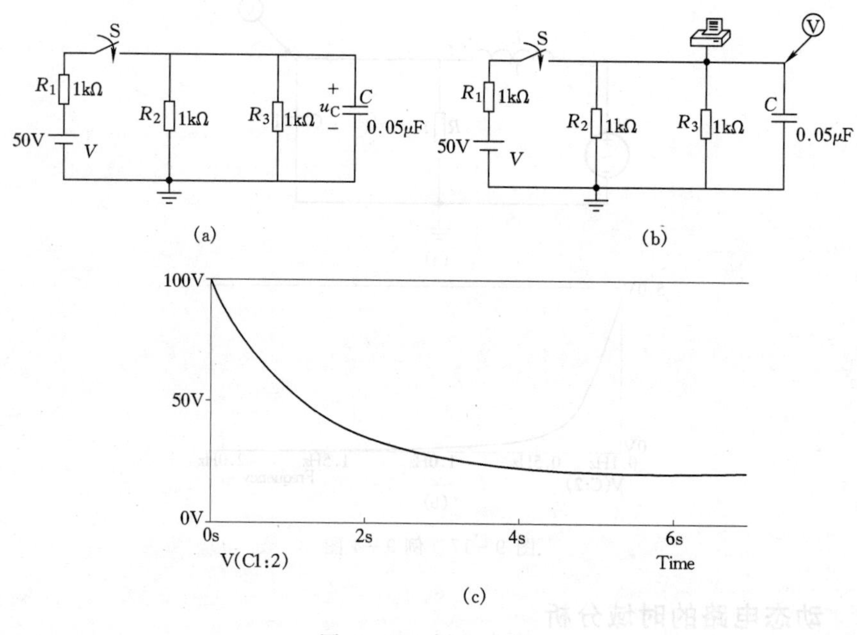

图 9-18　例 9-5 图

【练习与思考】

举例说明 DC、AC 和动态三种电路分析类型的应用。

小　结

(1) 用 PSPICE 软件进行电路分析时，主要的工作在电路图输入程序界面中，包括电路输入，元件符号编辑，界面环境设置，分析方式和元件参数设置等；此外，当前错误显示，激励源编辑，模型编辑，运行分析软件和显示分析结果等，也都在此界面环境中调用。

(2) PSPICE 的分析类型主要有三种，DC 分析，AC 分析和动态分析。DC 分析是测试电路的直流参数；AC 分析相当于扫描仪的作用，设置不同的标识点可观察电压、相位、电流等，但需注意扫描范围、点数及扫描方式（Linear，Octave，Decade）的设置；动态分析是以时间为自变量的分析，相当于用示波器、逻辑分析仪等观察电路特性。在设置时注意激励源的周期要与分析结束时间相配合。

(3) 学习本章内容，要求掌握应用 PSPICE 软件进行电路分析的基本步骤；理解

几种基本分析类型的应用范围；学会绘制元件图形和编辑电路图，并能应用 PSPICE 软件进行分析计算。

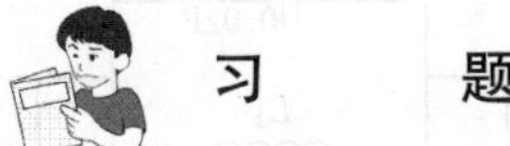

习　　题

9-1　电路如图 9-19 所示，试计算电路中节点电压 u_4 和 u_5。（图 9-19 中电阻单位 Ω 均未标出，以下各题同。）

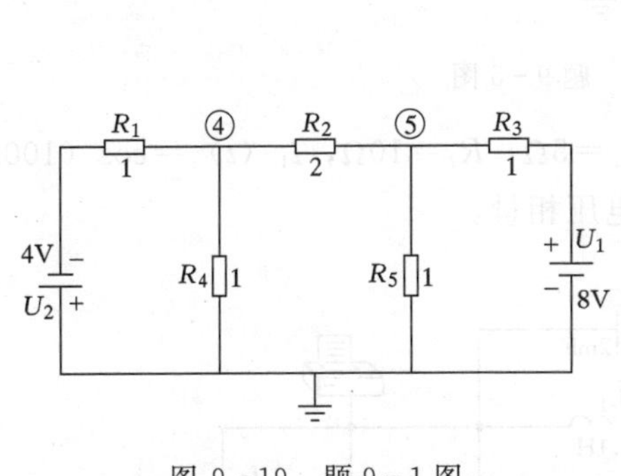

图 9-19　题 9-1 图

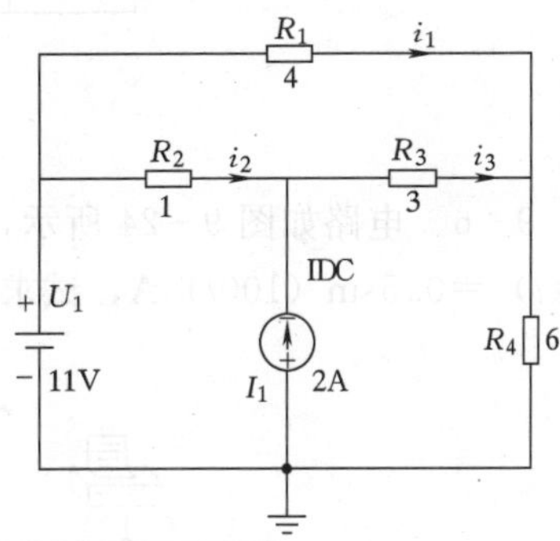

图 9-20　题 9-2 图

9-2　电路如图 9-20 所示，试计算电路中 i_1，i_2，i_3。

9-3　电路如图 9-21 所示，已知受控源 VCCS 的控制系数为 4，试计算电路中电压 u_4。

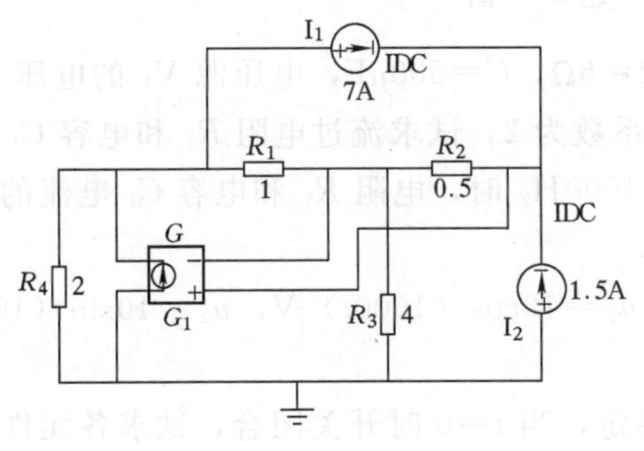

图 9-21　题 9-3 图

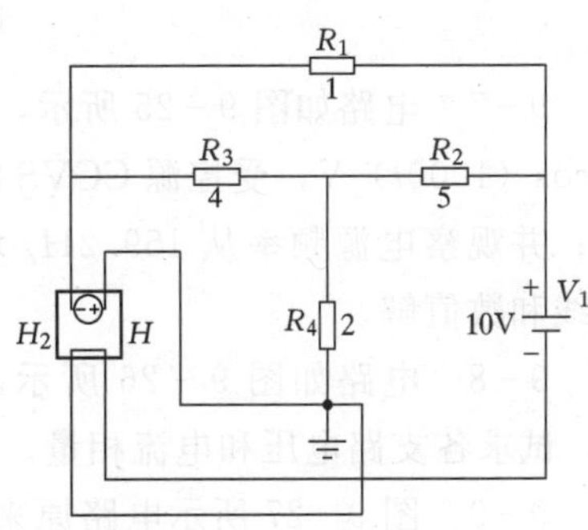

图 9-22　题 9-4 图

9-4　电路如图 9-22 所示，已知受控源 CCVS 的控制系数为 5，试计算电路中电流 i_4。

9-5　电路如图 9-23 所示，已知 $U_1=U_2=5\cos(10t)$ V，试计算电路中各节

点电压。

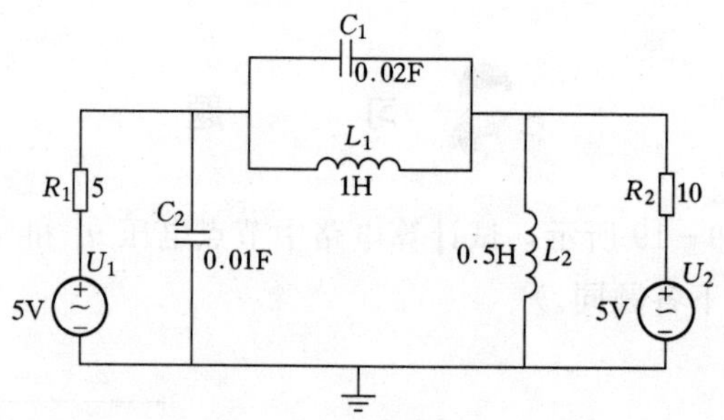

图 9－23　题 9－5 图

9－6　电路如图 9－24 所示，已知 $R_1=5\Omega$，$R_2=10\Omega$，i_1 (t) $=\cos$ $(100t)$ A，i_2 (t) $=0.5\sin$ $(100t)$ A，试求各节点电压相量。

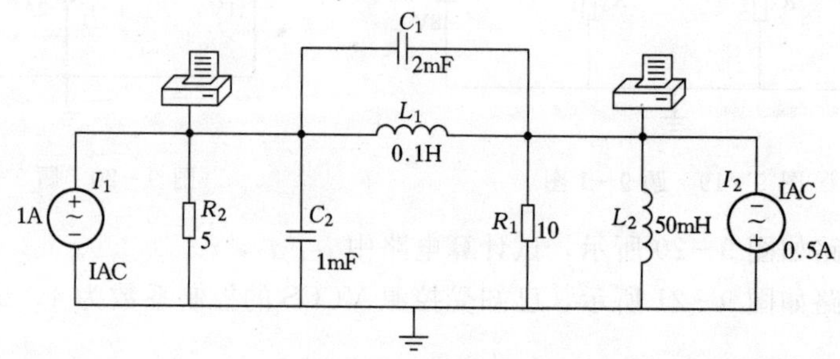

图 9－24　题 9－6 图

9－7　电路如图 9－25 所示，已知 $R=5\Omega$，$C=500\mu F$，电压源 V_1 的电压 $U_1=10\cos$ $(1000t)$ V，受控源 CCVS 的控制系数为 2，试求流过电阻 R_1 和电容 C_1 的电流；并观察电源频率从 159.2H_Z 增长到 1000H_Z 时，电阻 R_1 和电容 C_1 电流的变化曲线和数值解。

9－8　电路如图 9－26 所示，已知 $u_1=10\cos$ $(1000t)$ V，$u_2=10\sin$ $(1000t)$ V，试求各支路电压和电流相量。

9－9　图 9－27 所示电路原来已经稳定，当 $t=0$ 时开关闭合，试求各元件电压和电流响应。

9－10　电路如图 9－28 所示，已知受控源 CCVS 的控制系数为 12.5，试求开关闭合后电感电流 i_L。

9－11　电路如图 9－29 所示，已知 $i_S=0.1\sqrt{2}\cos$ (ωt) A，试画出电容电压 u_C

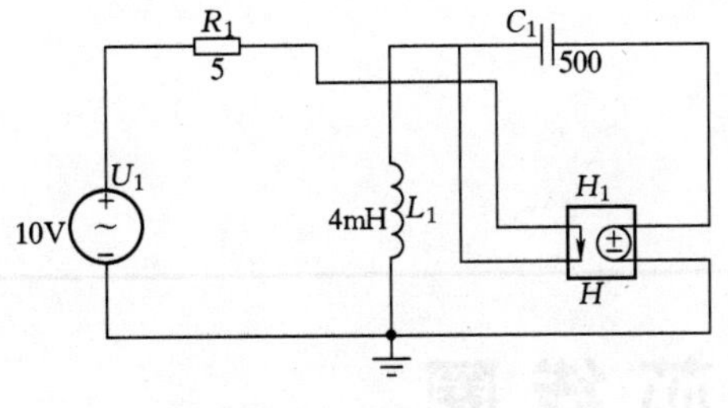

图 9-25　题 9-7 图

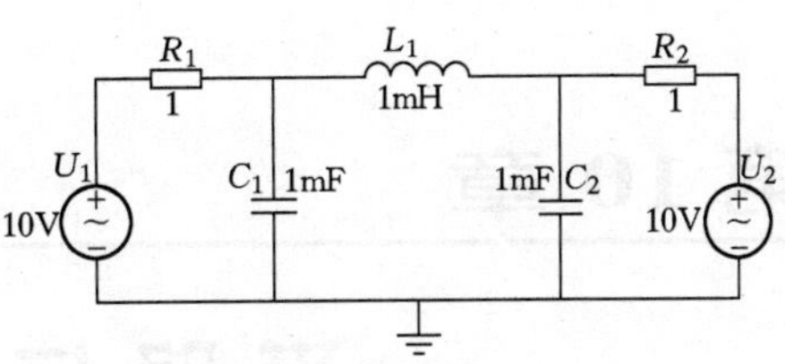

图 9-26　题 9-8 图

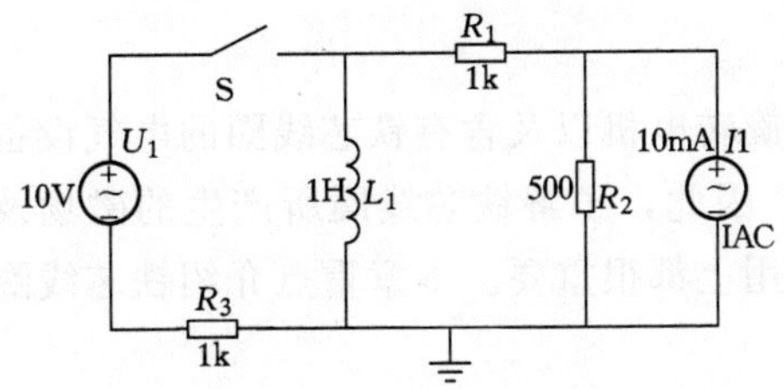

图 9-27　题 9-9 图

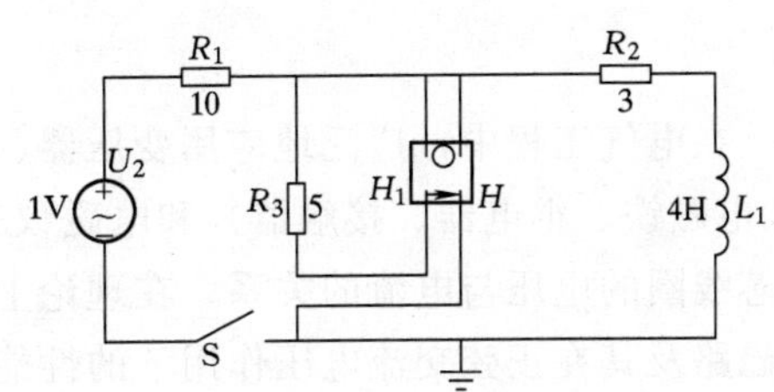

图 9-28　题 9-10 图

的频率特性曲线。

9-12　电路如图 9-30 所示，已知 $u_s = 10\sqrt{2}\cos(\omega t)$ A，试画出 R_2 两端电压的频率特性曲线。

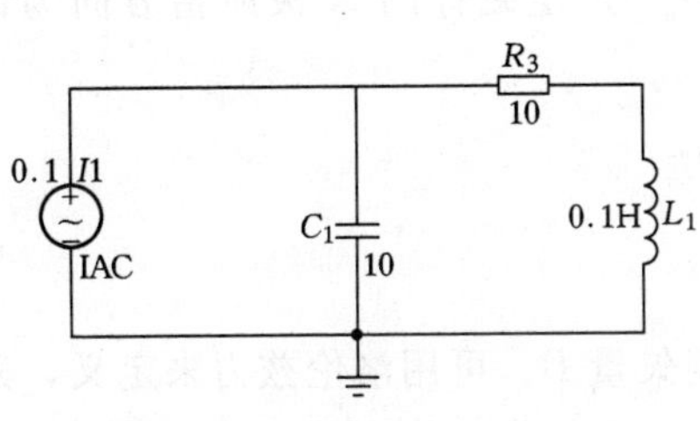

图 9-29　题 9-11 图

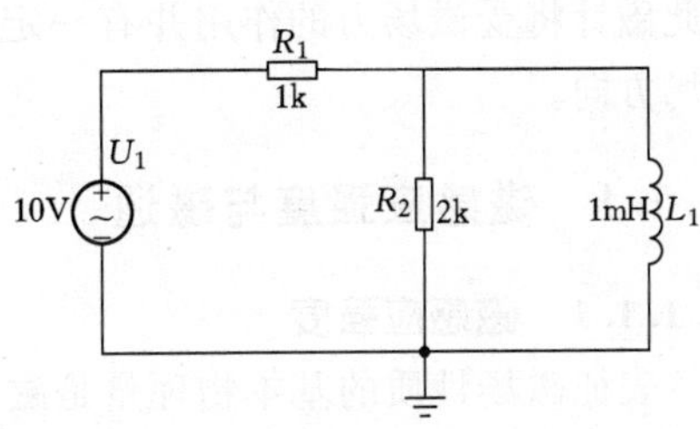

图 9-30　题 9-12 图

第 10 章

磁路与铁芯线圈

在电气工程中，广泛地应用变压器、各种旋转电机以及含有铁芯线圈的电气设备（如电磁铁、继电器、接触器）和电磁仪表等。因此，了解铁芯线圈所产生的磁场及铁芯线圈的电压与电流的关系，在理论上与实用上都很重要。本章重点介绍铁芯线圈的磁路及其在正弦交流电压作用下的性能。

10.1 磁场的基本物理量

电流的周围空间存在着一种特殊形态的物质，其特点是对运动的电荷有作用力，即称在此空间中存在着磁场。磁场具有方向性。在磁场中某处放置一个小磁针，可发现此磁针将受磁场力的作用并有一定的方向性，规定磁针的 N 极所指方向为该处的磁场方向。

10.1.1 磁感应强度与磁通

10.1.1.1 磁感应强度

表征磁场性质的基本物理量是磁感应强度矢量 B。可用洛伦兹力来定义，磁场中某点的磁感应强度 B，其方向即为该点的磁场方向，其数值为单位正点电荷在该点以单位速度运动时所受的最大磁场力（即速度与磁场方向垂直时所受的磁场力），即定义下列比值为磁感应强度的值

$$B=\frac{F_{\max}}{qv} \tag{10-1}$$

式中 $F_{\max}$——点电荷 q 在该点运动时所受的最大磁场力；

v——其运动速度值。

在国际单位制中，B 的单位为特斯拉，简称特，代号为 T。由式（10－1）知

$$1T = 1\ \frac{N}{C \cdot m/s} = 1\ \frac{J/m}{A \cdot s \cdot m/s} = 1\ \frac{V \cdot s}{m^2} = 1\ \frac{Wb}{m^2}$$

工程上，B 还常以高斯（代号为 Gs）为单位，它与特斯拉（T）的关系为

$$1Gs = 10^{-4}\,T$$

磁场可用磁力线（又称感应线）来形象地描述。磁力线按下述规定画出：磁力线上每一点的切线方向即为该点的磁场方向；通过磁场中某点垂直于向量 B 的单位面积的磁力线数等于该点向量 B 的数值，即磁力线的密度等于该点的磁感应强度值。实验表明，在磁场中任一点，向量 B 都有确定的方向，因此，磁力线互不相交。实验还表明，磁力线总是环绕着产生磁场的电流而闭合的曲线，其方向与电流方向之间组成右手螺旋关系。

在磁场中的每一点上，若磁感应强度的方向相同、数值相等，则称为均匀磁场，否则，称为非均匀磁场。

10.1.1.2　磁通

在许多电磁问题的分析中，要用到磁通的概念。在均匀磁场中，取一个与磁感应强度向量 B 垂直的平面 S，则乘积

$$\Phi = BS \tag{10-2}$$

其中 Φ 为垂直穿过面积 S 的磁感应强度向量的通量，简称为磁通。其单位为韦伯（代号 Wb）。

$$1Wb = 1T \cdot 1m^2 = 1V.s$$

在不均匀磁场中，为计算磁通，可在磁场中取一小面积元 dS，使 dS 与该点磁场方向垂直。因 dS 很小，可认为在面积元 dS 上磁感应强度为常数，磁场是均匀的，穿过的磁通为

$$d\Phi = BdS \tag{10-3}$$

若在磁场中取一曲面 S。以 Φ 表示穿过此曲面的磁通，则有穿过曲面 S 的磁通为

$$\Phi = \oint_S d\Phi = \oint_S B\,dS \tag{10-4}$$

由式（10-4）看出，磁通是一个标量，它没有空间方向，但有正负。当 B 与 dS 的夹角小于 90°时，BdS 为正；B 与 dS 大于 90°时，BdS 为负。磁通不是点函数，它总是对某面积而言的。

由于我们画磁力线时，使其密度等于 B 值，因此穿过某曲面 S 的磁通可以形象地用穿过该面积 S 的磁力线的根数来表示。

由式（10-4）可知，当磁感应强度和通过它的面积垂直，且它在此面积中均匀

分布时，则有

$$\Phi = BS \tag{10-5}$$

$$B = \frac{\Phi}{S} \tag{10-6}$$

即磁感应强度值为穿过单位面积的磁通量，故又称为磁通密度。

由于磁力线总是闭合的。因此对于磁场中任一闭合曲面而言，穿入的磁力线数必等于穿出的磁力线数。对闭合曲面来说，一般规定取向外的指向为正法线的方向，因此，穿出闭合曲面的磁通值为正，穿入闭合曲面的磁通值为负，通过任一闭合曲面的总磁通量必然为零，称为磁通的连续性。即

$$\oint_S B\,\mathrm{d}S = 0 \tag{10-7}$$

在工程上有时沿用电磁单位制，在电磁单位制中磁通的单位是麦克斯韦（Mx），它们的换算关系是

$$1\mathrm{Mx} = 10^{-8}\,\mathrm{Wb} = 1\mathrm{Gs} \times 1\ \mathrm{cm}^2$$

10.1.2　磁场强度与磁导率

10.1.2.1　磁场强度

磁场强度是描述磁场的另一个重要的物理量。它也是一个矢量，一个空间点的函数，用符号 H 表示，它和场中同一点的磁感应强度 B 的关系是

$$B = \mu H \tag{10-8}$$

式中　μ——场中某点磁介质的磁导率。

在均匀无限大的介质的磁场中，磁场强度只取决于产生这个磁场的宏观电流的分布而与介质本身无关。也就是说，在由某一宏观电流分布所产生的磁场中，如果分别充满不同的介质，则在场中同一点的磁场强度 H 是相同的，而磁感应强度 B 会随着介质的不同而不同，不同的程度取决于介质的磁导率 μ。

磁场强度的单位，在国际单位制中是 A/m（安/米），在工程上有时沿用电磁单位制中的 Oe（奥斯特），它们的换算关系是

$$1\mathrm{Oe} = \frac{10^{-8}}{4\pi}\ \mathrm{A/m}$$

10.1.2.2　磁导率

磁导率 μ 是反映物质导磁能力的物理量或说物质被磁化能力的物理量，它的单位在国际单位制中是 H/m（亨/米），在电磁单位制中是 Gs/Oe（高斯/奥斯特）。实验指出，在国际单位制中，真空的磁导率为

$$\mu_0 = 4\pi \times 10^{-7} \ \text{H/m}$$

在电磁单位制中，真空的磁导率是1Gs/Oe。其他物质的磁导率与真空磁导率的比值称为该物质的相对磁导率，用符号 μ_r 表示，即

$$\mu_r = \frac{\mu}{\mu_0}$$

按照导磁性能的不同，物质可大体分为三类：一类为顺磁物质，此类物质的 μ_r 稍大于1，属于这类物质的有铅、铂、锰、铬等；另一类是反磁物质，μ_r 稍小于1，属于此类物质的有铋、锑、铜、锌、金、银等；第三类是铁磁物质，μ_r 比1大得多，一般为几百到几万，有的甚至超过 10^5。属于此类物质的有铸铁、铸钢、硅钢、铁镍合金等，这在后面讨论铁磁物质的磁特性时会详细介绍。应该指出，虽然前两类物质中的各种物质的相对磁导率 μ_r 有些不同，但他们都很接近1，所以，工程上，把前两类物质的 μ_r 皆看作1，归属为非铁磁物质。

【思考与练习】

(1) 磁场的 B、Φ、H、μ 之间有哪些关系？

(2) 某均匀磁场的 $B=0.8\text{T}$，其中均匀媒质的 $\mu_r=500$。试求（1）垂直于磁场方向、面积 $S=10^{-3}\text{m}^2$ 的平面上的磁通；（2）磁场中各点的磁场强度值。

(3) 将上题中的媒质换为 $\mu_r=600$ 的均匀媒质，重求各量。

10.2 铁磁物质的磁化曲线

自然界的物质，按其磁性能来说可分为铁磁物质与非铁磁物质两大类。铁、镍、钴等金属以及它们的合金具有特殊的磁性能，其特点是：它们的磁导率很大，$\mu \gg \mu_0$，可以大到几千倍、几万倍；磁导率 μ 不是常数而与磁场强度及铁磁物质原有的磁状态有关。这类物质称为铁磁物质。除铁磁物质外，其余物质的磁导率都近似等于 μ_0，称为非铁磁物质。铁磁物质是电机、电器制造中的重要材料之一，本节主要介绍铁磁物质的磁性能。

10.2.1 铁磁物质的起始磁化曲线

铁磁物质在外界磁场作用下，具有特殊的磁化过程。铁磁物质是由许多被称为“磁畴”的天然磁化区域所组成的。每一个磁畴的体积很小，但包含有数亿个分子。在每个磁畴中，分子电流所产生的磁场的排列方向是一致的。因此每个磁畴就是一个永磁体，具有很强的磁性。但在未被磁化的铁磁物体中，各个磁畴的排列是杂乱无章的。因而从整体来看，各个磁畴产生的磁场互相抵消，对外不显示磁性。如图 10－1（a）所示。

当外界磁场作用于铁磁物质时，受磁场力的作用，原来杂乱排列的磁畴将趋于有规则的排列，此现象称为铁磁物质的磁化。已磁化的铁磁物质对外就显示出具有磁性。如图 10－1（b）所示。

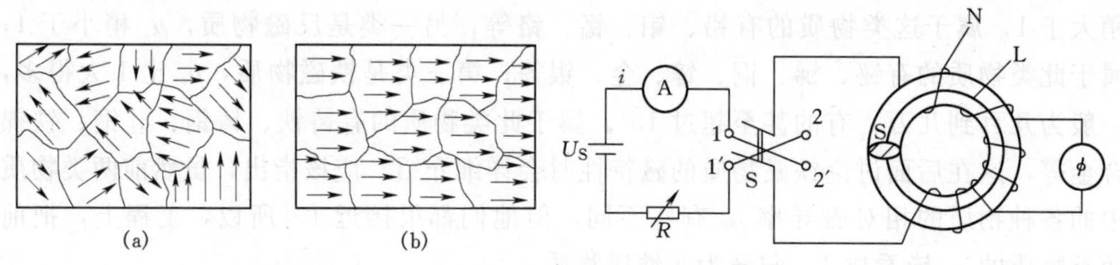

图 10－1 磁畴的排列
（a）不显磁性；（b）显磁性

图 10－2 测定磁化曲线的原理电路

铁磁物质的磁状态，一般由磁化曲线即 $B—H$ 曲线表示。磁化曲线可由实验得出。图 10－2 所示为测定磁化曲线的原理电路。将铁磁物质制成环形铁芯，在铁芯上均匀绕上线圈（称为励磁绕组），调节电阻 R，使电流（称为励磁电流）逐渐增大，磁场强度（后面 10.3.2 节将讲 $H=\frac{N}{l}i$ ）随着加大。测得对应于不同 H 值的磁感应强度 B 值，便可逐点绘出 $B—H$ 曲线，如图 10－3（a）所示。对此曲线，可作如下的解释：在铁磁物质未被磁化的情况下，施以外磁场，使 H 从零开始逐渐增加。开始时磁场较弱，在外磁场作用下，各磁畴略有偏转，排列略为整齐，对外显示出磁性，B 值逐渐上升。由于磁畴偏转程度与磁场强度 H 有关，随着 H 上升 B 值也增大，如图 10－3（a）曲线上的 oa 段。当磁场强度增加到一定程度时，某些与外磁场方向相反的磁畴发生翻转，而变得与外磁场方向一致，因此使磁化得以增强，B 值随外磁场强度 H 值的增加而迅速上升，如图 10－3（a）曲线上的 ab 段。在磁场强度增加到对应于 b 点之后，由于磁畴都已翻转，方向都已趋于一致，此后再增加磁场强度 H 时，铁磁物质的磁化程度就不会增加了，故 B 值仅能缓慢增加，如图

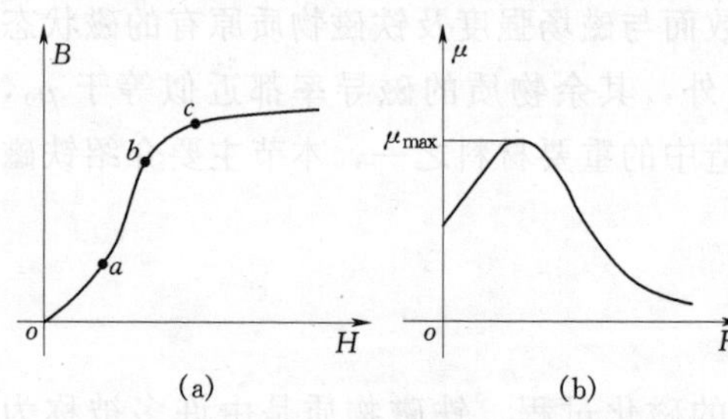

图 10－3 铁磁物质的磁化曲线和 μ—H 曲线
（a）起始磁化曲线；（b）μ—H 曲线

10-3 (a)曲线 b 点以右的部分，即称磁化已达到“饱和”。这部分曲线的斜率决定于真空磁导率。通常称 b 点为膝点。上述 B—H 曲线，是从铁磁物质未被磁化的情况下开始，逐步增大 H 值的磁化过程中获得的，称为起始磁化曲线。在不同 H 值下 μ 值也不同，在 ab 段内某点 μ 达到最大值，而在“饱和”后迅速下降，如图 10-3 (b) 所示，图 10-3 (a)、(b) 所示的 B—H 曲线和 μ—H 曲线都是非线性的，显然 $\mu \neq$ 定值，不可直接用 $B=\mu H$ 式来计算。而非铁磁物质的 B—H 曲线为直线，μ 是常数，可直接用 $B_0=\mu_0 H$ 式来计算。

10.2.2 磁滞回线

在上述铁磁物质磁化过程的实验中，当磁场强度由零增加到某一最大值 H_m 时 (对应的磁感应强度值为 B_m)，若减小磁场强度，则 B 应下降。但实验表明 B 将不沿原来的曲线下降，而将沿着比起始磁化曲线稍高的曲线下降，这是由于磁畴的翻转过程是不可逆的缘故。当 H 值减小到零时 (即励磁电流为零)，磁感应强度仍具有某一非零值 B_r，如图 10-4 所示，这种现象称为磁滞，即 B 的改变滞后于 H 的改变。铁磁物质磁化后，当外磁场为零时仍具有的磁感应强度 B_r 称为剩余磁感应强度，简称剩磁。永久磁铁就是利用这种剩磁来产生磁场的。

要使已磁化的铁磁物质中的磁感应强度为零，需要外加相反的磁场 (即改变励磁电流的方向) 进行去磁。在图 10-2 测定磁化曲线的原理电路中，将开关 S 由 1 合至 2，励磁电流 I 的方向改变，H 的方向随之改变。当 H 由零向相反方向增加时，B 逐渐下降，至 $H=-H_C$ 时 $B=0$。这个反向磁场强度值 H_C，称为矫顽力。矫顽力是抵消已磁化的铁磁物质的剩磁所需的反向外磁场强度。

反向磁场强度由 H_C 继续增大，磁感应强度改变方向后数值也增大，直到 $H=-H_m$ 为止 (这时，对应的磁感应强度值为 $-B_m$)。若重新减小 H 的绝对值，那么，B 的绝对值也随着减小，磁状态将沿着较低的一条曲线返回 $H=0$，$B=-B_r$ 的点。在这一点上，励磁电流为零，同样具有剩余磁感应强度，但剩磁的方向与前相反。然后再改变励磁电流的方向，并逐渐增大电流值。则 H 随着增大，B 将逐渐减小到零，到达图 10-4 中 $B=0$，$H=H_C$ 的点。再继续增大 H 到 H_m 值。按上述顺序反复磁化多次之后，将得到一条对称于原点的闭合曲线，如图 10-4 所示，这样的曲线称为铁磁物质的磁滞回线。磁滞回线在第二象限内的一段称为去磁曲线。

铁磁物质在反复磁化过程中要消耗能量，这种能量损耗称为磁滞损耗。可以证明：反复磁化一次的磁滞损耗与磁滞回线的面积成正比。

按照磁滞回线的形状和在工程上的用途，铁磁物质基本上分为硬磁材料和软磁材料两大类，如图 10-5 所示。

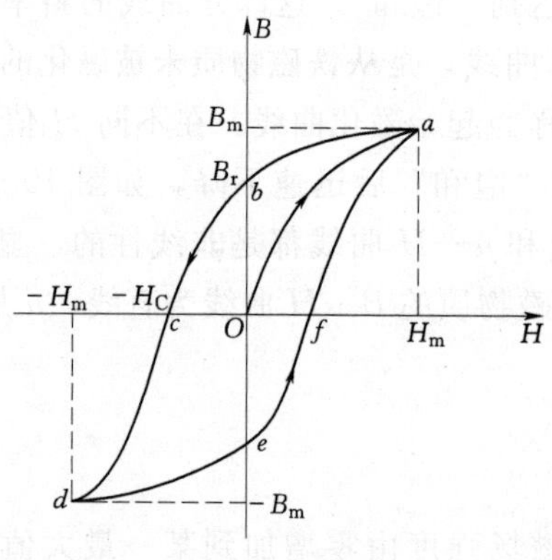

图 10-4 磁滞回线

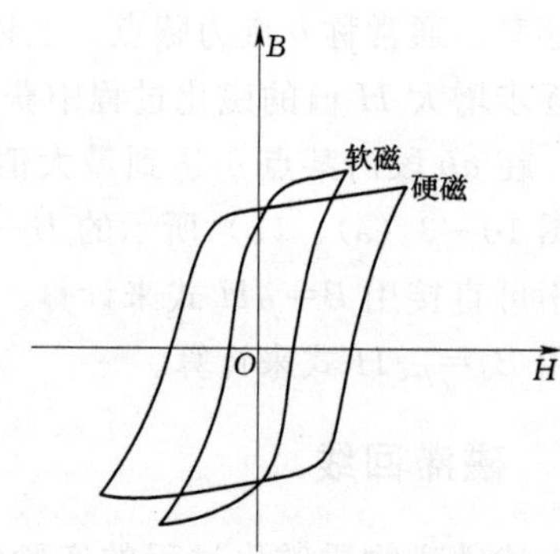

图 10-5 硬磁材料和软磁材料

磁滞回线面积较宽而大的，属于硬磁材料。硬磁材料有较大的剩余磁感应强度和矫顽力；永久磁铁就是用这类材料制成的。常用的硬磁材料有铬、钨、钴、镍等的合金，如铬钢、钴钢、钨钢及铝镍硅等。

磁滞回线面积窄小的，属于软磁材料。软磁材料的剩余磁感应强度及矫顽力小，没有外磁场时可以认为磁性基本消失；磁滞回线狭窄，磁滞回线的面积及磁滞损耗小；磁导率高。电工钢片（硅钢片）、铁镍合金、铁淦氧磁体、纯铁、铸铁、铸钢等都是软磁材料。由于变压器和交流电机的铁芯要在反复磁化的情况下工作，所以都用硅钢片叠成。

由于软磁材料的磁滞回线狭窄，一般就用基本磁化曲线代表其磁性能，供磁路计算用。

10.2.3 基本磁化曲线

在图 10-2 的测定磁化曲线的原理电路中，取不同励磁电流的最大值 I_m，便可得不同的 H_m 值，可作出一系列的磁滞回线。由各条磁滞回线的正顶点连成的曲线，称为铁磁物质的基本磁化曲线，如图 10-6 所示。基本磁化曲线略低于起始磁化曲线，但相差很小。

若在铁磁物质磁化过程中，磁场强度由 H 增加到 $H+\Delta H$ 后，又从 $H+\Delta H$ 减小到 H，如此不断反复改变，可形成一个小的磁滞回线，如图 10-7 所示。这样的小回线称为局部磁滞回线。

图 10-8 中给出了几种软磁材料的基本磁化曲线，供本书有关计算使用。

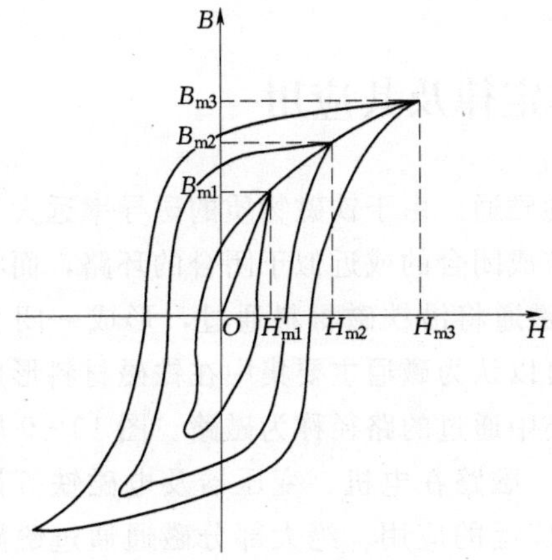

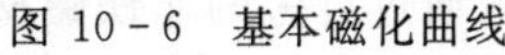
图 10-6 基本磁化曲线

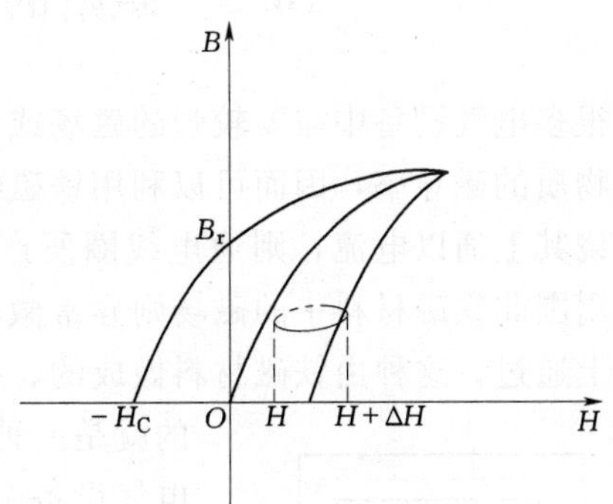

图 10-7 局部磁滞回线

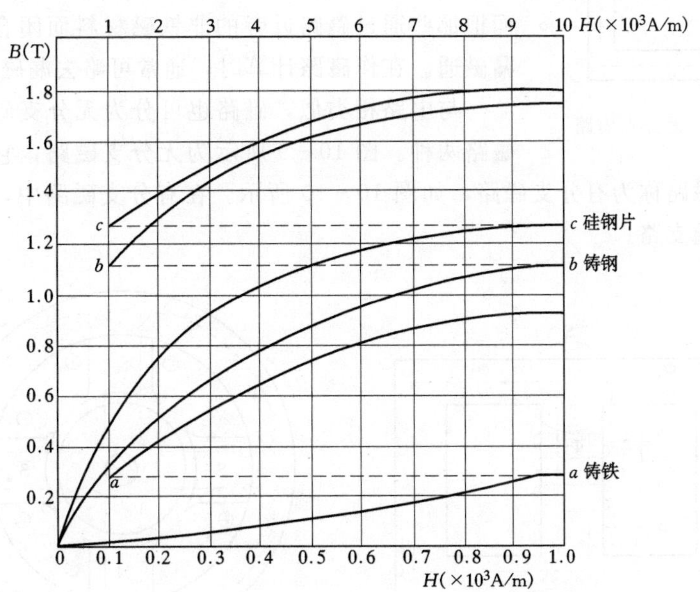

图 10-8 铸铁、铸钢、硅钢片的基本磁化曲线

【思考与练习】

(1) 什么是铁磁物质的磁化、磁饱和、磁滞?

(2) 什么是铁磁物质的起始磁化曲线和基本磁化曲线?这些曲线是怎样得到的?

(3) 软磁材料和硬磁材料各有什么特点?

10.3　磁路的基本定律及其应用

很多电气设备中需要较强的磁场或较大的磁通。由于铁磁物质的磁导率远大于非铁磁物质的磁导率，因而可以利用铁磁物质作成闭合的或近似于闭合的环路，而将导线缠绕其上通以电流，则通电线圈所产生的磁通将沿铁磁材料通过，形成一闭合路径，周围非铁磁材料中的磁场则异常微弱，可以认为磁通主要集中在铁磁材料形成的路径上通过。这种由铁磁材料做成的、磁通集中通过的路径称为磁路。图 10－9 所示的就是一种磁路。磁路在电机、变压器及电磁铁等许多电气设备中有着广泛的应用。绝大部分磁通通过磁路而闭合，但也有极少数磁通通过近旁的非铁磁材料而闭合。把通过铁磁材料构成磁路而闭合的磁通，称为主磁通，而把那些通过磁路近旁的非铁磁材料而闭合的磁通称为漏磁通。在作磁路计算时，通常可略去漏磁通。

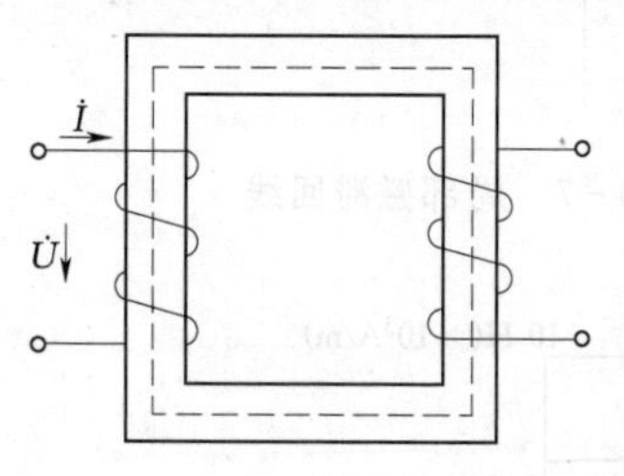

图 10－9　无分支磁路

与电路相类似，磁路也可分为无分支磁路和有分支磁路两种。图 10－9 所示为无分支磁路，它仅有一个回路。另一类磁路称为有分支磁路，如图 10－10 所示。在有分支磁路中，有两条或多于两条的磁通支路。

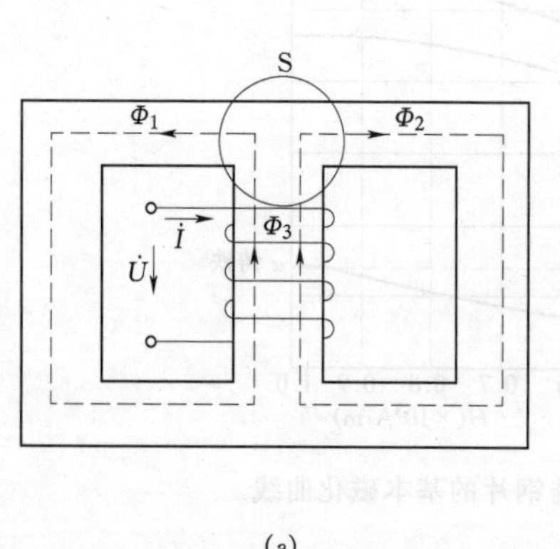

(a)

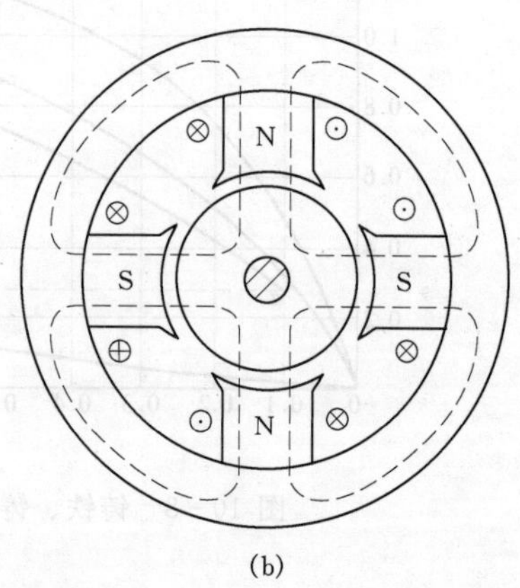

(b)

图 10－10　有分支磁路

磁路通常由粗细均匀、截面相同的段落构成。因此，在铁芯构成的磁路的一个段落中，磁场是均匀的，磁通可认为等于截面积乘以磁感应强度。

由于制造和结构上的原因，磁路中常会含有空气隙，当空气隙很小时，气隙里的磁力线大部分是平行而均匀的，只有极少数磁力线扩散出去造成所谓的边缘效应，相对于主磁通来说，所占的比例很小，所以一般可忽略不计。如图 10－11 所示。

同电路一样，磁路也存在着固定的规律，推广电路的基尔霍夫定律可以得到有关磁路的定律。磁路基本定律是磁路计算的基础，现介绍如下。

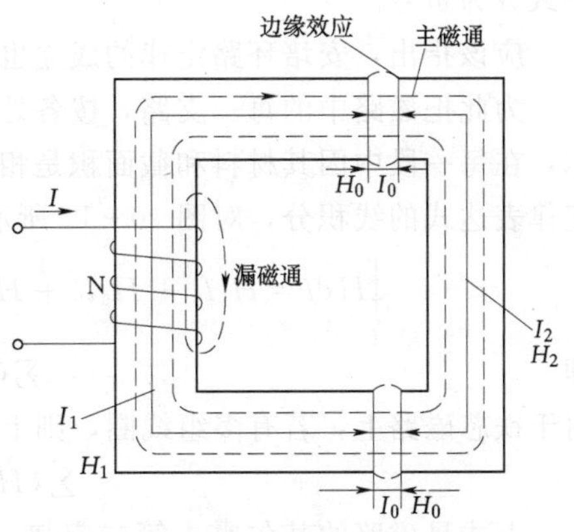

图 10－11 边缘效应及安培环路定律

10.3.1 磁路的基尔霍夫第一定律

对图 10－10（a）中磁路的分支点（节点）取闭合曲面 S，根据式（10－7）磁通的连续性，在忽略了漏磁通以后，在磁路的一条支路中，处处都有相同的磁通，而进入包围磁路分支点闭合曲面的磁通与穿出该曲面的磁通是相等的。因此，磁路分支点（节点）所连各支路磁通的代数和为零，即

$$\sum \Phi = 0 \tag{10-9}$$

这就是磁路基尔霍夫第一定律的表达式。在图 10－10（a）中，对于节点 S，若把进入节点的磁通取正号，离开节点的磁通取负号，则

$$\Phi_3 - \Phi_1 - \Phi_2 = 0 \quad 或 \quad \Phi_3 = \Phi_1 + \Phi_2$$

即进入节点的磁通等于离开节点的磁通。

根据磁路的基尔霍夫第一定律，磁路的无分支部分各处截面的磁通都是相同的。

10.3.2 磁路的基尔霍夫第二定律

10.3.2.1 磁路的基尔霍夫第二定律

在磁路计算中，为了找出磁通和励磁电流之间的关系，必须应用安培环路定律（又称全电流定律）。安培环路定律的内容是：在磁场中，磁场强度沿任意闭合路径的线积分等于穿过该闭合路径所限定的面积的宏观电流的代数和。用公式表示为

$$\oint_l H \mathrm{d}l = \sum I$$

在具体应用此定律时，闭合路径所限定的面积的方向可由路径方向的右手定则确定。公式等号右边各项的正负号为：当电流的方向与该面积的方向一致者为正号，不

一致者为负号。

应该指出，安培环路定律的成立也与磁场中介质的分布无关。

为此把磁路中的每一支路，按各处材料和截面不同分成若干段。如图 10－11 所示，在每一段中因其材料和截面积是相同的，所以 B 和 H 处处相等。应用安培环路定律表达式的线积分，对图 10－11 所示闭合回路

$$\oint_l H\,\mathrm{d}l = H_1 l_1 + H_0 l_0 + H_2 l_2 + H_0 l_0 = \sum(Hl) \quad \sum I = NI$$

即

$$\sum(Hl) = NI$$

对于铁芯磁路上，若有多组线圈，则上式可写为一般形式

$$\sum(Hl) = \sum(NI) \tag{10-10}$$

上式是磁路的基尔霍夫第二定律。此式中某段磁路的长度与其磁场强度的乘积 Hl 称为该段磁路的磁压或磁位降，用 U_M 表示。沿磁场方向行进一段路径的磁压为正值。乘积 NI 称为磁动势或磁通势，通常用 F 表示：$F=NI$。式（10－10）表明：闭合磁路中各段磁压的代数和等于各磁通势的代数和。式（10－10）中，磁动势的方向由电流确定，应与电流组成右手螺旋关系。磁压、磁动势的方向与闭合路径绕行方向一致者取正号，反之取负号。

10.3.2.2 磁路的欧姆定律

磁路的第三个定律是磁路的欧姆定律。此定律可导出如下：

$$\Phi = BS = \mu HS = \frac{Hl\mu S}{l} = \frac{Hl}{\dfrac{l}{\mu S}} = \frac{U_M}{R_M} \tag{10-11}$$

式（10－11）叫做磁路的欧姆定律。它具有与电路的欧姆定律相似的形式。式(10－11)中 U_M 是磁压降，在 SI 单位制中，U_M 的单位为 A；$R_M = \dfrac{l}{\mu S}$ 称为磁阻，其单位为 1/H，对于铁磁物质构成的磁路段落，使用磁阻的概念并不方便，因为此时磁导率不是常数，磁阻也不是常数，会随磁场的强弱而变化；磁通 Φ 的单位仍为 Wb。

由上述分析可知，磁路与电路有许多相似之处。磁路定律是电路定律的推广。但应注意，磁路和电路具有本质的区别，绝不能混为一谈。主要表现在磁通并不像电流那样代表某种质点的运动；磁通通过磁阻时，并不像电流通过电阻那样要消耗能量，因此维持恒定磁通也并不需要消耗任何能量，即不存在与电路中的焦耳定律类似的磁路定律。

10.3.3 磁路基本定律的应用

在电机、电器的设计中常需进行磁路的计算。磁路中的磁通不随时间变化而是恒

定数值（即励磁电流为直流）时，称为恒定磁通的磁路。磁路计算中，一种常见的问题是已知磁路的结构、尺子及磁通，要计算励磁线圈的电流及匝数。这一类问题可直接按磁路定律计算，通常称为磁路计算的正面问题。另一类则是与此相反的问题，即已知励磁线圈的电流及匝数，要计算磁路中的磁通。这一类问题通常不能通过直接计算求得解答，因为铁磁材料具有非线性特性（即它的磁导率不是恒定值），通常称为磁路计算的反面问题。下面分别讨论这两类磁路问题的计算方法。

10.3.3.1 无分支磁路计算的正面问题

这是已知磁通求磁动势的问题，下面通过具体的例子来说明这一问题的计算方法。

1. *无分支均匀恒定磁通磁路计算*

如果由铁磁材料组成的磁路只是一个回路，而且回路中各处的材料和截面积均相同，这种磁路就是无分支均匀磁路。

这种磁路的计算最简单，现举例说明。

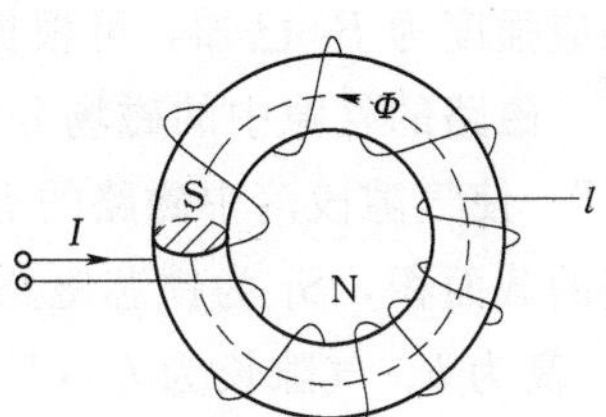

图 10-12 例 10-1 图

【例 10-1】 铸钢圆环磁路如图 10-12 所示，其截面积为 $S=5\text{cm}^2$，平均磁路长度 $l=100\text{cm}$，要求产生的磁通 $\Phi=7.5\times10^{-4}\text{Wb}$，试求所需磁势 F。

解：这是一个正面问题，求解步骤如下：

(1)
$$B=\frac{\Phi}{S}=\frac{7.5\times10^{-4}}{5\times10^{-4}}=1.5\text{T}$$

(2) 查铸钢的磁化曲线图 10-7，$B=1.5\text{T}$ 时

$$H=2600\text{A}$$

(3) $F=Hl=2600\times100\times10^{-2}=2600\text{A}$。

2. *无分支不均匀恒定磁通磁路计算*

如果磁路只是一个回路，但此回路由不同的材料或不同的截面积组成，这种磁路就是无分支不均匀磁路。

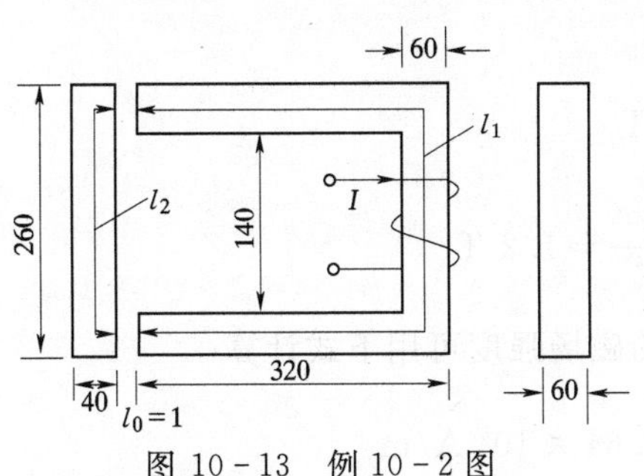

图 10-13 例 10-2 图

下面举例说明此类磁路的计算方法。

【例 10-2】 一个直流电磁铁如图 10-13所示，磁路的铁芯材料为铸钢，空气隙长度 $l_0=1\text{mm}$，铁芯尺寸已在图 10-13 上标出，单位均为 mm。今欲使气隙中磁感应强度 $B_0=0.8\text{T}$，问所需磁动势 F 为多少？如励磁绕组匝数 $N=1000$，试求所需励磁电流 I。

解：这是一个无分支不均匀磁路。磁路各段落上的磁通是相同的。若能求得各段落的 B 值，则可从 B—H 曲线求出各段落的磁场强度 H 值，然后按式（10-10）求出磁动势 F。

从图 10-13 示铁芯尺寸可知，铁芯磁路可分成两个截面不相同的段落：Π 形部分长为 l_1，截面积为 S_1；条形部分长为 l_2，截面积为 S_2；气隙长为 l_0，截面积为 S_0。即

$$l_1 = 20 + 2 \times 29\text{cm} = 78\text{cm} = 0.78\text{m}; \quad S_1 = 6 \times 6 = 36 \times 10^{-4}\ \text{m}^2$$

$$l_2 = 20 + 2 \times 2\text{cm} = 24\text{cm} = 0.24\text{m}; \quad S_2 = 4 \times 6 = 24 \times 10^{-4}\ \text{m}^2$$

$$l_0 = 1\text{mm} = 0.001\ \text{m}$$

因为磁通相同，故铁芯各段落的 B 值不同。先求出磁感应强度的值。因气隙磁感应强度为 B_0 已知，可根据 B_0 求出磁通再求各铁芯段落的 B 值。

磁路的气隙中的磁场分布存在所谓“边缘效应”。气隙磁场的磁感应线向外“扩张”，使气隙段落中磁路的有效截面比铁芯部分大，即 $S_0 > S_1$，这里 S_0 表示气隙磁路的截面积，S_1 为铁芯磁路的截面积。实验与计算表明，若铁芯截面为矩形、宽为 a、高为 b、气隙长为 l_0（见图 10-13），当气隙长度比铁芯截面的尺寸小得多，即

$$\frac{a}{l_0} \geqslant 10 \sim 20, \quad \frac{b}{l_0} \geqslant 10 \sim 20$$

时，可忽略边缘效应，可以认为 $S_0 \approx S_1$。若需计及边缘效应，可按下式计算气隙磁路的截面积

$$S_0 = (a + l_0)(b + l_0) \approx ab + (a + b) l_0$$

实际上许多磁路的气隙都很小，可以满足忽略边缘效应的条件。本例 $\frac{a}{l_0} = \frac{b}{l_0} = 60$，可以忽略边缘效应，所以气隙的有效截面积为

$$S_0 \approx S_1 = 36 \times 10^{-4}\ \text{m}^2$$

由此求得磁通为

$$\Phi = B_0 S_0 = 0.8 \times 36 \times 10^{-4} = 2.28 \times 10^{-4}\ \text{Wb}$$

由此可求出两个铁芯段落的磁感应强度为

$$B_1 = \frac{\Phi}{S_1} = B_0 = 0.8\ \text{T}$$

$$B_2 = \frac{\Phi}{S_2} = \frac{28.8 \times 10^{-4}}{24 \times 10^{-4}} = 1.2\ \text{T}$$

各段落的磁场强度可分别求出。空气隙中的磁场强度可用下式计算

$$H_0 = \frac{B_0}{\mu_0} = \frac{0.8}{4\pi \times 10^{-7}} = 0.64 \times 10^6\ \text{A/m}$$

两个铁芯段落中的磁场强度值可从基本磁化曲线图 10-8 中查出

$$H_1 = 4.3 \times 10^2 \text{ A/m}$$

$$H_2 = 14.2 \times 10^2 \text{ A/m}$$

所以 $\sum(Hl) = 2H_0 l_0 + H_1 l_1 + H_2 l_2$

$$= 2 \times 0.64 \times 10^6 \times 10^{-3} + 4.3 \times 10^2 \times 0.78 + 14.2 \times 10^2 \times 0.24$$

$$= 1954 \text{ A}$$

即 $$F = 1954 \text{ A}$$

当励磁绕组匝数 $N=1000$ 时，所需励磁电流 $I = \dfrac{F}{N} = \dfrac{1954}{1000} = 1.954$ A。

由此可知，求解无分支路磁路正面问题的计算程序为 $\Phi \to B \to H \to Hl \to \sum(Hl) \to NI$。求解步骤可简述如下：

(1) 将磁路分成截面相同的几个段落，求各段的截面积与磁感应强度。其中求气隙截面积时需审查是否能忽略边缘效应。

(2) 求各段落的磁场强度。气隙磁场强度可按 $H_0 = \dfrac{B_0}{\mu_0}$ 计算。铁芯部分各段落的 H 值可由相应的磁化曲线求得。

(3) 求出各段落的长度，按式 $F = NI = \sum(Hl)$ 求出磁动势。

若铁芯由硅钢片叠成，则因硅钢片上一般涂有绝缘漆，铁芯厚度中包含漆膜层厚度，有效截面积将小于视在截面积。为求出有效铁芯截面，通常引入填充系数（或称叠片系数）

$$K = \frac{S}{S'}$$

式中 S'——视在截面；

S——有效截面，即 $S = KS'$。

10.3.3.2 无分支磁路计算的反面问题

磁路计算的反面问题一般用试探法求解：先假设磁通为某值 Φ'，按正面问题的解法求出相应的磁动势 F'；所得磁动势一般不会恰好等于给定值，根据其差额再假设第二个磁通值 Φ''，并求出相应的 F''；如此逐次试探，直到结果与给定的磁动势的值之差额足够小，满足所要求的精确度为止。还可以按几次试探计算的 Φ 与 F 值，作出 F—Φ 曲线，由给定的磁动势从曲线上查出待求的磁通。

第一次磁通假定值的选择是重要的。若磁路有气隙，由于其磁导率比铁磁物质的磁导率小很多，故其磁阻远比铁芯段落的磁阻大，气隙段的磁压占了磁动势的大部分。因此，第一次试探常可设气隙磁压 $H_0 l_0$ 约等于全部分磁动势。考虑到各铁芯段落还有一定磁压，可取 $H_0 l_0$ 为一略小于磁动势的值。

【思考与练习】

（1）什么是磁路？主磁通与漏磁通有何区别？

（2）磁路的基尔霍夫第一定律、第二定律及磁路的欧姆定律的内容是怎样的？

（3）已知线圈电感 $L=\psi/I=N\Phi/I$，试用磁路欧姆定律证明 $L=N^2\mu S/l$，并说明如果线圈大小、形状和匝数相同时，有铁芯线圈和无铁芯线圈的电感哪个大？

（4）为什么空芯线圈的电感是常数，而铁芯线圈的电感不是常数？铁芯线圈在未达到饱和与达到饱和时，哪个电感大？

（5）什么是磁路计算的正面问题和反面问题？计算这两类问题的方法有什么不同？

10.4　交流铁芯线圈中的波形畸变与磁损耗

所谓交流铁芯线圈，是指线圈中加入铁芯，并在线圈两端加正弦交流电压。本节讨论正弦激励下铁芯线圈电路的稳态。

10.4.1　线圈感应电动势与磁通的关系

交流铁芯线圈是用正弦交流电来励磁的，其电磁关系与直流铁芯线圈有很大不同。在直流铁芯线圈中，因为励磁电流是直流，其磁通是恒定的，在铁芯和线圈中不会产生感应电动势。而交流铁芯线圈的电流是变化的，变化的电流会产生变化的磁通，于是会产生感应电动势，电路中电压电流关系也与磁路情况有关。

选择线圈电压 u、电流 i、磁通 Φ 及感应电动势 e 的参考方向如图 10－14 所示。在图 10－14 中有

$$e=-N\frac{\mathrm{d}\Phi(t)}{\mathrm{d}t}$$

式中　N——线圈匝数。

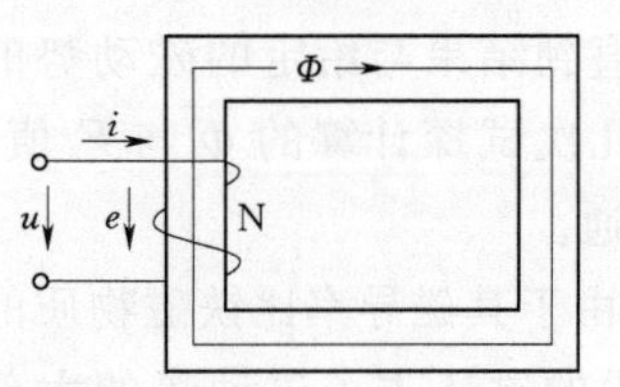

图 10－14　交流铁芯线圈

在上式中，若设磁通为正弦量 $\Phi(t)=\Phi_m\sin\omega t$，则有

$$\begin{aligned}e(t)&=-N\frac{\mathrm{d}}{\mathrm{d}t}(\Phi_m\sin\omega t)\\&=-N\Phi_m(\cos\omega t)\omega\\&=\omega N\Phi_m\sin(\omega t-90^\circ)\end{aligned}$$

可见，磁通 Φ 为正弦量，感应电动势 e 也是正弦量，且感应电动势 e 的相位比磁通 Φ 的相位滞后 90°，即铁芯线圈中先有交变的磁通才有感应电动势，并且感应电动势的有效值与主磁通的最大值关系为

$$E=\frac{1}{\sqrt{2}}\omega N\Phi_{\mathrm{m}}=\frac{1}{\sqrt{2}}2\pi fN\Phi_{\mathrm{m}}=4.44fN\Phi_{\mathrm{m}} \tag{10-12}$$

式（10－12）是一个重要公式。它清楚地说明铁芯线圈中的电磁转换的大小关系，在电机工程的分析计算中非常有用。

在图 10－14 中，如果忽略线圈电阻及漏磁通，则有

$$u(t)=-e(t)=\omega N\Phi_{\mathrm{m}}\sin(\omega t+90^{\circ})$$

在上式中可见，若电压为正弦量时，磁通也为正弦量。且电压 u 的相位比磁通 Φ 的相位超前 90°。即在铁芯线圈两端加上正弦交流电压 u，铁芯线圈中必定产生正弦交变的磁通 Φ，以及感应电动势 e。且均为同频率的正弦量，并且电压及感应电动势的有效值与主磁通的最大值关系为

$$U=E=4.44fN\Phi_{\mathrm{m}} \tag{10-13}$$

式（10－13）与式（10－12）是一样的重要公式。它表明：当电源的频率 f 及线圈匝数 N 一定时，若线圈电压的有效值 U 不变，则主磁通的最大值 Φ_{m}（或磁感应强度的最大值 B_{m}）不变；线圈电压的有效值 U 改变时，Φ_{m} 与 U 成正比变化，而与磁路情况（如铁芯材料的磁导率、气隙的大小等）无关。这与直流铁芯线圈不同，因为直流铁芯线圈若电压不变，电流就不变，因而磁势不变，磁路情况变化时，磁通随之改变。

10.4.2　正弦电压作用下磁化电流的波形

影响交流铁芯线圈工作的因素有铁芯的磁饱和、磁滞和涡流、漏磁通、线圈电阻等。其中，磁饱和、磁滞和涡流的影响最大。当加在铁芯线圈两端的电压为正弦波时，磁通也是正弦波，考虑交流铁芯线圈的磁化电流时，i 和 Φ 不是线性关系，也就是说磁通按正弦规律变化时，电流不是按正弦规律变化。

1. 电压为正弦波、磁化电流为尖顶波

在略去磁滞和涡流的影响时，铁芯材料的 B—H 曲线就是基本磁化曲线。在 B—H 曲线上，H 正比于 i，B 正比于 Φ。所以可以将 B—H 曲线转化为 Φ—i 曲线，如图 10－15 所示。

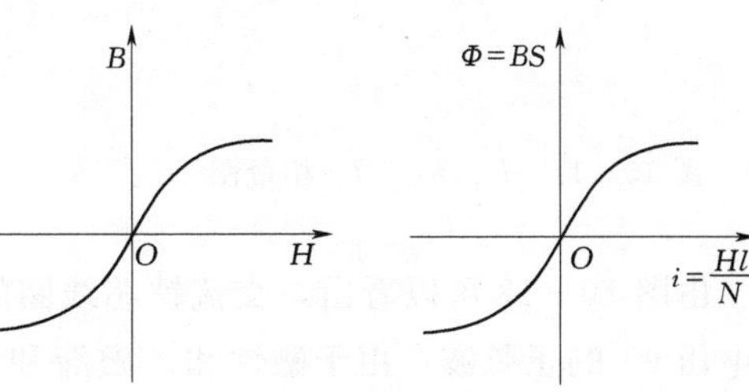

图 10－15　B—H 曲线与 Φ—i 曲线

如前所述，设 $\Phi(t)=\Phi_m\sin\omega t$，经过逐点描绘得到 i 的波形为尖顶波，如图 10-16 所示。

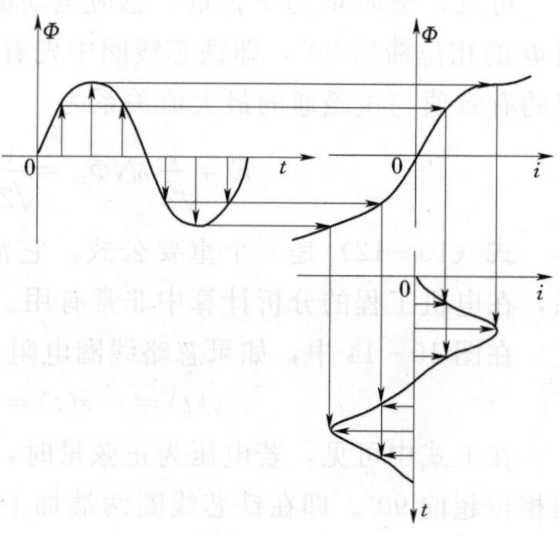

图 10-16　磁化电流 i 的波形为尖顶波

当只考虑磁饱和影响时，交流铁芯线圈的端电压 u 为正弦波，铁芯中磁通 Φ 为滞后电压 90°的正弦波，而磁化电流 i 则为与磁通 Φ 同相的尖顶波。

2. 交流铁芯线圈的端电压为正弦波、线圈电流为更加畸变的尖顶波

交流铁芯线圈在考虑了磁饱和的同时，加上磁滞与涡流的影响，线圈中的电流由两部分组成，即无功分量和有功分量。写成相量为

$$\dot{I}=\dot{I}_M+\dot{I}_a$$

式中　$\dot{I}_M$——无功分量，就是只考虑磁饱和影响的磁化电流 i_M 的相量；

$\dot{I}_a$——有功分量，是由于磁滞和涡流的作用，使铁芯产生发热损耗的电流 i_a 的相量。

线圈电流的相量图如图 10-17 所示。将磁化电流 i_M 的波形与磁滞和涡流产生的损耗电流 i_a 的波形逐点相加便得线圈电流的波形，如图 10-18 所示。

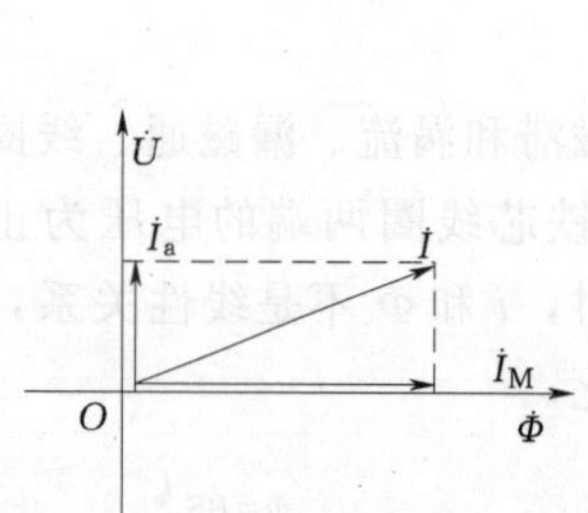

图 10-17　$\dot{I}$、$\dot{I}_M$、$\dot{I}_a$ 相量图

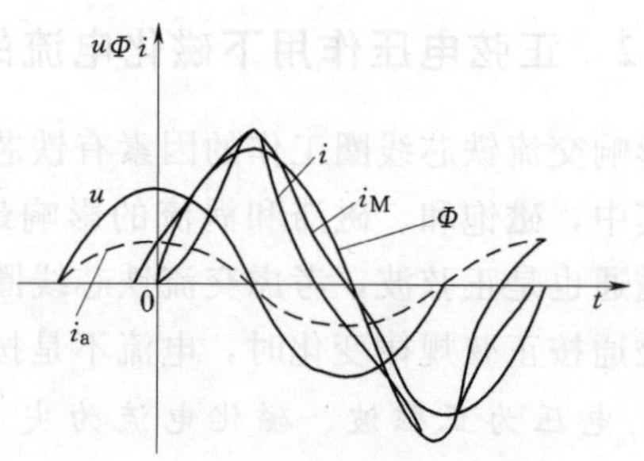

图 10-18　考虑磁饱和、磁滞与涡流影响的 u、Φ、i 波形

由图 10-18 可以看出，交流铁芯线圈的端电压 u 为正弦波，铁芯中磁通 Φ 为滞后电压 90°的正弦波，由于磁饱和、磁滞和涡流的影响，线圈中的电流 i 是相位超前于磁通 Φ 滞后于电压 u 波形更加畸变的尖顶波。

电流波形的失真主要是由磁化曲线的非线性造成的。要减少这种非线性失真，可以通过减少磁通 Φ_m 或加大铁芯面积，以减小 B_m 的值，使铁芯工作在非饱和区，但这样会使铁芯尺寸和重量加大，所以工程上常使铁芯工作在接近饱和的区域 b 点（称膝点）。

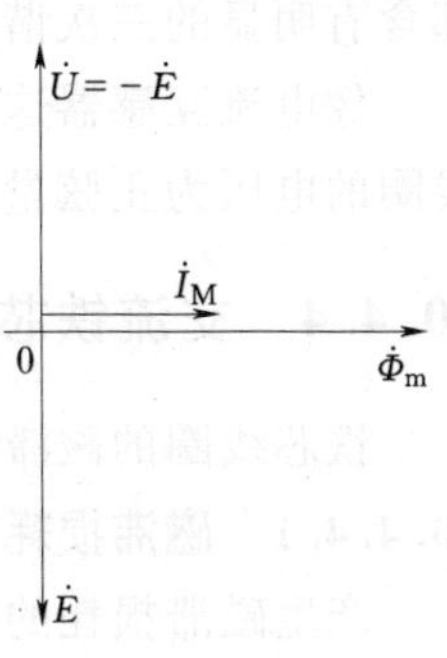

图 10-19 $\dot{U}$、$\dot{I}_M$、$\dot{\Phi}_m$、$\dot{E}$ 相量图

交流铁芯线圈中的电流 i 是非正弦波形，含有奇次谐波，其中以三次谐波的成分最大，其他高次谐波成分可忽略不计。有谐波成分会给分析计算带来不便。所以实用中，常将交流铁芯线圈电流的非正弦波用正弦波近似地代替，以简化计算。这种简化忽略了各种损耗，电路的平均功率为零，线圈中的电流 i 近似为磁化电流 i_M 与磁通 Φ 同相，比电压 u 滞后 90°，相量图如图 10-19 所示。

由相量图知

$$\dot{\Phi}_m=\Phi_m\angle 0^\circ$$

$$\dot{U}=-\dot{E}=\mathrm{j}4.44fN\Phi_m$$

$$\dot{I}_M=I_M\angle 0^\circ$$

10.4.3 正弦电流作用下的磁通波形

现在讨论正弦电流通过铁芯线圈时的情况。正弦电流 $i(t)=I_m\sin\omega t$ 通过铁芯线圈时，铁芯中的磁通的波形也应由 Φ—i 曲线用与上述类似的作图法求出。具体作图法不再详述，只需在作图时把 $i(t)$ 波形作为输入，经 Φ—i 曲线，得到磁通 $\Phi(t)$ 的波形，如图 10-20 所示。

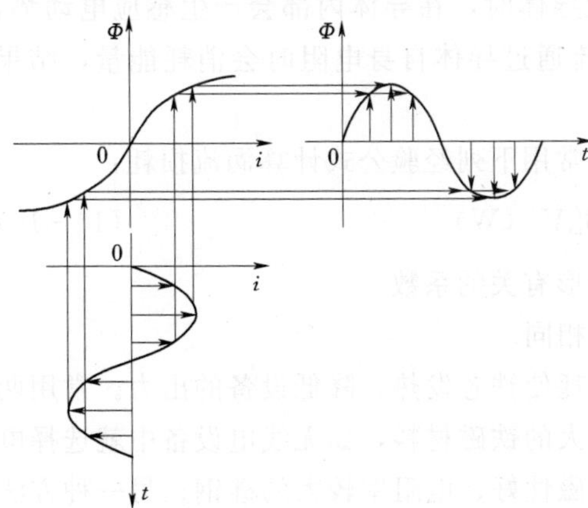

图 10-20 正弦电流 i 作用下 Φ 的波形

由图可见 $\Phi(t)$ 为一平顶波形。由公式

$$u=N\frac{\mathrm{d}\Phi}{\mathrm{d}t}$$

可求出 $u(t)$ 波形。在 $\Phi(t)$ 曲线经过零点处 Φ 的变化率最大，是 $u(t)$ 的最大值出现的时刻。由此可见，在正弦电流作用下，由于磁饱和的影响，铁芯线圈的磁通 $\Phi(t)$ 为平顶非正弦波，电压 $u(t)$ 为尖顶非正弦波。$\Phi(t)$ 和 $u(t)$

都含有明显的三次谐波分量。

像电流互感器这样的电气设备，会有电流为正弦波的情况，但大多数情况下铁芯线圈的电压为正弦量。所以这里只较详细地讨论了电压为正弦波的情况。

10.4.4 交流铁芯线圈的损耗

铁芯线圈的磁滞损耗与涡流损耗的总和称为铁芯损耗，简称铁损。

10.4.4.1 磁滞损耗

产生磁滞损耗的原因是由于磁畴在交流磁场的作用下反复转向，引起铁磁物质内部的摩擦，这种摩擦会使铁芯发热。在10.2节中曾经指出，磁滞损耗正比于磁滞回线的面积。通常交流铁芯都采用软磁材料，所以磁滞损耗较小。工程上常用下列经验公式计算磁滞损耗，即

$$P_h = k_h f B_m^n V \quad (\mathrm{W}) \tag{10-14}$$

式中 f——磁场每秒交变的次数（即频率），Hz；

B_m——磁感应强度的最大值，T；

n——指数，由 B_m 的范围决定，当 $0.1\mathrm{T}<B_m<1.0\mathrm{T}$ 时，$n=1.6$，当 $0<B_m<0.1\mathrm{T}$ 和 $1\mathrm{T}<B_m<1.6\mathrm{T}$ 时，$n=2$；

V——铁磁物质的体积，m^3；

k_h——与铁磁物质性质结构有关的系数，由实验确定。

实际工程应用中，为降低磁滞损耗，常选用磁滞回线较狭长的铁磁性材料制造铁芯，如硅钢片就是制造变压器、电机铁芯的常用材料，其磁滞损耗较小。

10.4.4.2 涡流损耗

产生涡流损耗是由于交变磁通穿过块状导体时，在导体内部会产生感应电动势，并形成旋涡状的感应电流（涡流），这个电流通过导体自身电阻时会消耗能量，结果是使铁芯发热。

涡流损耗的准确计算也很困难，工程上常用下列经验公式计算涡流损耗：

$$P_w = k_w f^2 B_m^2 V \quad (\mathrm{W}) \tag{10-15}$$

式中 k_w——与铁芯电阻率、厚度及磁通波形有关的系数。

其余各量与式（10-14）的意义和单位相同。

在电机、变压器等电气设备中，涡流损耗使铁芯发热，降低设备的出力。常用两种方法来减小涡流损耗。一种是选用电阻率大的铁磁材料，如无线电设备中就选择电阻很大的铁氧体，而电机、变压器则选用导磁性好、电阻率较大的硅钢；另一种方法是设法提高涡流路径上的电阻值，用硅钢片叠成铁芯，片间涂以绝缘漆，使涡流不能

沿大块铁芯截面流动，而只能沿薄片的很小的截面流动，因而使涡流的路径大为加长。这两种方法都是为了增大涡流路径的电阻，以减小涡流。

在有些场合，涡流可以被利用。例如，利用涡流效应可以制成各种感应加热装置；在电工仪表中常利用涡流制成阻尼器；在电力传动中制成制动器等。

交流铁芯线圈的铁芯损耗，即铁损 P_{Fe}（铁耗）为

$$P_{Fe}=P_h+P_w \tag{10-16}$$

在电机、电器的设计与运行中，常常不需要分别计算磁滞损耗与涡流损耗，而是计算总的铁损。铁损可通过实验测得铁芯线圈的总损耗 P，然后计算出线圈的铜损 P_{Cu}，用总损耗 P 减去线圈的铜损 P_{Cu}，便得到铁损 P_{Fe}，即 $P_{Fe}=P-P_{Cu}$。

在工程手册上，一般给出“比铁损”（W/kg），它表示每公斤铁芯的铁损瓦值。例如，设计一个交流铁芯线圈的铁芯，使用了 $x$kg 的某种铁磁材料。如从手册上查出这种铁磁材料的比铁损值为 p_{Fe0}，则该铁芯的总铁耗为 xp_{Fe0}（W）。

【思考与练习】

（1）在正弦电压作用下，铁芯线圈的磁通有什么样的波形？为什么？式(10-13)对空心线圈是否适用？

（2）只考虑磁饱和的影响时，若铁芯线圈的电压为正弦波，电流的波形是怎样的？若将铁芯磁路切割出一个空气隙，电流波形是否会变化？

（3）将铁芯线圈接在直流电源上，当发生下列情况时，铁芯中电流和磁通有何变化？

① 铁芯截面增大，其他条件不变；

② 线圈匝数增加，线圈电阻及其他条件不变；

③ 电源电压降低，其他条件不变。

（4）将铁芯线圈接到交流电源上，当发生上题中所述情况时，铁芯中的电流和磁通又如何变化？

（5）为什么变压器的铁芯要用硅钢片制成？用整块的铁芯行不行？

（6）一台变压器在修理后，铁芯中出现较大气隙，这对于铁芯的工作磁通以及空载电流有何影响？

10.5 电　磁　铁

电磁铁是利用通有电流的铁芯线圈对铁磁物质产生电磁吸引力的装置，它的应用很广泛。电磁铁是由高 μ 的软磁材料做成的铁芯、线圈和衔铁三个基本部分组成的，

如图10-21所示。工作时线圈通入励磁电流，在铁芯气隙中产生磁场，吸引衔铁，断电时磁场消失，衔铁即被释放。因此电磁铁工作时，磁路中气隙是变动的。

电磁铁分为直流和交流两种。

10.5.1 直流电磁铁

直流电磁铁的励磁电流为直流。可以证明，直流电磁铁的衔铁所受到的吸引力（起重力）

$$F=\frac{B_0^2}{2\mu_0}S=\frac{B_0^2}{2\times4\pi\times10^{-7}}S\approx4B_0^2S\times10^5 \tag{10-17}$$

式中 B_0——气隙的磁感应强度，T；

S——气隙磁场的截面积，m^2；

F——吸引力，N。

由于是直流励磁，当线圈的电阻及电源电压一定时，励磁电流一定，磁动势也一定。在衔铁吸引过程中，气隙逐渐减小（磁阻减小），磁场便逐渐增强（磁通增大），吸力随之增大，衔铁吸合后的吸引力要比吸合前的大得多。

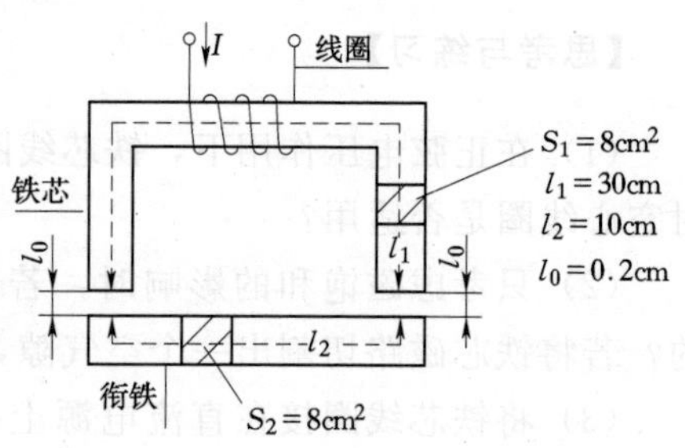

图10-21 例10-3图直流电磁铁

【例10-3】 图10-21所示的直流电磁铁，已知线圈匝数$N=4000$匝，铁芯和衔铁的材料均为铸钢，由于存在漏磁，衔铁中的磁通只有铁芯中磁通的90%，如果衔铁处在图10-21所示位置时铁芯中的磁感应强度为1.6T，试求线圈电流和此时的吸引力。

解：从图10-8查得，$B_1=1.6T$，$H_1=5000A/m$。

铁芯中的磁通 $\Phi_1=B_1S_1=1.6\times8\times10^{-4}=1.28\times10^{-3}$ (Wb)

气隙和衔铁中的磁通 $\Phi_0=\Phi_2=0.9\times1.28\times10^{-3}=1.152\times10^{-3}$ (Wb)

不考虑气隙的边缘效应时，气隙和衔铁中的磁感应强度

$$B_0=B_1=\frac{\Phi_2}{S_2}=\frac{1.152\times10^{-3}}{8\times10^{-4}}=1.44\ (T)$$

查图10-8得衔铁中的磁场强度 $H_2=3400$ (A/m)

气隙中的磁场强度 $H_0=0.8\times10^6B_0=0.8\times10^6\times1.44=1.152\times10^6$ (A/m)

线圈的磁动势 $NI=H_1l_1+2H_0l_0+H_2l_2$

$$=5000\times30\times10^{-2}+2\times1.152\times10^6\times0.2\times10^{-2}+3400\times10\times10^{-2}$$

$=6448 \text{(A)}$

线圈电流 $I=\dfrac{NI}{N}=\dfrac{6448}{4000}=1.612 \text{ (A)}$

电磁铁的吸力 $F=4B_0^2S\times10^5$

$$=4\times1.44^2\times2\times8\times10^{-4}\times10^5=1327 \text{ (N)}$$

10.5.2 交流电磁铁

交流电磁铁由交流电励磁，设气隙中的磁感应强度为

$$B_0(t)=B_{\mathrm{m}}\sin\omega t$$

由式（10－17）知，电磁铁吸引力的瞬时值为

$$f(t)=\frac{B_0^2(t)}{2\mu_0}S=\frac{B_{\mathrm{m}}^2S}{2\mu_0}\sin^2\omega t=\frac{B_{\mathrm{m}}^2S}{4\mu_0}(1-\cos2\omega t)$$

最大吸引力为

$$F_{\mathrm{m}}=\frac{B_{\mathrm{m}}^2S}{2\mu_0}$$

平均吸引力为

$$F_{\mathrm{av}}=\frac{1}{T}\int_0^T f(t)\mathrm{d}t=\frac{1}{T}\int_0^T\frac{B_{\mathrm{m}}^2S}{4\mu_0}(1-\cos2\omega t)\mathrm{d}t$$

$$=\frac{B_{\mathrm{m}}^2S}{4\mu_0}\approx2B_{\mathrm{m}}^2S\times10^5 \tag{10-18}$$

可见，平均吸引力为最大吸引力的一半。

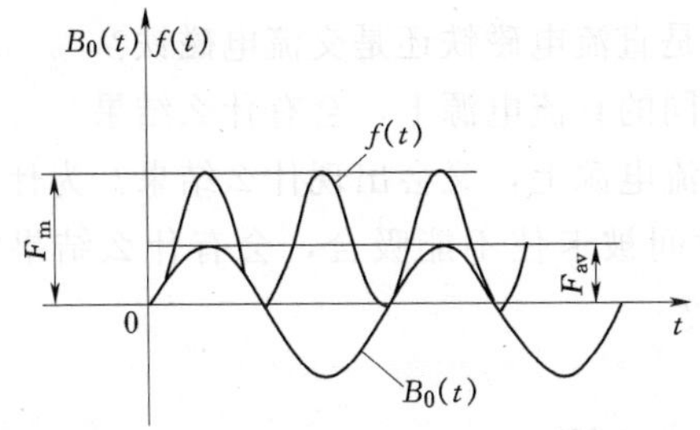

图 10－22 交流电磁铁吸引力 f（t）的曲线

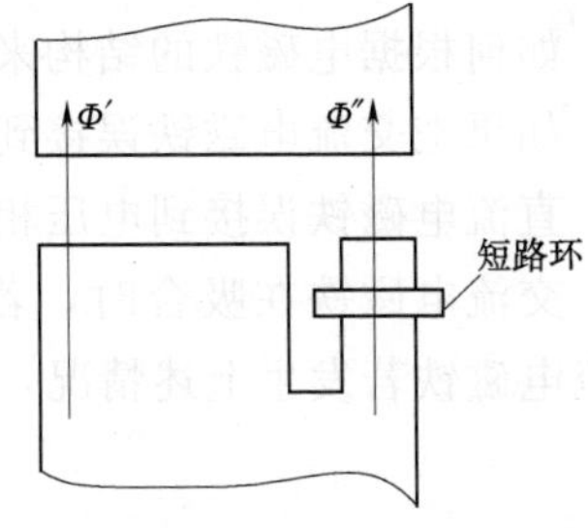

图 10－23 短路环

交流电磁铁吸引力 f（t）的曲线如图 10－22 所示，其变化频率为磁通（电流）变化频率的 2 倍，在电流一个周期中，吸引力两次为零。由于 $(1-\cos2\omega t)\geqslant0$，即 f（t）$\geqslant0$，所以吸引力的方向不变。但是，交流电磁铁吸引力的大小是随时间不断变化的，且电源频率为 50Hz 时，吸引力在 1s 内有 100 次为零。将引起衔铁的振动，产生噪声干扰和机械损伤。为了消除这种现象，在铁芯端面的部分面积上嵌装一个封

闭的铜环，称作短路环，如图 10-23 所示，装了短路环后，磁通分为不穿过短路环的 Φ' 和穿过短路环的 Φ'' 两个部分。由于磁通变化时，短路环内的感应电流将产生磁通阻碍原磁通的变化，结果使 Φ'' 的相位比 Φ' 的相位滞后。因为这两个磁通不是同时到达零值，所以电磁吸引力也就不会同时为零，从而减小了衔铁的振动，降低了噪声。

交流电磁铁安装短路环后，把交变磁通分解成两个相位不同的部分，这种方法叫做磁通裂相。短路环裂相是一种常用的方法，像电度表、继电器、单相电动机等电气设备中都有应用。

交流电磁铁在外加的交流电压有效值一定时，就迫使主磁通的最大值基本不变，励磁电流与磁路的结构、材料、空气隙大小有关，磁路的气隙加大，磁阻加大，势必会引起磁势加大，也就是励磁电流加大。所以交流电磁铁在衔铁未吸合时，磁路空气隙很大；励磁电流很大；衔铁吸合后，气隙减小到接近于零，电流很快减小到额定值。如果由于某种原因（如机械原因）使衔铁长时间不能吸合，线圈中就会长期通过很大的电流，将导致线圈过热烧坏。这是交流电磁铁的致命弱点。交流电磁铁的吸引力在吸合过程中，虽然气隙在减小，但吸引力不变。

【思考与练习】

(1) 试求［例 10-2］中直流电磁铁的吸引力，若电磁铁吸合，怎样求出吸引力?

(2) 如何根据电磁铁的结构来判断它是直流电磁铁还是交流电磁铁?

(3) 如果把交流电磁铁误接到电压相同的直流电源上，会有什么结果?

(4) 直流电磁铁误接到电压相同的交流电源上，又会出现什么结果？为什么?

(5) 交流电磁铁在吸合时，若铁长时间被卡住不能吸合，会有什么结果？为什么？直流电磁铁若发生上述情况，又如何?

小　　结

1. 磁场的基本物理量

表征磁场性质的基本物理是磁感应强度向量 B。磁场中某点的磁感应强度 B，其方向即为该点的磁场方向，其数值为 $B=\frac{F_{\max}}{qv}(\mathrm{T})(1\mathrm{T}=10^4\ \mathrm{G_S})$。

磁通 Φ 是垂直穿过面积 S 的磁感应强度向量 B 的通量，简称为磁通。即 $\Phi=BS$ (Wb)。$1\mathrm{Wb}=10^8\mathrm{Mx}$

通过任一闭合曲面的总磁通量必然为零，称为磁通的连续性。

磁场强度 H 是描述磁场的另一个重要的物理量。它也是一个矢量，$B=\mu H$(A/m)。磁场强度只取决于产生这个磁场的宏观电流的分布而与介质是什么无关。

磁导率 μ 是反映物质导磁能力的物理量或者说物质被磁化能力的物理量。真空的磁导率为 $\mu_0=4\pi\times10^{-7}$ (H/m)。相对磁导率 $\mu_r=\dfrac{\mu}{\mu_0}$，μ_r 稍大于 1 为顺磁物质，稍小于 1 是反磁物质，μ_r 比 1 大得多是铁磁物质。

2. 铁磁性物质的磁化曲线

(1) 铁磁性物质内部存在着大量的磁畴。无外加磁场时，磁畴排列是杂乱无章的，对外不显磁性。在外磁场作用下，磁畴会沿着外磁场方向偏转—被磁化，而显磁性。其磁化过程用起始磁化曲线描述。B—H 磁化曲线具有高 μ 性及磁饱和性。

(2) 磁滞回线是铁磁物质所特有的磁特性。B—H 磁化曲线具有磁带性。回线在纵轴上的截距叫剩磁 B_r，与横轴的截距叫矫顽磁场 H_C。其面积正比铁芯损耗。面积宽大属硬磁材料，面积窄小属软磁材料。

(3) 磁滞回线族的正顶点连线叫基本磁化曲线。它表示了铁磁物质的磁化性能，工程上常用它来作计算的依据。铁磁材料的 B—H 曲线是非线性的，所以铁芯磁路是非线性的。

3. 磁路基本定律及其应用

(1) 磁路的基尔霍夫第一定律：$\sum\Phi=0$

(2) 磁路的基尔霍夫第二定律：$\sum(Hl)=\sum(NI)$

磁路的欧姆定律：$\Phi=\dfrac{U_M}{R_M}$

(3) 磁路基本定律的应用。无分支均匀恒定磁通磁路计算应用磁路的欧姆定律。

无分支不均匀恒定磁通磁路计算分为两大类：正面问题，已知 Φ 求 NI；反面问题，已知 NI 求 Φ。正面问题的解题步骤为 $\Phi\rightarrow B\rightarrow H\rightarrow Hl\rightarrow\sum(Hl)\rightarrow NI$。反面问题的解题步骤为正面问题的解题步骤的多次重复。

4. 交流铁芯线圈

(1) 交流铁芯线圈是一个非线性器件，其电阻上的电压和漏抗上的电压相对于主磁通的感应电动势而言是很小的，予以忽略，所以它的电压等于主磁通的感应电动势。交流铁芯线圈所加电压为正弦量时，主磁通及其感应电动势也都是正弦量，大小关系为

$$U=E=4.44fN\Phi_m$$

(2) 交流铁芯线圈所加电压为正弦量时，产生的磁通为正弦波，由于磁饱和的影

响，励磁电流为尖顶波。由于磁滞和涡流的影响引起铁芯损耗，使电流波形发生畸变，并出现电流的有功分量。励磁电流为有功分量电流与磁化电流之和。

(3) 铁芯线圈在正弦电流作用下，由于磁饱和的影响，铁芯线圈的磁通 $\Phi(t)$ 为平顶非正弦波，电压 $u(t)$ 为尖顶非正弦波。$\Phi(t)$ 和 $u(t)$ 都含有明显的三次谐波分量。

(4) 交流铁芯线圈的总损耗 $P=P_{Cu}+P_{Fe}$，铁芯损耗 $P_{Fe}=P_h+P_w$。

磁滞损耗 P_h 是由于磁畴在交流磁场的作用下反复转向，引起铁磁物质内部的摩擦，这种摩擦会使铁芯发热。降低磁滞损耗，常选用磁滞回线较狭长的铁磁性材料制造铁芯。

涡流损耗 P_w 是由于交变磁通穿过块状导体时，在导体内部会产生感应电动势，并形成旋涡状的感应电流（涡流），这个电流通过导体自身电阻时会消耗能量，结果是使铁芯发热。用硅钢片叠成铁芯，片间涂以绝缘漆来减小涡流损耗。

5. 电磁铁

(1) 直流电磁铁的电磁吸引力 $F\approx 4B_0^2S\times10^5$，衔铁吸合过程中吸引力渐强。

(2) 交流电磁铁的平均吸引力 $F_{av}\approx 2B_m^2S\times10^5$，衔铁吸合过程中吸引力基本不变。

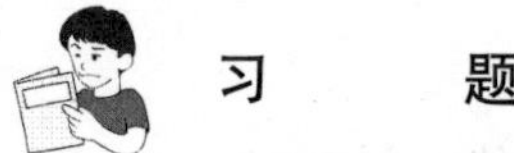

习　　题

10-1　穿过磁极极面的磁通 $\Phi=3.84\times10^{-3}$ Wb，磁极的边长为 8cm，宽为 4cm，求磁极间的磁感应强度。

10-2　已知硅钢片中的 $B=1.6$T，求其 H、μ 和 μ_r。

10-3　某磁路的空气隙长度 $l_0=1$mm，截面积 $S=30\text{cm}^2$。试求该气隙的磁阻，若气隙中的 $B=0.9$T，求其磁压。

10-4　一个截面相同的铁芯线圈，匝数 $N=300$，磁路平均长度为 $l=0.45$m，铁芯中的磁感应强度 $B=0.9$T，试求下列两种情况下的励磁电流：(1) 铁芯材料为铸钢；(2) 铁芯材料为硅钢片。

10-5　有一线圈的匝数为 1500 匝，套在铸钢制成的环形铁芯上，铁芯的截面积为 10cm^2，圆环平均长度为 75cm，求：

(1) 如果要在铁芯中产生的磁通 $\Phi=1\times10^{-3}$ Wb，线圈中应通入多大的直流电流？

(2) 若线圈中通入 2.5A 的直流电流，则铁芯中的磁通为多大？

10-6　图 10-24 所示磁路的铁芯材料为硅钢片，图中尺寸单位均为 mm。欲使

气隙中的 $B_0=0.8\text{T}$，试求所需的磁动势。（不考虑叠片系数）

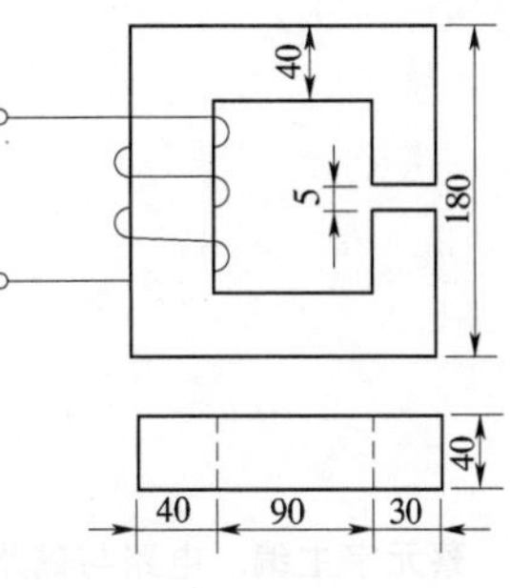

图 10-24　题 10-6 图

10-7　一个交流铁芯线圈接在 220V 的工频电源上，线圈为 733 匝，铁芯截面积为 13cm^2，求

（1）铁芯中的磁通和磁感应强度的最大值各是多少？

（2）若所接电源频率为 100Hz，其他量不变，求磁通和磁感应强度最大值各是多少？

10-8　一个交流铁芯线圈接于 $f=50\text{Hz}$，$U_S=100\text{V}$ 的正弦电源上，铁芯中的磁通最大值 $\Phi_m=2.25\times10^{-3}\text{Wb}$，试求线圈的匝数。若将该铁芯线圈改接至 $f=50\text{Hz}$，$U_S=150\text{V}$ 的正弦电源上，要保持 Φ_m 不变，问线圈匝数应改为多少？

10-9　一个铁芯线圈在 $f=50\text{Hz}$ 时的铁损为 1kW，且磁滞损耗与涡流损耗各占一半。若将它接至频率 $f=60\text{Hz}$ 的正弦电压源，且保持 B_m 不变，则铁损为多少？

10-10　有一个直流电磁铁，铁芯和衔铁的材料为铸钢，铁芯和衔铁的平均长度共为 50cm，铁芯与衔铁的截面积均为 2cm^2，试求

（1）气隙长度为 0.6cm，吸引力为 19.6N 时的磁势；

（2）保持线圈电压不变时，试求吸合后的吸引力；

（3）吸合后在线圈中串入一个电阻，使电流减小一半，求吸引力。

参 考 文 献

1 蔡元宇主编．电路与磁路．北京：高等教育出版社，1991
2 周长源主编．电路理论基础（上册）．北京：高等教育出版社，1985
3 秦曾煌主编．电工技术．第5版．北京：高等教育出版社，1999
4 邱关源主编．电路．第3版．北京：高等教育出版社，1989
5 高礼魁主编．电工学．北京：高等教育出版社，1989
6 李翰荪主编．电路及磁路．北京：中央广播电视大学出版社，1994
7 刘笃鹏主编．电工基础．北京：水利电力出版社，1992
8 石生主编．电路基本分析．北京：高等教育出版社，2000
9 叶国恭主编．电工基础．北京：机械工业出版社，1991
10 彭正未主编．电路．北京：中国水利水电出版社，1998
11 曹泰斌主编．电路分析基础教程．北京：电子工业出版社，2003
12 刘守义，张永枫主编．应用电路分析．西安：西安电子科技大学出版社，2002